# FREMDSTOFFE IN LEBENSMITTELN

## MIT BESONDERER BERÜCKSICHTIGUNG

## DER KONSERVIERUNG

### IN TABELLENFÖRMIGER ANORDNUNG

VON

**S. WALTER SOUCI** UND **EUGEN MERGENTHALER**

DIREKTOR DER
DEUTSCHEN FORSCHUNGSANSTALT
FÜR LEBENSMITTELCHEMIE, MÜNCHEN

WISSENSCHAFTLICHES MITGLIED
DER DEUTSCHEN FORSCHUNGSANSTALT
FÜR LEBENSMITTELCHEMIE, MÜNCHEN

SPRINGER-VERLAG BERLIN HEIDELBERG GMBH

ISBN 978-3-642-86776-7     ISBN 978-3-642-86775-0  (eBook)
DOI 10.1007/978-3-642-86775-0

# Vorwort

Dieses Buch stellt sich die Aufgabe, das derzeit vorliegende Wissensgut über
Fremdstoffe in Lebensmitteln, insonderheit über die Lebensmittel-Konservierungs-
stoffe zusammenzutragen und damit ein Nachschlagewerk über die in Frage kommenden Substanzen zu schaffen. Als Grundlage hierfür dienten neben dem umfangreichen Schrifttum die einschlägigen Unterlagen der „Deutschen Forschungsanstalt
für Lebensmittelchemie" in München sowie Erkenntnisse und Erfahrungen, die sich
bei der Bearbeitung des Konservierungsproblems durch die „Kommission zur
Prüfung der Lebensmittelkonservierung" der Deutschen Forschungsgemeinschaft
ergaben.

Der Umfang dieses Gebietes ist so groß, daß eine erschöpfende Berücksichtigung
aller Stoffe und aller Einzelbefunde den Rahmen dieses Buches bei weitem überschreiten würde. Bei der somit notwendigen Beschränkung wird der Leser daher
manches ihm wichtig Erscheinende vermissen; trotzdem hoffen wir aber, ihm mit
dieser Zusammenstellung eine Gesamtübersicht vermitteln zu können, die sonst
anhand der sehr verstreuten Literaturstellen und Erfahrungstatsachen nur schwer
zu beschaffen ist. Da es sich um ein stark im Fluß befindliches Gebiet handelt, muß
naturgemäß damit gerechnet werden, daß manche hier noch nicht oder nur kurz
erwähnten Stoffe in Zukunft mehr an Bedeutung gewinnen, andere zurücktreten,
und daß vielfach neuere Erkenntnisse an die Stelle vorhandener Befunde treten
werden. Zur Bearbeitung späterer Auflagen bitten wir daher alle in Wissenschaft
und Praxis tätigen Fachkollegen, uns Änderungs- und Ergänzungswünsche, technische Erfahrungen und Korrekturvorschläge zur Kenntnis zu bringen.

Möge die gebotene Fülle der Möglichkeiten die Grundlage bieten, um Vor- und
Nachteile der einzelnen Verfahren sorgsam gegeneinander abwägen und — sofern
eine Verwendung von Fremdstoffen im Interesse des Verbrauchers unumgänglich
notwendig ist — eine strenge Auslese treffen zu können. Dabei soll als oberstes
Gebot gelten, die Anzahl der anzuwendenden bzw. gesetzlich zuzulassenden Stoffe
und ihre Anwendungsmengen auf ein Minimum zu beschränken und nur solche
Substanzen in Betracht zu ziehen, die auf Grund experimenteller Untersuchungen
ein größtmögliches Maß an gesundheitlicher Unbedenklichkeit bieten. Mit solcher
Beschränkung hinsichtlich Stoff und Menge erfüllen sich letztlich in gleicher Weise
die Wünsche des Konsumenten wie der reellen Lebensmittelwirtschaft, die für eine
optimale Nahrungsversorgung der stetig anwachsenden Bevölkerung verantwortlich ist.

Für die sorgsame Sichtung und Überprüfung des Materials haben wir Herrn
Dr. J. INDINGER zu danken. Ferner gebührt unser Dank für technische Hilfeleistung
Frl. A. HARTMANN.

München, im Februar 1958           Die Verfasser

# Inhaltsverzeichnis

# Verzeichnis der aufgeführten Stoffe

## I. Stoffe gegen mikrobiell bedingte Veränderungen

### 1. Stoffe gegen das Wachstum von Mikroorganismen



* Kursiv gedruckte Seitenzahlen weisen auf andere Gruppen hin

### c) *Phenole und Polyoxyverbindungen*

## 2. Stoffe zum Abfangen von Stoffwechselprodukten



## II. Stoffe gegen chemische Veränderungen

### 1. Stoffe gegen Oxydationsvorgänge in Fetten und Ölen (Fettantioxydantien)

#### a) Natürliche Stoffe



#### b) Vorwiegend künstlich hergestellte Stoffe

### c) Synergisten und Komplexbildner



### 2. Stoffe gegen Farbänderungen und Vitaminverluste

# III. Stoffe gegen physikalische Veränderungen

## 1. Stoffe gegen Änderungen der Konsistenz und gegen die Entmischung von Flüssigkeiten

### a) Natürliche Stoffe



### b) Künstliche Stoffe

## 2. Stoffe gegen Kristallisationsvorgänge und gegen Schaumbildung



## 3. Stoffe gegen das Altbackenwerden von Backwaren und sonstige Backhilfsmittel



## 4. Stoffe gegen das Weichwerden pflanzlicher Produkte (Festigungsmittel)



## 5. Stoffe gegen Veränderungen des Wassergehaltes

### a) Feuchthaltungsmittel

**b) Überzugsmittel**       Seite

**6. Stoffe gegen Trübungen in Flüssigkeiten**

**IV. Stoffe, die bei der landwirtschaftlichen Erzeugung in das Lebensmittel gelangen können**

**1. Saatbeizmittel, Fungicide**

## 2. Schädlingsbekämpfungsmittel

### a) Insecticide, Acaricide



### b) Rodenticide

## 3. Stoffe gegen das Auskeimen von Ernteprodukten und Unkrautvertilgungsmittel (Herbicide)



## 4. Reifungsbeeinflussende Stoffe

# Einführung

In neuerer Zeit wird die Aufmerksamkeit der Bevölkerung in zunehmendem Maße auf das Problem der Fremdstoffe in der Nahrung gelenkt. Dabei werden auf der einen Seite der Umfang dieser Zusätze und die dadurch bedingten gesundheitlichen Gefahren stark übertrieben, während auf der anderen Seite die, auf lange Sicht gesehen, immerhin möglichen gesundheitlichen Schädigungen allzusehr bagatellisiert werden. Sicher ist aber, daß das Gebiet der Fremdstoffe in Lebensmitteln größte Aufmerksamkeit verdient und daß in jedem Einzelfall eine sorgsame und strenge Prüfung der technischen Notwendigkeit, der Wirksamkeit und der gesundheitlichen Unbedenklichkeit notwendig ist, bevor ein Stoff zugelassen werden kann.

Die Gesichtspunkte, nach denen solche Prüfung im einzelnen zu erfolgen hat, waren in den vergangenen Jahren — insonderheit seit dem 2. Weltkrieg — Gegenstand zahlreicher Forschungsarbeiten und Diskussionen. Durch eine Reihe wissenschaftlicher Gremien wurden in einzelnen Ländern entsprechende Festlegungen bezüglich der Untersuchungsverfahren und der zu stellenden Anforderungen an Fremdstoffe ausgearbeitet. Für die Deutsche Bundesrepublik geschah dies besonders durch die „Farbstoffkommission", die „Kommission zur Untersuchung des Bleichens von Lebensmitteln" und die „Kommission zur Prüfung der Lebensmittelkonservierung" der Deutschen Forschungsgemeinschaft (DFG); auf internationaler Ebene durch die Expertenkommission für Lebensmittelzusätze der „Westeuropäischen Union" (WEU), die „Union Internationale contre le Cancer" (U.I.C.C.), die Unterkommissionen der „Commission Internationale des Industries Agricoles" (C.I.I.A.) und des „Bureau International Permanent de Chimie Analytique" (B.I.P.C.A.), das „Ständige Europäische Forschungskomitee für den Schutz der Bevölkerung vor chronisch-toxischen Umweltschädigungen" und nicht zuletzt durch das sog. „gemischte Expertenkomitee" der Weltgesundheitsorganisation (WHO) und der „Food and Agriculture Organization" (FAO). In einer Reihe von sog. „positiven Listen" wurden von einem Teil dieser Gremien weiterhin die Fremdstoffe benannt, die als „unbedenklich" angesehen werden können, d. h. die mit einem hohen Maß von Wahrscheinlichkeit unschädlich sind[1]. Diese Ergebnisse wissenschaftlicher Arbeit sollen das Fundament kommender Gesetze auf dem Gebiet der Fremdstoffe bilden, wie sie sich in manchen Ländern, so auch in der Deutschen Bundesrepublik, z. Z. in Ausarbeitung befinden.

Über die als Fremdstoffe in Lebensmitteln überhaupt in Frage kommenden Stoffgruppen gibt die Aufstellung auf S. 16 Auskunft. Hiernach ist zu unterscheiden zwischen solchen Fremdstoffen, die absichtlich zugesetzt werden, und solchen, die unbeabsichtigt im Laufe der Erzeugung oder Verarbeitung in das Lebensmittel gelangen können und mit denen folglich in unserer Nahrung ebenfalls gerechnet werden muß. Mit einem Teil der Zusätze will die Lebensmittelindustrie nur der

---

[1] Da der Nachweis der *Unschädlichkeit* eines Stoffes nicht mit voller Sicherheit möglich ist, muß sich die toxikologische Untersuchung auf die Feststellung beschränken, daß der betreffende Stoff „mit Wahrscheinlichkeit unschädlich" ist, wobei alle derzeitig bestehenden Erkenntnismöglichkeiten auszuschöpfen sind. Ein mit Wahrscheinlichkeit unschädlicher Stoff wird als „*unbedenklich*" bezeichnet.

mit steigendem Lebensstandard immer differenzierter werdenden „Verbraucher-erwartung" entgegenkommen, mit anderen Verderb und wirtschaftliche Verluste, die sich letztlich auch auf das Preisgefüge auswirken müssen, vermeiden. Zur ersten Gruppe gehören die *Lebensmittel-Farbstoffe* und andere Substanzen zur Verbesserung der äußeren Beschaffenheit, zur zweiten besonders die *Konservierungsstoffe* zum Schutz gegen mikrobiell bedingten Verderb, zur Verhinderung oxydativer Veränderungen oder zur Erhaltung der Struktur bzw. Konsistenz der Lebensmittel. Auch von seiten des *Vorratsschutzes* und der Bekämpfung landwirtschaftlicher Schädlinge ist mit einem immer mannigfaltiger werdenden Strom fremder Stoffe zu rechnen, die, wenn auch im allgemeinen nur in geringen Spuren, im genußfertigen Lebensmittel zu finden sein werden.

In manchen Fällen wird man den Zusatz fremder Stoffe zu Lebensmitteln schon aus Gründen eines nicht gegebenen Bedürfnisses ablehnen müssen, in anderen Fällen jedoch werden diese bei den heutigen technischen und volkswirtschaftlichen Gegebenheiten nicht mehr zu entbehren sein, wenn man nicht wesentliche Nachteile in der Versorgung der Bevölkerung mit hochwertiger Nahrung in Kauf nehmen will. Während für die Anwendung von Zusatzstoffen, die nur einer Verbesserung der äußeren Beschaffenheit (Färbung, Schönung) dienen, höchstens eine psychologisch zu begründende Notwendigkeit geltend gemacht werden kann, wird in manchen Fällen ein wirkliches Bedürfnis vorliegen für solche Stoffe, die dem Verderb von Lebensmitteln entgegenwirken. Leider ist aber gerade bei diesen Stoffen, die ihrem Wesen nach bestimmte antibiotische, d. h. gegen Lebensvorgänge gerichtete Wirkungen ausüben sollen, eine Beeinflussung auch der Zellen des menschlichen Organismus eher zu erwarten als bei den größtenteils indifferenten Stoffen, die nur der Verbesserung der äußeren Beschaffenheit dienen.

Ohne nun jedoch in diesem Streit um das „Für und Wider" der technischen Notwendigkeit und der möglichen gesundheitlichen Gefährdung durch nahrungsfremde Zusatzstoffe im einzelnen Stellung nehmen zu wollen, erscheint es doch wünschenswert, eine Beschreibung der Stoffe zu geben, mit welchen man es hier überhaupt zu tun hat. Nachdem solche zusammenfassenden Darstellungen für die Farbstoffe schon von anderer Seitegegeben wurden (*1, 2*), soll nun auch für das Gebiet der *Konservierungsstoffe* und anderer Fremdstoffe mit ähnlicher Wirkung eine entsprechende Übersicht gegeben werden.

Das Gebiet umfaßt alle der Verhinderung nachteiliger Veränderungen dienenden Stoffe im weitesten Sinne, wie es etwa der Definition des Begriffes „Konservierungsstoffe" der „Kommission zur Prüfung der Lebensmittelkonservierung" der Deutschen Forschungsgemeinschaft (DFG) (*3, 4*) entspricht. Es werden also nicht nur die Stoffe gegen den mikrobiell bedingten Verderb von Lebensmitteln erfaßt (Konservierungsmittel im altherkömmlichen Sinn), sondern auch Stoffe gegen chemisch bedingte Veränderungen (z. B. Antioxydantien) und solche gegen physikalische Veränderungen (z. B. Emulgatoren, strukturerhaltende Stoffe usw.); auch Stoffe, die man unter den Sammelbegriffen Vorratsschutzmittel, Pflanzenschutzmittel, Schädlingsbekämpfungsmittel zusammenzufassen pflegt, sind berücksichtigt. Allen diesen Stoffen ist gemeinsam, daß sie zum Zweck der Erhaltung der Lebensmittel oder der Ernteprodukte bzw. bestimmter, als günstig angesehener Eigenschaften derselben angewandt werden. Je nach der Art des Falles können diese Stoffe entweder als solche im Lebensmittel verbleiben oder aber in ihm gewisse Veränderungen hervorrufen, ohne selbst noch nachweisbar zu sein.

Die Auswahl der Stoffe wurde anhand von Literaturzitaten und Protokollen auf Grund der Häufigkeit der Hinweise und des daraus vielleicht ersichtlichen Grades der Wichtigkeit getroffen. Auch die Erfahrungen der Praxis und die in den verschiedenen Ländern vorliegenden Konservierungsmittel-Listen und gesetzlichen Vorschriften wurden berücksichtigt. In manchen Fällen erschien es zudem angezeigt, auch Stoffe von zurücktretender Bedeutung zu erwähnen, wenn diese in internationalen Vorschlagslisten enthalten sind oder aus Gründen der chemischen Analogie zu anderen häufig angewandten Substanzen von Interesse sein könnten. Eine gewisse Willkür in der Auswahl ließ sich dabei nicht vermeiden; eine erschöpfende Aufführung aller in Frage kommenden Stoffe wäre nicht möglich.

Die Aufführung eines Stoffes in den folgenden Tabellen darf somit nicht als Empfehlung oder Billigung in irgendeiner Richtung angesehen werden; sie bedeutet auch nicht, daß der betr. Stoff sich tatsächlich bewährt hat. Auch soll mit den zitierten Angaben keine Stellungnahme darüber abgegeben werden, ob ein Stoff nun wirklich technisch notwendig ist oder nicht, und ob er vom gesundheitlichen Standpunkt aus als unbedenklich angesehen werden darf. In zahlreichen Fällen wird sich dies aus der Zusammenstellung der Einzelangaben von selbst ergeben; in manchen Fällen dürfte beides mit Entschiedenheit zu verneinen sein.

Aus der *Zahl der in den Tabellen angeführten Stoffe* darf auch nicht auf die Anzahl der in unserer Nahrung tatsächlich vorkommenden Fremdstoffe geschlossen werden. Einerseits ist ja — abgesehen von Grenzfällen — nur ein *Teil*gebiet, nämlich das der Konservierung und der Vermeidung von Verlust oder Verderb, berücksichtigt; auf der anderen Seite aber dürfte (glücklicherweise) ein Teil der angeführten Stoffe nicht oder nur ausnahmsweise Anwendung finden, und es läßt sich bisweilen schwer überblicken, ob und in welchen Fällen dies zutrifft (5). Auch ist damit zu rechnen, daß hinsichtlich der Anwendung der Fremdstoffe die Verhältnisse in den verschiedenen in Frage kommenden Ländern recht verschieden sind.

Für eine übersichtliche Darstellung des umfangreichen Materials erschien die **Form von Tabellen** am geeignetsten. Die Einteilung erfolgte unter Berücksichtigung der Wirkungsweise und des beabsichtigten Verwendungszwecks. In *Gruppe I* finden sich zunächst die *Stoffe zur Unterdrückung des Wachstums bzw. der Vermehrung von Mikroorganismen.* Diese Gruppe ist in mehrere Untergruppen unterteilt: anorganische Konservierungsstoffe, organische Säuren und deren Derivate, Phenole und Polyoxyverbindungen, quaternäre Stickstoffverbindungen, Antibiotica und Sulfonamide und schließlich eine Reihe anderer Stoffe, die sich nicht in die vorhergehenden Untergruppen einreihen lassen. Die Stoffe dieser Gruppe bilden das Schwergewicht der gesamten Stoffgruppe zur Erhaltung bestimmter Eigenschaften im behandelten Gut und somit auch — gemeinsam mit den Antioxydantien — das Hauptgebiet dieses Buches. Ihnen an die Seite gestellt sind — ebenfalls in Gruppe I — noch die Stoffe zum Abfangen von Produkten des Stoffwechsels niederer Organismen, Stoffe also, die im Sinne des Wortes ebenfalls gegen mikrobiell bedingte Veränderungen gerichtet sind. Sie zeigen — abgesehen von ihrer Wirkung als „Neutralisatoren" gleichzeitig auch eine gewisse antimikrobielle Wirkung, und zwar dadurch, daß sie für die Kleinlebewesen ungünstige Umweltbedingungen schaffen.

Die *Gruppe II* enthält in erster Linie die sog. *Antioxydantien* für Fette und Öle sowie ferner die Stoffe zur Erhaltung der Farbe und des Vitamingehaltes, deren Wirkung im ganzen gesehen entweder ebenfalls auf einer antioxydativen Wirkung oder aber auf einer Hemmung der Aktivität von Enzymen beruht. Die Fettantioxydantien sind nochmals unterteilt in natürlich vorkommende und synthetisch hergestellte Antioxydantien; ihnen an die Seite gestellt sind die synergistisch wirkenden Verbindungen. Die letzteren üben bekanntlich selbst keine antioxydativen Wirkungen aus, bewirken jedoch eine manchmal sehr beachtliche Aktivitätssteigerung der eigentlichen Antioxydantien. Überschneidungen sind allerdings unvermeidlich, da manche Stoffe aus der Gruppe der Synergisten auch selbst eine deutliche antioxydative Hemmwirkung besitzen.

In *Gruppe III* sind die *Stoffe gegen physikalische Veränderungen* von Lebensmitteln aufgeführt. Hierzu gehören Emulgatoren, Stoffe gegen Kristall- und Schaumbildung, Stoffe gegen das Altbackenwerden von Backwaren, Festigungsmittel, Feuchthaltungsmittel und schließlich Stoffe gegen Trübungen in Flüssigkeiten, wozu besonders die Schönungsmittel für Wein und Obstsäfte zu rechnen sind.

Zur Vervollständigung der Aufzählung sind in einer weiteren Gruppe *(Gruppe IV)* die *Schädlingsbekämpfungsmittel, Pflanzenschutzmittel, Unkrautvertilgungsmittel, keimungshemmenden Mittel sowie die reifungsbeeinflussenden Verbindungen* behandelt, also Stoffe, die zwar an sich nicht absichtlich den Lebensmitteln zugesetzt werden, deren Anwesenheit jedoch — wenn auch nur in Spuren — im genußfertigen Lebensmittel vielfach kaum zu vermeiden sein dürfte. Zur Abrundung des Bildes war ihre Ausführung an dieser Stelle erforderlich.

In den einzelnen Rubriken finden sich folgende Angaben: *Spalte 1* enthält den *wissenschaftlichen Namen* und die chemische Formel bzw. *Strukturformel.* Soweit vorhanden, wurde in dieser Rubrik neben der wissenschaftlichen Bezeichnung entsprechend der internationalen chemischen Nomenklatur auch der chemische Trivialname berücksichtigt. — In vielen Fällen, in denen prinzipiell mit mehreren Isomeriemöglichkeiten zu rechnen ist, mußte sich die angegebene Strukturformel auf ein besonders charakteristisches Beispiel beschränken. Bisweilen konnten auch nur schematische Formeln angegeben werden, die nur das allgemeine Aufbauprinzip anschaulich machen, ohne die variablen Details wiedergeben zu können; dies besonders bei den hochmolekularen Verbindungen, wie Gelatine, Celluloseäthern, Stärke usw. Lagen noch keine näheren Erfahrungen über die Struktur bestimmter Stoffe vor, so konnten gelegentlich auch — soweit dies wissenschaftlich vertretbar erschien — nur Wahrscheinlichkeitsformeln mitgeteilt werden.

In *Spalte 2* finden sich die gebräuchlichen *Handels- bzw. Phantasienamen,* und zwar wurden sowohl solche Handelsbezeichnungen angegeben, die streng nur für den betr. Stoff gelten, als auch Bezeichnungen für Präparate, die diesen Stoff neben anderen Stoffen als wirksames Prinzip enthalten. Besonderes Gewicht ist auf solche Bezeichnungen gelegt, die sich allgemein eingeführt haben und damit zu einem Begriff geworden sind. Soweit vorhanden, wurden auch Handelsbezeichnungen, die sich in anderen Ländern eingeführt haben, mit erwähnt.

Es ist besonders darauf hinzuweisen, daß bei einem großen Teil der angegebenen Handelsnamen diese *bestimmten Firmen gesetzlich geschützt* sind, so daß sie also nicht frei für entsprechende Erzeugnisse anderer Firmen gebraucht werden können. Die Angabe der betr. Firmen selbst erschien aus Wettbewerbsgründen — sofern nicht der Firmenname direkt Bestandteil des Präparat-Namens ist — nicht angezeigt. — Soweit sich Angaben im Schrifttum auf bestimmte Präparate, nicht aber auf den chemisch definierten Stoff beziehen, wurde die betreffende Handelsbezeichnung auch bei den Angaben in Spalte 3 und 4 angeführt. Die für ein bestimmtes Präparat einer Firma gewonnenen Erkenntnisse können — schon im Hinblick auf mögliche Unterschiede in der Zusammensetzung und im Gehalt an Verunreinigungen — nicht ohne weiteres auf den Stoff als solchen oder andere Präparate übertragen werden.

In *Spalte 3* sind die *toxikologischen Befunde* sowie auch Angaben über das physiologische Verhalten im Organismus wiedergegeben, soweit solche vorhanden waren. Hier zeigen sich des öfteren widersprüchliche Befunde, da die betr. Untersuchungen vielfach unter abweichenden Versuchsbedingungen durchgeführt wurden bzw. die

Gesichtspunkte für die Auswertung verschieden waren. Auch die an sich bestehende große biologische Schwankungsbreite bedingt, daß häufig recht verschiedene Ergebnisse erhalten wurden. Es erschien aber trotzdem angezeigt, anderslautende bzw. widersprechende Befunde mitzuteilen, um damit zugleich auch auf bestehende Lücken unseres Wissens hinzuweisen. Soweit bekannt, wurde zunächst die *„Dosis letalis 50"* (LD$_{50}$) als Ausdruck für die akute Toxicität mitgeteilt, wobei es sich, wenn nicht anderes erwähnt ist, jeweils um perorale Verabreichung handelt. Die LD$_{50}$ ist definiert als die einmalig gegebene Dosis, die von einer Gruppe von mindestens 10 Versuchstieren innerhalb von 6 Tagen die Hälfte der Tiere tötet. Sie ist in ihrer Höhe von vielen Versuchsumständen wie dem physikalischen Verteilungszustand, dem Lösungsmittel, der Konzentration und der gleichzeitigen Anwesenheit anderer Stoffe (z. B. von Nahrungsbestandteilen oder oberflächenaktiven Stoffen) abhängig (*6*), was viele unterschiedliche Befunde erklärlich macht. Für die Bewertung der Angaben ist es entscheidend, ob die LD$_{50}$-Kurve (Zahl der gestorbenen Tiere, bezogen auf die anwachsende Dosis des Zusatzstoffes) flach oder steil verläuft und welche Unterschiede bei den verschiedenen Tierarten bestehen (*7*). — Auf die LD$_{50}$ folgen in Spalte 3, soweit vorhanden, noch Angaben über die subakute und chronische Toxicität und schließlich ergänzende Befunde über die Ergebnisse von Stoffwechseluntersuchungen, Enzymbeeinflussungen usw.

*Spalte 4* bringt Hinweise auf die *Anwendungsmöglichkeiten*, ferner Angaben über Wirksamkeit, Dosierung, Versagen der Wirkung u. dgl. Auf den Wirkungsmechanismus wurde gelegentlich ebenfalls kurz eingegangen, doch liegen gerade hierüber im allgemeinen noch recht wenig gesicherte Kenntnisse vor. Auch in diesem Abschnitt sind die Ergebnisse vielfach widersprechend, was schon darin begründet ist, daß eine Reihe von Autoren über ein und denselben Stoff die Ergebnisse *experimenteller* Untersuchungen mitteilt, andere dagegen die Bedingungen (Anwendungsdosis usw.), die sich in der Praxis *empirisch* bewährt haben. Auch zahlreiche Nebenumstände, die in dem zu behandelnden Substrat selbst liegen können (z. B. Vorbehandlung, Zusammensetzung) oder die die äußeren Bedingungen (wie Temperatur, Licht-, Lufteinflüsse u. dgl.) betreffen, sind von entscheidendem Einfluß auf die Ergebnisse. Das Literaturverzeichnis (S. 236) soll hier die Möglichkeit bieten, Einzelheiten, die in dem beschränkten Raum dieses Buches nicht untergebracht werden konnten, im Originalschrifttum aufzufinden. Auch hier wurden sich widersprechende oder voneinander abweichende Angaben bewußt mit aufgenommen, um auf mögliche Lücken unseres Wissens hinzuweisen und zu weiterer Forschungsarbeit anzuregen.

Soweit in bestimmten Ländern *gesetzliche Vorschriften* über einzelne Stoffe bestehen, sind diese in Spalte 4 ebenfalls angeführt. Finden sich keine diesbezüglichen Angaben, so besteht aber trotzdem die Möglichkeit der stillschweigenden Duldung in bestimmten Ländern durch den Gesetzgeber und die Lebensmittel-Überwachungsbehörden; aber auch der umgekehrte Fall ist möglich, nämlich, daß ein Stoff zwar gesetzlich in bestimmten Ländern zugelassen ist, aber aus irgendwelchen, z. B. wirtschaftlichen oder technischen Gründen, nicht Verwendung findet. Leider liegen im übrigen über die wichtige Frage, ob ein Stoff nur vorgeschlagen wurde oder tatsächlich angewandt wird, nicht immer gesicherte Unterlagen vor, so daß bisweilen diesbezügliche Angaben unterbleiben mußten. Aber selbst im Falle erwiesener Anwendung läßt sich nicht immer überblicken, ob diese in bedeutungsvollem Ausmaß oder nur in vereinzelten Betrieben erfolgt, bzw. ob eine Anwendung nur versuchsweise durchgeführt oder aus irgendwelchen Gründen inzwischen aufgegeben wurde. Soweit diesbezügliche Kenntnisse vorliegen, wurden sie berücksichtigt. — Weitere Angaben dieser Spalte beziehen sich auf die Möglichkeit der *analytischen Erfassung*, wobei jedoch nur gebräuchlichere Verfahren erwähnt sind. Dabei wurden besonders solche aus der oft großen Anzahl analytischer Methoden ausgewählt, die den Nachweis oder die Bestimmung des Fremdstoffes im Lebensmittel selbst betreffen. In vielen Fällen wird aber eine Anpassung der Methoden an die vorliegenden speziellen Aufgaben unter Berücksichtigung der besonderen Eigenschaften des in Betracht kommenden Lebensmittels notwendig sein.

Das *Schrifttum* und die sonstigen Unterlagen sind im wesentlichen bis Mitte des Jahres 1957 erfaßt. Im Hinblick auf den großen Umfang der Literatur über zahlreiche Zusatzstoffe mußte auch hier eine Beschränkung auf besonders wichtige Literaturstellen eintreten, womit eine gewisse — unvermeidbare — Willkürlichkeit verbunden ist. Die Zitierung erfolgte nach Nummern, wobei gleiche Nummern an verschiedenen Stellen des Textes auf die gleichen Literaturstellen hinweisen. Sind im Text mehrere Befunde hintereinander angeführt, die auf ein und dieselbe Literaturstelle zurückgehen, so sind diese durch Strichpunkte getrennt. Der betr. Zahlenhinweis gilt dann auch für die vorhergehenden Befunde. Die angeführten Literaturstellen sollen besonders die Entwicklungen und Erkenntnisse des letzten Jahrzehnts in ihren Grundzügen belegen, ohne aus den obenerwähnten Gründen erschöpfend sein zu können; sie dürften aber ausreichend sein, um zu weiterem Spezialstudium anzuregen.

## Einteilung der Fremdstoffe in Lebensmitteln

### A. Beabsichtigte Zusätze [1]

*I. Stoffe, die der Verbesserung des biologischen Wertes der Lebensmittel oder der Erzielung besonderer physiologischer Wirkungen dienen.*

    1. Vitamine und vitaminreiche Erzeugnisse (zum Zweck der Vitaminierung).

    2. Mineralsalze, besonders Calcium-, Eisen-, Fluor-, Jodverbindungen (zum Zweck der Anreicherung [2]) (vgl. auch A IV 3).

    3. Anregende Stoffe (z. B. Coffein).

    4. Aminosäuren u. dgl.

*II. Stoffe, die der Verbesserung des Geschmacks und (oder) Geruchs der Lebensmittel dienen.*

    1. Süßungsmittel.

        a) Natürliche Süßungsmittel, z. B. Sorbit („Sionon" als Diabetikernahrung),

        b) künstliche Süßungsmittel (z. B. Saccharin, Dulcin).

    2. Salzig schmeckende Stoffe, z. B. Kochsalzersatz für diätetische Zwecke [Ersatz des Kations und (oder) des Anions].

    3. Säuerungsmittel (z. B. für alkoholfreie Getränke).

        a) anorganische Säuren,

        b) organische Säuren.

    4. Würzstoffe.

        a) Ätherische Öle, natürliche und künstliche Aromastoffe sowie Grundstoffe und Lösungsmittel hierfür (z. B. Eugenol, Vanillin, Bittermandelöl, Senföl, Diacetyl),

---

[1] *Erklärung:* Fremdstoffe, die beabsichtigt dem Lebensmittel zugesetzt werden und die dazu bestimmt sind, gegessen zu werden.

[2] Angelsächsisch *"Enrichment"*.

    b) Säuren und Neutralisationsmittel zur Herstellung von Würzen,
    c) Bestandteile des Rauches (durch Räucherung in das Lebensmittel gelangend),
    d) Bestandteile von Räucheressenzen (z. B. für Seelachs).
5. Geschmackverstärkende Stoffe (bisher einziges Beispiel: Mononatriumglutaminat).
6. Fermente (z. B. Invertase zum Weichhalten von Zuckerwaren, Papain zum Weichmachen von Fleisch).

*III. Stoffe, die der Verbesserung des Aussehens, der Konsistenz oder sonstiger Eigenschaften der Lebensmittel dienen.*

1. Farbstoffe (zur oberflächlichen oder durchgehenden Färbung).
    a) Natürliche Farbstoffe,
    b) synthetische Farbstoffe.

2. Stoffe zur Verbesserung der Farbe.
    a) Anorganische Verbindungen (z. B. Kupfergrünung, Nitrit und Nitrat für gepökelte Fleischwaren),
    b) organische Verbindungen (Bräunungsmittel für Backwaren, für Margarine),
    c) Fermente, die das Übertreten von Farbstoffen aus der Maische in Wein oder Fruchtsäfte begünstigen.

3. Bleichmittel.
    a) Durch Reduktion wirkende Bleichmittel (z. B. für Trockenobst und Gemüsekonserven, in der Zuckerfabrikation),
    b) durch Oxydation wirkende Bleichmittel (besonders für Mehl, Fischwaren).

4. Backhilfsmittel.
    a) Stoffe zur Verbesserung der Backeigenschaften des Mehles („Mehlverbesserungsmittel"),
    b) Backpulver,
    c) sonstige Stoffe [z. B. Trennmittel für Gebäck, Bräunungsmittel (vgl. auch A III, 2 b)].

5. „Richtsalze" für die Schmelzkäsefabrikation.
6. Quellungsfördernde Stoffe (z. B. Polyphosphate für Wurstbrät).
7. Geliermittel, Dickungsmittel (z. B. Celluloseäther).
8. Oberflächenaktive Lösungsvermittler.
9. Emulgatoren (z. B. für die Margarinefabrikation) (vgl. auch A, V, 3a).
10. Schaumbildende Stoffe (z. B. für alkoholfreie Getränke).
11. Schaumverhindernde Stoffe (z. B. zur Krabbenverarbeitung, Marmeladeherstellung, Bierwürzevergärung).
12. Röstzusätze zur Kaffeeröstung (z. B. Lacke).

*IV. Stoffe, die der Aufbereitung des Trinkwassers dienen.*

1. Keimtötende Stoffe (z. B. Chlor, Chlordioxyd, chlorabspaltende Verbindungen, Ozon, Silber).
2. Stoffe zur Entfernung störender Bestandteile des Wassers.
3. Stoffe zur Anreicherung des Wassers mit erwünschten Stoffen (z. B. Fluorverbindungen zur Fluoridierung des Wassers, Umhärtung des Kochwassers mit Natriumhydrogensulfat).

*V. Stoffe, die der Vermeidung nachteiliger Veränderungen der Lebensmittel dienen.*

 1. Stoffe gegen mikrobiell bedingte Veränderungen.
  a) Stoffe gegen das Wachstum von Mikroorganismen (= Konservierungsmittel im engeren Sinn) (z. B. konservierende Säuren, quaternäre Stickstoffverbindungen, Antibiotica),
  b) Stoffe zum Abfangen von Stoffwechselprodukten.
 2. Stoffe gegen chemische Veränderungen.
  a) Stoffe gegen Oxydationsvorgänge in Fetten und Ölen (Fettantioxydantien),
  b) Stoffe gegen Farbänderungen und Vitaminverluste,
  c) Stoffe gegen sonstige chemische Veränderungen.
 3. Stoffe gegen physikalische Veränderungen.
  a) Stoffe gegen Änderungen der Konsistenz (Konsistenzmittel),
  b) Stoffe gegen die Entmischung von Flüssigkeiten (z. B. bromhaltige Beschwerungsmittel für ätherische Öle[1]),
  c) Stoffe gegen Kristallisationsvorgänge (z. B. in Kondensmilch, Speiseeis, Fettreif auf Schokolade),
  d) Stoffe gegen das Altbackenwerden von Backwaren[2],
  e) Stoffe gegen das Weichwerden pflanzlicher Produkte (Festigungsmittel),
  f) Stoffe gegen Austrocknung (z. B. Feuchthaltungsmittel) (vgl. auch B II 7 a),
  g) Stoffe gegen Wasseraufnahme (z. B. eßbare Überzüge),
  h) schaumerhaltende Stoffe (z. B. Standmittel für Schlagsahne).

*VI. Stoffe, die der Kennzeichnung dienen.*

 Stärke und Sesamöl für Margarine.

*VII. Stoffe, die der Denaturierung dienen.*

## B. Nicht beabsichtigte Zusätze und Begleitstoffe[3]

*I. Stoffe, die bei der landwirtschaftlichen Erzeugung in das Lebensmittel gelangen können.*

 1. Bodenbehandlungsmittel.
  a) Düngemittel,
  b) Bodenlockerungsmittel.
 2. Saatbeizmittel, Fungicide.
  a) Anorganische Fungicide,
  b) organische Fungicide.
 3. Insecticide und Acaricide.
  a) Anorganische Insecticide und Acaricide,
  b) natürliche organische Insecticide und Acaricide,
  c) synthetische organische Insecticide und Acaricide,
  d) Begasungsmittel, Räuchermittel[4].
 4. Rodenticide.

---

[1] Angelsächsisch *"Clouding Agents"*.
[2] Angelsächsisch *"Antistaling Agents"*.
[3] *Erklärung:* Fremdstoffe, die unbeabsichtigt in das Lebensmittel gelangen können und die nicht dazu bestimmt sind, gegessen zu werden. Ihre Aufnahme durch den Körper in kleinen Mengen ist in vielen Fällen jedoch unvermeidlich.
[4] Angelsächsisch *"Fumigants"*.

5. Herbicide.
   a) Anorganische Herbicide,
   b) organische Herbicide.
6. Wachstumsregulatoren.
   a) Stoffe zur Förderung des Fruchtansatzes im Obstbau,
   b) Stoffe gegen vorzeitigen Fruchtabfall im Obstbau.
7. Reifungsbeeinflussende Stoffe.
8. Stoffe zur Förderung des Wachstums und der Mast von Zuchttieren.
   a) Antibiotica,
   b) Sexualhormone,
   c) sonstige Stoffe (z. B. Thiouracil).

II. *Stoffe, die bei der Verarbeitung, der Lagerung oder der Zubereitung in das Lebensmittel gelangen können.*
1. Lösungsmittel (z. B. Extraktionsmittel zur Ölgewinnung).
2. Klär- und Bleichmittel für Flüssigkeiten.
   a) Chemisch wirkende Stoffe (z. B. Schönungsmittel für Wein- und Fruchtsäfte),
   b) physikalisch-chemisch wirkende Stoffe (z. B. Bentonit, Bleicherden, Kohle),
   c) fermentativ wirkende Stoffe (z. B. Pektinasen, Amylasen).
3. Katalysatoren (z. B. Katalysatoren zur Fetthärtung).
4. Stoffe gegen das Auskeimen von Ernteprodukten.
5. Bestandteile von Werkstoffen, mit denen das Lebensmittel in Berührung kommt.
   a) Bestandteile von Metallgefäßen oder Metallapparaturen,
   b) Bestandteile von Keramik- und Emailgefäßen (Glasuren, Dekore),
   c) Bestandteile von Gummi (Vulkanisations-Hilfsstoffe, Stoffe gegen das Altern von Gummi),
   d) Bestandteile von Kunststoffen (sog. „Weichmacher").
6. Grenzflächenaktive Reinigungsmittel[1] und Desinfektionsmittel (bei ungenügendem Spülen im Lebensmittel verbleibend).
   a) Reinigungsmittel für Geräte, Leitungen und Behältnisse (Kisten, Flaschen),
   b) Reinigungsmittel für Küchengeschirr,
   c) Reinigungsmittel für Früchte und Gemüse.
7. Bestandteile von Überzügen.
   a) Überzüge gegen das Austrocknen von Früchten, Eiern und anderen Lebensmitteln,
   b) Überzüge zur Verhinderung des Befalls durch Mikroorganismen (= konservierende Überzüge).
8. Weißtöner (Blankophore) (aus Kaffeefilter, Zigarettenpapier).
9. Bestandteile des Verpackungsmaterials.

III. *Stoffe, die durch physikalische Behandlungsverfahren im Lebensmittel entstehen können.*
1. Stoffe, die durch Bestrahlung mit Elektronenstrahlen entstehen.
2. Stoffe, die durch Bestrahlung mit elektromagnetischen Strahlen entstehen.
   a) UV-Strahlen,

---

[1] Angelsächsisch *"Detergents"*.

2*

    b) Röntgenstrahlen,

    c) Gammastrahlen.

3. Stoffe, die durch Trocknung entstehen (z. B. bei der Trockenmilchherstellung).

4. Polymerisations- und Oxydationsprodukte von Fetten (beim Erhitzen von Ölen entstehend).

*IV. Stoffe, die durch sonstige Vorgänge in das Lebensmittel gelangen oder in ihm entstehen können.*

1. Umwandlungsprodukte von Fettsäuren (bei der Fetthärtung entstehend).

2. Radioaktive Stoffe (z. B. Produkte der Atomenergiegewinnung).

3. Chemische Kampfstoffe und Reaktionsprodukte von Sprengstoffen (im Kriegsfall).

4. Sonstige Verbindungen.

## Charakterisierung der Fremdstoffe nach toxikologischen Gesichtspunkten

Die Arbeit internationaler Gremien hat es als wünschenswert erscheinen lassen, die einzelnen Fremdstoffe nach toxikologischen Gesichtspunkten, d. h. also nach dem Grad ihrer Unbedenklichkeit in verschiedene Gruppen einzuteilen, die in Listen zusammengestellt sind. Die Bezeichnung der einzelnen Stoffgruppen in sinngemäßer Übersetzung ist nachfolgend angegeben.

Ergänzend folgt die Bezeichnung, die die „Kommission zur Prüfung der Lebensmittelkonservierung" der Deutschen Forschungsgemeinschaft für die von ihr aufgestellte vorläufige Liste gewählt hat.

Die Bezeichnungen „A 1", „A 2" und „A 3" beziehen sich auf die Stellen im Text. Der vorgestellte Buchstabe „A" soll besagen, daß es sich nicht um Schrifttumsangaben, die auf S. 236 verzeichnet sind, sondern um die nachfolgenden erklärenden *Anmerkungen* handelt.

*A 1 Gruppeneinteilung der Expertenkommission für Lebensmittelzusätze der „Westeuropäischen Union" (WEU)* (ehem. „Brüsseler Pakt").

*Liste I:* Stoffe, die als ungefährlich für die Gesundheit zu erachten sind.

*Liste II:* Stoffe, die beim Gebrauch innerhalb bestimmter Grenzen als ungefährlich für die Gesundheit zu erachten sind.

*Liste III:* Stoffe, die als gefährlich für die Gesundheit zu erachten sind.

*Liste IV:* Stoffe, deren Schädlichkeitsgrad noch nicht festgestellt ist.

*A 2 Gruppeneinteilung der „Internationalen Union gegen den Krebs" (U.I.C.C.).*

*Liste A:* Stoffe, die auf Grund von Tierversuchen als wahrscheinlich ungiftig und nicht cancerogen angesehen werden können und die daher vorläufig als zulässig für die menschliche Ernährung gelten können.

*Liste B:* Stoffe, über die nur ungenügende Tierversuche vorliegen und die daher dringend ausgedehnter Untersuchungen bedürfen, wenn ihr weiterer Gebrauch in Lebensmitteln gewünscht wird.

*Liste C:* Stoffe, die auf Grund von Tierversuchen cancerogen sind und für die menschliche Ernährung nicht verwendet werden dürfen.

*A 3 Bezeichnung für die Stoffe der vorläufigen Liste der „Kommission zur Prüfung der Lebensmittelkonservierung" der Deutschen Forschungsgemeinschaft (DFG).* Die bezeichneten Stoffe werden „nach dem gegenwärtigen Wissensstand als vorläufig für die Lebensmittelkonservierung duldbar angesehen, bis das Ergebnis ergänzender wissenschaftlicher Untersuchungen vorliegt".

# Beschreibung der einzelnen Fremdstoffe
in tabellenförmiger Anordnung

# I. Stoffe gegen mikrobiell

## 1. Stoffe gegen das Wachstum

### b) Anorganische

| Nr. | Wissenschaftliche Bezeichnung und Formel | Handelsbezeichnungen | Toxicität, physiologisches Verhalten |
|---|---|---|---|
| 1 | **Ammoniak**<br><br>$NH_3$ | | |
| 2 | **Ammoniumpersulfat**<br><br>Ammoniumperoxydisulfat<br><br>$\begin{bmatrix} O & O \\ OSOOSO \\ O & O \end{bmatrix}^{--} \begin{matrix} NH_4^+ \\ NH_4^+ \end{matrix}$ | Multaglut, Chefaro, Porit, Meloro, Salox | Mit Persulfat behandeltes Mehl erwies sich bei Fütterungsversuchen als ungefährlich (*15*). Mit 0,02, 0,1 und 1% Persulfat versetzte Mehle, an Ratten verfüttert, zeigten erst bei der höchsten Dosis Schädigungen (*16*). Persulfate rufen das sog. „*Bäckerekzem*" hervor (*17, 18*). |
| 3 | **Kaliumpersulfat**<br><br>Kaliumperoxydisulfat<br><br>$\begin{bmatrix} O & O \\ OSOOSO \\ O & O \end{bmatrix}^{--} \begin{matrix} K^+ \\ K^+ \end{matrix}$ | Persulin, Glutabas, Glutin, Kombin | |
| 4 | **Borsäure**<br><br>$HO{-}B{\Big\langle}{\,}^{OH}_{OH}$ | | *Borsäure:* $LD_{50}$ bei Mäusen, Ratten und Meerschweinchen 1,2—3,4 g/kg Körpergewicht (*27*). Tödliche Vergiftung bei äußerlicher Anwendung bei einem Säugling durch 4%ige Borsäurelösung (*28*). 0,32 g/kg Körpergewicht, an Ratten 20 |
| 5 | **Natriumtetraborat**<br><br>$Na_2B_4O_7 \cdot 10\,H_2O$ | Borax, Elko I | |

**bedingte Veränderungen**

**von Mikroorganismen**

*Verbindungen*

---

Anwendung, gesetzliche Vorschriften, Analytik und sonstige Angaben

---

Die Begasung mit Ammoniak wurde zur Konservierung von *Früchten* und *Gemüsen* vorgeschlagen (*8*). Gasförmiges Ammoniak (aus Ammoniumsulfat und Magnesiumoxyd) wird zur Konservierung von *Citrusfrüchten* angewandt; Dosierung: 2,4 g $NH_3$-Gas je Karton. Ammoniak wirkt fungicid gegen *Penicillium italicum* (Blauschimmel) und *Penicillium digitatum* (Grünschimmel). Auch zur Konservierung von *Fischprodukten* geeignet (*9*). Bei der Konservierung von *Blut* und *Blutplasma* mit 5% igem Ammoniak konnten gute Ergebnisse erzielt werden (*10*).

Für die Anwendung von Ammoniak zur Behandlung von *Grapefruit*, *Citronen* und *Orangen* wird von der "Food and Drug Administration" in USA keine Angabe einer Toleranzgrenze für erforderlich gehalten (*11*).

**Analytik:** Bestimmung von Ammoniak mit 0,1 n-Bromatlösung (*12*), coulometrisch mit elektrolytisch bei $p_H$ 8,5 entwickeltem Brom (*13*), oder durch Destillation einer mit Cadmiumhydroxyd versetzten Lösung und nachfolgende Titration (*14*).

---

Persulfate finden als *Mehlveredlungsmittel* Anwendung (*15, 19, 20*). Mit Ammoniumpersulfat behandelte Mehle zeigen gute Lagereigenschaften, Vergrößerung des Gebäckvolumens, Verbesserung der Krumenstruktur; Thiamin und Riboflavin werden nicht zerstört (*21*). Die Anwendungsdosis persulfathaltiger Zusatzmittel liegt zwischen 10 und 200 mg/kg Mehl (*17*). Brote, die aus mit Ammoniumpersulfat (oder Kaliumbromat) behandelten Mehlen hergestellt wurden, zeigten bisweilen Fehler, wie sie auch bei Benutzung eines überreifen Teiges auftraten; durch ein zweites Kneten des Teiges sowie durch Zugabe von 1% Zucker konnten diese negativen Effekte vermieden werden (*22*). Als oxydierende Agentien weisen diese Substanzen auch eine gewisse konservierende Wirkung auf (*23*). Der *Wirkungsmechanismus* wurde teils in der Hemmung der proteolytischen Aktivität der Mehlproteasen, teils in Änderungen der physikalischen Eigenschaften des Klebereiweißes gesehen (*17*).

In USA, Australien, Belgien, Dänemark, Schweden und Spanien sind Persulfate als Mehlbehandlungsmittel verboten (*17*). Auch in Deutschland ist auf Grund der Verordnung vom 27. XII. 1956 die Mehlbehandlung mit Persulfaten verboten (*24*).

**Analytik:** Nachweis von Persulfat in Mehl mit alkoholischer Benzidinlösung (Blaufärbung) (*17*), oder mit Kaliumjodid (braunschwarze Punkte) (*81*). Volumetrische Bestimmung von Persulfat in Gegenwart organischer Substanzen (*25*). Bestimmung von Persulfat in Mehl mit $FeSO_4$ und $KMnO_4$ (*17*). Zusammenfassung der wichtigsten Methoden (Sedimentations- und Extraktionsverfahren) zur Bestimmung von Persulfat und Bromat in Mehl (*26*).

---

In Deutschland wird *Borsäure* zur Konservierung von *Anchovis, Appetitsild, Gabelbissen, Krabben, Kaviar* und *flüssigem Eigelb* angewandt; Dosierung 0,5—1,5%. Zur Konservierung von *Fischkonserven* werden 0,5 g Borsäure in 100 g Lebensmittel vorgeschlagen (*36*). Borsäure wurde zur Konservierung von *Fleisch* (*37, 38*) und von Lebensmitteln im allgemeinen (*39*) vorgeschlagen. Auch *Labpräparate* werden mit Borsäure konserviert.

Früher häufig angewandtes Konservierungsmittel, u. a. für *Milch, Butter, Margarine* und *Fisch*; infolge seiner schwachen mikrobiciden Wirkung (*29*) mußten große Mengen angewandt werden, z. B. bis zu 2% in Butter (England) (*40*). 0,5% Borsäure erwiesen sich noch als unwirksam gegen *Bacterium coli* und *Bacillus botulinus*. Noch in 3% igen Lösungen von

| Nr. | Wissenschaftliche Bezeichnung und Formel | Handelsbezeichnungen | Toxiċität, physiologisches Verhalten |
|---|---|---|---|
| 6 | **Natriumperborat**<br><br>Natriummetaborat-wasserstoff-peroxyd<br><br>$NaBO_2 \cdot H_2O_2 \cdot 3\,H_2O$ | Perborax | Tage lang verfüttert, rufen Wachstumshemmungen hervor (*27*). Borsäure wird vom Organismus nur langsam ausgeschieden (*1453*). Bei wiederholter Aufnahme daher Kumulierung im Organismus (*30*). Reizwirkung auf Schleimhäute; chronische Aufnahme führt zu Blutungen und Anämie (*31, 32*).<br>Verringerung der Nahrungsausnutzung (*33*). Borsäure schädigt Vitamin $B_6$ durch Komplexbildung (*34*). Hemmung des Wachstums von Tieren bei Verfütterung von mit „Elko I" behandelten Mehlen bei der 10 fachen Menge der normalen Anwendungsdosis (*17*). Auftreten von Nierenschädigungen (*34*). Keine spezifische Wirkung auf Fermente (*31*). Zusammenfassende toxikologische Angaben über Borsäure (*35*).<br>Die Toxicität von *Borax* entspricht im allgemeinen derjenigen der Borsäure (*30*). |
| 7 | **Natriumtetraborat-wasserstoff-peroxyd**<br><br>$Na_2B_4O_7 \cdot H_2O_2 \cdot 9\,H_2O$ |  |  |
| 8 | **Chlor**<br><br>$Cl_2$ | Golo-Gas, Beta-Chlor (Gemische aus 99,5% $Cl_2$ und 0,5% NOCl) | *Chlordioxyd* zeigte keine schädlichen Wirkungen beim Verfüttern von damit behandeltem Mehl an Tiere, im Gegensatz zu Stickstofftrichlorid (*58, 59*). Der Tokopherolgehalt von Weizenkeime enthaltendem Mehl wurde durch die Chlordioxydbehandlung zu 70% zerstört. Ungesättigte Fettsäuren in Mehl werden oxydiert. Aminosäuren in Mehlproteinen verändert (*60*).<br>„*Chloramin T*" wird als unschädliches, gewebefreundliches Desinfektionsmittel bezeichnet (*34*).<br>Angaben über die Toxicität von *Chlor* sind den |
| 9 | **Chlordioxyd**<br><br>$ClO_2$ | Diox |  |
| 10 | **Natriumhypochlorit**<br><br>NaOCl |  |  |
| 11 | **Calciumhypochlorit**<br><br>$Ca(OCl)_2 \cdot 3\,H_2O$ | Caporit |  |
| 12 | **p-Toluol-sulfochloramid-Natrium** 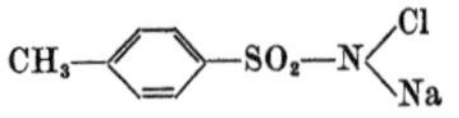<br><br>$CH_3 - \langle \rangle - SO_2 - N \big\langle {}^{Cl}_{Na}$ | Chloramin T, Chloramin, Halamid, Chlorina, Mianin, Aktivin, No-Bac, Nipicid |  |

Borsäure konnten *Torula*-Hefen und *Mucor* gefunden werden *(41)*. Borsäure erwies sich zur Konservierung von Eigelb nicht als wirksamer als z. B. Benzoesäure oder Sorbinsäure *(42)*. Von der Deutschen Forschungsgemeinschaft wird Borsäure abgelehnt *(309)*; von der WEU (A 1) wurde sie in Liste III eingereiht *(152, 864)*. 1928 wurde Borsäure als Konservierungsmittel in England *(23)*, 1955 in Frankreich verboten *(43)*. Als Konservierungsmittel für bestimmte Lebensmittel ist sie außer in Deutschland noch in Dänemark, Estland, Finnland, Italien, den Niederlanden, Norwegen, Schweden, der Schweiz, der Türkei und in Australien zugelassen bzw. geduldet. Für Margarine wurde in England Borsäure neuerdings als Ausnahme zugelassen in einer Höchstmenge von 0,25% *(44)*. Borsäure und Natriumborat sind in Südwestafrika als Konservierungsmittel zugelassen *(45)*. Eingedickte Milch darf in Westaustralien mit 0,3% Borsäure konserviert werden *(46)*. In den Niederlanden sind bei Leberwurst bis zu 0,3%, bei Garnelen und bei Eigelb und Eiereiweiß bis zu 1,5% Borsäure erlaubt *(47)*. *Natriumtetraborat* wurde als Tauchmittel zur *Früchte-* und *Gemüsekonservierung* empfohlen *(8, 48)*. Waschen von *Citrusfrüchten* mit 5%iger Na-metaboratlösung zur Verminderung des Stengelansatz-Verderbs *(Diplodia natalensis)* und des Blau- und Grünschimmels *(Penicillium italicum* bzw. *Penicillium digitatum)* *(49)*.
*Natriumperborat* wurde als *Mehlverbesserungsmittel* vorgeschlagen *(50)*.
Perborate sind in Deutschland zur Mehlbehandlung verboten *(51)*, in Finnland und Schweden zur Käsebereitung zugelassen *(913)*.

**Analytik:** Borsäurenachweis durch charakteristische Rotbraunfärbung mit Curcuma *(52)* oder durch die Flammenfärbung (Borsäure-methylester) *(81)*. Colorimetrischer Nachweis mit 1,1′-Dianthrimid *(53)*. Bestimmung durch Titration nach Verstärkung der Acidität durch Komplexbildung mit OH-haltigen organischen Verbindungen *(54, 55)*. Maßanalytische Bestimmung *(56)*. Papierchromatographische Bestimmung *(52)*. Colorimetrische Bestimmung von Spuren Borsäure mit Karminsäure *(57)*.

*Chlor und Chlordioxyd:* Umfassende Anwendung von Chlor zur Entkeimung des *Trinkwassers*. In neuerer Zeit wird in USA jedoch vielfach $ClO_2$ anstelle von Chlor für diesen Zweck angewandt *(61)*. Verwendung von überchlortem Wasser (25 mg/l) zum Spülen von *Fleisch* vor dem Gefrieren. Auch *pflanzliche Lebensmittel* (Erbsen, Bohnen) sowie *Schalentiere* (Austern, Muscheln) werden mit gechlortem Wasser behandelt. Durch Elektrolyse chloriertes Meerwasser wurde zur Behandlung von frischen *Fischen* vorgeschlagen; sehr starke bacteriostatische Wirkung dieses Wassers *(67)*. Die Elektrolyse chloridhaltiger Lösungen erzielte besten bactericiden Effekt bei Fischen *(68)*. Zur Verhinderung einer dabei auftretenden unerwünschten Bleichung der Fische wurde ein Zusatz von 0,02% Caprinsäure vorgeschlagen *(1526)*. Als besonders günstig erwies sich für diesen Zweck auch das sog. „Elektrolyse-Chlor-Verfahren" *(66)*. Die Besprühung mit Wasser, das 13 mg/l Chlor enthielt, erwies sich als günstig zur Konservierung von *grünen Bohnen* ohne Beeinträchtigung des Lebensmittels *(62)*. Gegen *Mucor racemosus* war Chlor wirksamer als $SO_2$ — besonders in saurer Lösung —, was für die Konservierung unfermentierter *Fruchtsäfte* von Bedeutung ist *(63)*. Mischungen von Chlor und Nitrosylchlorid („Golo-" oder „Beta-Chlor-Verfahren") sowie das „Elektramin-Verfahren" (Elektrolyse von Ammoniumchloridlösung ergibt Mono- und Dichloramin, welche mit Luft vermischt zur Einwirkung gelangen) finden zur Bleichung und Verbesserung der Backfähigkeit von *Mehlen* Verwendung *(17)*. Dosierung beim „Golo"-Verfahren 100 bis 250 mg/kg *(17)*. In neuerer Zeit wird hierfür vor allem das sog. „Diox-Verfahren" (Behandlung mit Chlordioxyd) angewandt. Chlordioxyd wurde vorgeschlagen zur Konservierung und Bleichung von Mehl *(78)*.
Wirkungsmechanismus: Bildung toxischer Substanzen durch Vereinigung des Chlors mit dem Plasma der Bakterien. Nach CREMER Zerstörung der Sulfhydrylgruppen von Enzymen *(83)*.

| Nr. | Wissenschaftliche Bezeichnung und Formel | Handelsbezeichnungen | Toxicität, physiologisches Verhalten |
|---|---|---|---|
| | | (No-Bac und Nipicid sind Gemische von p-Toluol-sulfochloramid-Natrium und Natriumbenzoat) | gebräuchlichen Pharmakologiebüchern zu entnehmen. |
| 13 | **p-Toluol-sulfo-dichloramid** $CH_3 - C_6H_4 - SO_2 - N(Cl)_2$ | Dichloramin T | |
| 14 | **p-Sulfo-dichloramino-benzoesäure** $HOOC - C_6H_4 - SO_2 - N(Cl)_2$ | Halazon | |
| 15 | **Chlor-sulfamido-o-toluylsaures Natrium** $NaOOC - C_6H_3(CH_3) - SO_2 - N(Cl)_2$ Vgl. auch S. 90 u. 92 | Antibakterin | |
| 16 | **Fluorwasserstoff** $H_2F_2$ | | Fluorverbindungen sind sehr stark toxisch; starke Zellgifte (*88*) und Fermentgifte (*34*). Als unterste Grenze der Schädlichkeit hinsichtlich einer Fluorose-Bildung werden beim Menschen etwa 5 mg/Tag angenommen (*89*). Tödliche Dosis für Kaninchen: Natriumfluorid 100—200 mg/kg Körpergewicht; $Na_2SiF_6$ 74—149 mg/kg Körpergewicht (*90*). Zusammenfassende Berichte über die Toxicität und Physiologie des Fluors im Schrifttum (*91, 92*). |
| 17 | **Fluoride** Salze der Fluorwasserstoffsäure $Me_2F_2$ $MeHF_2$ Me = einwertiges Metall | | |
| 18 | **Kieselfluorwasserstoffsäure** $\begin{bmatrix} F & F \\ F\ Si\ F \\ F & F \end{bmatrix}^{--} \begin{matrix} H^+ \\ H^+ \end{matrix}$ $H_2[SiF_6]$ | | |
| 19 | **Silicofluoride** Salze der Kieselfluorwasserstoffsäure $\begin{bmatrix} F & F \\ F\ Si\ F \\ F & F \end{bmatrix}^{--} \begin{matrix} Me^+ \\ Me^+ \end{matrix}$ $Me_2[SiF_6]$ Me = einwertiges Metall | | |

*Hypochlorit:* Anwendung von Hypochloriten als microbicide Mittel *(64).* Konservierung von *Tomaten* durch Eintauchen in Hypochloritlösung und anschließendes Begasen mit $NCl_3$ *(65).* Eintauchen in eine 1%ige Natriumhypochloritlösung tötet Schimmelpilze und Bakterien und erweist sich als gutes Desinfektionsmittel für Lebensmittel tierischer und pflanzlicher Herkunft. Das Waschen von *Äpfeln* und anderen Früchten mit Natriumhypochloritlösung ist ein handelsübliches Verfahren *(23).* Auch das Waschen mit wäßrigen Lösungen von Calciumhypochlorit (50 mg/l) wurde zur Keimfreimachung von Früchten vorgeschlagen *(396).* Besprühen mit Natriumhypochloritlösung (0,15% aktives Chlor) setzte das Verderben und Runzeligwerden von *Pfirsichen* herab *(71, 72).* 0,2% Natriumhypochlorit zerstörte gegen *Streptococcus acidi lactici* wirksame Bakteriophagen *(73).* Hypochloriteis („Caporiteis") wurde mit gutem Erfolg bei der Lagerung von *Fischen* angewandt. Auch Natriumhypochlorit wurde hierfür vorgeschlagen *(23).* Durch Calciumhypochlorit (auch „Chloramin T" und „Halazon") soll bei Zugabe zum Fischeis eine wesentliche Verlängerung der Haltbarkeit der Fische erzielt werden, auch „No-Bac" wurde hierfür empfohlen; die Wirksamkeit dieser Mittel wird jedoch von anderer Seite angezweifelt *(68).* Die Desinfektion von *Fischbehältern* mit 2—5%iger Natriumhypochloritlösung erwies sich als wirksamer als die Verwendung quaternärer Ammoniumverbindungen und von „Tego-51" (vgl. S. 106) *(69, 70).* 0,15%ige Natriumhypochloritlösungen werden auch zur Desinfektion von *Milchflaschen* angewandt *(75).* Ferner wurde Natriumhypochlorit zur Bleichung *tierischer Fette* und *Öle* empfohlen *(76).* Betr. Ablehnung der Zugabe von Natriumhypochlorit zu Lebensmitteln vgl. H. MARTEL *(77).* *Chloramin:* Konservierung von *Früchten* und *Gemüsen* durch Eintauchen in Chloraminlösungen *(74).* Verbesserung der Backfähigkeit von Getreidemehlen durch p-Toluol-sulfochloramid-Natrium *(79).* „Chloramin T" wird in USA als Wasserentkeimungsmittel und zur Entfernung unerwünschten Geruchs bei Käse angewandt *(396).*
„Chloramin" wurde von der WEU (A 1) in Liste III eingereiht. Chlor und Chlordioxyd sind als Mehlbehandlungsmittel in USA zugelassen *(80).* Dosierung bei Anwendung von „Beta-Chlor" 200—600 mg/kg; bei Anwendung von $ClO_2$ 100—200 mg/kg *(23).* Die Mehlbehandlung mit Chlordioxyd und „Chloramin" ist in Deutschland verboten *(24).* Chlor und Chlordioxyd sind in Westaustralien zur Mehlbleichung erlaubt *(82).*

**Analytik:** Nachweis in Mehl mittels der Beilstein-Probe *(17, 84).* „Chloramin T"-Nachweis in Milch *(1527).* Bestimmung von aktivem Chlor im Wasser mit o-Tolidin oder Dimethyl-p-phenylendiamin *(85).* Betr. direkter colorimetrischer $ClO_2$-Bestimmung in Wasser vgl. H. W. HODGEN und R. S. INGOLS *(86).* Acidimetrische Bestimmung von Hypochloriten *(87).*

Fluoride, Silicofluoride und Fluoborate wurden früher auch in Deutschland zur Lebensmittelkonservierung angewandt. Sie dienten der Haltbarmachung von *Wein, Brauereierzeugnissen, Fruchtsäften* und *Molkereiprodukten*; jetzt sind sie jedoch allgemein verboten *(88).* Kieselfluorwasserstoffsäure wurde in USA *(23)* und Deutschland *(93)* als *Eierkonservierungsmittel* patentiert.
Die Fluoride wurden von der WEU (A 1) in Liste III eingereiht. Wegen der großen Gefährlichkeit des Fluors wurde als höchstzulässige Menge in USA durch die "Food and Drug Administration" ein Gehalt von 2 mg/kg in Lebensmitteln festgelegt *(23)* (gültig für zufällige Verunreinigung durch F). In der Schweiz dürfen Kochsalz 90 mg/kg Fluor zugesetzt werden *(94).*

**Analytik:** Bestimmung von Fluor in Lebensmitteln *(95, 306)* und Pflanzenmaterial *(96)* sowie in Wässern und Bodenextrakten *(97, 307).* Colorimetrische Bestimmung unter Verwendung von Farblacken des Thoriums *(98, 99),* Zirkons *(100)* oder Aluminiums *(101—103).* Zusammenfassung der wichtigsten Methoden der Flourbestimmung im Handbuch der analytischen Chemie *(104).*

| Nr. | Wissenschaftliche Bezeichnung und Formel | Handelsbezeichnungen | Toxicität, physiologisches Verhalten |
|---|---|---|---|
| 20 | **Fluoborate**<br>Fluorborate<br>Salze der Fluoborsäure<br><br>$\left[\begin{array}{c} F \\ F\ B\ F \\ F \end{array}\right]^{-} Me^{+}$<br><br>$Me[BF_4]$<br>Me = einwertiges Metall | | |
| 21 | **Hydroxylamin**<br>$NH_2OH$ | | $LD_{50}$ bei Mäusen 410 bis 420 mg/kg Körpergewicht; Verfütterung subletaler Dosen verursacht Hypertrophie der Milz und Schilddrüsenverkleinerung (*105*). |
| 22 | **Jod**<br>$J_2$ | | Angaben über die Toxicität des Jods sind den gebräuchlichen Pharmakologiebüchern zu entnehmen. |
| 23 | **Kaliumbromat**<br><br>$\left[\begin{array}{c} O \\ OBr \\ O \end{array}\right]^{-} K^{+}$<br><br>$KBrO_3$<br><br>Vgl. auch Persulfate, S. 22 | Elco II, Glutabas, Energo, Kabromin, Kadrei, Kombin, Gentin | Kaliumbromat wird als unbedenklich angesehen, da bei täglichem Genuß von 300 g Weißbrot nur 8 mg aufgenommen werden, was unter der für Säuglinge zur Beruhigung gegebenen Dosis liegt (*17*). |
| 24 | **Natriumsilicat**<br><br>(Strukturformeln)<br><br>$[Na_2SiO_3]_n$ und $[Na_2Si_2O_5]_n$ (Gemisch) | Wasserglas | Die toxische Wirkung von Kieselsäure im Gewebe kann auf der Adsorption an Proteine beruhen (*120*). |

Vorgeschlagen zur Konservierung von *Fischen*, die zur Weiterverarbeitung auf Fischmehl und Fischöl vorgesehen sind (*106*). Zur Verhinderung des bakteriellen Verderbs von Fischen ist eine viel geringere Menge Hydroxylamin notwendig, als bei Anwendung von Nitrit (*107*). Allgemein zeigt Hydroxylamin gute Wirkung auf die Haltbarkeit von Lebensmitteln, besonders solchen mit hohem Gehalt an tierischem Eiweiß (*105*).

**Analytik:** Photometrische Bestimmung mit 8-Oxychinolin (Bildung eines grünen Reaktionsproduktes) (*108*).

Vorgeschlagen zur Konservierung von *Früchten* und *Gemüsen* durch Imprägnierung des Einwickelmaterials mit Jod (*8*). Jodhaltige Einwickler haben sich zur Haltbarkeitsverlängerung von Früchten bewährt (*109*). Konservierung von *Fleisch* durch Eintauchen in Jod- (oder Jodid-) Lösungen (*110*). Alkoholische Jodlösung wurde zur Konservierung flüssiger Lebensmittel vorgeschlagen (*111*).

Kaliumbromat wurde als mikrobicider Zusatz zu *Käse* vorgeschlagen (*17*); es wird als *Mehlbehandlungsmittel* angewandt (*112—114*). Dosierung bei Anwendung zu diesem Zweck bis zu 100 mg/kg (*36*). In USA angewandte Höchstkonzentration (als Mehlbehandlungsmittel) bis zu 75 mg/kg, jedoch nur für solche Mehle, die dadurch verbessert werden können (*396*). Erhöhung des Brotvolumens bei Verwendung von Kaliumbromat um 8,8%. Bei einer Konzentration von 5—50 mg/kg in Mehl zeigt sich noch keine bleichende Wirkung (*17*). Wirkungsmechanismus: Kaliumbromat vermindert die Protease-Aktivität; je nach deren Größe muß dem Mehl mehr oder weniger Bromat zugegeben werden (*115*).

In USA als Mehlbehandlungsmittel zugelassen (*80*). Auch in Deutschland, England, Finnland, Irland, Kanada, den Niederlanden, Norwegen und Schweden geduldet. Grundsätzlich verboten ist jede Mehlbehandlung in Argentinien, Frankreich, Griechenland, der Schweiz, Südafrika, der Tschechoslowakei und Ungarn. Die Verwendung von Kaliumbromat zur Mehlbehandlung (40 mg/kg) ist in Deutschland befristet bis Ende 1957 gestattet (*116*). Von der Mehlbleichungskommission der Deutschen Forschungsgemeinschaft wurden 20 mg/kg als Höchstgrenze als duldbar angesehen (*117*).

**Analytik:** Nachweis in Mehl: Zugabe angesäuerter Jodzink-Stärke-Lösung (Auftreten schwarzer Punkte) (*17*). Bromnachweis mit Eosin (Fluoresceinbildung) (*17*). Jodometrische Bestimmung (*17*). Amperometrische Bestimmung von Kaliumbromat in Mehl (*118*). Zusammenfassung der wichtigsten Methoden (Sedimentations- und Extraktionsverfahren) zur Bestimmung von Bromat und Persulfat in Mehl (*26*).

Natriumsilicat als Tauchmittel zur Konservierung von *Früchten* und *Gemüsen* empfohlen (*8*). Allgemein übliche Anwendung als Konservierungsmittel für *Schaleneier* (*121*). Vorgeschlagen als Zusatz zur *Milch* zur Verhinderung des Sauerwerdens (*122*).

**Analytik:** Photometrische Bestimmung nach dem Molybdänblau-Verfahren (*123*).

| Nr. | Wissenschaftliche Bezeichnung und Formel | Handelsbezeichnungen | Toxicität, physiologisches Verhalten |
|---|---|---|---|
| 25 | **Nitrosylchlorid**<br><br>NOCl | Beta-Chlor (Gemisch aus 99,5% $Cl_2$ und 0,5% NOCl) | Bei Anwendung als Mehlbehandlungsmittel werden beim Menschen Gesundheitsschädigungen für wahrscheinlich gehalten (*124*). |
| 26 | **Sauerstoff**<br><br>$O_2$ | | |
| 27 | **Ozon**<br><br>$O_3$ | | Längerer Aufenthalt in Räumen mit 1 ml Ozon pro m³ Luft verursacht Kopfschmerzen und Reizung der Atmungsorgane (*128*). Ozonkonzentrationen von 1 ml/m³ erwiesen sich innerhalb von 6 Std. für Ratten als gefährlich, wenn diese periodisch in Bewegung gehalten wurden (*129*). |
| 28 | **Rhodanide**<br><br>Thiocyanate<br>Sulfocyanate<br>Salze der Rhodanwasserstoffsäure (Thiocyanwasserstoffsäure, Sulfocyanwasserstoffsäure)<br><br>$Me-S-C \equiv N$<br><br>MeSCN<br><br>Me = einwertiges Metall | | Rhodanide werden als ungiftig angesehen (*139*). |
| 29 | **Silber**<br><br>Silberionen<br><br>$Ag^+$<br><br>kolloides Silber<br><br>Ag | Micropur | In den zur Anwendung kommenden Mengen wird Silber als unschädlich angesehen (*87*). |

Nitrosylchlorid zur *Mehlbehandlung* angewandt (*125*). Dosierung 200—600 mg/kg „Beta-Chlor", entsprechend 1—3 mg/kg Nitrosylchlorid (*23, 79*).

Genehmigt in USA als Mehlbehandlungsmittel.

Weitere Angaben vgl. unter Chlor (S. 25).

Angewandt zur *Milchkonservierung* (Hofius- und Wiser-Verfahren); 7—10 atü Sauerstoffdruck bei 6—10° C. Haltbarkeit bis zu 3 Wochen (*126*). Milch, die auf 90—93° C erhitzt und mit Sauerstoff versetzt wird, erweist sich, solange sie unter $O_2$-Druck (4—8 atü) steht, als gut haltbar (2 Monate, in günstigen Fällen bis zu 1 Jahr) (*127*). Waschen von Milch mit $O_2$ nach vorhergehender Pasteurisierung bewirkt Geschmacksverbesserung und geringe Haltbarkeitsverlängerung (12 Std.) (*1539*).

Verwendung von Ozon zur Entkeimung von *Trinkwasser*. Ozon in einer Konzentration von 10 mg/l zerstört Bakterien in Wasser (*130*). Die Konservierung von Lebensmitteln durch Ozonbehandlung wurde vorgeschlagen, jedoch ist die Wirkung noch umstritten (*8*). Aufbewahrung von *Seefischen* in ozonhaltigem Wasser oder Begasung mit ozonhaltiger Luft verbessert deren Haltbarkeit (*131*). Zur Konservierung von *Milch* (*132*) und zur Entkeimung von *Zigarettentabak* (*133*) wurde ebenfalls Ozon vorgeschlagen. Zur Verhinderung des Bakterienwachstums in Lebensmitteln bedarf es jedoch einer Konzentration, die über der für den Menschen erträglichen liegt (*130*).

2 ml/m³ Ozon unterbinden das Wachstum von Schimmelpilzen auf *Kühlraumwänden, Kisten* und beschädigten Stellen am *Obst*; die Luft wird dabei von Schimmelpilzen nahezu frei gehalten; die Entwicklung der sog. „Schalenbräune" wird gehemmt (*128*). 3 mg/m³ Ozon töten in 3 Std. 99% aller Keime und verbessern die Haltbarkeit leichtverderblicher Lebensmittel (*134*). Ozonbehandlung schädigt Äpfel (*135*); die Verwendung von Ozon bei der Kaltlagerung von *Obst* wird jedoch von anderer Seite empfohlen (*128*). Ozon zur *Mehlbleichung* ist z. B. in Westaustralien zugelassen (*81*).

**Analytik:** Nachweis geringer Mengen Ozon (Empfindlichkeitsgrenze: 1 µg/m³), beruhend auf der Reaktion mit entfärbtem Eisen-(III)-rhodanid-Papier (*136*). Bestimmung der durch Einleitung von Ozon in neutrale KJ-Lösung freigemachten Menge Jod: Colorimetrische Bestimmung mit Indigo (*137, 138*).

Die Anwendung in Konzentrationen von 0,03—0,1% als Konservierungsmittel für *Grünfutter* soll Vorteile gegenüber Ameisensäure, Formiat und Nitrit aufweisen (*140*). Stark keimtötende Wirkung (*139*). Eis mit 100 mg/kg stabilisierter Rhodanwasserstoffsäure (sog. „Weidnerit-Eis") verlängert die Haltbarkeit von *Fischen* um mindestens 5 Tage gegenüber normalem Eis (*141*).

Angewandt zur *Wasser-* und *Mineralwasserentkeimung* („Katadyn-", „Elektrokatadyn-", „Cumasinaverfahren"). Das Verfahren beruht auf der oligodynamischen Wirkung des Silbers (*142, 143*). Vorgeschlagen und gelegentlich angewandt zur Entkeimung von *Essig, Fruchtsäften, Wein* und *Limonaden*. Dosierung für Wasser 25—100 µg/l; für Essig 250 µg/l; für Fruchtsäfte und Weine 5—10 mg/l; für Limonaden 1 mg/l (*144*). Oligodynamisch wirkende Stoffe wie Silber, Kupfer und Gold finden in Kombination mit $H_2O_2$ Verwendung zur Entkeimung von *Fischen* (*145*).

Bei *nicht* geklärten Säften ist die Wirkung zweifelhaft infolge Inaktivierung der Silberionen durch Fällung oder Bindung an Eiweißkörper. Der oligodynamische Effekt des Silbers versagt auch bei kolloiden Lösungen wie Milch, Süßmost und ähnlichen Erzeugnissen infolge Adsorption oder chemischer Bindung des wirksamen Silbers (*146, 147*).

Silber und dessen Verbindungen wurden von der WEU (A 1) in Liste III eingereiht. In Deutschland ist die Verwendung von Silber (bei Limonaden) gestattet, ebenfalls in England

| Nr. | Wissenschaftliche Bezeichnung und Formel | Handelsbezeichnungen | Toxicität, physiologisches Verhalten |
|---|---|---|---|
| 30 | **Distickstoffoxyd**<br>Stickoxydul<br>$N_2O$<br><br>Vgl. auch S. 164 | Lachgas, Nitral | Physiologisch unbedenklich (*149*). Nähere Toxicitätsangaben vgl. S. 164. |
| 31 | **Stickstoffoxyde**<br>$NO$, $NO_2$, $N_2O_4$ | Instanto (an $CaSO_4$ adsorbierte Stickstoffoxyde) | |
| 32 | **Stickstofftrichlorid**<br>Chlorstickstoff<br>$NCl_3$ | Agene | Der *Delaney*-Ausschuß (USA) hält „Agene" für bedenklich (*154*). Hinweis auf Gesundheitsschädigungen bei Anwendung als Mehlbehandlungsmittel (*124*). 5 g „Agene" pro kg Mais ergaben bei Verfütterung an Kaninchen innerhalb von 48 Std. hysterieähnliche Zustände (*155*). „Agene" erzeugt auch bei Hunden Hysterie. Bisher konnten Gesundheitsschädigungen nur bei Tieren, nicht beim Menschen beobachtet werden (*156*). Fütterungsversuche an Ratten, Kaninchen und Hunden bis zu 2 Monaten mit $NCl_3$-behandelten Citrusfrüchten ergaben keine Beeinflussung von Wachstum, Blutbild und Methioningehalt, auch konnte kein Auftreten von epileptischen Anfällen beobachtet werden (*310*). Mengen von 480 mg/kg in Mehl ergaben keine physiologischen od. psychologischen |

und Schweden (hier jedoch nur zu Verzierungen, Dragierung u. dgl.) (*913*); in den Niederlanden ist neuerdings die Silberung verboten (*119*).

**Analytik:** Bestimmung mit 1,2,3-Benztriazol (*148*). Ferner sei auf die bekannten Bestimmungsverfahren verwiesen (*137*).

Vorgeschlagen zur Haltbarmachung von Lebensmitteln (*150*). Verwendung von Distickstoffoxyd unter Druck (20—40 atü) zur Konservierung von *Milch* und *Fleisch* (im 1. Weltkrieg); derart behandelte Milch zeitigte beim Genuß durch Kinder keine gesundheitlichen Schädigungen (*151*). Distickstoffoxyd, als „Standmittel" für *Schlagsahne* angewandt (vgl. S. 165), zeigt bactericide Eigenschaften (*149*).

**Analytik:** Nachweis durch Überführung in NO und Farbreaktion mit Eisen(II)-sulfat und Schwefelsäure; Bestimmung von $N_2O$ durch Absorption in Chloroform und Messung des Restvolumens (*149*).

Stickstoffoxyde werden in USA zur *Mehlbehandlung* angewandt (*23*). Mehlbehandlung mit NO, $N_2O_4$ („Dollinger-Verfahren", „Elektrobleichverfahren") (*23*). Zusatz von 5—10 g „Instanto" zu 100 kg Mehl, entsprechend 50—100 mg/kg (*17*).
In Deutschland ist die Verwendung von Stickstoffoxyden zur Mehlbehandlung verboten (*116*).
In Australien sind sie zur Mehlbleichung zugelassen (*81*). Ebenso in der Südafrikanischen Union; im so behandelten Mehl dürfen hier höchstens 6 mg/kg Stickstoffoxyde (berechnet als Natriumnitrit) vorhanden sein (*153*).

**Analytik:** Mit Stickstoffoxyden gebleichtes Mehl zeigt positive Reaktionen auf Nitrit. Colorimetrischer Nachweis im Mehl mit Sulfanilsäure, α-Naphthylamin und Essigsäure (Rotfärbung) (*17*).

Anwendung von Stickstofftrichlorid als mikrobicides Gas zur Konservierung von *Orangen, Citronen* und anderen Früchten. Dosierung: 250—700 mg/m³ Luft (*8*). Die Begasung mit $NCl_3$ (140—280 mg/m³) in Äthylengas (sog. „Decco-Prozeß") erwies sich als günstig zur Verhinderung des Verderbs von Citrusfrüchten, bes. nach vorhergehendem Waschen mit Na-metaboratlösung oder Natrium-o-phenylphenolatlösung (*160—162*). Anwendung als *Mehlbehandlungsmittel*. Dosierung 16,5—33 mg/kg in Mehl.
Seit 1949 in USA als Mehlbehandlungsmittel wegen gesundheitlicher Gefahren verboten (*23*), ebenso in Deutschland (*163*).

| Nr. | Wissenschaftliche Bezeichnung und Formel | Handelsbezeichnungen | Toxicität, physiologisches Verhalten |
|---|---|---|---|
| | | | Veränderungen beim Menschen (*157*). Die toxische Wirkung von Stickstofftrichlorid beruht auf der Bildung von Methioninsulfoximin (*82, 158*), welches ein Antagonist zu Methionin ist (*159*). Vgl. auch S. 24. |
| 33 | **Natriumnitrit**<br><br>$[ONO]^- \, Na^+$<br><br>$NaNO_2$ | | $LD_{50}$ bei Mäusen 214 bis 216 mg/kg Körpergewicht (*105*). Beim Menschen erzeugten 0,5 g Übelkeit und leichte Cyanose; 2 g ergaben schwere Vergiftungserscheinungen; in einem Falle wurden schon durch 0,133% Natriumnitrit in Fleischbrühe Vergiftungserscheinungen beobachtet (*164*). Nitrit ist ein Methämoglobinbildner (*32*). Tägliche Verfütterung von 260 g Heringsmehl mit 0,4% $NaNO_2$ an Schweine bewirkte Methämoglobinbildung; 200 g Heringsmehl mit 0,2% $NaNO_2$ ergaben noch keine toxischen Erscheinungen(*165*). Die Toxicität von Nitrit erscheint in den angewandten Mengen nicht unbedenklich (*166*). |
| 34 | *Schweflige Säure und deren Derivate*<br><br>Beispiele:<br><br>**Schweflige Säure**<br><br>$\begin{bmatrix} ^-O \\ OSO \end{bmatrix}^{--} \begin{matrix} H^+ \\ H^+ \end{matrix}$<br><br>$H_2SO_3$ | | $LD_{50}$ bei Kaninchen 600 bis 700 mg/kg Körpergewicht (als $SO_2$) (*181*). $SO_2$ ist ein Methämoglobinbildner (*32*). Starke Schädigung der bacterciden Kraft des Blutes durch $SO_2$; dadurch |

Anwendung zur Herstellung von gepökelten *Fleisch-* und *Fischwaren.* Herstellung eines Schnellpökelsalzes aus Natriumnitrit oder Salpeter *(167).* 200 mg/kg Natriumnitrit zeigen einen größeren bakteriostatischen Effekt als 2,5% Natriumnitrat *(168).* Zugabe von 100 bis 200 mg/kg Natriumnitrit verstärkt den die *Botulinus*-Bildung hemmenden Effekt von NaCl und $NaNO_3$ *(169).* Anwendung zur Konservierung von *Fischen* durch Lagerung in mit Natriumnitrit versetztem Eis („Nitriteis") *(170).* Bei der Fischbeeisung erwiesen sich neben 500 mg/kg Formaldehyd 200 mg/kg Natriumnitrit im Eis als am wirksamsten *(171).* Fischeis mit 0,1% Natriumnitrit verlängert die Haltbarkeit von Fischen um 4 Tage, solches mit 0,15% um 8 Tage. Bei dieser Dosierung wurden als Höchstgehalt im Fischfleisch 500 mg/kg Nitrit gefunden. Dieser Gehalt nimmt infolge bakterieller Reduktion des Nitrits zu Stickstoff allmählich ab *(172).* Der bakteriell bedingte Verderb von in Nitriteis (0,5—1 g/kg) aufbewahrtem Fisch war viel geringer als derjenige in gewöhnlichem Eis oder in mit Benzoesäure versetztem Eis *(23).* Als bactericide Zusätze zu Fischeis erwiesen sich ein Gemisch aus 0,02% Natriumnitrit und 1,5% Natriumchlorid sowie 0,05% Natriumnitrit für sich allein als zufriedenstellend *(173).* Von den zur Fischbeeisung vorgeschlagenen Mitteln (Formaldehyd, „Acriflavin", „Zephirol", „Tego 51", „E 10", Natriumnitrit) erschien nur Natriumnitrit geeignet *(171).*

Anwendung zur Erhöhung der Haltbarkeit von Fisch durch Behandlung mit Nitritlake. Lake mit 0,05—0,2% Natriumnitrit war wirksamer als eine solche mit Benzoesäure oder Natriumbenzoat. Nach 5 min langem Eintauchen von Fisch in eine Lake mit 0,1—0,6% Nitrit, wodurch etwa 200 mg/kg Natriumnitrit ins Fischfleisch gelangten, konnte ein merklicher Rückgang des bakteriellen Verderbs beobachtet werden *(23).* Günstiger Einfluß von Nitritlake auf die Haltbarkeit von Heringen *(174).* In offenen Behältern erwies sich Nitritlake zur Konservierung von Sommerheringen als günstiger als Formaldehyd, wohl wegen der Flüchtigkeit des letzteren *(166).*

Nitrite wurden von der WEU (A 1) in Liste III, Nitrate in Liste IV eingereiht. Nach dem Nitritgesetz vom 19. VI. 1934 darf in Deutschland bei Nitritpökelsalz ein Gehalt von 0,6% Na-nitrit nicht überschritten werden (untere Grenze: 0,5%). Höchstzulässige Menge in Pökelsalz für Fischkonserven in Schweden: 0,6% Natriumnitrit *(36).* In Kanada wurde Natriumnitrit als Zusatz zum Fischeis zugelassen *(166).* Höchstzulässiger Nitritgehalt in damit behandelten Lebensmitteln in Ceylon, Kanada und der Südafrikanischen Union 200 mg/kg, in Australien 140 mg/kg *(175).* Außerdem ist die Anwendung von Nitrit in Belgien, Dänemark, England, Finnland, Griechenland, Irland, den Niederlanden, Norwegen, Österreich und der Schweiz gestattet *(913).* In Frankreich ist die Verwendung von Nitrit zur Fleischkonservierung verboten *(864).*

**Analytik:** Nachweis mit Amino-4-chlormethyl-thiazol-hydrochlorid *(176).* Colorimetrische Bestimmung mit „Nitrin" (= o-Aminobenzal-phenylhydrazin) (Violettfärbung) *(177, 178).* Maßanalytische Bestimmung mit Cer(IV)-sulfat *(179).* Photometrische Bestimmung mit Thioglykolsäure (Bildung einer intensiv rot gefärbten S-Nitroso-thioglykolsäure) *(180).*

Hauptsächliches Anwendungsgebiet der Schwefligen Säure ist die Konservierung von *Gemüse* und *Früchten (195)* sowie daraus hergestellten Produkten *(23),* z. B. von *Fruchtsäften* für den Export und zur Weiterverarbeitung; die notwendige Konzentration beträgt je nach Art des Fruchtsaftes 0,02—0,1%. Nachteilig ist die dabei eintretende Bleichung des Saftes *(23).* Für *Pfirsiche* sind 1 g/kg, für Aprikosen 0,6 g/kg die unterste Grenze des $SO_2$-Gehaltes, der noch Haltbarkeit gewährleistet *(196).* Die Behandlung von Obstdicksäften mit mäßigen Mengen $SO_2$ wird als empfehlenswerte Konservierungsmethode betrachtet *(197).* $SO_2$-Behandlung wurde vorgeschlagen zur Verzögerung des Verderbs von *Trauben,* besonders

| Nr. | Wissenschaftliche Bezeichnung und Formel | Handelsbezeichnungen | Toxicität, physiologisches Verhalten |
|---|---|---|---|
| 35 | **Schwefeldioxyd** <br> $SO_2$ | | Schwächung der allgemeinen Resistenz (*182*). Neuere Untersuchungen konnten jedoch diesen Befund nicht bestätigen (*183*). 0,1—0,2% Sulfit in der Nahrung konnten 3 Tage lang ohne nachteilige Wirkungen aufgenommen werden, jedoch ergaben 310 bis 628 mg Sulfit, 4 mal täglich 4 Tage lang aufgenommen, beim Menschen Verdauungsstörungen, Kopfschmerzen, Albuminurie. 15—62 mg $SO_2$ täglich (als Sulfit), 200 Tage lang an Hunde und Katzen verfüttert, ergaben keine Anomalien; ebensowenig 2,5 g $SO_2$, gebunden an Glucose, bei Hunden 3—7 Monate lang. Andererseits riefen 17 mg $SO_2$ täglich, 66 Tage lang an Hunde verfüttert, Hämorrhagien und Nephritis hervor. Fortgesetzte Verfütterung von 30 mg/kg Körpergewicht $SO_2$ täglich an Ratten ergab ernsthafte gesundheitliche Schädigungen (*185*). 10—50 mg, einmalig an Menschen verabreicht, ergaben verschiedenartige Beschwerden (*1553*). Die Toxicität der Schwefligen Säure hängt von den Begleitstoffen ab. Nach anderen Angaben wird $SO_2$ als physiologisch unbedenklich bezeichnet (*184*). Schweflige Säure wird schon im Darmkanal größtenteils in ungiftiges Sulfat umgewandelt (*34*). Bei der Prüfung auf cancerogene Wirkungen konnten durch 0,5—2% Natriumhydrogensulfit im Futter von Ratten, 2 Jahre lang gegeben, keine Anzeichen von Tumorbildungen erkannt werden (*185*). Durchschnittliche tägliche |
| 36 | **Natriumsulfit** <br> $\begin{bmatrix} O \\ OSO \end{bmatrix}^{--} \begin{matrix} Na^+ \\ Na^+ \end{matrix} \cdot 7\,H_2O$ <br> $Na_2SO_3 \cdot 7\,H_2O$ | Preservalin | |
| 37 | **Natriumhydrogensulfit** <br> Natriumbisulfit <br> $\begin{bmatrix} O \\ OSO \end{bmatrix}^{--} \begin{matrix} Na^+ \\ H^+ \end{matrix}$ <br> $NaHSO_3$ | | |
| 38 | **Natriumpyrosulfit** <br> Natriumdisulfit <br> $\begin{bmatrix} O\ O \\ SOS \\ O\ O \end{bmatrix}^{--} \begin{matrix} Na^+ \\ Na^+ \end{matrix}$ <br> $Na_2S_2O_5$ | Natrium-metabisulfit | |
| 39 | **Kaliumpyrosulfit** <br> Kaliumdisulfit <br> $\begin{bmatrix} O\ O \\ SOS \\ O\ O \end{bmatrix}^{--} \begin{matrix} K^+ \\ K^+ \end{matrix}$ <br> $K_2S_2O_5$ | Kalium-metabisulfit, <br><br> Jiffy-Pack (Gemisch von Kalium-pyrosulfit und Lactose) | |
| 40 | **Calciumhydrogensulfit** <br> Calciumbisulfit <br> $\begin{bmatrix} O \\ OSO \end{bmatrix}^{--} H^+$ <br> $\begin{bmatrix} O \\ OSO \end{bmatrix}^{--} \begin{matrix} Ca^{++} \\ H^+ \end{matrix}$ <br> $Ca(HSO_3)_2$ | | |
| 41 | **Natriumthiosulfat** <br> $\begin{bmatrix} O \\ OSS \\ O \end{bmatrix}^{--} \begin{matrix} Na^+ \\ Na^+ \end{matrix} \cdot 5\,H_2O$ <br> $Na_2S_2O_3 \cdot 5\,H_2O$ | | |

für solche, die für einen langen Transport haltbar gemacht werden müssen (*198*). Gärungsunterbrechung bei *Weinen* durch $SO_2$ (*199*). Im Gegensatz zur Anwendung bei Wein wird bei Fruchtsäften der $SO_2$-Geschmack nicht überdeckt, die Konservierung von Fruchtsäften mit $SO_2$ wird daher für ungeeignet gehalten (*200*). Auch *Pektin* und *Speisegelatine* werden mit schwefliger Säure konserviert. *Stärkemehl* und Stärkeerzeugnisse können aus der Industriebearbeitung herrührendes $SO_2$ enthalten.

Anwendung zur Konservierung von *Silofutter*; bei der Verfütterung derartig behandelten Futters treten keine Nachteile auf (*201*). Nach einem amerikanischen Patent wird durch $SO_2$ die Haltbarkeit von *Mehl* erhöht (*202*). Schweflige Säure dient ferner zur Desinfektion von *Transportfässern* (*203*). Sie ist ein gebräuchliches Räuchermittel gegen *Insektenschäden* (*23*). $SO_2$ ist in seiner Wirkung $p_H$-abhängig; wirksam ist nur die undissoziierte Säure (*204, 205*). Bei $p_H$ 4 wird zur Abtötung von Mikroorganismen nur $^1/_{10}$ der bei $p_H$ 5 erforderlichen Menge an Schwefliger Säure benötigt (*1554*). Bei einer Konzentration von 500 mg/kg ist eine fäulnisverhindernde Wirkung gerade noch erkennbar; das Optimum liegt bei 0,5% (*206*). Verwendung der Schwefligen Säure und ihrer Derivate auch als Antioxydans (vgl. S. 142, 143). Schweflige Säure wurde von der „Internationalen Union gegen den Krebs" (*305*) in Liste B (A 2), von der WEU (A 1) in Liste II eingereiht. Von der „Deutschen Forschungsgemeinschaft" (*309*) als vorläufig duldbar angesehen (A 3). Die geduldeten Höchstkonzentrationen für $SO_2$ liegen derzeit in Deutschland zwischen 80 mg und 1,25 g/kg, je nach Art des Lebensmittels. In USA ist Schweflige Säure das einzige legale Konservierungsmittel für Wein (*207*); ferner ist sie dort als Bleichmittel zugelassen. In Westaustralien liegen die zulässigen Höchstmengen für $SO_2$ in Wein zwischen 200 und 450 mg/l je nach Weinart (*82*). Süßmost und alkoholfreie Traubensäfte dürfen in der Schweiz 80 mg/l freie Schweflige Säure enthalten; andere Konservierungsmittel sind hierfür nicht erlaubt (*208*); für Fruchtsäfte sind dort 500 mg/l, für Fruchtsirup 200 mg/kg Gesamtschweflige Säure, für Weinessig 100 mg/l freie bzw. 400 mg/l Gesamtschweflige Säure zugelassen (*153*). Zur Konservierung von frischem Orangensaft sind in USA 350 mg/l $SO_2$ zugelassen (*209*). Der höchstzulässige Gehalt an $SO_2$ in Fruchtmarmelade ist in Rußland auf 20 mg/kg festgesetzt (*210*). In Italien wurde empfohlen, zur Konservierung von Marmelade höchstens 30 mg/kg zuzulassen (*211*). Die für Marmelade und Konfitüren zugelassenen Höchstmengen an $SO_2$ betragen in England 100 mg/kg, in Belgien 40 mg/kg, in Frankreich 20 mg/kg (*212*). Schweflige Säure und Sulfite sind in Frankreich für bestimmte Lebensmittel zugelassen (z. B. für Süßweine, Trockenobst, Senf); Höchstmengen bei Wein 450 mg/l Gesamtschweflige Säure, davon 100 mg/l freie Schweflige Säure (*864*). Schweflige Säure und ihre Derivate sind außerdem in Dänemark, Griechenland, Finnland, Irland, Norwegen, Österreich, Portugal, Schweden, Spanien und der Türkei für bestimmte Lebensmittel zugelassen. Die Verwendung von $SO_2$ zur Fleischkonservierung ist in USA verboten (*23*).

**Analytik:** Destillation flüchtiger Substanzen; auffangen in $H_2O_2$ und titrimetrische Bestimmung (nicht spezifisch, weil Tetrathionat, Thiosulfat, Dithionat und Thioharnstoff ähnliche Reaktionen geben); jodometrische Bestimmung unter Verwendung von Formaldehyd (*213, 214*). Schnellbestimmung durch Destillation in neutrale Bleiacetatlösung und photometrische Bestimmung des Bleisulfits (Trübungsmessung) (*215*). Elektrometrische Bestimmung (*216*). Bestimmung durch Messung der Entfärbungszeit von Jodstärkelösung (*217*). Colorimetrische Bestimmung mit Na-wolframat und Hypophosphit (Blaufärbung) (*218*). Photometrische Bestimmung mit Malachitgrün (*1578*).

| Nr. | Wissenschaftliche Bezeichnung und Formel | Handelsbezeichnungen | Toxicität, physiologisches Verhalten |
|---|---|---|---|
| | Vgl. auch S. 142 | | Aufnahme an Schwefliger Säure durch die Nahrung etwa 7 mg $SO_2$. Schweflige Säure wirkt zerstörend auf die Vitamine $B_1$ und C (*186, 187*). Nach anderen Angaben soll sie jedoch (als Fermentgift gegen Ascorbinsäureoxydase) Vitamin C-erhaltend wirken (*188—191*). Die chronische Toxicität soll in erster Linie auf der Vitamin$B_1$-Zerstörung beruhen (*185*). Kartoffeln und Kohl verlieren durch $SO_2$-Behandlung ihren Vitamin B-Gehalt (*1555*). Die Gefahr einer erheblichen Vitamin $B_1$-Spaltung wird andererseits in der Praxis für gering gehalten, da diese Spaltung nur bei $p_H$ 5 und hoher Sulfitkonzentration optimal verläuft, während in der Nähe des Neutralpunktes und bei niederen Konzentrationen die Spaltungsgeschwindigkeit äußerst gering ist (*192*). Stark geschwefelte Weine sind für anacide und subacide Menschen infolge Freisetzung der gebundenen schwefligen Säure im Magen nicht bekömmlich (*193*). Die Verdaulichkeit getrockneter Melassenrübenpülpe erwies sich als wesentlich besser als diejenige der mit $SO_2$ konservierten Pülpe (*194*). |
| 42 | **Wasserstoffperoxyd** <br> Wasserstoffsuperoxyd <br> Hydroperoxyd <br> OH <br> \| <br> OH <br> $H_2O_2$ | Perhydrol (30%ige Lösung) | $H_2O_2$ ist bei peroraler Zufuhr angeblich unschädlich; es regt im Magen die Salzsäureabsonderung sowie die Schleimsekretion an, zerfällt jedoch bei Berührung mit der lebenden Schleimhaut rasch (*88*). Von anderer Seite wird die Konservierung mit $H_2O_2$ in gesundheitlicher Hinsicht als nicht unbedenklich angesehen (*34*). |

Als Zusatz zum Fischeis empfohlen (*224*); Konzentration 0,3% $H_2O_2$ im Eis (*68*). Zur Konservierung von *Seefischen* vorgeschlagen (*225*). 3 min langes Eintauchen von *Krabben* in eine 3%ige Wasserstoffperoxydlösung, die 3% Essigsäure enthält, verhindert deren Schwarzwerden (*226*). Vorgeschlagen zur Konservierung von flüssigen Nahrungs- und Genußmitteln (*227*), insbesondere zur Konservierung von *Milch* und *Molkereiprodukten* (*23, 228, 229*). Für diesen Zweck ist $H_2O_2$ in tropischen Ländern bis heute das geeignetste Mittel (*230*). Vorgeschlagen als Konservierungsmittel für *Bier*; 30 mg/l in Kombination mit milder Wärmebehandlung bei 40° C sichern eine monatelange Haltbarkeit des Bieres ohne Qualitätsminderung (*231*). Vorgeschlagen zur Bleichung von *Getreide* und *Hülsenfrüchten* (*232*) sowie zur *Teiglockerung* („*Selmann*-Verfahren") (*233, 234*). Das Konservierungsvermögen des $H_2O_2$ ist abhängig von der Konzentration, dem $p_H$-Wert und der Temperatur; es ist am größten im sauren Medium (*235*).

Wasserstoffperoxyd wurde von der Deutschen Forschungsgemeinschaft abgelehnt (*309*); von der WEU (A 1) in Liste IV eingereiht. In Deutschland ist $H_2O_2$ zum „Auffrischen"

| Nr. | Wissenschaftliche Bezeichnung und Formel | Handelsbezeichnungen | Toxicität, physiologisches Verhalten |
|---|---|---|---|
| | | | $H_2O_2$ erwies sich gegen Enzyme als verhältnismäßig unwirksam *(219)*. Andere Angaben berichten von einer irreversiblen Trypsinzerstörung bei Behandlung mit $H_2O_2$; wird jedoch Casein mit $H_2O_2$ behandelt, so wird seine Hydrolyse durch Trypsin erleichtert *(220)*. Verdauungsfermente werden bis zu Konzentrationen von 1% $H_2O_2$ nicht beeinflußt *(221)*. Auch das Casein der Milch wird durch $H_2O_2$ nicht verändert, wohl aber β-Lactoglobulin. $H_2O_2$ beeinflußt die Fettkomponenten und Vitamine der Milch *(222)*. Gefahr der Eiweißzersetzung bei Fisch *(223)*. Die Zugabe von $H_2O_2$ zu Lebensmitteln ist nach H. MARTEL abzulehnen *(77)*. |

b) Organische Säuren

| Nr. | Wissenschaftliche Bezeichnung und Formel | Handelsbezeichnungen | Toxicität, physiologisches Verhalten |
|---|---|---|---|
| 43 | **Ameisensäure** $H-C\begin{smallmatrix}O\\OH\end{smallmatrix}$ | | Natriumformiat, 3 g/kg Körpergewicht intravenös, bzw. 4 g/kg peroral an Hunde gegeben, wirkten tödlich *(421)*. 2—4 g Natriumformiat erwiesen sich (auch bei Nierenkranken), täglich gegeben, als unschädlich; 0,5 g Ameisensäure im Futter von Hunden wurden ohne Schaden vertragen *(241)*; Zusatz von 0,24% Ameisensäure zu Citronensaft ist nicht gesundheitsschädlich *(242)*. Reizung der Nasenschleimhaut bei Inhalation von Ameisensäure. Vergiftungsfälle sind nicht bekannt *(32)*. Injektion von je 0,5 ml einer 1,2%igen Ameisensäurelösung an 6 aufeinanderfolgenden Tagen verursachte beim Kaninchen Methämoglobinbildung *(311)*. Über 90%ige Hemmung |
| 44 | **Natriumformiat** $H-C\begin{smallmatrix}O\\ONa\end{smallmatrix}$ | Abacterin (Mischung von Salzen der Ameisensäure und der Benzoesäure) | |
| 45 | **Calciumformiat** $Ca\begin{smallmatrix}OOCH\\OOCH\end{smallmatrix}$ | | |
| 46 | **Glycerinformiat** $CH_2-OOCH$ $CH-OOCH$ $CH_2-OOCH$ | Antimucor | |

(Schönen) von Fischen verboten *(236)*, zur Konservierung von Kochmarinaden geduldet *(237)*; Dosierung 0,2% 30%iges $H_2O_2$, entsprechend 600 mg/kg reinem $H_2O_2$.

**Analytik:** Nachweis von $H_2O_2$ in Milch, beruhend auf Oxydation von Kaliumjodid zu Jod *(238)*. Bestimmung mit Kaliumdichromat für Mengen unter 150 mg/kg *(239)*. Bestimmung in biologischem Material mit „Scopoletin" (6-Methyl-7-oxy-1,2-benzopyron) *(240)*.

## *und deren Derivate*

Anwendung der *Ameisensäure* und ihrer Salze zur Haltbarmachung von *Obsterzeugnissen, essig-* und *milchsaurem Gemüse* (außer Sauerkraut), *Meerrettich, Zwiebeln* und vereinzelt *Krabben.* 0,15% Ameisensäure genügen zur Haltbarmachung von *Fruchtsäften* und *Limonaden (244)*. 360 mg/kg hemmen *Penicillium glaucum (245)*. Als Konservierungsmittel für *Tabak* zur Verhinderung der Schimmelbildung *(246)* sowie zur Silierung von *Fisch* und *Fischabfällen* empfohlen *(247)*. *Natriumformiat* wird als Zusatz zu *Mehlerzeugnissen* verwendet *(913)*. *Glycerinformiat* verhindert die Schimmelbildung auf der Oberfläche von *Marmeladen (88)*.

Ameisensäure wurde von der „Internationalen Union gegen den Krebs" *(305)* in Liste B (A 2), von der WEU (A 1) in Liste IV eingereiht. Von der Deutschen Forschungsgemeinschaft *(309)* als vorläufig duldbar angesehen. Die Haltbarmachung von Obsterzeugnissen mit Ameisensäure ist in Deutschland seit 1916 erlaubt *(248)*. In der Schweiz sind für Fruchtsäfte 0,3% Ameisensäure, für Fruchtsirup 0,1% Ameisensäure zugelassen *(153)*. Gesetzlich geregelte Zulassungen für Ameisensäure bestehen außerdem noch in Dänemark, Finnland, Griechenland, den Niederlanden, Österreich, Schweden und der Schweiz *(913)*.

**Analytik:** Mikrobiologischer Nachweis von Ameisensäure (und anderen Konservierungsmitteln), beruhend auf der Hemmung der Reduktion von Azofarbstoffen durch Milchsäurebakterien *(249)*. Bestimmung mit Bleitetraacetat (Oxydation zu $CO_2$) *(250)*. Papierchromatographische Bestimmung *(251)*. Bromometrische Bestimmung *(252)*. Bestimmung nach Extraktion und Destillation durch Violettfärbung mit Pepton, HCl und $FeCl_3$ oder Fällung mit $HgCl_2$ *(253)*. Bestimmung neben Essigsäure und Propionsäure durch Destillation mit $H_3PO_4$ und Titration mit n-NaOH *(254)*.

| Nr. | Wissenschaftliche Bezeichnung und Formel | Handelsbezeichnungen | Toxicität, physiologisches Verhalten |
|---|---|---|---|
| | Vgl. auch S. 74 | | der Katalaseaktivität durch Ameisensäure (*243*). Hemmung von Pankreatin, Lipase, Dehydrase und Peroxydase; Aktivierung von Trypsin, Pepsin und Erepsin (*219*). Natriumformiat wird als natürliches Stoffwechselprodukt zu 10—30 mg/Tag im Harn des gesunden Menschen ausgeschieden (*474*). Ameisensäure empfiehlt sich als Konservierungsstoff für Lebensmittel, da sie im Organismus fast restlos abgebaut wird und keine Kumulationsgefahr besteht (*34*). |
| 47 | **Benzoesäure** <br> ⬡—COOH | Hydrin (17% Benzoesäure + 4% Natriumbenzoat + 79% NaCl), <br><br> Bacidol, Borussia, Moldol (Bacidol, Borussia und Moldol sind Mischungen aus Benzoesäure und Natriumbenzoat), | *Benzoesäure:* LD$_{50}$ bei Hunden 2 g/kg Körpergewicht, bei Kaninchen 3—4 g/kg bei Gabe in Olivenöl (*255*). LD$_{50}$ bei Ratten 4,1 g/kg Körpergewicht (*1579*). Für den Menschen erwies sich 1 g, täglich über mehrere Monate gegeben, als unschädlich; es trat keine Kumulierung ein (*256*). 10 g innerhalb von 3 Tagen verursachten beim Menschen keine Störungen; nach Einnahme von 40 g erfolgte Erbrechen; bisher wurden keine tödlichen Vergiftungen beschrieben (*256*). Beim Genuß von 1 l Apfelsaft, der mit 0,1% Benzoesäure versetzt war, zeigten sich gastrointestinale Störungen, diuretische und laxative Effekte sowie Kopfschmerzen, Erbrechen und übermäßige Ausscheidung von Hippursäure (*257*). Benzoesäure wird im Organismus mit Glykokoll zu Hippursäure gepaart und so ausgeschieden (*258*). Bei Zufuhr größerer Mengen erfolgt auch Paarung mit Glucuronsäure (*259*). Die Entgiftung der Ben- |
| 48 | **Natriumbenzoat** <br> Benzoesaures Natrium <br> ⬡—COONa | Abacterin (Mischung von Salzen der Benzoe- und der Ameisensäure) | |
| 49 | **Calciumbenzoat** <br> Benzoesaures Calcium <br> ⬡—COO \ Ca <br> ⬡—COO / | | |

Angewandt für *Margarine, Obst-* und *Gemüseerzeugnisse* sowie für *Eidauerwaren.* Zur Sterilhaltung von ungesalzenem Eigelb werden 1,2% Benzoesäure (oder > 2,5% Natriumbenzoat) benötigt (*265*). Zur Konservierung von *Preiselbeeren* wird Natriumbenzoat in einer Menge von 0,1% empfohlen (*266*). Geeignet zur Haltbarmachung von *Fischerzeugnissen.* Kombinationen von Natriumbenzoat mit Hexamethylentetramin oder Äthylgallat in Konzentrationen von 0,3% erwiesen sich als beste Konservierungsmittel für *Gabelbissen* (*267*). Eine Mischung von Eis mit 0,16% Benzoesäure bildet ein Eutektikum; infolge ihrer gleichmäßigen Verteilung ist daher eine solche Mischung zur *Fischkonservierung* günstiger als z. B. Nitriteis; hinsichtlich der Wirksamkeit ist jedoch letzteres überlegen (*23*). „Hydrin" wird in einer Konzentration von 0,5%, entsprechend 0,1% Benzoesäure (einschl. Natriumbenzoat) zur Haltbarmachung von *Dosenwürstchen* empfohlen (*268*). Calciumbenzoat wurde zur Verhinderung des Fadenziehens bei *Brot* und *Gebäck* vorgeschlagen (*269*). Ferner wird Benzoesäure zur Konservierung von *Fleischsalat, Speisesenf* und *Kaffeeextrakt* angewandt. 0,8% Benzoesäure verhindern die Schimmelbildung bei *Tabak* (*246*). Benzoesäure dient auch als Stabilisator für *Wasserstoffperoxyd* (*274*).

0,125% Benzoesäure in saurem Medium verhindern Gärung (*270*). Zur Abtötung von Bakterien, Hefen und Schimmelpilzen werden Konzentrationen über 700 mg/kg benötigt (*271*). 400—600 mg/kg in Fleischwasser-Pepton hemmen die Luftinfektion vollständig; 100 bis 500 mg/kg hemmen Typhus- und Milzbrandbakterien; 2% töten sie ab. Die Hefegärung wird durch 0,05—0,1%, Schimmelwachstum erst durch 3% Benzoesäure unterbunden (*272, 273*).

Benzoesäure erwies sich als ungeeignet zur Konservierung von Sirup (*275*) und Gelatine (*276*). Natriumbenzoat ist zur Konservierung von Käserinden gegen Schimmelbefall ebenfalls unwirksam (*277*). Es bedingt auch in hohen Konzentrationen (0,25%) keine nennenswerte Hemmung des Wachstums sporenloser Stäbchenbakterien (*1580*). 0,5% „Hydrin" reichen nicht aus, um bei Wurstkonserven in Dosen Anaerobier abzutöten (*278*). Bis zu 1% Natriumbenzoat erwies sich als schlechtes Konservierungsmittel für neutrale oder nur schwach saure Substrate (*257, 312*).

Die Kombinationen Benzoesäure + Ameisensäure oder Benzoesäure + Citronensäure erwiesen sich zur Konservierung als günstiger als die einzelnen Bestandteile für sich; Benzoesäure + + Natriumformiat zeigt dagegen keine gesteigerte Wirkung (*279*). Gemische von Benzoesäure mit p-Oxybenzoesäureestern sind nur bei niederem $p_H$-Wert sinnvoll (*280*). Die Wirkungsweise der Benzoesäure beruht auf einer Veränderung der Zellmembran der Mikroorganismen (*83*). Herabsetzung der antimikrobiellen Wirksamkeit bei Gegenwart von Proteinen (*281*). Benzoesäure und Natriumbenzoat wirken nur in saurem Medium: ein Absinken des $p_H$-Wertes von 7 auf 3,5 bedingt eine Verzehnfachung der bactericiden Wirkung; nur die undissoziierte Säure wirkt bactericid (*23, 313*). Über den Einfluß unterschwelliger Konzentrationen vgl. K. RAIBLE (*282*). Die Wirkung der Benzoesäure wird durch die Anwesenheit anorganischer

| Nr. | Wissenschaftliche Bezeichnung und Formel | Handelsbezeichnungen | Toxicität, physiologisches Verhalten |
|---|---|---|---|
| | | | zoesäure mit Glykokoll bewirkt nicht nur einen Verbrauch an dieser Aminosäure, sondern beeinflußt auch das Coenzym A; bei ungenügendem Nachschub können daher Mangelkrankheiten auftreten (*864, 1585*). Es findet keine Hemmung der Eiweißverdauung durch 0,1—0,5% Benzoesäure statt (*260*). Keine spezifische Hemmung des Pepsins (*1581*). Nach anderen Autoren erfolgt jedoch eine Hemmung der Pepsinverdauung, während stärke- und fettspaltende Enzyme nicht beeinflußt werden (*261*). Die Aktivität von Lipase, Succinodehydrase und Peroxydase wurde durch 0,1% Benzoesäure, diejenige von Pepsin und Amylase (Pankreatin) durch 0,05% Benzoesäure gehemmt (*219*). Ferner wird eine Carboxypeptidase-Hemmung beschrieben (*262*). Die Katalaseaktivität wird durch Benzoesäure zu etwa 50% gehemmt (*243*). 60%ige Aminosäureoxydasehemmung durch $10^{-4}$ molare Benzoesäurelösung (*1582*). D-Aminosäureoxydase wird durch 0,001% Benzoesäure gehemmt (*1583*). Herabsetzung des Sauerstoffverbrauchs im Leber-Nieren- und Gehirngewebe durch 0,5%ige Benzoesäurelösung (*1584*). Benzoesäure ist pharmakologisch nicht indifferent, jedoch eines der harmloseren Konservierungsmittel (*263*). *Natriumbenzoat*: $LD_{50}$ für fastende Ratten 2,1 g/kg Körpergewicht (ber. als Benzoesäure); für normal gefütterte Ratten 3,4 g/kg Körpergewicht (*446*). 4% Natriumbenzoat in der Nahrung wachsender |

Salze (Phosphate, Chloride) gesteigert; es werden dann nur $^1/_2$—$^3/_5$ der ursprünglichen Menge benötigt *(283)*.

Benzoesäure wurde von der „Internationalen Union gegen den Krebs" *(305)* in Liste A (A 2), von der WEU (A 1) in Liste II eingereiht. Von der Deutschen Forschungsgemeinschaft *(309)* als vorläufig duldbar angesehen (A 3). Die zulässigen Höchstmengen in *Deutschland* liegen zwischen 0,1—1%, je nach Lebensmittel. In *USA* sind durch die "Food and Drug Administration" 0,1% Benzoesäure als Konservierungsmittel für Margarine genehmigt; für Fruchtkonserven sind die technisch notwendigen Mengen zugelassen *(284)*; zur Konservierung von frischem Orangensaft sind 600 mg/l Benzoesäure bzw. Natriumbenzoat zulässig *(285)*. Zur Konservierung von Fleischwaren ist Natriumbenzoat genehmigt *(286)*. — Zur Konservierung von Marinaden in den *Niederlanden* zugelassen (Höchstkonzentration 0,5%) *(287)*. — Höchstzulässige Mengen in *Schweden* für flüssiges Eigelb 1% Natriumbenzoat, für Fruchtkonserven 0,18% *(36)*. — In *England* sind Benzoesäure und Benzoate für bestimmte Klassen von Lebensmitteln zugelassen *(288)*. — In der *Südafrikanischen Union* ist Benzoesäure neben Schwefliger Säure das einzige zulässige Konservierungsmittel *(289)*. — In *Kanada* sind 0,5 g Natriumbenzoat für 600 g Margarine, entsprechend 830 mg/kg zur Konservierung erlaubt *(290)*. — In der *Schweiz* zur Konservierung von Fruchtzubereitungen genehmigt *(291)*. Für Fruchtsäfte sind 0,1% Natriumbenzoat, für Fruchtsirupe 0,04% Natriumbenzoat (bzw. die entsprechende Menge Benzoesäure) zulässig *(153)*. — Des weiteren sind Benzoesäure und Natriumbenzoat in Dänemark, Finnland, Griechenland, Norwegen, Österreich, Portugal, Spanien, der Türkei, Frankreich (hier nur für Kaviar) für bestimmte Lebensmittel geduldet *(913)*.

**Analytik:** Nachweis mit $FeCl_3$ (gelbbrauner Niederschlag) *(292)*. Papierchromatographischer Nachweis *(293)*. Bestimmung nach Extraktion durch Titration mit 0,1 n-NaOH *(292)*. Mikromethode zur Bestimmung von Benzoesäure [Nitrierung, Diazotierung, Kupplung mit N-(1-Naphthyl)-äthylendiamin; photometrische Messung der entstehenden roten Färbung] *(294)*. Bestimmung von Benzoesäure und Benzoaten mit Diazoreagens *(295)*. Bestimmung durch Messung der UV-Absorption *(296)*. Weitere Angaben über Nachweis- und Bestimmungsmethoden im Schrifttum *(297—299)*.

| Nr. | Wissenschaftliche Bezeichnung und Formel | Handelsbezeichnungen | Toxicität, physiologisches Verhalten |
|---|---|---|---|
| | | | Ratten (2,5 g/kg Körpergewicht täglich), 90 Tage lang, ergaben keine Änderungen in Wachstum, Leber- und Nierengewicht und Histologie des Gewebes (*264*). 20 mg/kg bei Katzen intraarteriell injiziert, erzeugten spasmolytische Effekte; ferner zeigten sich lokalanaesthetische Wirkungen (*1586*). 0,5 g/Tag sind für den Menschen über Wochen erträglich (*256*). Auch die tägliche Aufnahme von 4 g Nabenzoat bewirkte noch keine gesundheitlichen Schädigungen (*1588*). |
| 50 | **p-Chlorbenzoesäure** <br> Cl—⟨ ⟩—COOH | | *p-Chlorbenzoesäure:* $LD_{50}$ bei Kaninchen 2—2,5 g/ kg Körpergewicht (*300*). Toxische Grenzdosis bei Hunden 0,5—1,0 g/kg, bei Kaninchen 0,75—1,0 g/kg (*255*). Die Toxicität entspricht etwa derjenigen der Benzoesäure; schwach narkotisierende Wirkung (*256*). Nach anderen Angaben geht die Toxicität der p-Chlorbenzoesäure wesentlich über diejenige der Benzoesäure und ihrer Ester hinaus (*34*). Es wird über Schädigungen von Leber und Niere berichtet (*256*). Kein vollständiger Abbau im Organismus; bis zu 70% werden nicht abgebaut; Entfernung der p-Chlorbenzoesäure aus dem Körper als p-Chlorhippursäure (*301*). Über das pharmakologische Verhalten der p-Chlorbenzoesäure vgl. auch M. v. Bubnoff und Mitarbeiter (*331*). |
| 51 | **p-chlorbenzoesaures Natrium** <br> Cl—⟨ ⟩—COONa | Mikrobin | *p-chlorbenzoesaures Natrium:* 3 g täglich konnten von Hunden 20 Monate lang ohne Schädigungen vertragen werden (*256*). |

Von der Vereinigung der Deutschen Ernährungsindustrie neben o-Chlorbenzoesäure zur Konservierung von *Obsterzeugnissen, Speiseeis-Fruchtkonserven, Gemüseerzeugnissen, Margarine, fetthaltigen Massen, Kremfüllungen, Speisesenf, Gewürz-* und *Salatsoßen, Aufgüssen* für *Gurken, flüssigem Eigelb* sowie *Fischzubereitungen* vorgeschlagen (*316*). In der Wirkung ist p-Chlorbenzoesäure der Benzoesäure angeblich überlegen, besonders bei Gegenwart kleiner Mengen Citronensäure (*88*). In Mengen von 0,5—1% als gutes Konservierungsmittel für Obsterzeugnisse empfohlen (*88*). 500 mg/l hemmen die Hefegärung in *Wein* und *Obstwein* (*302, 303*). Grundsätzlich wird der Zusatz von p-Chlorbenzoesäure zu Wein und Obstwein jedoch abgelehnt (*302, 303*). Essigbakterien werden nur unbefriedigend beeinflußt (*302, 303*). Vorgeschlagen und verwendet zur Konservierung von *Fruchtsäften*. Empfohlen zur Konservierung von *Zuckersäften* (*276*), ferner als *Fischkonservierungsmittel* (*301*). Gemeinsam mit Benzoesäure zur Konservierung von *Käse* angewandt (*304*). Zur Sterilhaltung von ungesalzenem Eigelb werden große Mengen p-Chlorbenzoesäure (über 2%) benötigt (*265*).

p-Chlorbenzoesäure zeigt gegen *Saccharomyces*-Arten und *Bacterium coli* ungefähr die gleiche Wirksamkeit wie Benzoesäure (*276*); zur Abtötung von Bakterien, Hefen und Schimmelpilzen genügen schon 0,14% (*271*). Die Natriumverbindung ist schwächer wirksam als die freie Säure; sie ist nur in saurem Medium anwendbar.

p-Chlorbenzoesäure wurde von der WEU (A 1) in Liste III eingereiht. Die Säure und ihr Natriumsalz werden in Deutschland, Finnland, Österreich und Schweden als Konservierungsmittel für bestimmte Lebensmittel geduldet (*913*).

**Analytik:** Papierchromatographischer Nachweis (*293*). Colorimetrische Bestimmung in Fischwaren nach Extraktion mit Toluol (*297*).

| Nr. | Wissenschaftliche Bezeichnung und Formel | Handelsbezeichnungen | Toxicität, physiologisches Verhalten |
|---|---|---|---|
| 52 | **o-Chlorbenzoesäure** <br><br> $Cl$—$C_6H_4$—COOH | | Wird als gesundheitlich bedenklich angesehen. |
| 53 | **p-Fluorbenzoesäure** <br><br> F—$C_6H_4$—COOH | | Angaben über die Toxicität vgl. S. 26. |
| 54 | **p-Oxybenzoesäure** <br><br> HO—$C_6H_4$—COOH | | $LD_{50}$ bei Mäusen 2,2 g/kg Körpergewicht (für die Na-Verbindung) (*320*). p-Oxybenzoesäure, peroral an Menschen verabreicht, wurde als solche sowie als p-Oxybenzursäure im Harn ausgeschieden, ein kleiner Teil wurde zu Phenol aufgespalten (*329, 1589*). 39% der zugeführten Säure wurden als solche, 45% als p-Oxybenzursäure ausgeschieden (*329, 1590*). Im Gegensatz dazu wurde die p-Oxybenzoesäure beim Hund im Harn hauptsächlich verbunden mit Glucuronsäure ausgeschieden (*329, 1590*). Die Pepsinverdauung wird durch p-Oxybenzoesäure gehemmt (*219*). p-Oxybenzoesäure und ihre Ester zeigen lokalanästhetische Wirkung (*323*). |
| 55 | **p-oxybenzoesaures Natrium** <br><br> Natriumsalz der p-Oxybenzoesäure <br><br> HO—$C_6H_4$—COONa | | |
| 56 | **p-Oxybenzoesäure-methylester** <br><br> HO—$C_6H_4$—$COOCH_3$ | Nipagin-M, Solbrol-M, Moldex, Aseptoform, Abiol, Methylparaben, Methylparasept, Sporban (Bezeichnungen z. T. auch gültig für die Na-Verbindung) | *p-Oxybenzoesäure-methylester:* $LD_{50}$ bei Hunden 3,0 g/kg Körpergewicht (*255*), bei Mäusen 2,0 g/kg Körpergewicht (*320*). Toxische Grenzdosis bei Hunden und Kaninchen 2,0 g/kg; letale Dosis 3,0 g/kg (*329*). 0,43 g/kg, i. v., erwiesen sich beim Kaninchen als unschädlich (*330*). Die Ester der p-Oxybenzoesäure zeigten bei intraarterieller Applikation 30—100fach stärkeren gefäßspasmolytischen Effekt als Benzoesäure (*331*). 2% Methyl- oder Propylester im |
| 57 | **Natriumverbindung des p-Oxybenzoesäure-methylesters** <br><br> NaO—$C_6H_4$—$COOCH_3$ | | |

Bisweilen in Konservierungsmittellisten erwähnt (*316*); jedoch in der Literatur keine näheren Hinweise auf Anwendungsvorschläge. Als Verunreinigung in technisch reiner p-Chlorbenzoesäure möglich. Über die bactericide Wirkung ist nichts Näheres bekannt. Auf Mykobakterien übt o-Chlorbenzoesäure eine atmungssteigernde Wirkung aus (*317*).

Hinweis auf die Möglichkeit der Anwendung von Fluorbenzoesäure als Konservierungsmittel (*318*).

**Analytik:** Fluorbestimmung nach Veraschung (*319*). (Vgl. auch S. 27).

p-Oxybenzoesäure und ihre Ester sind in Pflanzen weit verbreitet (*288*). — Die Anwendung eines gärungshemmenden Kombinates aus 50—60% p-Oxybenzoesäure, 15% Abietinsäure und 25—40% Borsäure wurde zur Konservierung von *Traubenmark* vorgeschlagen (*324*). Andere Autoren stellten jedoch nur eine geringe mikrobicide Wirkung der unveresterten p-Oxybenzoesäure fest (*325*).

p-Oxybenzoesäure verhindert ab 0,9% das Pilzwachstum (die Ester schon ab 500 mg/kg); zur Abtötung von Bakterien, Hefen und Schimmelpilzen werden 0,86% benötigt (*271*). Die Wirksamkeit gegen Mikroorganismen soll stärker sein als die des Phenols (*301*).

Die mikrobicide Wirkung des *Natriumsalzes der p-Oxybenzoesäure* ist wesentlich geringer als die der freien Säure. Zur Abtötung von Bakterien, Hefen und Schimmelpilzen werden vom Natriumsalz über 2% benötigt (*271*).

**Analytik:** Papierchromatographischer Nachweis (*293*). Bestimmung nach der Diazotierungsmethode von F. W. EDWARDS (*295*). Bromatometrische Bestimmung (*326, 327*). Colorimetrische Bestimmung in Fischwaren nach Isolierung mit Toluol (*297*). Colorimetrische Bestimmung nach Ätherextraktion, chromatographischer Reinigung an Aluminiumoxyd und Kuppelung mit Diazo-p-nitranilin (*328*).

*p-Oxybenzoesäure-methylester* wird empfohlen zur Haltbarmachung von Lebensmitteln und von Photogelatine (*337*). Der Ester ist geeignet zur Konservierung von *Gelatine* (*276*) (300 bis 800 mg/kg), *Zuckersäften* (700 mg/kg) und eingelegten *Eiern* (0,3%) (*338*). Bei der *Milch*-Konservierung zeigten 0,1—0,2% p-Oxybenzoesäure-methylester nur schwache Wirkung (*339*). Vollkommene Unterdrückung der Schimmelbildung durch 750 mg/kg bei der Konservierung von *Sirupen* (*275*). Notwendige Dosis zur Verhinderung der Schimmelbildung bei *Tabak* 0,7% (*246*). Der Methylester ist neben dem Propylester am besten geeignet zur Konservierung von *pharmazeutischen Präparaten* und zur Sterilisation von pharmazeutischen Geräten (*340*). Zusatz von 0,15% dient zur Haltbarmachung von *Wasserstoffperoxyd* (*341*). Im Gemisch mit dem Propylester (Vgl. S. 54) geeignet zur Keimfreihaltung des *Blutes* bei der Erythrocytenbestimmung (*342*).
Gegen Staphylokokken dreimal wirksamer als Phenol (*334*). Zur Abtötung von Bakterien, Hefen und Schimmelpilzen genügen etwa 400 mg/kg (*271*). Der Mechanismus der mikrobiciden Wirksamkeit scheint dem der Sulfonamide zu entsprechen (*329*). Die Alkylester der p-Oxybenzoesäure hemmen (ansteigend vom Methyl- zum Butylester) die Respiration von *Escherichia coli* in starkem Maß (*343*). Kein schädigender Einfluß auf Vitamin C (*344*). Die Gemische der Ester sind in Wasser leichter löslich als die einzelnen Ester für sich, zudem wird die mikrobicide Wirkung durch die Kombination gesteigert. Durch Behandeln mit Erdalkalihydroxyden tritt eine Erhöhung der Löslichkeit in Wasser ein (*345*). Der Methylester wird weniger

| Nr. | Wissenschaftliche Bezeichnung und Formel | Handelsbezeichnungen | Toxicität, physiologisches Verhalten |
| --- | --- | --- | --- |
| | | | Futter von Ratten, 18 Monate lang, bzw. von Hunden, 1 Jahr lang verabreicht (entsprechend einer täglichen Zufuhr von 1 g/kg Körpergewicht), bewirkten keine pathologischen Effekte (*332*). Theoretisch sind zwar leichte Schädigungen, besonders an der Niere, möglich, die Gefahr ist jedoch in keinem Fall größer als bei Benzoesäure (*301*). Bei Verabfolgung von 70 mg/kg Methylester peroral an Mäuse enthielt der Harn keinen freien Ester, 50% des Esters waren an Schwefelsäure gebunden oder anderweitig verändert, daneben lagen 11% als freie p-Oxybenzoesäure vor (*332*). Die Ester der p-Oxybenzoesäure werden im Organismus von Katze, Kaninchen und Hund zur freien Säure verseift, diese wird im Harn ausgeschieden, ein kleiner Teil davon unter Bindung an Schwefelsäure oder Glykokoll. Je nach Art des Esters und des Tieres werden 7—49% der mit den Estern zugeführten Säure im Harn wiedergefunden (*1592*). Soweit die Ester nicht verseift werden, werden sie mit Schwefelsäure gepaart ausgeschieden (*1591*). Eine Kumulation der Ester im Tierkörper findet nicht statt (*332*). Nach oraler Zufuhr größerer Mengen p-Oxybenzoesäureester konnten diese im Plasma nachgewiesen werden; mindestens ein Teil der zugeführten Ester wird somit erst nach Übertritt aus dem Darm in Leber und Niere verseift bzw. mit Schwefelsäure gepaart (*332*). Verträgliche Dosis für den Menschen |

für Lebensmittel verwandt als z. B. der Äthylester; sein Anwendungsschwerpunkt liegt bei der Konservierung und Sterilisation pharmazeutischer Produkte.

Die *Natriumverbindung* steht in ihrer Wirksamkeit nicht wesentlich hinter derjenigen des freien Esters zurück (im Gegensatz zu dem Wirkungsverhältnis von Benzoesäure : Natriumbenzoat).

Der p-Oxybenzoesäure-methylester wurde von der „Internationalen Union gegen den Krebs" (*305*) in Liste A (A 2) eingereiht.

**Analytik:** Nachweis auf papierchromatographischem Weg (*293, 346*). Bestimmung gravimetrisch über die Trijodverbindung, maßanalytisch durch Bromtitration, colorimetrisch nach Diazotierung (*247, 295*). — Vgl. auch unter p-Oxybenzoesäure (S. 49).

| Nr. | Wissenschaftliche Bezeichnung und Formel | Handelsbezeichnungen | Toxicität, physiologisches Verhalten |
|---|---|---|---|
|  |  |  | 2 g täglich über einen Monat (*256*). Keine Reizerscheinungen auf der menschlichen Haut in Konzentrationen unter 5% (*320*). Der Methylester der p-Oxybenzoesäure wird neben dem Äthyl- und Propylester als der unschädlichste Stoff zur Konservierung bezeichnet (*334*). *Natriumverbindung:* LD$_{50}$ bei Mäusen 3,5 g/kg Körpergewicht (*335*). Injektion von Lösungen mit 0,1% Methylester (Na-Verbindung) + 0,05% Propylester (Na-Verbindung), i. v., ergab beim Hund keine Beschwerden (*336*). |
| 58 | **p-Oxybenzoesäure-äthylester**<br><br>HO—⬡—COOC$_2$H$_5$ | Nipagin A, Solbrol A, Osetin, Äthylparasept (vgl. auch die auf S. 54 angeführten Estergemische) | *p-Oxybenzoesäure-äthylester:* LD$_{50}$ bei Hunden 5 g/kg Körpergewicht; verträgliche Grenzdosis 4 g/kg (*329*). LD$_{50}$ bei Kaninchen 10—12 g/kg bei Gabe in Olivenöl (*347*); bei Mäusen 2,5 g/kg Körpergewicht (*320*). Weniger schädlich als Benzoesäure (*348*). In Konzentrationen von 0,05 bis 0,2% sicher ungiftig (*349*). 0,48 g/kg, i. v., erwiesen sich beim Kaninchen als unschädlich (*350*). Auch für geschwächte Organismen unschädlich (*351*). Kein schädigender Einfluß auf Tiere mit Vitamin A-Mangel. Kein nachteiliger Einfluß auf Vitaminwirkungen (*352*). Keine Beeinflussung der Amylase, wohl aber der Lipase und des Pepsins (der Äthylester wirkt hier stärker als der Methylester); Trypsin, Dehydrase und Peroxydase werden durch den Ester aktiviert (*219*). Keine Veränderung des Blutzuckergehaltes durch p-Oxybenzoesäure-Ester (*353*). Der Äthyl- (und |
| 59 | **Natriumverbindung des p-Oxybenzoesäure-äthylesters**<br><br>NaO—⬡—COOC$_2$H$_5$ | Nipagin-Na, Nipakombin (Gemisch der Natriumverbindungen des Äthyl- und Propylesters) |  |

*p-Oxybenzoesäure-äthylester:* Neben dem Propylester geeignetste Substanz zur Konservierung von Lebensmitteln *(355)*. Im besonderen dient er zur Herstellung von *Fischkonserven,* ferner zur Konservierung von *Krebsen, Krabben, Kaviar, Eidauerwaren, Margarine, Meerrettich, Obsterzeugnissen, Limonaden, Essenzen, Marzipan, Speiseeis, Gelatine, Pektin, Senf, Saucen, Mayonnaisen, Gemüse-* und *Fleischsalat, Kaffee-Extrakten* und *Malzextrakt.* Ferner Anwendung als Zusatz zur Paraffinschicht bei der Konservierung von *Früchten (356)* und von *Schaleneiern (357)*. Anwendung auch zur direkten Entkeimung der Oberfläche von Schaleneiern *(358)*, zur Konservierung von gebratenem *Geflügel* als Zusatz zur Gelatinefüllung *(359)*, zur Haltbarmachung von *Natriumalginat (360)* und von *Brauselimonade (361)*. Verwendung als *Fisch*-Konservierungsmittel *(301)* und zur Verhinderung der Schimmelbildung bei *Tabak* (benötigte Menge 0,5%) *(246)*. Bei Anwendung als Konservierungsmittel für *Lebertranemulsionen* gute Wirkung *(362)*. Geeignet als Zusatz zu *Trennemulsionen* und zur Konservierung *kosmetischer* und *technischer Präparate (325)*. Ungeeignet zur Konservierung von Milch *(363)*.

900 mg/kg sind ausreichend zur Verhinderung der Entwicklung von Mikroben *(334)*. 0,1% bieten Schutz gegen Bakterien und Schimmelpilze *(364)*. 0,1% hemmen *Bacterium coli, Penicillium* und *Saccharomyces (365)*. Antiseptischer Wirkungsfaktor gegenüber Phenol 7:1 *(334)*. Der Ester wirkt gegen *Saccharomyces* wie Benzoesäure, gegen *Bacterium coli* ist die Wirkung 40mal stärker als die der Benzoesäure *(275)*. 1,5% vernichten Colibakterien im Melkfett *(366)*. Keine antioxydative Wirkung bei Ölen *(367)*. Die Gegenwart von Fetten und Ölen setzt die microbicide Wirksamkeit herab *(41)*. Bei Anwendung von p-Oxybenzoesäure-Estern konnte keine beschleunigte Oxydation von Vitamin C beobachtet werden *(344)*.

*Natriumverbindung:* Anwendung im allgemeinen wie beim freien Ester. „Nipakombin" wurde zur Konservierung von *Marzipan, Persipan* und *Makronenmassen* vorgeschlagen *(368)*. 750 mg/kg „Nipakombin" konservieren *Fruchtmark* und *Fruchtsäfte* einwandfrei *(369)*. Notwendige Dosis zur Konservierung von *Tabak* gegen Schimmelbildung 1,8% „Nipakombin" *(246)*. Als bestes Mittel zur Konservierung von *Käserinden* gegen Schimmelbefall erwies sich eine 15—20%ige Lösung der Natriumverbindung des Esters; sie verhinderte Schimmelbildung noch 6—7 Wochen nach der Behandlung; Natriumsalicylat und Natriumbenzoat erwiesen sich für diesen Zweck bei gleicher Konzentration als unbrauchbar *(277)*. „Nipakombin" ist Natriumbenzoat geschmacklich überlegen; bei Anwendung in *Obstsäften* ist es geschmacklich einwandfrei, im Gegensatz zur Benzoesäure *(371)*. Die Konservierungsschwelle von „Nipakombin" liegt unter der Geschmacksschwelle; bei Natriumbenzoat liegen die Verhältnisse umgekehrt *(370)*.

Der p-Oxybenzoesäure-äthylester wurde von der „Internationalen Union gegen den Krebs" *(305)* in Liste B (A 2), von der WEU (A 5) in Liste III (A 8) eingereiht; von der Deutschen

| Nr. | Wissenschaftliche Bezeichnung und Formel | Handelsbezeichnungen | Toxicität, physiologisches Verhalten |
|---|---|---|---|
| | | | Propyl-)ester ist 4mal weniger gesundheitsschädlich und 3mal stärker wirksam als Benzoesäure (*325*). *Natriumverbindung:* $LD_{50}$ bei Mäusen 2 g/kg Körpergewicht (*335*); für „Nipakombin" 6—9 g/kg Körpergewicht bei Gabe in Olivenöl (*354*). Der Abbau der Natriumverbindung im Organismus erfolgt analog und im gleichen Ausmaß wie bei der Natriumverbindung des Methylesters (S.48). Die p-Oxybenzoesäure-Ester zeigen gegenüber der Benzoesäure ausgeprägtere pharmakologische Wirkungen (*263*). |
| 60 | **p-Oxybenzoesäure-propylester** <br> $HO-\langle\ \rangle-COO-CH_2-CH_2-CH_3$ | Nipasol M, Solbrol P, Propylparasept, Propylparaben, <br><br> Nipasept, Tegosept (beide Präparate sind Estergemische unterschiedlicher Zusammensetzung) | *p-Oxybenzoesäure-propylester:* $LD_{50}$ bei Hunden 6 g/kg Körpergewicht; toxische Grenzdosis 3 bis 4 g/kg (*255*). $LD_{50}$ bei Mäusen 3,7 g/kg Körpergewicht (*320*). Bei Gabe in Olivenöl erwiesen sich 10—12 g/kg als tödlich (*347, 373*). 0,51 g/kg, i. v., verursachten beim Kaninchen keine Schädigungen (*350*). Der Propylester erwies sich als weniger schädlich als z. B. NaCl (*348*). Er ist 4mal weniger schädlich und 3mal wirksamer als Benzoesäure (*374*). Im Tierversuch konnte kein schädigender Einfluß des Propylesters (wie auch der anderen p-Oxybenzoesäureester) auf Vitamine, Wachstum, Körpergewicht, Blutbild, allgemeine Resistenz und Fruchtbarkeit beobachtet werden (*352*). Verhalten im Organismus wie Methylester (S. 48). Nach mehrtägiger Zufuhr von 2 g Propyl- bzw. Benzylester beim Menschen per os enthielt der Harn keinen Propylester |
| 61 | **Natriumverbindung des p-Oxybenzoesäure-propylesters** <br> $NaO-\langle\ \rangle-COO-CH_2-CH_2-CH_3$ | Nipasol-Na, <br><br> Nipakombin (Gemisch der Natriumverbinbindungen des Propyl- und Äthylesters) | |

Forschungsgemeinschaft (*309*) als vorläufig duldbar angesehen (A 4). In Deutschland wird der Äthylester als Konservierungsmittel für Lebensmittel geduldet (*237*); höchstzulässige Mengen 0,015—0,8% je nach Art des Lebensmittels (*372*). Für Fischwaren wurde in Schweden eine Höchstmenge von 500 mg/kg festgesetzt (*36*). Die Ester der p-Oxybenzoesäure (vorwiegend der Äthyl- und Propylester) sind als Konservierungsmittel für bestimmte Lebensmittel zugelassen in Dänemark, Deutschland, Finnland, Griechenland, Norwegen, Österreich, Portugal, Schweden und der Schweiz (*913*).

**Analytik:** Vgl. Angaben bei p-Oxybenzoesäure-methylester (S. 51).

*p-Oxybenzoesäure-propylester:* Anwendung im allgemeinen wie Äthylester (vgl. S. 53). Zur Verhinderung des Wachstums von Bakterienstämmen in *Heringspräserven* erwiesen sich 500 mg/kg p-Oxybenzoesäure-propylester als wirksamer als 1000 mg/kg Benzoesäure (*375*). Der Propylester (wie auch Butyl- und Benzylester) verlängert in einer Konzentration von 500 mg/kg bei Zugabe einer gleich großen Menge Weinsäure, Citronensäure oder Äpfelsäure die Haltbarkeit eßbarer *Fette* und *Fettemulsionen* (*376*). Verwendung zur Verhinderung der Schimmelbildung bei *Tabak*; hierfür benötigte Menge 0,8% (*246*). Herabsetzung der Hitzeresistenz von Sporenbildnern gegen Wasser von 100° C durch p- (und m-)Oxybenzoesäure und deren Ester (*377*). Besonders wirksam ist der Propylester gegen Hefepilze. Die antiseptische Wirksamkeit beträgt gegenüber Phenol das 17fache (*334*). Nur geringe antioxydative Wirkung bei Ölen (*367*). ,,Nipasol M" (und ,,Nipakombin") rufen im Gegensatz zu Benzoesäure und p-Chlorbenzoesäure bei Zusatz zu *Most* keinen kratzenden Geschmack hervor (*378*).

*Natriumverbindung:* Anwendung und Wirkung wie beim freien Ester. 0,22% einer Mischung aus 21% ,,Nipasol-Na", 54% Magnesiumbenzoat und 25% Calciumchlorid erwiesen sich als sehr wirksam zur Qualitätserhaltung von *Salzheringen* (ohne Essig) (*379*). Eine Kombination von ,,Nipasol-Na" und Hexamethylentetramin ergab bei *Fischen* nach der Lagerung eine sehr niedrige Kreis-Zahl, die derjenigen frischer Fische entsprach (*379*). Die Wirksamkeit der Natriumverbindung ist nur wenig schwächer als die des freien Esters (*334*). 0,2% ,,Nipasol-Na" finden zur Konservierung von *Arzneizubereitungen* Anwendung (*380*). 0,1—0,3% ,,Nipasol-Na" sind ausreichend zur Keimabtötung; bei Anaerobiern genügen schon 0,1% (*381*).

Der p-Oxybenzoesäure-propylester wurde von der ,,Internationalen Union gegen den Krebs" (*305*) in Liste A (A 2), von der WEU (A 1) in Liste III eingereiht; von der Deutschen Forschungsgemeinschaft (*309*) als vorläufig duldbar angesehen (A 3). In Deutschland wird der Propylester als Konservierungsmittel für Lebensmittel geduldet (*237*); höchstzulässige Menge 0,015—0,8% je nach Art des Lebensmittels (*372*).

**Analytik:** Vgl. Angaben bei p-Oxybenzoesäure-methylester (S. 51).

| Nr. | Wissenschaftliche Bezeichnung und Formel | Handelsbezeichnungen | Toxicität, physiologisches Verhalten |
|---|---|---|---|
| | | | und nur 6% der zugeführten Menge Benzylester, dagegen erhebliche Mengen von mit Schwefelsäure gepaarten Estern, daneben noch 13,7% p-Oxybenzoesäure und 3,7% p-Oxybenzursäure (*329*). *Natriumverbindung:* $LD_{50}$ bei Mäusen 2 g/kg Körpergewicht (*335*). 2 ml einer 10%igen „Nipasol-Na"-Lösung erwiesen sich beim Menschen, i.v., als unschädlich (*336*). |
| 62 | **p-Oxybenzoesäure-butylester** <br> $HO-\langle\rangle-COO-CH_2-CH_2-CH_2-CH_3$ | Nipabutyl, Solbrol B, Butoben, <br><br> Esteril (Gemisch höherer Ester) | $LD_{50}$ bei Hunden und Kaninchen 6 g/kg Körpergewicht; toxische Grenzdosis 3—4 g/kg; bei Gabe in Öl liegt die $LD_{50}$ bei 10 g/kg (*329*). Nach neueren Angaben beträgt die $LD_{50}$ des Butylesters (ohne Angabe der Tierart) nur 970 mg/kg Körpergewicht (*320*). 0,7 g/kg Körpergewicht „Esteril", täglich über 90 Tage verabreicht, erwiesen sich beim Hund als unschädlich. Das Verhalten im Organismus entspricht dem des Propylesters. |
| 63 | **p-Oxybenzoesäure-isoamylester** <br> $HO-\langle\rangle-COO-CH_2-CH_2-CH\big\langle{}^{CH_3}_{CH_3}$ | | Das Verhalten im Organismus entspricht dem des Propylesters. |
| 64 | **p-Oxybenzoesäure-methylcyclohexanylester** <br> $HO-\langle\rangle-COO-CH\cdots CH-CH_3$ | | Der Ester soll keine giftigen Wirkungen besitzen (*383*). |
| 65 | **p-Oxybenzoesäure-benzylester** <br> $HO-\langle\rangle-COO-CH_2-\langle\rangle$ | Nipabenzyl | Nach mehrtägiger peroraler Zufuhr von 2 g Benzylester bei Menschen konnten im Harn 6% freier Ester, erhebliche Mengen von an Schwefelsäure gebundenem Ester, daneben noch 13,6% |

Verlängert die Haltbarkeit von *Fett* bei Anwendung einer Dosis von 500 mg/kg und bei gleichzeitiger Zugabe der gleichen Menge Weinsäure, Citronensäure oder Äpfelsäure (*376*). 90 mg/l wirken konservierend bei *Sake* (*382*). 0,3 % „Esteril" verhindern Schimmelbildung und Gärung. 32-fache antiseptische Wirkung gegenüber Phenol (*334*).

Der p-Oxybenzoesäure-butylester wurde von der „Internationalen Union gegen den Krebs" (*305*) in Liste B (A 2) eingereiht.

**Analytik:** Vgl. Angaben bei p-Oxybenzoesäure-methylester (S. 51).

Schwächere Wirkung als Methyl-, Äthyl- und Propylester, etwa der von Benzoesäure entsprechend (*337*). Andere Autoren wiederum geben eine stärkere Wirkung (50fach höhere Wirkung gegenüber Phenol) an (*334*). Erhöhung der Wasserlöslichkeit durch Behandlung mit Erdalkalihydroxyden (*345*).

**Analytik:** Vgl. Angaben bei p-Oxybenzoesäure-methylester (S. 51).

Bestes Mittel zur Haltbarmachung wäßriger Lösungen von *Cocainhydrochlorid* (Dosierung 350 mg/kg) (*383*).

Vorwiegend zur Keimfreimachung *pharmazeutischer Zubereitungen* und *Geräte* angewandt. Der Ester zeigte dabei 109fache Wirkung gegenüber Phenol (*334*). Löslichkeit in Wasser von 100° C: 0,025%; in Glycerin von 70° C: 0,06%; in Öl: 3,0%.

**Analytik:** Vgl. Angaben bei p-Oxybenzoesäure (S. 49) und p-Oxybenzoesäure-methylester (S. 51).

| Nr. | Wissenschaftliche Bezeichnung und Formel | Handelsbezeichnungen | Toxicität, physiologisches Verhalten |
|---|---|---|---|
| | | | p-Oxybenzoesäure und 3,7% p-Oxybenzursäure nachgewiesen werden (*329*). Im übrigen analoge Verhältnisse wie bei den anderen p-Oxybenzoesäureestern (vgl. S. 48 bis 56). |
| 66 | **2,4,5-Trioxy-3,6-dimethyl-benzoesäure-äthylester** 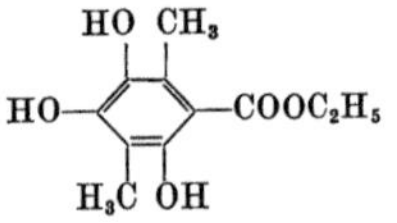 | | |
| 67 | **m-Oxybenzoesäure** 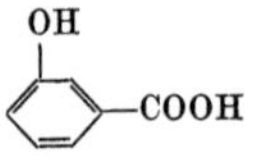 | | |
| 68 | **m-Oxybenzoesäure-alkylester** 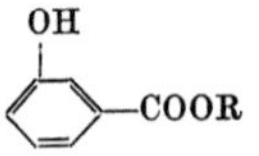 <br> R = Alkylrest | | |
| 69 | **Salicylsäure** <br> o-Oxybenzoesäure 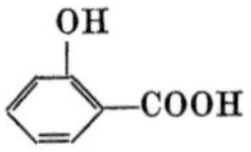 | Salicyl | *Salicylsäure:* LD$_{50}$ bei Kaninchen 1,1—1,6 g/kg Körpergewicht (*256*). 0,1 g/kg ergaben bei Mäusen und Kaninchen bei täglicher Aufnahme über 2 Monate keine Veränderungen innerer Organe, während bei 0,3 g/kg solche Veränderungen nach kurzer Zeit auftreten. Kleine Dosen Salicylsäure sind auch bei langdauernder Darbietung nicht toxisch (*386*). 0,5 g täglich sind selbst bei längerem Genuß für den Menschen noch erträglich (*256*). Nach anderen Autoren kann Salicylsäure *nicht* als unschädlich für den Menschen betrachtet werden und wird daher als Konservierungsmittel abgelehnt (*88*). Säuglinge sind gegen Salicylsäure empfindlicher als Erwachsene (*387*). Es be- |
| 70 | **Natriumsalicylat** 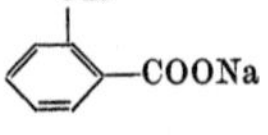 | | |

Empfohlen als Konservierungsmittel für Lebensmittel (*384*).

*m-Oxybenzoesäure* verhindert das Wachstum von *Azotobacter* (*385*). Das Pilzwachstum wird ab 0,9% verhindert; das Natriumsalz der m-Oxybenzoesäure ist microbicid wenig wirksam (*271*). Löslichkeit der freien Säure in Wasser 0,045%. Vgl. auch p-Oxybenzoesäure-propyl-ester, S. 55.

*m-Oxybenzoesäure-äthylester* wurde vorgeschlagen zur Konservierung von gebratenem *Geflügel* (Zusatz zur Gelatinefüllung) (*359*).

Der *Methylester* verhindert ab 500 mg/kg das Pilzwachstum (*385*).

*Salicylsäure:* Vielfach angewandt als Haushaltskonservierungsmittel für *Marmeladen* und sonstige *Obsterzeugnisse*, hierbei geschmackliche Vorteile bietend (*314, 315*). Anwendungs-konzentration im allgemeinen 1 g/kg. Bei Anwendung zur Konservierung von *Seelachs* in Öl diffundiert die Salicylsäure innerhalb von 12 Std. in das Fischfleisch (*297*). Zur Steril-haltung von ungesalzenem *Eigelb* werden 0,8% Salicylsäure benötigt (*265*). Verhinderung der Schimmelbildung bei *Tabak* (notwendige Dosis 2,8%) (*246*). Undissoziierte Salicylsäure erwies sich als bestes Mittel gegen *Bacterium coli* (*391*). Sie verhindert ab 0,2% das Pilz-wachstum (*271*). Die Verbindung ist ungeeignet zur Konservierung von Gelatine (*276*). Sie zeigt oxydationsfördernde Eigenschaften bei Ölen (*367*).

*Natriumsalicylat:* Die Anwendung des Natriumsalzes erfolgt analog derjenigen der Salicyl-säure; die Wirkung ist jedoch wesentlich geringer; Abhängigkeit der Konservierungswirkung vom $p_H$-Wert (*204*). Na-salicylat erwies sich für die Konservierung von Käserinden zur Unter-drückung von Schimmel als ungeeignet (*277*). Das Pilzwachstum wird durch Na-salicylat erst bei Konzentrationen über 2% verhindert (*219*).

*Löslichkeit: Salicylsäure* in Wasser  0,22%; lipoidlöslich. — *Na-salicylat* in Wasser leicht löslich; lipoidunlöslich.

Salicylsäure wurde von der Deutschen Forschungsgemeinschaft abgelehnt (*309*); von der WEU (A 1) in Liste IV aufgeführt. Sie ist in folgenden Ländern als Konservierungsmittel nicht zugelassen: Belgien, Dänemark, Finnland, Griechenland, Holland, Italien, Österreich, Portugal, Schweiz; in Norwegen nur für die Haushaltkonservierung. Höchstzulässige Dosis in Schweden für Fischkonserven 0,2% (36). Höchstdosis in Spanien 0,1% (*392*). In Frankreich ist Salicylsäure nur zur Konservierung von Labpräparaten gestattet (*864*).

**Analytik:** Papierchromatographischer Nachweis (*293, 346*). Bestimmung mit einem Bromid-Bromat-Gemisch durch Überführung in Tribromphenolbrom und Titration des überschüssigen Broms (*393*). Colorimetrische Bestimmung mit Eisen(III)-chlorid nach Extraktion mit Toluol (*297*). Polarographische Bestimmung (*394*). Bestimmung durch Messung der UV-Absorption bei 236 oder 306 $m\mu$ (*395*).

| Nr. | Wissenschaftliche Bezeichnung und Formel | Handelsbezeichnungen | Toxicität, physiologisches Verhalten |
|---|---|---|---|
| | | | steht Kumulationsgefahr, die für Kinder besonders groß ist (*34*). Ferner wird über eine starke Hemmung der Enzymtätigkeit berichtet (*219*): Salicylsäure hemmt in einer Konzentration von 0,1% die Aktivität von Pepsin; bei 0,4% wird die Pepsinwirkung völlig aufgehoben (*83*). Salicylsäure verhindert die Bildung der Pantothensäure (*34*). In Abwesenheit von Proteinen genügen schon 0,00002 molare Salicylsäurelösungen, um eine Hemmung der Pantothensäuresynthese hervorzurufen (*864*). Salicylsäure bedingt ferner eine Hyaluronidase-Hemmung (*388*) sowie eine 40–45%ige Hemmung der Katalase-Aktivität (*243*). Salicylsäure und ihre Derivate werden im Organismus nicht abgebaut, sondern als Salicylursäure (Paarling mit Glykokoll) ausgeschieden (*256*). Tägliche Gaben von 100 mg/kg Körpergewicht an Mäuse, 2 Monate lang, bewirkten kein Neoplasma-Wachstum (*386*). *Natriumsalicylat:* $LD_{50}$ bei Katzen 0,8—0,9 g/kg Körpergewicht. Toxische Grenzdosis 0,6 g/kg (*992*). Die Wirkung ist individuell sehr verschieden. Na-salicylat zeigte starke Hemmung der Pankreatin-Aktivität (*390*). Zusammenfassende Darlegung der pharmakologischen Eigenschaften der Salicylsäure und ihrer Derivate bei O. SCHLENK (*1593*). |
| 71 | **Salicylsäure-methylester** <br> Methylsalicylat | | $LD_{50}$ bei Hunden 2 g/kg Körpergewicht (*255, 325*). |

Der Methylester der Salicylsäure erwies sich in technischer Hinsicht zur Konservierung als ungeeignet *(255, 325)*. Er wird als Aromastoff verwendet (USA) *(396)*.

| Nr. | Wissenschaftliche Bezeichnung und Formel | Handelsbezeichnungen | Toxicität, physiologisches Verhalten |
|---|---|---|---|
| 72 | **Salicylsäureanilid**<br><br>$\langle \rangle$—OH, —CO—NH—$\langle \rangle$<br><br>Vgl. auch S. 194 | | |
| 73 | **Citraconsäure**<br>Methylmaleinsäure<br><br>$CH_3$—C—COOH<br>$\parallel$<br>H—C—COOH<br><br>Vgl. auch S. 130 und 162 | Pescasäure (Gemisch aus 10% Citraconsäure, 30% Citronensäure und 60% Milchsäure), Beropin (enthält als wirksamen Bestandteil Citraconsäure) | Gesundheitliche Bedenken gegen die Verwendung von Citraconsäure bestehen nicht (*399, 400*). |
| 74 | **Dimethyldichlorbernsteinsäure**<br>Dimethyl-$\alpha,\beta$-dichlorbernstein-säure<br><br>COOH<br>$\mid$<br>Cl—C—$CH_3$<br>$\mid$<br>Cl—C—$CH_3$<br>$\mid$<br>COOH | Parakote | $LD_{50}$ bei Ratten 450 mg/kg Körpergewicht. Verfütterung an Ratten über 2 Jahre (0,1% in der Nahrung) zeigte keine nachteiligen Wirkungen. 90%ige Ausscheidung in 48 Std., davon 75% im Harn, 15% im Kot (*402*). |
| 75 | **Milchsäure**<br>$\alpha$-Oxypropionsäure<br>$CH_3$—CHOH—COOH | Telosäure, Pescasäure (vgl. Citraconsäure Nr. 73) | unbedenklich |
| 76 | **Phthalsäure**<br><br>$\langle \rangle$—COOH, —COOH | | |
| 77 | **Dehydracetsäure**<br>3-Acetyl-6-methyl-2,4-pyrandion | DHA | $LD_{50}$ bei Ratten 1 g/kg Körpergewicht (*414*). Verträgliche Dosis für Affen 50—100 mg/kg Körpergewicht; für den Menschen 6—13 mg/kg täglich über 150 Tage peroral (*414*). Dehydracetsäure wirkt schon in Mengen toxisch, die an die zur Konservierung |

Wäßrige Lösungen von Salicylsäureanilid wurden empfohlen als Tauchmittel für *Bananen* gegen Pilzbefall (*397*). Vorgeschlagen zur Behandlung von *Citrusfrüchten* im Tauchverfahren (*398*). Anwendung in Hautsalben gegen lokale Pilzinfektionen (*1594*).

Von der WEU (A 1) in Liste IV aufgeführt.

Citraconsäure wirkt bacteriostatisch und antioxydativ. ,,Pescasäure" wird empfohlen als Konservierungsmittel für die *Fischindustrie* (*401*) (Austauschstoff für Essig).

Zugelassen in Norwegen und Schweden zur Behandlung von Wursthäuten (0,15%) und als Backhilfsmittel (1%) (*913*).

Vorgeschlagen zur Verhütung von Schimmel bei *Käse*; Anwendungsform: Zugabe von 0,3% zum Verpackungsmaterial; der Gehalt im Käse überschritt bei dieser Anwendung 11 mg/kg nicht (*402*).

Zugabe zu *Brot* zur Verhinderung der Schimmelbildung sowie des Fadenziehens und der *Botulinus*-Entwicklung (*403*). Der Zusatz von Milchsäure (,,Telosäure") bei der Herstellung von Brotteig wird auch empfohlen wegen ihrer die Quellung von Eiweiß aus Roggenkleber fördernden Wirkung (*404*). Zugabe zu *Sauergemüsekonserven* (*405*) und *Oliven* (*396*). Ferner Anwendung als Säuerungsmittel (*396*).

Von der WEU (A 1) in Liste I eingereiht. Zur Verhinderung des Fadenziehens bei Brot sind in Belgien 0,3% Milchsäure, bezogen auf Mehl, zugelassen (*406*).

**Analytik:** Colorimetrische Bestimmung: Messung der Absorption des Farbkomplexes des aus Milchsäure mit Schwefelsäure gebildeten Acetaldehyds mit Azobenzol-phenylhydrazin bzw. Hydrochinon, p-Oxydiphenyl oder Veratrol (*407—409*). Papierchromatographische Bestimmung in Pflanzenmaterial (*410*). Enzymatische Bestimmung mit Milchsäuredehydrase (*411*). Zusammenfassende Angaben über die Analytik der Milchsäure (*412*).

0,3% Phthalsäure wurden als Zusatz zur *Grünfutter*-Konservierung empfohlen (*413*).

Dehydracetsäure wurde als Konservierungsmittel für Lebensmittel vorgeschlagen unter dem Vorbehalt genauerer toxikologischer Untersuchungen (*423*). Zur Konservierung flüssiger kohlenhydratreicher (*424*) sowie fester fett- und proteinreicher Lebensmittel (*425, 426*) geeignet. In USA empfohlen als Konservierungsmittel für *Früchte, Säfte, Honig, Sirup, Wein, Bier, Brot, Käse* und *Butter*; meist als Zugabe zum Einwickler; getrocknete Früchte werden durch Eintauchen in ,,DHA"-Lösungen vor Schimmel geschützt; angewandte Mengen zwischen 0,02—0,5% . Anwendungsdosen im einzelnen für Obst- und Gemüsesäfte 0,02 bis 0,5%, für Apfelsaft 0,05%, für Schokoladesirup 0,3%, für Brot 0,2% (*420*). Nach anderen Angaben für Käse und Brot 0,05—0,1% (*422*). Bei *Margarine* zeigen 500 mg/kg Dehydracetsäure einen besseren fungistatischen Effekt als Ascorbinsäure, Nordihydroguajaretsäure, Natriumbenzoat oder Borsäure (*427*). ,,DHA" verhindert die Schimmelbildung bei *Roggen-*

| Nr. | Wissenschaftliche Bezeichnung und Formel | Handelsbezeichnungen | Toxicität, physiologisches Verhalten |
|---|---|---|---|
| 78 | **Dehydracetsaures Natrium**<br><br>Natriumsalz der Dehydracetsäure<br><br>$$H_3C-C=C\begin{smallmatrix}ONa\\\\O=C\end{smallmatrix}\overset{O}{\underset{O}{C}}\begin{smallmatrix}CH\\\\C-CH_3\end{smallmatrix}$$ | DHA-S | benötigten heranreichen (*288, 415*). Die Toxicität entspricht etwa der des Phenols (*416*). Die Säure wird von dem *Delaney*-Ausschuß (USA) nicht als unbedenklich angesehen (*154*). Nur geringe Hemmung der Katalase-Aktivität durch Dehydracetsäure (*243*). Bei 2jähr. Verfütterung von 0,1% in der Nahrung von Ratten traten noch keine Tumoren auf (*1595*) Weitere Toxicitätsangaben im Schrifttum (*417* bis *419*). Eingehendere toxikologische Untersuchungen sind vor der Anwendung als Konservierungsmittel wünschenswert (*420, 422*). *Dehydracetsaures Natrium:* $LD_{50}$ bei Ratten 0,6 g/kg Körpergewicht (*414*). |
| 79 | **Propionsäure**<br>$CH_3-CH_2-COOH$ | | Geringe Toxicität. 3% in der Nahrung bedingen bei ständiger Aufnahme noch keine toxischen Wirkungen (*434*). Propionsäure empfiehlt sich als Konservierungsmittel für Lebensmittel, da sie im Organismus fast restlos abgebaut wird und keine Kumulationsgefahr besteht (*34*). Sie kann wahrscheinlich vom Körper zur Bildung von Glykogen herangezogen werden. Beim oxydativen Abbau im Körper entsteht Brenztraubensäure (*434*). Zugabe von Propionsäure zum Futter Alloxan-diabetischer Kaninchen verursacht eine Verschlechterung der Stoffwechsellage (*435*). Hemmung der Katalase-Aktivität durch Propionsäure (*243*). Bei 1jähriger Verfütterung an Ratten trat keine Tumorenbildung auf (*1596*). |
| 80 | **Natriumpropionat**<br>$CH_3-CH_2-COONa$ | Mycoban (Gemisch von Natriumpropionat und Ammoniumcarbonat) | |
| 81 | **Calciumpropionat**<br>$$\begin{matrix}CH_3-CH_2-COO\\\\CH_3-CH_2-COO\end{matrix}\!\!>\!Ca$$ | Molagen | |

*mehl* und die Gärung bei *Apfelsaft* in einer Dosierung von 0,2%; diese Menge wird für den Menschen als unschädlich erachtet *(428)*. Zur Sterilhaltung von ungesalzenem *Eigelb* werden 2% Dehydracetsäure benötigt *(265)*. Gegen Bakterien des Fischverderbs keine befriedigende Wirkung. Anwendung zur Verhinderung des Wachstums von Mikroorganismen *(429)*, und zwar besonders zur Unterdrückung von Schimmelpilzen *(420)*. „DHA" ist weniger $p_H$-abhängig als Ameisensäure, Benzoesäure und Schweflige Säure. Zum Mechanismus der antimikrobiellen Wirkung der Dehydracetsäure wird auf das Schrifttum verwiesen *(430)*. Die Säure ist farb-, geruch- und geschmacklos, löslich in Aceton und Benzol. Das *Natriumsalz* ist in Wasser, Glycerin und Propylenglykol löslich.

Dehydracetsäure wurde von der WEU (A 1) in Liste III eingereiht. Sie wurde durch die "Food and Drug Administration" (USA) zur Anwendung bei Käse verboten *(416)*.

**Analytik:** Bestimmung durch Messung der Absorption in Chloroform, oder colorimetrisch, beruhend auf der Rot-Orange-Färbung mit Salicylaldehyd *(414, 431, 432)*. Bestimmung durch Messung der Absorptionsmaxima in 0,1 n-NaOH bzw. 0,04 n-HCl *(433)*.

Angewandt zur Verhütung der Schimmelbildung (und des Fadenziehens) bei *Brot*. Zugabe von 0,125—0,225% Propionat zu *Mehl* verhindert die Entwicklung von Schimmel und das Fadenziehen bei dem aus diesem Mehl hergestellten Brot *(436)*. 0,2—0,4% Natriumpropionat halten *Malzextrakt* schimmelfrei. Eine 10—12%ige Lösung von Natrium- und Calciumpropionat verhindert die Schimmelbildung bei *Käse (437)*. Bakterienkulturen, die 1,3 bis 2,5% Propionsäure bilden, minderten in hervorragendem Maß das Fadenziehen bei Brot *(438)*. Als besonders geeignet zur Bekämpfung des Brotschimmels, insbesondere des Kreideschimmels, erwiesen sich Mischungen von Calciumpropionat und Natriumsorbinat *(439)*. In USA werden Ca- und Na-propionat als Mittel gegen Schimmel und das Fadenziehen bei Brot und Gebäck (Dosierung 0,125—0,25%), ferner bei *Schokoladenerzeugnissen* und *Schmelzkäse* (Dosierung 0,24—0,3%) angewandt *(396)*.

Zur Abtötung verschiedener Bakterienstämme werden unterschiedliche Mengen an Propionsäure benötigt (0,1—6,0%); *Bacterium coli* und *Micrococcus pyogenes* benötigen die höchsten Dosen. Wirksam scheint nur das undissoziierte Molekül zu sein. Die Wirkung beruht auf einer Hemmung des Stoffwechsels der Mikroorganismen *(440)*. p-Aminobenzoesäure wirkt antagonistisch *(441, 1175)*.

Propionsäure wurde von der „Internationalen Union gegen den Krebs" *(305)* in Liste A (A 2), von der WEU (A 1) in Liste I eingereiht *(152, 864)*. In Deutschland ist Calciumpropionat als Zusatz zum Brot zugelassen *(24)*; ferner ist es zugelassen in Finnland, Norwegen, Österreich und Schweden *(913)*.

**Analytik:** Bestimmung in Mehl und Gebäck durch Wasserdampfdestillation *(442—444)*. Papierchromatographische Bestimmung *(251, 445)*.

| Nr. | Wissenschaftliche Bezeichnung und Formel | Handelsbezeichnungen | Toxicität, physiologisches Verhalten |
|---|---|---|---|
| 82 | **Sorbinsäure** <br><br> 2,4-Hexadiensäure <br><br> $CH_3—CH=CH—CH=CH—COOH$ | Mil-Pure <br> Adox-Nouveau | $LD_{50}$ bei Ratten 10,5 g/kg Körpergewicht; für die Natriumverbindung 5,9 g/kg. Nach anderen Angaben beträgt die $LD_{50}$ bei Ratten 7,36 g/kg (*446, 447*). 5% Sorbinsäure in der Nahrung 19 Wochen lang an Ratten verfüttert, verursachten keine Schädigungen, auch bei 8% und 90 Tagen traten außer einer leichten Erhöhung des Lebergewichtes keine nachteiligen Erscheinungen auf (*446*); desgleichen bei täglicher Verfütterung von 0,11 g, über 30 Tage an Ratten (*448*). 10% Sorbinsäure im Futter von Ratten zeigten noch keinen Einfluß auf Wachsturn, Fortpflanzung und Zellstoffwechsel; bei der Sauerstoffaufnahme von Leberhomogenisaten konnten keine signifikanten Unterschiede festgestellt werden (*449*). Vollkommener Abbau im Organismus zu $CO_2$ und $H_2O$ (*450*). Sorbinsäure ist eine vollkommen harmlose Lebensmittelkomponente. Sie wird im menschlichen Körper wie eine normale Fettsäure abgebaut (*450*). Bei der Inkubation von Leberhomogenisaten oder Mitochondrien mit Sorbinsäure bzw. Capronsäure wurden beide Säuren in gleichem Umfang zu $H_2O$ und $CO_2$ oxydiert bzw. in Acetessigsäure umgewandelt (*451—453*). Auch bei starken Konzentrationen im Futter wurde keine Tumorenbildung bei Ratten und Hunden hervorgerufen (*446*). Weitere Toxicitätsangaben über Sorbinsäure vgl. H. J. DEUEL (*454*). |
| 83 | **Natriumsorbinat** <br><br> $CH_3—CH=CH—CH=CH—COONa$ | | |
| 84 | **Calciumsorbinat** <br><br> $CH_3—CH=CH—CH=CH—COO$ <br> $CH_3—CH=CH—CH=CH—COO$ $\Big\rangle Ca$ | | |
| 85 | **Essigsäure** <br> $CH_3—COOH$ | | |

Natürliches Vorkommen besonders in Vogelbeeren *(Sorbus aucuparia)*. Sorbinsäure wurde vorgeschlagen als Konservierungsmittel für Lebensmittel *(464)*. Wegen ihrer starken antimycotischen Wirksamkeit besonders für *Schnittkäse* geeignet *(455)*. 500 mg/kg Sorbinsäure im Käse verhindern die Schimmelbildung *(456)*. Bewährt auch als Zusatz zu Cellophaneinwicklern für Käse; Anwendungsdosis: 40—80 mg/100 cm². So behandelter Käse zeigt keine geschmacklichen und geruchlichen Beeinträchtigungen; auch bei direkter Zugabe zum Käse sind solche nicht wahrnehmbar *(457)*. Im Verpackungsmaterial erwies sich Sorbinsäure als sehr widerstandsfähig gegen Oxydation *(1587)*. In einer Konzentration von 0,1% verhindert Sorbinsäure bei $p_H$ 5 die Schimmelbildung und das Hefewachstum in *Salzlake für Gurken*, ohne die die Milchsäuregärung bedingenden Bakterien in ihrer Entwicklung zu hemmen *(448)*. Die Sorbinsäure unterstützt vielmehr die Milchsäurebildner in ihrem Wachstum; alle anderen Bakterien sowie Schimmelpilze werden gehemmt. Gut geeignet als Konservierungsmittel für süß eingelegte Gurken *(458)*. Zur Sterilhaltung von ungesalzenem *Eigelb* werden 1,2% Sorbinsäure benötigt *(258)*. Für die Konservierung von frischem *Fleisch* wurde eine Kombination von Sorbinsäure mit Tetracyclinen, zugleich in Verbindung mit einer Gammabestrahlung vorgeschlagen *(308)*. 0,1% Sorbinsäure sind gut wirksam zur Verhinderung der Schimmelbildung bei *Fischen* *(459)*. 750 mg/kg verhindern bei $p_H$ 4,4 das Wachstum von Schimmelpilzen in *Tomatensaft* (460); ein Zusatz von 0,1% wird zur Konservierung von *Obsterzeugnissen* empfohlen. Sorbinsäure erwies sich auch als besonders geeignet zur Konservierung von *Margarine*; Dosierung 0,1% *(461)*. Für diesen Zweck ist sie geeigneter als Benzoesäure wegen ihrer geschmacklichen Vorzüge, der geringeren Dissoziationskonstante und des günstigeren Verteilungskoeffizienten Öl/Wasser (= 3; Benzoesäure = 10); dabei zeigte die Säure neben ihren bekannten fungistatischen auch bacteriostatische Eigenschaften *(462, 463)*. Bei *Backwaren* erwies sich Sorbinsäure als wirksamer als Propionsäure *(465)*. Zur *Brotkonservierung* wird ein Zusatz von 0,3% Sorbinsäure oder Calciumsorbinat zum Teig empfohlen *(1597)*. In USA bei *Schokoladesirup, Salatzubereitungen*, Gurken und Gebäck (Dosierung 0,05—0,2%), ferner als Zusatz zum Einwickler von Käse angewandt *(396)*.

*Wirkungsmechanismus:* Die antimikrobielle Wirksamkeit der Sorbinsäure beruht auf der Hemmung des Dehydrogenase-Enzymsystems der Schimmelpilze. Wegen ihrer geringen Dissoziationskonstante ($K = 1,73 \times 10^{-5}$) wirkt sie bei hohen $p_H$-Werten (über 5,5) besser als die Benzoesäure *(466)*. Das $p_H$-Optimum für die Wirkung liegt bei $p_H$ 4,5; jedoch ist sie auch noch bei $p_H$ 7 wirksamer als Na-benzoat oder Ca-propionat *(467)*. Bei $p_H$ 5 wirkt Sorbinsäure 2—5mal stärker als Benzoesäure gegen *Streptobacterium plantarum, Penicillium glaucum, Willia anomale* und *Saccharomyces cerevisiae* *(1599)*. Die selektive Wirksamkeit der Sorbinsäure (Katalase-negative Milchsäurebakterien und Clostridiumarten werden im Wachstum nicht gehemmt, im Gegensatz zu Katalase-positiven Bakterien, Hefen und Schimmelpilzen) ist abhängig von der Konzentration der Säure und der Art sowie dem $p_H$-Wert des Mediums *(468)*. Die Zugabe von Säuren und Natriumchlorid steigert die fungistatische Wirkung *(1598)*. Die Wirkung der Sorbinsäure ist an sich nicht stärker als die anderer bekannter Konservierungsmittel; ihre Vorzüge liegen aber in der ernährungsphysiologischen Unbedenklichkeit dieser Verbindung *(466)*.

Sorbinsäure wurde von der „Internationalen Union gegen den Krebs" *(305)* in Liste A (A 2), von der WEU (A 1) in Liste I eingereiht *(152)*. Von der Deutschen Forschungsgemeinschaft *(309)* wurde sie als vorläufig duldbar angesehen (A 3). Von der "Food and Drug Administration" (USA) wurde die Verwendung von Sorbinsäure zur Haltbarmachung von Käse (als Zusatz zum Einwickler) gebilligt *(457, 469)*. Sorbinsäure ist in Kanada als Konservierungsmittel bis zu einer Konzentration von 0,1% erlaubt *(470)*. In Schweden für Fischpräserven und Apfelsaft zugelassen *(471)*; desgleichen in Norwegen für Käse in einer Konzentration von 0,1% *(913)*.

**Analytik:** Farbreaktionen mit Eisenchlorid bzw. Schiffs-Reagens *(472)*. Bestimmung durch spektrophotometrische Messung der Absorption *(456)*. Colorimetrische Bestimmung mit Methylmercapto-benzthiazol-p-äthyl-toluolsulfonat *(473)*.

---

Neben der bekannten Anwendung der Essigsäure zur Haltbarmachung von Lebensmitteln werden auch ihre Na-, Mg- und Ca-Salze verwendet. Calciumacetat und saures Na-acetat

| Nr. | Wissenschaftliche Bezeichnung und Formel | Handelsbezeichnungen | Toxicität, physiologisches Verhalten |
|---|---|---|---|
| 86 | **Natriumdiacetat**<br>Saures Natriumacetat<br>$CH_3-COOH \cdot CH_3-COONa$ | | |
| 87 | **Calciumacetat**<br>$CH_3-COO$<br>$CH_3-COO$ $Ca$ | Ropal | |
| 88 | **Magnesiumacetat**<br>$CH_3-COO$<br>$CH_3-COO$ $Mg \cdot 4 H_2O$ | | |
| 89 | **Peressigsäure**<br>$CH_3-C$ $O$ / $O-OH$ | | |
| 90 | **Monochloressigsäure**<br>(auch in Form von Salzen)<br>$Cl-CH_2-COOH$ | Clarex,<br>Esterex,<br>Desinfektol,<br>„505" | $LD_{50}$ bei Mäusen 165 mg/ kg Körpergewicht; auch in chronischer Hinsicht weniger toxisch als Monobromessigsäure (*476*). Die Toxicität entspricht etwa der des Phenols (*416*). Der *Delaney*-Ausschuß (USA) hält Monochloressigsäure für bedenklich (*154*). Pepsin und Trypsin sollen durch Monochloressigsäure nicht beeinträchtigt werden (*477*). Dagegen wurde eine Hemmung der Triosephosphat-Dehydrogenase durch Monochloressigsäure festgestellt (*478*). Bei Verabreichung von 0,1% Monochloressigsäure im Futter von Ratten, 200 Tage lang, trat keine Tumorbildung, jedoch etwas verringertes Wachstum ein (*476*). |
| | *Monobromessigsäure und ihre Ester* | | *Monobromessigsäure:* $LD_{50}$ bei Mäusen 100 mg/kg, bei Ratten 50 mg/kg Körpergewicht (*476, 491*). |
| 91 | **Monobromessigsäure**<br>$Br-CH_2-COOH$ | Burilin,<br>Antiferm,<br>Fermocid | 150 mg/kg im Futter zeigten bei Meerschweinchen noch keine gesundheitlichen Schädigungen (*492*). |
| 92 | **Monobromessigsäure-äthylester**<br>$Br-CH_2-COOC_2H_5$ | Antibiotin,<br>Antol,<br>Mellit | 10—54 mg/kg Körpergewicht an Schweine 28 bis 105 Tage verfüttert, |

werden als Mittel gegen Schimmelbildung und Fadenziehen bei *Backwaren* (Weißbrot, Schwarzbrot, Kuchen) empfohlen; Dosierung 0,06—0,31% *(396)*. Holzessig wird als Zusatz bei *Seelachs* in Öl verwendet. Natriumacetat wird ferner zur Einstellung des $p_H$-Wertes verwendet.

Essigsäure wurde von der WEU (A 1) in Liste I eingereiht.

Peressigsäure vereinigt in sich die baktericide Wirkung der Essigsäure und des Wasserstoffperoxyds. Viele Mikroorganismen (Bakterien und Pilze) werden abgetötet durch Konzentrationen, die für den Menschen unschädlich sind. Die Besprühung von *Tomaten* und *Trauben* mit Peressigsäure verhindert Schimmelbildung und verlängert die Haltbarkeit *(475)*.

Wegen ihrer im Vergleich zu Benzoesäure größeren Wirksamkeit zur Konservierung von Lebensmitteln vorgeschlagen; sie ist jedoch infolge ihrer erheblich größeren Toxicität nicht zu empfehlen *(288)*. Das Calciumsalz der Monochloressigsäure wurde als Mittel gegen das Fadenziehen bei *Brot* *(479)* sowie zur Konservierung von *Orangensaft, Bier* und *Süßwein* *(480)* vorgeschlagen. Optimale Menge zur Stabilisierung von *Fruchtsäften* 300 mg/l *(481)*. Halogenderivate der Essigsäure werden in der *Weinbautechnik* verwandt *(482)*.

Monochloressigsäure wurde von der WEU (A 1) in Liste III eingereiht. Durch die "Food and Drug Administration" (USA) ist die Anwendung bei Wein in USA verboten *(416)*.

**Analytik:** Nachweis durch Überführung in Formaldehyd und anschließende Chromotropsäure-Reaktion *(483)*. Colorimetrischer Nachweis mit Anthranilsäure ($\rightarrow$ Indigo) *(484)* und mit Thiosalicylsäure *(485)*. Schnellnachweis durch Verteilungschromatographie *(486)*. Maßanalytische Bestimmung durch Umsetzung mit Thioglykolsäure zu Thiodiglykolsäure und jodometrische Rücktitration der überschüssigen Thioglykolsäure *(487)*. Abtrennung von störenden Stoffen und quantitative Bestimmung auf chromatographischem Wege *(488)*. Bestimmung durch konduktometrische Titration *(489)*. Bestimmung auf Grund des Halogengehalts *(484)*. Bestimmung durch IR-Spektrometrie *(490)*.

*Monobromessigsäure und ihre Ester* werden in Frankreich angewandt zur *Most*-Konservierung *(500, 501)*. Ferner vorgeschlagen zur Konservierung von *Bier, Wein, Fruchtsäften, Milch* und *Molkereiprodukten* in Konzentrationen von 10—40 mg/kg *(492, 502)*. Monobromessigsäureäthylester in einer Konzentration von 0,1—0,3 mg/l, konserviert Milch bei 15° C 3 Tage lang *(503)*. Bei Wein wird durch Monobromessigsäure in einer Konzentration von 40 mg/l die Gärung unterbunden; der Gehalt an organisch gebundenem Brom nimmt bei der Lagerung ständig ab *(504)*. 4—5 mg/l Monobromessigsäure oder 2—3 mg/l Monobromessigsäureglykolester hemmen die Gärung bei Apfelsaft; zur *Abtötung* der Hefe werden 40 bzw. 25 mg/l benötigt *(505)*. Zusatz von Monobromessigsäure bedingte eine höhere Haltbarkeit von *Heilbutt* *(506)*. Der Äthylester wurde auch zur Konservierung von *Mayonnaise* vorgeschlagen; er wirkt durch Reaktion mit den Sulfhydrylgruppen denaturierend auf die Proteine der Hefe-

| Nr. | Wissenschaftliche Bezeichnung und Formel | Handelsbezeichnungen | Toxicität, physiologisches Verhalten |
|---|---|---|---|
| 93 | **Monobromessigsäure-glykolester**<br>Monobromessigsäure-äthylenglykolester<br>Äthylenglykol-di-monobromacetat<br>$CH_2—COO—CH_2—Br$<br>$\mid$<br>$CH_2—COO—CH_2—Br$ | Stabilo,<br>Pandurol,<br>Sovilon | erwiesen sich als toxisch; ein Drittel der Versuchstiere ging ein (*1600*); bei Verabreichung von 2—6 mg/kg über 350 bis 450 Tage konnten noch keine Vergiftungssymptome, Wachstums- und Fruchtbarkeitsminderung oder Kumulation beobachtet werden (*493*). |
| 94 | **Monobromessigsäure-äthylglykolester**<br>Monobromessigsäure-äthyl-äthylenglykolester<br>Äthyl-äthylenglykol-monobromacetat<br>$CH_2—COO—CH_2—Br$<br>$\mid$<br>$CH_2—O—CH_2—CH_3$ | Septonal,<br>Cherubino | 24 mg/kg peroral riefen bei Hunden Erbrechen, Durchfall und Bewegungsstörungen hervor; Tumore wurden nicht beobachtet (*493*). Injektionen von 0,2—2 mg/kg ergaben bei Hunden cardiotoxische Effekte (*1601*); andere Autoren konnten jedoch diese Befunde selbst mit 10 mg/kg nicht bestätigen (*1602*). Chronische Toxicität, besonders durch Herzschädigungen (*494—497*). 0,5 bis 1,0 ml „Burilin A" (entsprechend 16—31 mg organisch gebundenem Brom) erwiesen sich bei Kaninchen und Katzen als tödlich, Monobromessigsäure zeigte eine enzymhemmende Wirkung durch Blockierung der SH-Gruppen (*498*), ferner eine Hemmung der Oxydations - Reduktionsvorgänge in der Zelle (*1603*) sowie eine Hemmung der Katalase-Aktivität (*243*).<br>*Monobromessigsäure-äthylglykolester:* „Septonal" erwies sich in kleinen Mengen nicht als toxisch, jedoch besteht eine Kumulationsgefahr; bisher konnten durch diese Substanz keine akuten Störungen der Verdauungsfermente beobachtet werden (*499*). |
| 95 | **Äthylenglykol-monobromhydrin**<br>$Br—CH_2—CH_2—OH$ | | |
| | *Fettsäuren*<br>Beispiele: | | Bei Verabreichung in der Nahrung sind keine Vergiftungen durch Fettsäuren zu erwarten. Sie kommen jedoch als mög- |
| 96 | **Caprinsäure**<br>$CH_3—(CH_2)_8—COOH$ | | |

zellen (*507*). „Stabilo" findet auch als Desinfektionsmittel für Flaschen und Geräte Verwendung. Zur Gärungsverhütung werden davon 150 mg/l benötigt (*508*).

Auch *Monobromessigsäure-äthylglykolester* findet als Frischhaltemittel für Lebensmittel Verwendung (*499, 509*). Anwendung von „Septonal" zur Konservierung von *Süßwein* in Frankreich (*499*).

*Äthylenglykol-monobromhydrin* ist in den Niederlanden als mikrobicides Mittel im Handel (*509*). Monobromessigsäure wurde von der WEU (A 1) in Liste III eingereiht.

**Analytik:** Nachweis durch Gärungshemmung eines Zucker-Hefe-Substrates bei $p_H$ 5,4 (*510, 511*). Nachweis und Bestimmung bromhaltiger Konservierungsmittel in Wein, Bier und Fruchtsäften mit Fluorescein oder Sulfofuchsin (*512—519*). Bestimmung von Bromessigsäureverbindungen in Wein (*523*). Farbreaktionen der Bromessigsäure und ihrer Derivate mit Sulfosalicylsäure (*520*). Papierchromatographische Bestimmungsmethoden (*521, 522*).

Alle Fettsäuren, von Propionsäure bis Myristinsäure, sind wirksame Hemmstoffe gegen das Schimmelwachstum; die Anwendung ist jedoch aus geschmacklichen Gründen begrenzt.

Zugabe von *Caprinsäure* zu *Fischen* verlängert deren Haltbarkeit um 12—24 Std. (*524*). Auch *Crotonsäure* wurde als Konservierungsmittel empfohlen (*525*); die Doppelbindungen

| Nr. | Wissenschaftliche Bezeichnung und Formel | Handelsbezeichnungen | Toxicität, physiologisches Verhalten |
|---|---|---|---|
| 97 | **Laurinsäure** $CH_3—(CH_2)_{10}—COOH$ | | liche Ursache gewerblicher Hautkrankheiten in Frage; Kinder sind hierfür besonders empfindlich (*32*). |
| 98 | **Crotonsäure** $CH_3—CH=CH—COOH$ | | |
| | *Vanillinsäureester* | | Toxicitätsuntersuchungen ergaben befriedigende Befunde (*526*). Die Toxicität des Äthylvanillats entspricht etwa derjenigen des Natriumbenzoats bei Einnahme in Öl; in Wasser ist Äthylvanillat noch weniger toxisch (*288*). |
| 99 | **Vanillinsäure-methylester** Methylvanillat | | |
| 100 | **Vanillinsäure-äthylester** Äthylvanillat | | |
| 101 | **Vanillinsäure-butylester** Butylvanillat | | |
| 102 | **Vanillinsäure-isobutylester** Isobutylvanillat | | |

*c) Phenole und*

| Nr. | Wissenschaftliche Bezeichnung und Formel | Handelsbezeichnungen | Toxicität, physiologisches Verhalten |
|---|---|---|---|
| | *Glykole* | | *Äthylenglykol:* $LD_{50}$ bei Mäusen 13,8 ml/kg Körpergewicht (*529, 1007*). Äthylenglykol erwies sich als wenig toxisch (*530, 531*). Vor innerlicher Anwendung wird jedoch gewarnt (*532*). |
| 103 | **Äthylenglykol** $CH_2—OH$ $CH_2—OH$ | | |
| 104 | **Diäthylenglykol** $CH_2OH—CH_2—O—CH_2—CH_2OH$ | | *Diäthylenglykol:* $LD_{50}$ bei Mäusen 25,2 ml/kg Körpergewicht (*529*). Sowohl in akuter wie in chronischer Hinsicht zeigt Diäthylenglykol ähnliche Wirkungen wie Glycerin (*533*). Zweijährige Gabe von 2 bis 4% Diäthylenglykol im |
| 105 | **Triäthylenglykol** $CH_2—O—CH_2—CH_2—OH$ $CH_2—O—CH_2—CH_2—OH$ | | |

bedingen einen besonders starken bacterticiden Effekt. Zur Sterilhaltung von ungesalzenem *Eigelb* werden von *Laurinsäure* über 3% benötigt (*265*).

Von der WEU (A 1) wurde Crotonsäure in Liste IV eingereiht.

Vanillinsäureester sind wirksame Konservierungsmittel gegen Schimmelbildung und besonders gegen hitzeresistente sporenbildende Bakterien. Sie verhindern das Sauerwerden des *Brotes* und die Schimmelbildung auf *Käse* (*288*). Bei *Obst-* und *Fischerzeugnissen* gut bewährt. Neben der bactericiden Wirkung bestehen auch antioxydative Eigenschaften (*288*). Vorgeschlagen als Konservierungsmittel für *Salzfisch* (*527*).

Der Butyl- und Isobutylester zeigen ebenfalls gute konservierende Eigenschaften; sie sind besonders wirksam gegen Sporenbildner (*Bacillus mycoides* und *Aspergillus niger*), weniger wirksam gegen den Nichtsporenbildner *Aerobacter aerogenes* (*528*).

In einer Menge von 0,1% ist Vanillinsäure-äthylester von der "Food and Drug Administration" für USA als Konservierungsmittel genehmigt (*23*).

### *Polyoxyverbindungen*

*Luftentkeimung* durch Vernebelung von Triäthylenglykol (*536*). Dosierung: 5—10 mg/m³; 1,2-Propylenglykol ist besonders geeignet zur Keimfreimachung von Lagerräumen im Sprühverfahren (*23*). Relativ geringe keimtötende Wirkung in vitro (*537*).

1,2-Propylenglykol ist als Zusatzstoff für Lebensmittel in Finnland, Norwegen und Schweden (insbesondere als Lösungsmittel) zugelassen (*913*).

**Analytik:** Identifizierung von Glykol und höheren Homologen mit Pseudosaccharinchlorid (*538*). Nachweis und Trennung von Glykolen durch Papierchromatographie (*539, 1271*). Trennung und Nachweis von Glycerin, Äthylenglykol und Butylenglykol nebeneinander durch Destillation, Bestimmung der Hydroxylzahl und verschiedene Farbreaktionen (*541*). Nachweis von Glykol neben Glycerin durch Farbreaktion mit Pyrogallol/Schwefelsäure oder, nach Oxydation mit Kaliumpermanganat, mit Kupfersulfatlösung (Glykol: graublauer Niederschlag) (*540*). Bestimmung durch Acetylierung mit Essigsäureanhydrid und Messung des zur Verseifung notwendigen Alkalis (*542*).

| Nr. | Wissenschaftliche Bezeichnung und Formel | Handelsbezeichnungen | Toxicität, physiologisches Verhalten |
|---|---|---|---|
| 106 | **1,2-Propylenglykol**<br>1,2-Propandiol<br><br>$CH_2$—CH—$CH_3$<br> \|    \|<br>OH   OH | | Futter erzeugte bei Ratten Blasenkrebs (*1606*). *Triäthylenglykol:* $LD_{50}$ bei Mäusen 54,3 ml/kg Körpergewicht (*534*). Keine Tumorenbildung bei 2 jähriger Verfütterung an Ratten in einer Konzentration von 2—4% im Futter (*1607*). *1,2-Propylenglykol:* $LD_{50}$ bei Mäusen 30,8 ml/kg Körpergewicht (*529, 535*). 1,2-Propylenglykol erwies sich als relativ unschädlich (*530, 531*). Keine Tumorenbildung bei 2 jähriger Verfütterung an Ratten (*1186*). *1,3-Butylenglykol:* $LD_{50}$ bei Mäusen 23,3 ml/kg Körpergewicht (*529*). 1,3-Butylenglykol erwies sich als relativ unschädlich (*530, 531*). Es ist weniger bedenklich als Äthylenglykol (*1007*). |
| 107 | **1,3-Butylenglykol**<br>1,3-Butandiol<br><br>$CH_2$—$CH_2$—CH—$CH_3$<br> \|        \|<br>OH       OH<br><br>Vgl. auch S. 174 | | |
| 108 | **Thioglykolsäure**<br><br>HS—$CH_2$—COOH | | |
| 46 | **Glycerinformiat**<br>$CH_2$—OOCH<br> \|<br>CH—OOCH<br> \|<br>$CH_2$—OOCH<br><br>Vgl. auch S. 40 | Antimucor | Toxicität des *Glycerins*: $LD_{50}$ bei Mäusen 30,2 ml/kg Körpergewicht (*529*). Per os sind auch große Mengen Glycerin unschädlich (*32*). Vgl. auch die Toxicitätsangaben bei Glycerin (S. 176) sowie bei Ameisensäure (S. 40). |
| | *Benzophenone* | | |
| 109 | **2,4-Dioxybenzophenon** | | |
| 110 | **2,4-Dioxy-3,6-dimethyl-benzophenon** | | |

Zur Verhinderung des Wachstums von *Micrococcus enterotoxigenis* in *Sahnegebäck* (*477*).

**Analytik:** Bestimmung durch Titration mit 0,1 n-Jodlösung oder colorimetrisch mit Natriumnitrit und Eisessig oder Folin's Reagens (*532*).

Empfohlen zur Oberflächenkonservierung von *Marmeladen* und *Pflaumenmus* (*543*).

**Analytik:** Nachweis und Bestimmung beruhen auf der Erfassung des Glycerinanteils. Papierchromatographischer Nachweis von Glycerin (*539*). Bestimmung nach der Perjodatmethode und Titration der gebildeten Ameisensäure (*544*). Bestimmung (bes. in Wein) durch Überführung in Chinolin mit Anilinsulfat, m-nitrobenzolsulfosaurem Natrium und Schwefelsäure und anschließende Fällung als Chinolin-Quecksilber(II)-jodid (*545*). Vgl. auch Analytik der Ameisensäure (S. 41) und des Glycerins (S. 177).

50—70 mg/kg *2,4-Dioxybenzophenon* verhindern über 50 Tage lang das Schimmelwachstum bei Lebensmitteln. Das *Dimethylderivat* zeigt die gleiche Wirkung bei einer Konzentration von 100—150 mg/kg (*546*).

| Nr. | Wissenschaftliche Bezeichnung und Formel | Handelsbezeichnungen | Toxicität, physiologisches Verhalten |
|---|---|---|---|
| 111 | **Trichlor-acetophenon-oxim** | | |
| 112 | **2-Methyl-4-amino-1-naphthol--hydrochlorid** | Vitamin $K_5$ | Geringe Toxicität (*1654*). 0,6—1,0 g/l zeigten (bei Verwendung als Bierkonservierungsmittel) keine toxischen Wirkungen (*1655*). |
| 113 | **2-Methyl-1,4-naphthochinon** | Vitamin $K_3$, Menadion | |
| 114 | **Calcium-$\alpha$-monosulfonat--$\beta$-naphthol** | Asaprol, Anrastol | |
| 115 | **Hexylresorcin** | Kaprokol | $LD_{50}$ bei Katzen 100 bis 300 mg/kg Körpergewicht (*34*). |
| 116 | **2,3-Dihydro-pyran-2,4-dion** | | |
| 117 | *Phenylphenolate* <br> **Natrium-o-phenylphenolat** <br> o-Oxydiphenyl-Natrium | Dowicid A, Orthoxenol | *Natrium-o-phenylphenolat:* $LD_{50}$ bei Ratten 2,7 g/kg Körpergewicht. 0,2% über 2 Jahre lang mit dem Futter gegeben, verursachten keine Schädigungen (*556*), ebenso bewirkten 0,5 g/kg täglich bei Hunden, 1 Jahr lang gegeben, keine toxischen Effekte und keine Tumoren (*1608*). |
| 118 | **Natrium-p-phenylphenolat** <br> p-Oxydiphenyl-Natrium | Paraxenol | |

Durch Behandlung von *Früchten* mit einer 1—3%igen Lösung von Trichlor-acetophenon-oxim in Alkali gelingt es, diese bei der Lagerung frei von Schimmel und Verderb zu halten (im Gegensatz zu unbehandelten Früchten) *(547)*.

Verwendung als Konservierungsmittel für *Früchte, Weine* und *Säfte* sowie andere Lebensmittel; ferner als Tauchmittelzusatz und als Bestäubungsmittel für Früchte. Erweist sich in Konzentrationen zwischen 10 und 300 mg/kg als gut wirksam gegen Pilze, Hefen und Bakterien *(548)*. Zur Verhinderung der Gärung bei *Traubensaft (549)*. Übt vor allem bei Luftabschluß eine gewisse Hemmung auf das Hefewachstum bei *Süßweinen* aus *(549)*. Unbefriedigend zur Verhinderung der Schimmelbildung auf Käserinden bei 90—92% Luftfeuchtigkeit und 10° C *(270)*. Wirkungsvoller als $SO_2$ zur Verhinderung der Bildung flüchtiger Säuren im Wein *(333)*.

Wachstumshemmende Wirkung auf Staphylokokken, Streptokokken sowie *Aspergillus niger*. Durch Zusatz von ,,Vitamin $K_3$'' zu *Milch* bzw. durch Fütterung von Kühen mit 25 mg ,,Vitamin $K_3$'' pro Tag kann die Haltbarkeit der Milch um einige Tage verlängert werden *(550)*. 0,1 mg ,,Menadion''/l Milch verhinderte deren Sauerwerden; die Wirkung war abhängig von der Art des Futters; Kombination mit Kühllagerung verstärkte den Effekt *(551)*.

**Analytik:** Spektrophotometrische Bestimmungsmethoden mit 2,4-Dinitrophenylhydrazin bei 635 $m\mu$ *(552)*.

Erwähnt als Konservierungsmittel für Lebensmittel *(23)*.

Empfohlen als keimtötender Zusatz zu *Melkfetten*; Dosierung 0,5—1% *(553)*. Bactericides Mittel für *Zahnpasten* und *Haarwässer* in Konzentrationen von 0,1—0,25%. Pharmazeutische Anwendung als Wurmmittel *(34)*.

**Analytik:** Colorimetrischer Resorcin-Nachweis mit Jodsäure und Natriumacetat (orange-gelbe bzw. violette Färbung) *(554)*.

Vorgeschlagen als Konservierungsmittel für Lebensmittel *(555)*. Wirkt wachstumshemmend auf Mikroorganismen und verhindert die Gärung bei *Fruchtsäften, Konserven* u. a. *(555)*.

Als Tauchmittel oder als Zusatz zum Einwickler zur Konservierung von *Früchten* und *Gemüsen (8, 557)*. Tauchmittel für *Orangen (558)*. Vorlagerungsbehandlung von Orangen mit einem Gemisch von ,,Dowicid A'' und Hexamethylentetramin zeigte deutliche Verderbsminderung *(559, 560)*. Eine wäßrige Lösung von 2% ,,Dowicid A'', 1% Hexamethylentetramin und 0,05% Seife erwies sich als wirksam zur Verhütung der durch Pilze hervorgerufenen Schädigungen bei Orangen (Hexamethylentetramin vermindert dabei die durch das Phenylphenolat verursachten Schalenschädigungen) *(561)*. In einer Dosierung von 0,15% wirksam gegen *Penicillium digitatum (562)*.

Von der WEU (A 1) wurden Natrium-o- und p-phenylphenolat in Liste IV eingereiht. In Kanada wurden als zulässige Höchstmenge für Natrium-o-phenylphenolat 5 mg/kg festgesetzt *(45)*. Zugelassen in Schweden zur Behandlung von Birnen und Äpfeln (0,0005%) *(913)*.

| Nr. | Wissenschaftliche Bezeichnung und Formel | Handelsbezeichnungen | Toxicität, physiologisches Verhalten |
|---|---|---|---|
| 119 | **Natrium-o-chlorphenylphenolat** | Dowicid C | |
| 120 | **2,4,5-Trichlorphenol-Natrium** | Dowicid B, Preventol | |
| 121 | **Pentachlorphenol-Natrium** | Dowicid G, Preventol PN | Bei subcutaner Applikation bei Kaninchen Kumulation, Lungenödeme und Nierenschädigungen (*565*). |

*d) Quaternäre*

| Nr. | Wissenschaftliche Bezeichnung und Formel | Handelsbezeichnungen | Toxicität, physiologisches Verhalten |
|---|---|---|---|
| 122 | **Alkyl-benzyl-dimethyl- -ammoniumchlorid** <br><br> $R = C_8H_{17}$ bis $C_{18}H_{37}$ | Zephirol, Zephiran, Roccal, Rodalon, Onyx, BTC, Beloran | *Alkyl-benzyl-dimethyl- ammoniumhalogenide:* $LD_{50}$ bei Ratten im Durchschnitt 350 mg/kg Körpergewicht; 50 mg/kg intraperitoneal (*23*). Von anderer Seite wird die Toxicität als praktisch unbedeutend angesehen (*567*). 3% im Futter von Ratten verursachten keine Schädigungen (*568*). Bei den bisher untersuchten quaternären Ammoniumverbindungen konnte keine Tumorenbildung beobachtet werden (*389*). |
| 123 | **Benzyl-dimethyl-[p-(2-methyl-4,4- -dimethyl-pentan-2) (phenoxyäthoxy- äthyl)]-ammoniumchlorid** <br><br> Benzyl-2,2,4,4-tetramethyl- butyl-phenoxyäthoxy-äthyl- dimethylammoniumchlorid | Phemerol | |
| 124 | **Dioctyl-dimethyl-ammoniumchlorid** | | Vgl. unter Alkyl-benzyl- dimethyl-ammonium- chlorid (oben). |

**Analytik:** Nachweis der phenolischen Komponente mit Eisen(III)-chlorid oder mittels der Liebermann-Reaktion auf Phenole mit konz. Schwefelsäure und Kaliumnitrit. Zusammenstellung mehrerer Nachweisverfahren im Schrifttum (*563*).

Als Tauchmittel oder als Zusatz zum Einwickler zur Konservierung von *Früchten* und *Gemüsen* (*8*). Verlängerung der Haltbarkeit von *Trauben* durch Eintauchen in eine 0,3% „Dowicid C" enthaltende Lösung und anschließendes Einpacken in Polyäthylenfolie (*564*).
**Analytik:** Vgl. unter „Dowicid A" (oben).

Erwähnt als Konservierungsmittel für Lebensmittel (*23*).
**Analytik:** Vgl. unter „Dowicid A" (oben).

Erwähnt als Konservierungsmittel für Lebensmittel (*23*). Starkes Antiseptikum für Pilze, Bakterien, Algen und Hefen. Vorgeschlagen zur Verminderung des Schimmelbefalls bei Konserven (*553*).
Die Polychlorphenolate wurden von der WEU (A 1) in Liste IV eingereiht.
**Analytik:** Colorimetrische Mikrobestimmung, beruhend auf der Blaufärbung mit Tetramethyl-p-diamino-diphenylmethan nach Oxydation mit Salpetersäure zu Chloranil (*566*). Vgl. auch unter „Dowicid A" (oben).

## *Stickstoffverbindungen*

Oberflächenaktive Mittel zur Desinfektion und Lebensmittelkonservierung. Anwendung bei *Backwaren, Molkereiprodukten, Eiern, Fischen* (*75, 567—571*). Eintauchen von *Eiern* in 0,05%ige Lösungen verhindert bei 18—20° C über 20 Tage jedes Schimmelwachstum außen und innen (*572*). Als Zusatz zum *Fischeis* und im *Gärungsgewerbe* gut bewährt (*68*). „Zephirol" ist in einer Konzentration von 1% ein wirksames Zusatzmittel zu Fischeis (*171*). 0,5% „Rodalon" wurde vorgeschlagen zur Desinfektion von mit der Bakterienflora verdorbener Fische behaftetem Holz (*69*). Versprühen von quaternären Ammoniumverbindungen reduziert die Zahl der Schimmelpilze in Lagerräumen für *Früchte* (*573*).
Die konservierende Wirkung beruht auf der Erniedrigung der Oberflächenspannung der Mikroorganismenzellen. Die quaternären Ammoniumverbindungen sind ziemlich spezifisch in ihrer Wirkung. Sie zeigen nur geringe korrodierende Wirkung auf Metalle. Stickstoffhaltige Substanzen reduzieren ihre Wirksamkeit. In Gegenwart von Phospholipoiden (Lecithin u. a.) sind sie unwirksam (*23, 568*). Die Gefahr der Resistenzbildung ist gering (*75, 568, 570, 571*). Keine geruchliche und geschmackliche Beeinflussung durch quaternäre Ammoniumverbindungen; beste Wirkung im neutralen und alkalischen Medium (*568*). Mengen von 2,5—10 mg/kg verhindern die Bildung von Milchsäure (*574*). „Roccal" in Mischung mit Calciumchlorid bewirkt wachstumsstimulierende Wirkung bei Küken und Schweinen (*575*).
Quaternäre Ammoniumverbindungen wurden von der WEU (A 1) in Liste III eingereiht (*152, 864*).

**Analytik:** Colorimetrische Bestimmung mit Bromthymolblau oder durch argentometrische Titration des Halogens (*568*). Colorimetrische Methoden zur quantitativen Mikrobestimmung (*576*). Maßanalytische Bestimmung (*577*). Bestimmung kleiner Mengen quaternärer Ammoniumverbindungen durch Überführung in die quaternären Ammoniumjodide mit Kaliumjodid, Freisetzung und Bestimmung des gebundenen Jods (*578*). Bestimmung durch quantitative Ausfällung mit Phosphorwolframsäure (*579*).

Als Konservierungsmittel für *Dosenfrüchte* empfohlen. Zur vollständigen Hemmung von Hefezellensuspensionen sind schon 0,012%ige Lösungen wirksam (*580*).
**Analytik:** Vgl. unter Alkyl-benzyl-dimethyl-ammoniumchlorid (Nr. 122).

| Nr. | Wissenschaftliche Bezeichnung und Formel | Handelsbezeichnungen | Toxicität, physiologisches Verhalten |
|---|---|---|---|
| 125 | **Cetyl-trimethyl-ammoniumbromid** 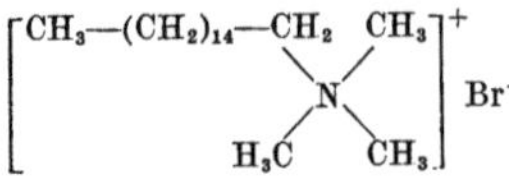 $\left[CH_3-(CH_2)_{14}-CH_2 \overset{CH_3}{\underset{H_3C}{\overset{\mid}{N}}} CH_3\right]^+ Br^-$ | Cetavlon, CTAB (= Cetab) | Vgl. unter Alkyl-benzyl--dimethyl-ammonium-chlorid (S. 78). Keine Hautschädigungen bei jahrelanger Benutzung (*568*). |
| 126 | **Cetyl-pyridiniumchlorid** 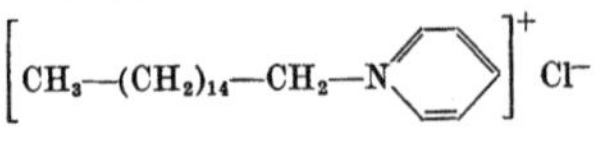 $\left[CH_3-(CH_2)_{14}-CH_2-N\right]^+ Cl^-$ | Ceepryn, Emulsol, Emcol | $LD_{50}$ intravenös beim Kaninchen 35 mg/kg Körpergewicht, peroral viel weniger toxisch (*568*). Tinktur und 0,5%ige wäßrige Lösung bedingen noch keine Hautveränderungen (*568*). |
| 127 | **Dodecyl-isochinoliniumbromid** 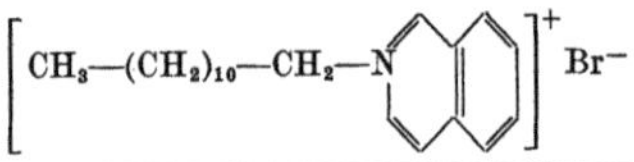 $\left[CH_3-(CH_2)_{10}-CH_2-N\right]^+ Br^-$ | Isothan, Q 15 | |

*e) Antibiotica*

| | | | |
|---|---|---|---|
| | *Penicilline* 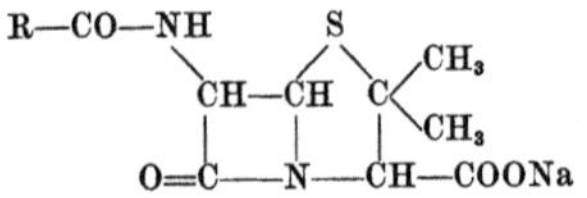 $R-CO-NH \quad S \\ CH-CH \quad C(CH_3)_2 \\ O=C-N-CH-COONa$ | | $LD_{50}$ bei Mäusen $> 2\,g/kg$ Körpergewicht; intravenös $> 0,5\,g/kg$ (*585*). Die Toxicität ist sehr gering. Peroral verabreichtes Penicillin ist praktisch unwirksam, weil es durch die Magensäure zerstört wird. Sehr rascher Abbau im Organismus (*586*). Bedenken bestehen hinsichtlich der Möglichkeit der Ausbildung resistenter Bakterienstämme (*587*) und allergischer Erscheinungen. In Blut, Galle, Leber, Niere und Schinken von Schweinen, die seit ihrer Geburt mit Antibiotica gefüttert wurden, wurden — bis auf Spuren — keine Antibiotica gefunden (*588*). Tägliche Aufnahme von 500 ml Milch mit einem Gehalt von 0,1—1,0 I.E./ml (0,06—0,6 mg/l) bewirkte keine signifikante Abnahme der humanen Darmbakterien (*589*). |
| 128 | **Penicillin G** 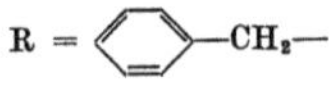 $R = \langle\rangle-CH_2-$ | | |
| 129 | **Penicillin X** 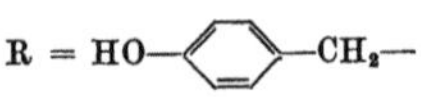 $R = HO-\langle\rangle-CH_2-$ | | |
| 130 | **Penicillin K** $R = CH_3-(CH_2)_5-CH_2-$ | | |
| 131 | **Penicillin F** $R = CH_3-CH_2-CH=CH-CH_2-$ | | |
| 132 | **n-Amylpenicillin** $R = CH_3-(CH_2)_3-CH_2-$ | | |

Anwendung in der *Brauerei*, in der *Bäckerei*, in *milchwirtschaftlichen Betrieben*. In Konzentrationen über 0,003 mg/l wird das Wachstum von *Neurospora sitophila* verhindert *(581)*. **Analytik:** „CTAB" kann durch Alkaloid- und Eiweißreagentien gefällt werden. Zur jodometrischen Bestimmung wird „CTAB" mit überschüssigem Kaliumdichromat gefällt und der Überschuß an letzterem zurücktitriert *(582)*. Bestimmung durch argentometrische Titration *(583)*. Vgl. auch unter Alkyl-benzyl-dimethyl-ammoniumchlorid (S. 79).

Hemmt schon in Konzentrationen über 10 mg/l die Säurebildung in *Milch (569, 584)*. Vgl. auch die Angaben auf S. 79.
**Analytik:** Vgl. unter Alkyl-benzyl-dimethyl-ammoniumchlorid (S. 79).

Erwähnt als Beispiel eines Konservierungsmittels dieser Gruppe *(23)*.
**Analytik:** Vgl. unter Alkyl-benzyl-dimethyl-ammoniumchlorid (S. 79).

### *und Sulfonamide*

*Antibiotica allgemein:* Vielfach angewandt zur Wachstumssteigerung bei Schweinen, Küken und Kälbern, besonders in USA. Dosierung 50—200 mg/kg im Futter. Zum nutritiven Wirkungsmechanismus von Antibiotica können hinsichtlich der Beeinflussung der Darmflora folgende Hypothesen aufgestellt werden: a) Erhöhte Synthese von Wachstumsfaktoren im Darm; b) Hemmung von Bakterien, die mit dem tierischen Organismus hinsichtlich wichtiger Nährstoffe konkurrieren; c) Unterdrückung von Bakterien, die subklinische Infektionen hervorrufen. — Die Beeinflussung der Darmflora ist jedoch nicht der alleinige Wirkungsfaktor *(590)*. Die Wirkung der Antibiotica im menschlichen Organismus beruht nicht nur auf einem antimikrobiellen Effekt, sondern auch auf einer Beeinflussung der Stoffwechselvorgänge *(591)*. In USA enthalten 90% des Misch- und Beifutters für Geflügel und Schweine Antibiotica, hauptsächlich Penicillin, Aureomycin, Terramycin und Bacitracin *(587)*. Der Verbrauch an Antibiotica für die Landwirtschaft übertrifft dort denjenigen für die Medizin *(586)*.

Zum Futter gegebene Antibiotica gehen in die *Milch* über. Bei der ersten Melkung erschienen bis zu 50% der verfütterten Antibiotica, bei der zweiten nur noch etwa 0,04% *(592)*. Der Übergang von Antibiotica in die Milch ist bedenklich wegen der möglichen Resistenzbildung und der Untauglichkeit derartiger Milch zur Käseherstellung *(593—595)*. Vorgeschlagen als Konservierungsmittel für *Dosenfleisch* und *Gemüse (23)*. Übersichtsberichte über die Anwendung von Antibiotica zur Konservierung von Lebensmitteln im Schrifttum *(596, 597)*.

*Penicillin* ist in einer Konzentration von 1 I.E./ml (0,6 mg/l) geeignet zur Unterdrückung gewisser Mikroorganismen in roher und pasteurisierter *Milch (598)*. Wenig geeignet zur Verhinderung der Säuerung und des Bakterienwachstums bei Milch *(599)*. Störung der Entwicklung der Milchsäurebakterien bei der Käseherstellung *(600)*. Penicillin, angewandt gegen Mastitis, fand sich in einer Konzentration von 0,08 I.E./ml (0,05 mg/l) in der Milch; von dieser geringen Menge werden keine Wirkungen mehr erwartet *(601)*. Penicillin erwies sich als wenig erfolgreich bei der Bekämpfung der Bakterienflora von Fischfleisch *(602)*. Es zeigt keine gärungshemmende Wirkung bei Traubensaft *(603)*. Größte bakteriostatische Wirksamkeit des Penicillins bei $p_H$ 4—6 *(586)*.

Die Antibiotica wurden von der WEU (A 1) in Liste IV eingereiht. Durch die "Food and Drug Administration" wurde für USA der Gebrauch von Antibiotica zur Konservierung von Lebensmitteln wegen Gefährdung der öffentlichen Gesundheit untersagt *(604)*. In neuester Zeit wurde diese Stellungnahme in einigen Fällen revidiert (vgl. dazu Angaben bei Aureomycin). Auch in Dänemark dürfen Antibiotica nicht für Zwecke der Milchwirtschaft benützt werden *(605)*. Antibiotica dürfen in allen Futtermitteln — auch in denen mit Gütezeichen —

| Nr. | Wissenschaftliche Bezeichnung und Formel | Handelsbezeichnungen | Toxicität, physiologisches Verhalten |
|---|---|---|---|
| 133 | **Streptomycin**<br> 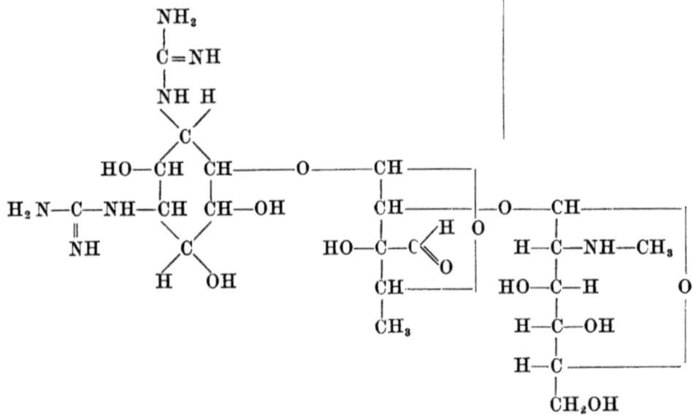<br>(Streptidin)  (Streptose)  (N-Methylglucosamin) | | $LD_{50}$ bei Mäusen über 5 g/kg Körpergewicht; intravenös 0,2 g/kg (*585*); subcutan 0,5 g/kg. Zugabe von Acetylmethionin oder Riboflavin setzt die Toxicität herab (*618*). 1 g/kg Körpergewicht wurde von Ratten über mehrere Monate ohne Schädigung vertragen (*586*). Nach anderen Angaben setzen jedoch 200 bis 400 mg/kg Streptomycin im Futter die Lebensdauer von Ratten um etwa 10% herab (*619*). Die Aufnahme von 500 ml Milch täglich, die 100 bis 1000 mg/l Streptomycin enthält, bewirkte eine signifikante Abnahme der menschlichen Darmbakterien (*589*). Gegen Streptomycin resistente Staphylokokken erwiesen sich auch gegen Penicillin als resistent (Kreuzresistenz) (*620*). |
| 134 | **Terramycin**<br>Oxytetracyclin 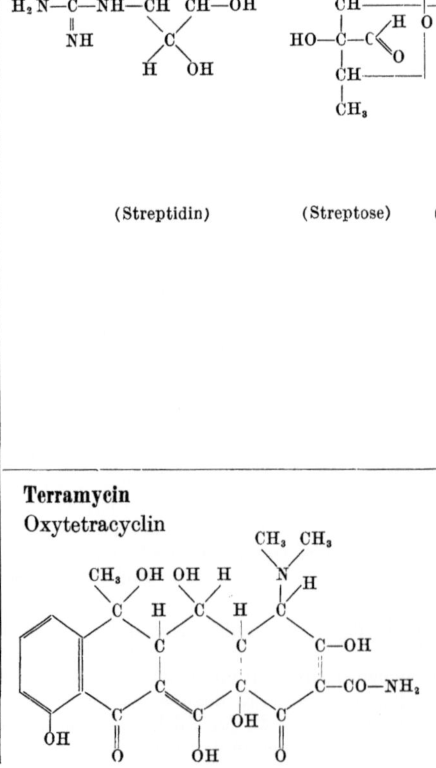 | Biostat PA | $LD_{50}$ bei Mäusen 2,24 g/kg Körpergewicht (*585*); intravenös 193 mg/kg (*586*). Durch Verfütterung hoher Dosen (200-400 mg/kg) an Ratten wurde deren Lebensdauer um etwa 10% verringert (*619*). Hyaluronidase-Hemmung in vivo (*631*). Keine Hemmung der Lipase, Fumarase, Cholinesterase |

in Deutschland enthalten sein. Auch in England und der Schweiz wurden Antibiotica für Futtermittel zugelassen *(606)*. In Frankreich dürfen nicht mehr als 200 mg/kg Antibiotica dem Futtermittel zugesetzt werden *(607)*. In den Niederlanden sind Antibiotica für die menschliche Ernährung nicht zugelassen; im Futter von Hühnern und jungen Schweinen sind Penicillin, Aureomycin, Terramycin und Bacitracin in beschränktem Umfang gestattet, nicht aber im Futter von Kälbern *(608)*.

**Analytik:** Analytische Methoden zum Nachweis der Antibiotica *(609)*. Mikrobiologische Methoden zum Nachweis und zur Bestimmung der Antibiotica *(610)*. 2,3,5-Triphenyl--tetrazolium-chlorid als Testsubstanz für Antibiotica in Milch *(611)*. Nephelometrische Schnellbestimmung *(612)*. Trennung von Antibioticagemischen durch Elektrolyse und Identifizierung durch mit Bakterienkulturen versetzten Testagar *(613)*. Quantitative Bestimmung der Antibiotica, beruhend auf der Hemmung der Nitratreduktion durch *Micrococcus pyogenes* *(614)*. Nachweis von Penicillin in Milch und Molkereiprodukten mit Penicillinase *(615)*. Mikrobiologische Bestimmungsmethoden für Penicilline *(586)*. Photometrische Bestimmung mit p-Dimethylaminobenzaldehyd *(616)*. Azotometrische Bestimmung *(617)*.

1 mg/kg Streptomycin verhindert das Wachstum von Starter-Organismen für die Milchsäuregärung *(621)*. Ein Gemisch von Streptomycin und Subtilin zeigte beste Wirkung gegen das Wachstum anaerober Bakterien in *Konservenfleisch*; Streptomycin allein blieb dabei unwirksam *(622)*. Mit Streptomycin besprühtes *Gemüse* wird tagelang vor dem Welken geschützt. Streptomycin gewährt guten Schutz gegen pathogene Bakterien bei *Samen*. Die Kombination Streptomycin/Terramycin zeigt hervorragende Wirkung gegen Obstbaumfäule *(623)*. Kein Erfolg von Streptomycin gegen Sporen von *Bacillus thermoacidurans* in Tomatensaft *(593—595)*. Wenig erfolgreich zur Bekämpfung der Bakterienflora bei Fischen *(602)*. Wenig wirksam gegen Säurebildung und Bakterienwachstum bei Rohmilch *(599)*. Bei Zugabe unmittelbar nach dem Melken genügen 20 mg/l, um alle Dyspepsieerreger in Kuhmilch abzutöten *(1646)*. 20 mg/l hielten Frauenmilch frei von fakultativ pathogenen gramnegativen Stäbchen, unterdrückten das Wachstum von *Staphylococcus aureus* und verzögerten die Gerinnung *(1647)*. Größte bakteriostatische Wirksamkeit bei $p_H$ 9; Streptomycin ist stabiler als Penicillin *(586)*.

**Analytik:** Chemische Bestimmungsmethode (Maltol-Verfahren) *(624)*. Biologische Methode (Bouillonverdünnungs-Verfahren) *(625)*. Nephelometrische Schnellbestimmung *(612)*. Amperometrische Bestimmung *(627)*. Volumetrische Bestimmung mit Nesslers Reagens und Kaliumjodid und anschließende jodometrische Titration *(628)*. Farbreaktionen *(629)*. Übersicht über verschiedene Bestimmungsmethoden im Schrifttum *(609)*. Vgl. auch unter Penicilline (oben).

Neben Aureomycin und Chloromycetin bester Inhibitor des Bakterienwachstums bei *Fischfleisch* *(602)*. 25 mg/kg Terramycin drängen das Bakterienwachstum bei Fisch zurück *(506)*. Zur Konservierung von frischem *Fleisch* wird eine Kombination von Tetracyclinen und Sorbinsäure mit Gammabestrahlung vorgeschlagen *(308)*. Terramycin verhindert in einer Konzentration von 10 mg/l die Säurebildung und das Bakterienwachstum bei *Milch* 4 Tage lang bei einer Temperatur von 37° C *(599)*. Mit Terramycin besprühtes *Gemüse* wird vor Welkung und Fäulnis geschützt *(623)*. Die Kombination Terramycin/Streptomycin wirkt ausgezeichnet gegen Obstbaumfäule *(623)*.

**Analytik:** Polarographische Bestimmung *(634)*. Colorimetrische Bestimmung, beruhend auf der Bildung einer roten Färbung mit Ammoniummolybdat *(635)*. Vgl. auch unter Penicilline (oben).

| Nr. | Wissenschaftliche Bezeichnung und Formel | Handelsbezeichnungen | Toxicität, physiologisches Verhalten |
|---|---|---|---|
| | | | sowie der Hefe-Invertase (*632*). Keine Veränderung der Darmflora durch mit Terramycin versetztes Futter (*633*). Fütterung von Ratten über die ganze Lebensdauer mit Terramycin (und Streptomycin) bedingte das Auftreten von wenig differenzierten Tumoren (*1609*). |
| 135 | **Aureomycin** <br> Chlortetracyclin 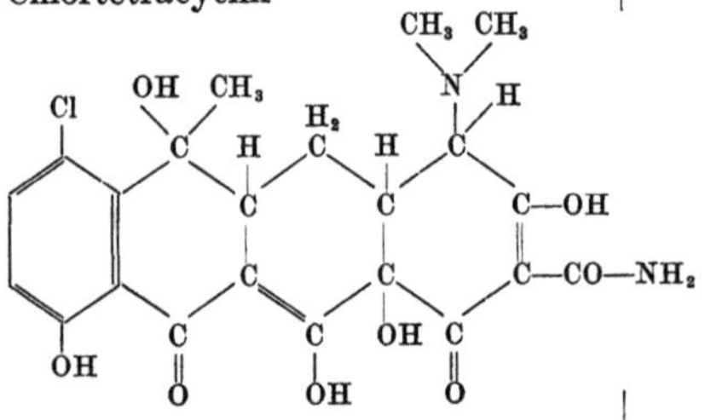 | Acronize <br> Aurofac | $LD_{50}$ bei Mäusen 2,5 g/kg Körpergewicht (*585*); intravenös 100—134 mg/kg; Ratten vertrugen 5 g/kg ohne Schädigung über 8 Tage (*586*). Hyaluronidase-Hemmung in vivo (*631*). Hemmung der D-Aminosäureoxydase (*637*), der Bernsteinsäure-Dehydrogenase (*638*) und der $\alpha$-Amylase (*639*). Hemmung der Celluloseverdauung durch Mikroorganismen des Kälbermagens in vivo (*640*). Aufnahme von 500 ml Milch täglich mit einem Gehalt von 0,25—0,50 mg/l Aureomycin bewirkte eine signifikante Abnahme der menschlichen Darmbakterien (*589*). Die Gefahr der Bildung resistenter Bakterienstämme erwies sich bei Aureomycin als geringer als bei Penicillin (*586*). Keine Hemmung von Fumarase, Lipase, Cholinesterase und Hefeinvertase (*632*). Aureomycin kumuliert nicht; 0,5 g Aureomycin beim Menschen täglich etwa 3 Wochen lang, teilweise bis zu 4 Jahre, brachte keine Resistenzbildung und allergischen Erscheinungen mit sich (*641*). 7 jährige Verfütterung von Aureomycin an Schweine ergab keinen Hinweis auf Resistenzbildung. Die geringen, im Lebensmittel evtl. beim Verzehr noch vorhandenen Aureomycin- |

Aureomycin kommt vorwiegend in folgenden Formen zur Anwendung: 1. als Zusatz zum Fischeis, 2. als Tauchlösung für Fische und Geflügel, 3. als Infusion nach der Schlachtung. Die Anwendungsdosis liegt im allgemeinen bei 10 mg/l Lösung, im *rohen* Lebensmittel muß dabei mit einem Aureomycingehalt von bis zu etwa 4 mg/kg gerechnet werden *(644)*. Von allen bisher geprüften Antibiotica erwies sich Aureomycin zur Haltbarmachung eiweißhaltiger Lebensmittel wie *Fisch, Fleisch* und *Milch* als am wirksamsten *(642)*. 50 mg/kg Aureomycin drängen das Bakterienwachstum bei Fischen zurück *(506)*. Eintauchen von Sardinen in Lösungen mit 20 mg/l Aureomycin, 30 min bis 4 Std., verlängert die Haltbarkeit um 40% *(630)*. Eintauchen von *Fischfilets* und *Krabben* in Lösungen von nur 2 mg/l Aureomycin (bzw. Terramycin) wirkte schon konservierend *(636)*. Eintauchen in Aureomycinlösung und anschließende Lagerung in Aureomycin-Eis verdoppelt die Haltbarkeitsdauer von *Heringen* *(645)*. Zugabe von 10—40 mg/kg Aureomycin zu *Fischeis* verlängert die Haltbarkeit der Fische *(623)*. In Großversuchen wurde festgestellt, daß Fische, die in Eis mit einem Gehalt von 5 mg/kg Aureomycin gelagert wurden, in Geruch und Qualität wesentlich besser waren und gegenüber normal gekühlten Fischen eine um 3—7 Tage verlängerte Haltbarkeit aufwiesen *(646)*. 10 mg/l verhindern das Sauerwerden und das Bakterienwachstum bei *Milch* *(599)*. Aureomycin in einer Konzentration von 3—10 mg/l und bei einer Lagertemperatur von 4° C erwies sich als bestes Mittel zur Haltbarkeitsverlängerung bei *Geflügelfleisch* im Tauchverfahren *(647)*. 10 mg/kg Aureomycin-hydrochlorid im Futter beeinträchtigen die Schmackhaftigkeit von Geflügel nicht *(648)*. Zugabe von 5—10 mg/kg Aureomycin zum Futter verursachte noch keinen Übergang des Antibioticums in das Gewebe; erst bei 50 mg/kg war dies der Fall, jedoch wurde auch der in das Gewebe übergegangene Anteil beim Kochen zerstört. Bei Zugabe von 0,11—0,22% Aureomycin zum Futter von Hühnern enthielten die *Eier* bis zu 3,5 µg Aureomycin, während bei Zugabe von 0,02% dieses nicht mehr nachzuweisen war *(607)*.

Seitens der "Food and Drug Administration" (USA) bestehen an sich Bedenken gegen die Anwendung von Antibiotica, besonders bei roh genossenen Lebensmitteln wie Milch, Eiern usw. *(623)*. In neuester Zeit wurde jedoch von der FDA Aureomycin zur Tauchbehandlung von ungekochtem Geflügel genehmigt und als maximal zulässige Dosis im Lebensmittel wurden 7 mg/kg festgesetzt *(649, 650)*. Außerdem ist Aureomycin in Japan, Kanada und Kolumbien für den gleichen Zweck zugelassen. Bei der Anwendung zur Fischbeeisung ist in Kanada eine Toleranzgrenze von 5 mg/kg festgesetzt *(651)*.

**Analytik**: Nephelometrische Bestimmung *(612)*. Polarographische Bestimmung neben Terramycin *(634)*. Bakteriologische Bestimmung mit *Proteus X 19* *(652)*. Colorimetrische Bestimmung durch Absorptionsmessung des durch Säurezusatz gebildeten Farbstoffes *(653)*. Colorimetrische Bestimmung mit Aminopyridin, Natriumhydroxyd und Kaliumeisen(III)-cyanid durch Messung der Absorption der gebildeten purpurroten Färbung *(654)*. Absorptionsmessung im UV-Licht nach Vorbehandlung mit verdünnter Schwefelsäure bei 100° C *(655)*. Fluorometrische Bestimmung *(656, 661)*. Trennung von Aureomycin und Terramycin mit Hilfe papierchromatographischer Methoden und der Gegenstromverteilung *(657)*. Vergleichende Studien über biologische und chemische Bestimmungsmethoden *(658)*. Vgl. auch unter Penicilline (S. 83).

| Nr. | Wissenschaftliche Bezeichnung und Formel | Handelsbezeichnungen | Toxicität, physiologisches Verhalten |
|---|---|---|---|
| | | | mengen dürften — bei Berücksichtigung des breiten Wirkungsbereiches — nicht zur Besorgnis hinsichtlich der Entwicklung resistenter menschenpathogener Mikroorganismen Anlaß geben *(642)*. Keine Beeinflussung der Immunitätsbildung bei der Impfung gegen Schweine-Cholera durch hohe Dosen Aureomycin im Futter *(643)*. |
| 136 | **Chloromycetin**<br>Chloramphenicol | Leukomycin | $LD_{50}$ bei Mäusen 1,5 g/kg Körpergewicht *(585)*; intravenös 245 mg/kg. Peroral erwies sich 1 g/kg noch als nicht schädigend. Beim Menschen können 150 mg oral ohne Bedenken gegeben werden *(586)*. |
| 137 | **Bacitracin**<br>Polypeptid unbekannter Struktur | | Bisher keine genauen Angaben *(586)*. |
| 138 | **Subtilin**<br>Polypeptid unbekannter Struktur<br>(Bisher nachgewiesene Aminosäuren:<br>Glykokoll, Alanin, Valin, Leucin, Isoleucin, Prolin, Phenylalanin, Tryptophan, Lysin, Asparaginsäure, Glutaminsäure) | | $LD_{50}$ intravenös bei Mäusen 100 mg/kg Körpergewicht *(586)*. Bei verschiedenen Bakterienstämmen konnte bei subletaler Subtilingabe Resistenzbildung beobachtet werden *(665)*. |
| 139 | **Actidion**<br>$\beta$-[2-(3,5-Dimethyl-2-oxo-cyclohexyl)-2-oxyäthyl]-glutarimid | Cycloheximid | $LD_{50}$ bei Mäusen 2,5 bis 150 mg/kg Körpergewicht (Schwankung vermutlich durch verschiedene Applikationsweise bedingt) *(586)*. $LD_{50}$ bei Hunden |

Zurückdrängung des Bakterienwachstums bei *Fischen* durch 50 mg/kg Chloromycetin (*506*). In dieser Konzentration erwies es sich neben Aureomycin und Terramycin als bester Inhibitor des Bakterienwachstums bei Fischen (*602*). Wirkungsmechanismus: Vermutlich antagonistische Wirkung gegenüber Phenylalanin.

**Analytik:** Colorimetrischer Nachweis nach Reduktion der Nitrogruppe und Diazotierung (*659*). Bestimmung durch Messung der Absorption der mit Tetramethyl-ammoniumhydroxyd, Aceton und Dimethylformamid entstehenden Färbung (*660*). Maßanalytische Bestimmung des mit Natronlauge abspaltbaren Chlorions (*662*). Colorimetrische Bestimmung des bei der Reaktion mit Natronlauge entstehenden p-Nitrophenols (*663*). Vgl. auch unter Penicilline (S. 83).

Wirksam gegen Streptokokken, Staphylokokken und Pneumokokken (*586*). Betr. Anwendung bei Lebensmitteln vgl. unter Penicilline (S. 81).

**Analytik:** Bestimmungsmethode nach DARKER und Mitarbeiter (*664*). Vgl. auch unter Penicilline (S. 83).

Zur Konservierung von *Erbsen, Bohnen, Tomaten* und *Milch* in Konzentrationen von 5 bis 10 mg/kg vorgeschlagen; meist in Verbindung mit Hitzebehandlung. Kein sicheres Mittel zur Keimfreimachung von Rohmilch (*666*). Abtötung sporenbildender Mikroorganismen auch bei *Spargel* und *Getreide* (*667*). Subtilin verzögert in Kombination mit milder Hitzebehandlung die Keimung der Sporen bei *Fleisch*, tötet diese jedoch nicht ab (*668*). Ein Gemisch von Subtilin und Streptomycin zeigte beste Wirkung auf anaerobe Bakterien in *Konservenfleisch* (*622*). *Tomatensaft*, behandelt mit 40 mg/l Subtilin unter gleichzeitiger milder Hitzeeinwirkung zeigte keinen bakteriell bedingten Verderb; Behandlung mit Subtilin ohne Hitzeanwendung blieb erfolglos (*669*). Erhöhte antimikrobielle Wirksamkeit bei hitzeresistenten Mikroorganismen durch Kombination von Subtilin (100 mg/kg) mit Terramycin (10 mg/kg) (*670*). Die Hitzeresistenz der Sporen von *Clostridium botulinum* und *Bacillus putrefaciens* wird durch 35—140 mg/kg Subtilin herabgesetzt (*671*).

Wenig erfolgreich zur Bekämpfung des Bakterienwachstums bei Fischfleisch (*506*). Unwirksam zur Verhinderung des durch Saprophyten hervorgerufenen Verderbs (*672*). Die Kombination von Antibiotica mit milder Hitzebehandlung bei der Dosenkonservierung wird für ungeeignet gehalten, da keine sichere Gewähr für die Abtötung der Sporen von Lebensmittelvergiftern oder die Unterdrückung des Wachstums von Antibiotica-resistenten Salmonellen und Staphylokokken gegeben ist (*642*).

**Analytik:** Nachweis und Bestimmung mikrobiologisch, colorimetrisch, papierchromatographisch (Nachweis der Aminosäuren) (*673*). Vgl. auch unter Penicilline (S. 83).

Vorgeschlagen zur Verwendung als fungicides Konservierungsmittel für Lebensmittel (*675*). Wenig wirksam gegen Bakterien, jedoch ausgezeichnete Wirkung gegen Pilze und besonders gegen Hefen (*586*). Speziell die Weinhefe *Saccharomyces cerevisiae* var. *ellipsoideus* ist sehr empfindlich gegen Actidion. Vollständige Hemmung der Hefe durch 0,2—3 mg/l Actidion; gegen Bakterien, Pilze und sogar gegen andere Hefearten ist die Wirkung etwa 1000fach geringer (*676*). Die Hemmwirkung beruht auf einem Eingriff in den Baustoffwechsel der

| Nr. | Wissenschaftliche Bezeichnung und Formel | Handelsbezeichnungen | Toxicität, physiologisches Verhalten |
|---|---|---|---|
| | Vgl. auch S. 198 | | 65 mg/kg, bei Ratten 1,8 mg/kg Körpergewicht *(674)*. Ratten sind besonders empfindlich gegen Actidion; durch Futter oder Wasser, das nur 1 mg/l enthält, gehen sie bereits zugrunde *(586)*. Unter den Antibiotica wird besonders Actidion als mutagene Substanz erwähnt *(626)*. |
| 140 | **Polymyxine (A—E)**<br>Polypeptide unbekannter Struktur<br>(Bausteine: L-Threonin,<br>L-$\alpha$, $\gamma$-Diaminobuttersäure,<br>D-Leucin, L-Phenylalanin,<br>D-Serin, 6-Methylcaprylsäure) | | $LD_{50}$ bei Mäusen 300 mg/kg Körpergewicht (Gemisch verschiedener Polymyxine). Die Toxicität der einzelnen Polymyxine variiert stark *(586)*. |
| 141 | **Grifolin** | | |
| 142 | **Gramicidin**<br>Gramicidin-S-dihydrochlorid | | $LD_{50}$ intraperitoneal bei Ratten 17 mg/kg Körpergewicht *(586)*. |
| 143 | **Mycomycin**<br>3,5,7,8-Trideca-tetraen-10,12-diin-säure<br>$HC \equiv C - C \equiv C - CH = C = CH - CH = CH - CH = CH - CH_2 - COOH$ | | |
| 144 | **Nisin**<br>Polypeptid unbekannter Struktur | | $LD_{50}$ intravenös bei Kaninchen 20—32 mg/kg Körpergewicht *(586)*. Ni- |

Hefe. Die Glykogensynthese und vermutlich die Restitution der Hefezellen und die Enzymnachbildung werden spezifisch gehemmt (*676*).

**Analytik:** Extraktion mit Chloroform und mikrobiologische Bestimmung mit *Saccharomyces pasteurianum* im Plattendiffusionstest auf Agarplatten (*677, 704*).

Polymyxin B wird in den USA als bactericides Mittel bei *Bier* angewandt; Dosierung 15 mg/l (*396*). Die Polymyxine hemmen in vitro das Wachstum von Streptokokken, Staphylokokken und verschiedenen Bakterienarten (*586*).

Wirkt gegen *Bacillus subtilis* in einer Verdünnung von 5,5 mg/kg, gegen *Staphylococcus aureus* in einer solchen von 5 mg/kg (*678*). Unwirksam gegen gramnegative Bakterien (*586*).

Die Verwendung als Konservierungsmittel für Lebensmittel wird im Schrifttum erwähnt (*23*).

**Analytik:** Nephelometrische Schnellbestimmung (*612*). Vgl. auch unter Penicilline (S. 83).

Die Verwendung als Konservierungsmittel für Lebensmittel wird im Schrifttum erwähnt (*23*). Zersetzt sich schon bei Zimmertemperatur (*586*).

Nisin verhindert das Wachstum von *Clostridium*, ohne die Propionsäurebakterien und andere, für die *Käsebereitung* nach dem Schweizer-Typ notwendigen Bakterien zu schädigen (*681*). Es verhindert bei *Gemüsekonserven* den Verderb durch hitzeresistente thermophile Bakterien,

| Nr. | Wissenschaftliche Bezeichnung und Formel | Handelsbezeichnungen | Toxicität, physiologisches Verhalten |
|---|---|---|---|
| | (Aminosäurenzusammensetzung: Leucin, Valin, Alanin, Glykokoll, Prolin, Asparaginsäure, Histidin, Lysin, Glutaminsäure, Serin, Methionin, Lanthionin, Allolanthionin) | | sin erwies sich als harmlos bei 3monatiger Verfütterung an Albinoratten in hohen Tagesdosen (25 mg/kg Körpergewicht/Tag) *(679)*. Keine Beeinflussung der Darmflora *(680)*. |
| 145 | **Sulfanilamid** <br> Sulfanilsäureamid <br> p-Aminobenzol-sulfonsäureamid <br> $H_2N$—⟨ ⟩—$SO_2$—$NH_2$ | | *Allgemein bei Sulfonamiden:* Geringe Toxicität. Große Dosen rufen Appetitlosigkeit, Übelsein, Hämoglobincyanose und Nierenschädigungen hervor *(689)*. Kinder vertragen im allgemeinen mehr als Erwachsene *(690)*. |
| 146 | **Sulfanilsäure-acetamid** <br> Sulfacetamid, p-Aminobenzol-sulfonsäure-acetamid <br> $H_2N$—⟨ ⟩—$SO_2$—$NH$—$CO$—$CH_3$ | | Angaben über die Toxicität vgl. unter Sulfanilamid (Nr. 145). |
| 147 | **Sulfanilsäure-sulfomethylamid** <br> p-Aminobenzol-sulfonsäure--sulfomethylamid <br> $H_2N$—⟨ ⟩—$SO_2$—$NH$—$CH_2$—$SO_3H$ | Salthion | Angaben über die Toxicität vgl. unter Sulfanilamid (Nr. 145). |
| 148 | **Dimethyl-benzoyl-sulfanilamid** <br> p-Dimethyl-aminobenzol--sulfonsäure-benzoylamid <br> $\dfrac{H_3C}{H_3C}$N—⟨ ⟩—$SO_2$—$NH$—$CO$—⟨ ⟩ | Irgafen | Angaben über die Toxicität vgl. unter Sulfanilamid (Nr. 145). |
| 149 | **Dimethyl-acroyl-sulfanilamid** <br> p-Dimethyl-aminobenzolsulfonsäure-acroylamid <br> $\dfrac{H_3C}{H_3C}$N—⟨ ⟩—$SO_2$—$NH$—$CO$—$CH = CH_2$ | Irgamid | Angaben über die Toxicität vgl. unter Sulfanilamid (Nr. 145). |
| 13 | **p-Toluol-sulfo-dichloramid** <br> $H_3C$—⟨ ⟩—$SO_2$—$N\diagdown^{Cl}_{Cl}$ <br> Vgl. auch S. 26 | Dichloramin-T | Angaben über die Toxicität vgl. unter Sulfanilamid (Nr. 145). |

welche die normalen Verfahren der Haltbarmachung überleben und erwies sich daher als besonders wertvoll zur Ergänzung dieser Verfahren (*682*). Wirksam zur Verderbsverhinderung bei Käse und Käsezubereitungen, ferner bei *Fleisch-* und *Gemüsekonserven, Fisch-* und *Milchprodukten.* Die zur Abtötung von thermophilen Bakterien notwendigen Konzentrationen an Nisin bewegen sich zwischen 1—5 mg/kg (*683*).

**Analytik:** Biologische Nachweis- und Bestimmungsmethoden, beruhend auf der Wachstumshemmung von Testorganismen (*684, 685*). Identifizierung von Nisin auf papierchromatographischem Wege (*686*). Nephelometrische Schnellbestimmung (*612*). Bestimmung durch den Reduktasetest (*687*). Turbidimetrische Bestimmung (*688*).

---

Als Konservierungsmittel für *Zuckersäfte* von Palmen (Dattel-, Kokos-, Sagopalme) empfohlen. 10—60 mg/l verhindern die Fermentation und Inversion und halten die Säfte bis zu 20 Tage lang frisch, gegenüber nur 2 Tagen bei unbehandelten Säften (*691*). Gute Ergebnisse bei Verwendung als Zusatz zu *Fischeis* (*692*). Nach anderen Angaben können Sulfonamide nicht als Zusatz zum Fischeis empfohlen werden (*693*). Vorgeschlagen zur Konservierung von *Gabelbissen* (*267*). Anwendungskonzentration bei der Fischbeeisung 200—500 mg/kg (*68*).

**Analytik:** *Allgemeine Bestimmung von Sulfonamiden:* Verseifung zu den entsprechenden Sulfonsäuren mit 48%iger Bromwasserstoffsäure und colorimetrische Bestimmung derselben nach Überführung in die Phenole und Kupplung mit geeigneten Diazoverbindungen (*694*). Papierchromatographische Bestimmung der Sulfonamide (*695, 696*). Schnellbestimmung durch Diazotierung der freien kernständigen Aminogruppe und Kupplung mit Dimethyl-$\alpha$-naphthylamin (*697*). Polarimetrische Verfahren zur Bestimmung von Sulfonamiden (*698*).

---

Vorgeschlagen zur *Fischbeeisung.* Anwendung in Konzentrationen von 200—500 mg/kg anstelle von Natriumnitrit erbrachte jedoch bisher keine Vorteile (*68*).

**Analytik:** Vgl. Angaben unter Sulfanilamid (Nr. 145).

---

„Salthion" (angewandt als Triäthanolaminsalz) erwies sich als gutes Konservierungsmittel für *gefrorene Fische* (*699*).

**Analytik:** Vgl. Angaben unter Sulfanilamid (Nr. 145).

---

„Irgafen" allein weist als Zusatz zu *Fischeis* (0,02%) keine Vorteile gegenüber Natriumnitrit auf, während Kombinationen von wesentlich geringeren Mengen „Irgafen" mit Ameisensäure (0,05%), oder mit Ameisensäure (0,01%) + $H_2O_2$ (0,15%) die Wirkung von Natriumnitrit beträchtlich übertreffen (*173, 700*).

**Analytik:** Vgl. Angaben unter Sulfanilamid (Nr. 145).

---

Zusatz von 500 mg/kg „Irgamid-Natrium" und 800 mg/kg Sulfathiazol zeigte zufriedenstellende bactericide Wirkung bei Zusatz zum *Fischeis* (*173*). Die Verbindung bietet jedoch keine Vorteile gegenüber Natriumnitrit (*68, 700*).

**Analytik:** Vgl. Angaben unter Sulfanilamid (Nr. 145).

---

Empfohlen als Zusatz zum *Fischeis* (*68, 701*). Die Konservierungswirkung beruht hierbei in erster Linie auf einer Chlorabspaltung (*68*).

**Analytik:** Vgl. Angaben unter Sulfanilamid (Nr. 145).

| Nr. | Wissenschaftliche Bezeichnung und Formel | Handelsbezeichnungen | Toxicität, physiologisches Verhalten |
|---|---|---|---|
| 150 | **Sulfathiazol**<br><br>p-Aminobenzol-sulfonsäure--thiazol-2-amid<br><br>$H_2N\!-\!\langle\ \rangle\!-\!SO_2\!-\!NH\!-\!_2C \begin{smallmatrix} N\!-\!CH \\ \\ CH \\ S \end{smallmatrix}$ | Cibazol, Eleudron | Angaben über die Toxicität vgl. unter Sulfanilamid (S. 90). |
| 15 | **Chlor-sulfamido-o-toluylsaures Natrium**<br><br>$NaOOC\!-\!\langle\ \rangle\!-\!SO_2\!-\!N\begin{smallmatrix}Cl\\Cl\end{smallmatrix}$<br>$\quad\quad CH_3$<br><br>Vgl. auch S. 26 | Antibakterin | Angaben über die Toxicität vgl. unter Sulfanilamid (S. 90). |

f) Sonstige

| Nr. | Wissenschaftliche Bezeichnung und Formel | Handelsbezeichnungen | Toxicität, physiologisches Verhalten |
|---|---|---|---|
| 151 | **Äthylen**<br><br>$CH_2\!=\!CH_2$<br><br>Vgl. auch S. 144 und 234 | Fumold (Gemisch aus 15% Äthylen und 85% Methylformiat) | |
| 152 | **Äthylenoxyd**<br><br>$H_2C\!-\!CH_2$<br>$\quad\ \diagdown O\diagup$<br><br>Vgl. auch S. 222 | Cartox (10% Äthylenoxyd + 90% $CO_2$)<br><br>T-Gas, Etox (beide bestehend aus 90% Äthylenoxyd + 10% $CO_2$) | Leichte Verminderung des Gehaltes an Cholin sowie an Vitaminen des B-Komplexes: Thiamin, Riboflavin, Nicotinsäure werden durchschnittlich um 2,7—6,7%, Pyridoxin und Folsäure um 12,5 bis 14,2% vermindert (*708*). Als Gas eingeatmet wirkt Äthylenoxyd narkotisch. 1 g/m³ Luft wird als noch unbedenklich bezeichnet (*709*). Die damit behandelten Lebensmittel sind bei nachfolgender Entlüftung praktisch unschädlich (*710*). Keine nachteiligen Wirkungen beim Verfüttern eines Futters mit 10% Äthylenoxyd-behandelter Hefe an junge Ratten innerhalb von 5 Wochen (*708*). Andererseits wird über Gesundheitsschädigungen bei Ratten berichtet, die Äthylenoxyd-behandeltes Futter erhalten hatten (*711*). Wachstumsminderung bei Ratten, bedingt durch Zersetzung von Vitamin $B_1$ (*1501*). |

Gute Ergebnisse bei Verwendung als Zusatz zum *Fischeis (692)*. Zur Konservierung von *Blutplasma* in einer Konzentration von 0,2% vorgeschlagen *(702)*. Vgl. auch unter „Irgamid" (S. 90).

**Analytik:** Vgl. Angaben unter Sulfanilamid (S. 91).

„Antibakterin" wird als unschädliches Konservierungsmittel angesehen. Es ist 18mal wirksamer als Formaldehyd und wird zur Konservierung von *Salami* (Zusatz zur Überzugs-masse) empfohlen *(703)*. Angewandt in 0,1—1,0%iger wäßriger Lösung.

**Analytik:** Vgl. Angaben unter Sulfanilamid (S. 91).

## *Verbindungen*

Verhindert das Dunkelwerden und hemmt die Schimmelentwicklung bei *Walnüssen* in einer Dosierung von 0,1 Vol.-% in der Lageratmosphäre *(705)*. Zur Begasung von *Getreide* ange-wandt (0,001—0,01 Vol.-%) *(706)*. Weitere Anwendung siehe unter Methylformiat (S. 95).

**Analytik:** Nachweis durch den Ultrarot-Absorptionsschreiber („URAS") *(694)*. Volu-metrische Bestimmung in der Luft durch Absorption in Bromwasser oder Schwefelsäure *(694)*. Bestimmung durch Reduktion von Quecksilberoxyd zu Quecksilber bei 285° C *(707)*.

Angewandt zur Entkeimung von pulverigen und körnigen Lebensmitteln. 500 $g/m^3$ Luft sind ausreichend zur Abtötung der meisten Keime; Voraussetzung für die Wirkung ist eine gewisse Feuchtigkeit des Gutes. Einwirkungsdauer 6—7 Std.; optimale Temperatur etwa 30° C *(712)*. Äthylenoxyd (auch Propylenoxyd und Methylbromid) vermag Verpackungs-material zu durchdringen und Mikroorganismen abzutöten; im Lebensmittel bleibt kein Konservierungsmittel zurück. Zur leichteren Handhabung werden die Gase in Wasser, Alkohol, Äthylendichlorid oder Propylenglykol gelöst angewandt *(23)*. Mit Äthylenoxyd behandeltes *Mehl* ergibt schimmelfreies *Brot (713)*. In Kombination mit Kohlendioxyd findet Äthylenoxyd zur Konservierung von Futter- und Lebensmitteln Anwendung *(714)*. 0,1% Äthylenoxyd konservieren *Fruchtsäfte* und *Moste (715)*. Versuche an *Gewürzen* und *Getreidemehlen* zeigten eine abtötende Wirkung des Äthylenoxyds auf Sporen *(716, 717)*.

**Analytik:** Nachweis im „URAS" (vgl. unter Äthylen, Nr. 151) und mit Perjodsäure *(718)*. Colorimetrischer Nachweis und Bestimmung mit Pyridin (rotbraune Färbung) *(719)*. Bestim-mung durch Anlagerung von Halogenwasserstoff *(694, 720, 721)*.

| Nr. | Wissenschaftliche Bezeichnung und Formel | Handelsbezeichnungen | Toxicität, physiologisches Verhalten |
|---|---|---|---|
| 153 | **Kohlendioxyd** <br> $CO_2$ <br><br> Vgl. auch S. 144 | Trockeneis | unbedenklich |
| 154 | **Methylbromid** <br> $CH_3Br$ <br><br> Vgl. auch S. 222 | | In Fütterungsversuchen zeigte sich keine erkennbare Beeinflussung der Proteinwertigkeit von Reis und Erdnüssen, die mit Methylbromid behandelt worden waren (*726*). |
| 155 | **Methylformiat** <br> $H-C{\overset{O}{\underset{OCH_3}{}}}$ | Areginal, Fumold (Gemisch aus 85% Methylformiat und 15% Äthylen) | |
| 156 | **Propylenoxyd** <br> $H_2C-CH_2-CH_3$ mit $O$ | | |
| 157 | **Trichloräthylen** <br> $CCl_2=CHCl$ | Tri, Trielin, Drawinol | Bei Verfütterung von 3 bis 12 g Trichloräthylen an Kälber 4—5 Tage lang, zeigten sich im Harn etwa 1% des Trichloräthylens als Trichloressigsäure und 13—25% als Trichloräthanol, jedoch nur Spuren von Trichloräthylen selbst (*735*). |
| 158 | **1,1,2-Trichloräthan** <br> $CHCl_2-CH_2Cl$ | | |
| 159 | **Tetrachloräthylen** <br> $CCl_2=CCl_2$ | Perchloräthylen | |
| 160 | **Tetrachloräthan (symm.)** <br> $CHCl_2-CHCl_2$ | | |

Der Gebrauch von festem Kohlendioxyd („Trockeneis") und gasförmigem Kohlendioxyd erwies sich als nützlich zur Konservierung von *Fleisch, Fisch* und von *Früchten* vor und während des Transportes und zur Kühlung von *Milch* (in Ermangelung anderer Kühlmöglichkeiten). Neben der kühlenden Wirkung verzögert $CO_2$ das Wachstum von Mikroorganismen und enzymatische Reaktionen *(722)*. *Feigen*, die bei 5—10° C 36 Std. lang einer 100%igen $CO_2$-Atmosphäre ausgesetzt waren, zeigten verminderten Mikroorganismenbefall *(723)*. $CO_2$-Lagerung bei Früchten, besonders in Kombination mit Kühllagerung, zeigte sehr guten Erfolg *(724)*. Qualitätserhaltung bei *Eiern* durch Lagerung in Kartonen unter $CO_2$-Atmosphäre *(725)*. Kohlensäure wird auch als Zusatz zu *Wein, Tafelwässern, Süßgetränken* und *Limonaden* verwendet.

**Analytik:** Nachweis im „URAS" (vgl. unter Äthylen S. 93).

Anwendung zur Konservierung von *Lebensmitteln* und *Tabak (727)*. Methylbromid wird auch als „Räucherungsmittel" zur Desinfektion verwendet *(728, 729)*. Vgl. auch die Angaben unter Äthylenoxyd (S. 93). In Gasform verschwindet es rasch aus den damit behandelten Lebensmitteln; nach eintägiger Belüftung bleiben nur noch unbedeutende Reste zurück; eine Ausnahme machen damit begaste *Nüsse*, welche selbst nach einwöchiger Belüftung noch 3—16 mg/kg enthalten können *(730)*. Nach Behandlung von *Apfelsinen*, 6—12 Std. lang mit 10—50 mg/l Methylbromid und anschließender dreitägiger Belüftung wurden noch 32 mg/kg Methylbromid im Fruchtfleisch gefunden, in der Schale bis zu 57 mg/kg. Der Bromgehalt unbehandelter Apfelsinen betrug 10 mg/kg. Optimaler Konservierungseffekt zeigte sich bei einer Konzentration von 20 mg/l Luft *(731)*. Keine wesentliche Beeinflussung der Vitamine der B-Gruppe bei mit Methylbromid behandelten Lebensmitteln *(732)*.

**Analytik:** Nachweis in Spuren (3—50 mg/l Luft) mit dem Gasspürgerät *(694)*. Bestimmung, beruhend auf dem Halogennachweis, nach bekannten Methoden. Bromidbestimmung mit Silbernitrat und Brillantgelb als Indicator nach thermischer Zersetzung im Quarzrohr (1000° C) und Absorption der Verbrennungsprodukte in 0,1 n-$NaOH/H_2O_2$ *(730)*. Maßanalytische Bestimmung nach Überführung in KBr und Oxydation mit NaOCl *(81)*.

„Fumold" verhindert bei *Datteln* die Entwicklung von Mikroorganismen, hat jedoch keinen Einfluß auf das Dunkel- und Weichwerden der Früchte sowie deren Aromaverlust *(733)*. Methylformiat wird auch als Begasungsmittel gegen Vorratsschädlinge angewandt.

**Analytik:** Bestimmung der Ameisensäure nach Verseifung. Vgl. auch unter Ameisensäure (S. 41).

Konservierung von *Fruchtsäften* durch Behandlung mit < 1 Vol.-% Propylenoxyd unter luftdichtem Verschluß *(734)*. Sonstige Anwendung und **Analytik** vgl. unter Äthylenoxyd (S. 93).

Die Behandlung mit gasförmigem Trichloräthylen, Trichloräthan, Tetrachloräthylen und Tetrachloräthan verhindert den Verderb von *Früchten* nach der Ernte, jedoch zeigt sich bei dieser Behandlung manchmal ein Braunwerden der Früchte *(736)*. Trichloräthylen wird zur Konservierung von *Naßgrieben* verwendet. Anwendung von „Perchloräthylen" zur Konservierung von Früchten; Anwendungsdosis 1:4000 bis 1:10000 in der Atmosphäre (= 0,01 bis 0,025 Vol.-%) *(737)*. Begasung von *Kartoffeln* gegen Schrumpfung *(738)*.

**Analytik:** Colorimetrischer Nachweis mit Pyridin *(739)*. Bestimmung durch Ermittlung des Halogengehaltes. Bestimmung von Tetrachloräthylen durch thermische Zersetzung zu Salzsäure und Titration mit Quecksilbernitratlösung *(737)*.

| Nr. | Wissenschaftliche Bezeichnung und Formel | Handelsbezeichnungen | Toxicität, physiologisches Verhalten |
|---|---|---|---|
| 161 | **Allyl-isothiocyanat**<br><br>$CH_2=CH-CH_2-N=C=S$ | Senföl | |
| 162 | *Acridin-Derivate*<br>**7-Äthoxy-3,9-diamino-acridin** 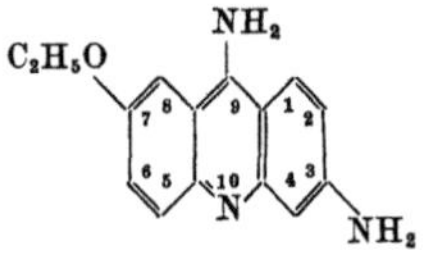 | Rivanol, Entozon (Gemisch aus 5 Teilen Rivanol + 1 Teil Nitroacridin) | Relativ ungiftig. Therapeutisch werden Dosen von 0,5—0,75 g intravenös gegeben (*34*). |
| 163 | **3,6-Diamino-acridin-chlormethylat**<br><br>3,6-Diamino-10-methylacridiniumchlorid 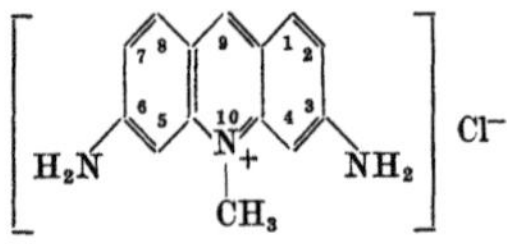 | Trypaflavin, Acriflavin | |
| 164 | **2,3-Dimethoxy-7-nitro-9-$\gamma$-diäthylamino-$\beta$-oxypropylamino--acridin-hydrochlorid** 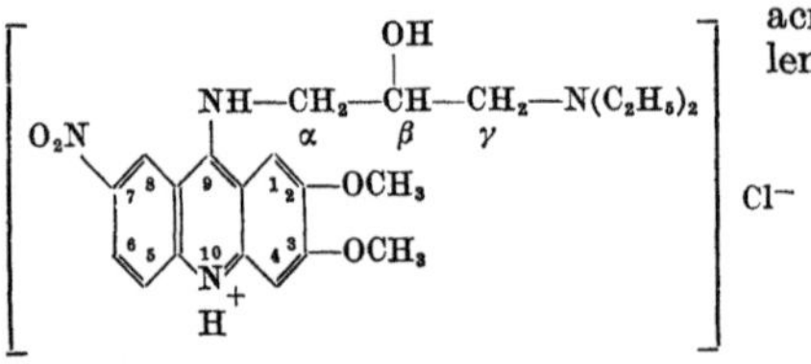 | Nitroacridin, Entozon (Gemisch aus 1 Teil Nitroacridin + 5 Teilen Rivanol) | |
| 165 | **Benzoylperoxyd** 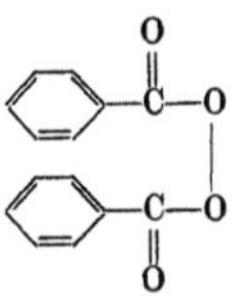 | Novadelox, Farinox | |
| 166 | **Diacetyl**<br><br>$CH_3-CO-CO-CH_3$ | | |

„Senföl" hält *Fische* 21 Tage lang frisch. Meerrettich und Knoblauch (ebenfalls Senföl enthaltend) zeigen ähnliche Eigenschaften *(740)*. 10 mg/kg Allyl-isothiocyanat setzen die Hitzeresistenz verschiedener Mikroorganismen in bemerkenswerter Weise herab *(741, 742)*.

**Analytik:** Bestimmung durch Überführung in Allyl-thioharnstoff mit Ammoniak, dann gravimetrische Bestimmung durch Ausfällung des Schwefels mit Silbernitrat. Argentometrisch durch Rücktitration des unverbrauchten Silbernitrats *(694)*, oder durch Titration mit Kaliumjodat oder Kaliumbromat *(743)*.

„Entozon"-Zusatz zum *Fischeis* wurde zur Verlängerung der Haltbarkeit von Fischen vorgeschlagen *(744)*. 50 mg/kg „Trypaflavin" bedingen bei Zusatz zum Fischeis gleiche Haltbarkeit wie 200 mg/kg Natriumnitrit. Die Anwendung wird jedoch erschwert durch die Verfärbung von Fischhaut und -fleisch durch diese Farbstoffe *(693)*. Die Capronate von Acridinderivaten zeigten neben den Undecylaten und Undecylenaten die besten fungistatischen Eigenschaften von allen Acridinderivaten *(745)*.

Vorgeschlagen bei *Mehl* zur Bleichung, Verbesserung der Backfähigkeit und Haltbarmachung *(746)*. Häufig angewandt im Gemisch mit Calciumhydrogenphosphat. Gebräuchliche Dosierung 100—250 mg/kg *(17)*.

In den USA als Mehlbehandlungsmittel zugelassen *(80)*, desgleichen in Schweden und den Niederlanden (10—35 mg/kg) *(913)*.

**Analytik:** Schwierigkeit eines sicheren Nachweises, da die Substanz nur etwa 24 Std. unzersetzt im Mehl vorliegt *(747)*. Nachweis im Mehl mit Di-p-diamino-diphenylaminsulfat (grünblaue Färbung) *(17, 748)*. Bestimmung nach Reduktion zu Benzoesäure und Oxydation zu Salicylsäure mit Eisen(III)-chlorid *(17, 749)*. Colorimetrische Bestimmung von organischem Peroxyd, beruhend auf der Umsetzung mit Kaliumjodid und Messung der Absorption der Farbe des freiwerdenden Jods bei 500—570 $m\mu$ *(750)*.

Hauptanwendung zur Aromatisierung von *Margarine*. Daneben auch zur *Haltbarmachung* von Margarine vorgeschlagen; Dosierung 6 mg/kg; dieses Verfahren soll günstiger sein als die Konservierung mit Benzoesäure und Natriumbenzoat *(751)*. Von anderer Seite wird

| Nr. | Wissenschaftliche Bezeichnung und Formel | Handelsbezeichnungen | Toxicität, physiologisches Verhalten |
|---|---|---|---|
| 167 | **Diphenyl** <br> Biphenyl | Phenodor X | $LD_{50}$ bei Kaninchen 2,4 g/kg, bei Ratten 3,5 g/kg Körpergewicht (bei Gabe in Olivenöl) (*753*). Verfütterung in Konzentrationen von 0,001 bis 1,0% an junge Ratten, 2 Jahre lang, ergab erst von 0,5% an Verminderung von Wachstum und Futteraufnahme, verkürzte Lebensdauer, reduzierte Hämoglobinwerte und histopathologische Veränderungen. Bei Dosen von 0,1% und darunter zeigten sich keine Schädigungen; auch bösartige Tumore konnten nicht beobachtet werden (*754*). 200 mg/kg Körpergewicht zeigten bei Ratten, 4 Wochen lang zum Futter gegeben, keine Schädigungen (*755*, *776*). Reversibler nephrotoxischer Effekt durch 0,5 und 1,0%, jedoch noch nicht durch 0,1% Diphenyl im Futter von Ratten (*756*). Keine Kumulation von Diphenyl in Leber und Niere; Umwandlung im Organismus in p-Oxydiphenyl (*757*, *758*). 0,01 und 0,1% Diphenyl in der Nahrung von Affen, ein Jahr lang, ergaben keine toxischen Befunde (*759*). 25 mg Diphenyl täglich je Kilogramm Körpergewicht 52 Wochen lang an Hunde verfüttert, bewirkten keine pathologischen Befunde (*760*). Etwa 58% des von Ratten eingenommenen Diphenyls erschienen wieder im Harn, und zwar etwa 30% in Form von p-Oxydiphenyl in freier Form, 18% gebunden an D-Glucuronsäure, 5% als 4,4-Dioxydiphenyl, 3% als 3,4- |

festgestellt, daß Diacetyl erst in so hohen Dosen konservierend wirkt, daß eine praktische Verwertung für diesen Zweck nicht in Frage kommt (*752*).

Zugelassen in Schweden und Finnland (*913*).

Anwendung als Zusatz zum Einwickelpapier für *Citrusfrüchte* (*755*). Anwendung von Diphenyl hauptsächlich in Brasilien, Cypern, Italien, Spanien, der Südafrikanischen Union, Tripolis und in USA (*763*). Dosierung: 40—60 mg Diphenyl pro 645 cm² (100 Quadratzoll), entsprechend 6,2—9,3 mg/100 cm² (*764*). Diphenylverpackung reduziert die Schimmelbildung (*765, 766*). Der beim Transport von Citrusfrüchten besonders durch Blau- und Grünschimmel hervorgerufene Verderbsanfall von durchschnittlich 10% kann durch Diphenylbehandlung auf etwa 0,4% vermindert werden (*767*). Diphenyl verhindert das Wachstum von Blau- und Grünschimmel auch bei *Melonen*; die Anfälligkeit gegen den Schimmelpilz *Alternaria* wird jedoch gesteigert; Zugabe von 2,4-Dichlorphenoxyessigsäure kann diesen Nachteil zum Teil wieder aufheben (*768*). In *Orangen*, die mit Diphenyl-imprägniertem Papier verpackt waren, wurde im Fruchtfleisch weniger als 1 mg/kg Diphenyl gefunden; die Schale enthielt 40—200 mg/kg (*767, 769*). Nach Behandlung mit Diphenyl fanden sich im Mark und im Saft von Grapefruit $< 1$ mg/kg, von Orangen $< 3,2$ mg/kg, von Citronen $< 8$ mg/kg (*771*). In neuerer Zeit wird anstelle von Diphenyl aus geschmacklichen Gründen auch Oxydiphenyl angewandt (vgl. S. 76). Orangen verlieren durch die Behandlung mit Diphenyl teilweise ihren charakteristischen Geruch (*770*).

Diphenyl wurde von der WEU (A 1) in Liste IV aufgeführt. Bei Diphenyl-behandelten Citronen, Orangen und Grapefruit wird von der "Food and Drug Administration" (USA) als Rückstand in der ganzen Frucht eine Höchstmenge von 110 mg/kg toleriert (*771*). Nach englischen Bestimmungen dürfen Einwickler für Citrusfrüchte nicht mehr als 6—9 mg Diphenyl/100 cm² enthalten (*44*). In Cypern ist der Diphenylgehalt für Einwickler von Citrusfrüchten auf 6,5—9,0 mg/100 cm² festgelegt (*46*).

**Analytik:** Tüpfelteste zur Identifizierung von Diphenyl (*772*). Infrarot-Absorptionsmessung (*773*). Spektrophotometrische Bestimmung nach Entfernung störender Citrusöle durch Chromatographie (*774, 775*). Colorimetrische Bestimmung durch Nitrierung zu 4-Nitrodiphenyl, Reduktion zum Amin und darauffolgende Kuppelung mit N-(1-Naphthyl)-äthylendiamin zu einem purpurrotem Farbstoff (*777*).

| Nr. | Wissenschaftliche Bezeichnung und Formel | Handelsbezeichnungen | Toxicität, physiologisches Verhalten |
|---|---|---|---|
| | | | Dioxydiphenyl und 1% als N-acetyl-S-diphenyl-L-cystein (Diphenyl-mercaptursäure) (*761*). 1% Diphenyl in der Nahrung verursachte bei Ratten vollständige Wachstumshemmung; dieser Effekt konnte durch L-Cystin und DL-Methionin aufgehoben werden (*762*). Täglich zweimalige Bepinselung der Haut von Mäusen, bis zu 7 Monate lang, mit einer 23%igen Diphenyl-Lösung ergab Reizungen und Haarausfall, jedoch keine Tumore; die menschliche Haut erwies sich als noch weniger empfindlich (*1610*). Keine Verminderung des Vitamin C-Gehaltes von Citrusfrüchten durch Diphenyl (*754*). |
| 168 | **8-Oxychinolin--kaliumhydrogensulfat** $\left[\text{Chinolin-Ring}\right]$ KSO$_4^-$ (8, OH, N$^+$, H) Vgl. auch S. 196 | Chinosol | 0,05—0,1 mg täglich subcutan bei Mäusen bedingen Wachstumsverzögerung (*778*). Cancerogene Wirkung von „Chinosol" bei Mäusen (*779*, *780*) und Ratten (*781*). |
| 169 | **5-Nitro-2-furfuryl-semicarbazon** Nitrofurazon $O_2N-C \overset{CH-CH}{\underset{O}{\diagup\diagdown}} C-CH=N-NH-CO-NH_2$ | Furacin | |
| 170 | **Formaldehyd** $HC\overset{H}{\underset{O}{\diagdown}}$ | Formalin, Foromycen | Formaldehyd wird nicht als harmlos angesehen (*34*). Er vermindert schon in Konzentrationen von 0,01—0,1% die Resorbierbarkeit von Eiweiß. Es tritt eine Härtung des Eiweißes ein, die die verminderte Ausnutzung be- |
| 171 | **Paraformaldehyd** $CH_2OH-O-\left[CH_2O\right]_n-CH_2OH$ | | |

Anwendung als Konservierungsmittel für *Tabak* (*782, 783*). 8-Oxychinolin geht in den Tabakrauch über und wird daher inhaliert (*786*). Eine 8%ige wäßrige Lösung wurde zur Bekämpfung der *Orangenfäulnis* vorgeschlagen (*784*). Ferner angewandt als Zusatz zum *Käsecoagulator* (*396*). Ausgedehnte therapeutische Anwendung zur äußerlichen Behandlung (Desinfektionsmittel).

8-Oxychinolin wurde von der „Internationalen Union gegen den Krebs" (*305*) in Liste C (A 2), von der WEU (A 1) in Liste III eingereiht.

**Analytik:** Papierchromatographischer Nachweis (*785, 786*), oder durch Komplexbildung mit Pikrinsäure (*1611*). Nachweis und Bestimmung mit Tetraphenyl-diboroxyd (*787*). Mikrochemischer Nachweis auf Grund der gelbgrünen bis blauweißen Fluorescenz der Komplexsalze mit Al oder Mg (*788*). Maßanalytische Bestimmung mit $KBrO_3$ (*789*). Photometrische Bestimmung durch Messung der blaugrünen Färbung bei Zugabe von Eisennitratlösung bei 665 $m\mu$ (*790*).

30 mg/kg „Furacin" erwiesen sich als wirksamstes Konservierungsmittel für *Fischkuchen* (*791*). Hinweis auf die bactericide Kraft des Furacins (*792*).

**Analytik:** Nachweis, beruhend auf der Rotfärbung mit 10%iger alkoholischer Natronlauge (*793*). Nachweis und Bestimmung in Fischen nach KAWASHIRO (*794*). Colorimetrische Bestimmung (*795*). Colorimetrische Bestimmung, beruhend auf der Umsetzung mit Phenylhydrazin zum Phenylhydrazon und dessen photometrischer Messung bei 440 $m\mu$ (*796, 797*). Spektrophotometrische Bestimmung bei 368 $m\mu$ nach Extraktion mit Aceton und Entfernung störender Stoffe durch Permanganatoxydation (*798*).

Formaldehyd dient in Deutschland zur Konservierung von *Kunstdärmen*. Vorgeschlagen zur Konservierung pflanzlicher Lebensmittel (*817*) und zur *Getreidebegasung* (*818*). In geräucherten *Fleisch*- und *Fischwaren* enthalten; in Fleischwaren nachgewiesene Menge 0,5—50 mg/kg HCHO (*819*). Behandlung von *Käserinden* mit formalinhaltigem Schellack verhindert Schimmelbildung (*437*). Eine 6—10%ige Formalinlake erwies sich als am günstigsten zur Konservierung von *Heringen*; noch nach 38 Tagen waren derart behandelte Fische von zufriedenstellender Qualität (*174*). Durch Zusatz von 100—500 mg/kg „Foromycen" zum Fischeis läßt sich die Haltbarkeit von *Fischen* um 4—6 Tage verlängern; Aussehen, Geruch und Geschmack der Fische ändern sich dabei nicht (*820, 821*). „Foromycen" erwies sich als

| Nr. | Wissenschaftliche Bezeichnung und Formel | Handelsbezeichnungen | Toxicität, physiologisches Verhalten |
|---|---|---|---|
| 172 | **Trioxymethylen**<br><br>$\begin{array}{c} \text{O—CH}_2 \\ \text{CH}_2 \quad \text{O} \\ \text{O—CH}_2 \end{array}$ | | dingt (*799, 800*). Die Behandlung von Eiweiß mit Formaldehyd hemmt dessen Verdaubarkeit durch Pepsin, nicht aber die durch Trypsin, während die Behandlung von Pepsin bzw. Trypsin selbst nur die proteolytische Aktivität des letzteren schwächt (*801 bis 803*). Vollständige Hemmung des muskulären Apyrase-Systems durch 0,1% Formaldehyd bei $p_H$ 7 (*804*). Es wird bei Anwendung höherer Konzentrationen über Nierenreizungen und Darmschleimhautentzündungen durch Formaldehyd berichtet (*32*). Vollständige, nur teilweise reversible Bindung von Formaldehyd an Erythrocyten (*805*). Mutagene Wirkungen des Formaldehyds (*806, 807*) wurden in Versuchen an Tieren und Pflanzen nachgewiesen (*808, 809, 810, 811, 812*). Zugabe von 0,1% und 0,25% „Formalin" zum Futter und gleichzeitige Wärmebehandlung ergab eine mutagene Wirkung bei *Drosophila* (*813*). In niederen Konzentrationen steigert Formaldehyd auch die durch Bestrahlung verursachte mutagene Wirkung (*814*). Die mutagene Wirkung beruht möglicherweise auf der intermediären Bildung von Dioxydimethylperoxyd bei der Reaktion mit $H_2O_2$ (*1612*). Formaldehyd reagiert mit Vitamin C unter Herabsetzung des Reduktionsvermögens desselben (*815*). Über allergische Erscheinungen an der Haut beim Menschen wird berichtet (*305*). Auf Grund seiner mutagenen Wirkung, des Auftretens von Ver- |

Fischeiszusatz dem Natriumnitrit als überlegen *(822)*. Bei 100 mg/kg Foromycenzugabe zum Fischeis konnte im Fisch kein Formaldehyd nachgewiesen werden *(823)*. Nach Begasung von Eiern *(824)* mit Formaldehyd (hergestellt aus Trioxymethylen + Tannin) betrug der Gehalt an abspaltbarem HCHO im Eiklar bis zu 0,5 mg/kg ($<$ 25 $\mu$g pro Ei) *(825)*. Nach neueren Angaben soll es durch geeignete Modifikation des Verfahrens möglich sein, das Eiklar frei von Formaldehyd zu halten *(1645)*. Die Zugabe von Formaldehyd zu Lebensmitteln ist abzulehnen *(77)*.

**Analytik:** Nachweis von Formaldehyd in geräucherten Lebensmitteln nach der Methode von SCHRYVERS *(819)*; in Aufgußflüssigkeiten für Fisch nach der Reaktion von RIMINI mit Phenylhydrazin und Natriumnitrosoprussiat *(826)*. Gravimetrische Bestimmung mit „Dimedon" *(694)*, acidimetrisch mit Natriumsulfit *(827)*, colorimetrisch mit „Chromotropsäure" *(828—832)*, fuchsinschwefliger Säure *(833)*, Methylviolett und Natriumsulfit *(834)*, Nitro-1,3-indandion *(835)*, Phloroglucin *(836)*, Acetylaceton *(837)* oder mit Kaliumeisen(III)-cyanid *(838)*. Mercurimetrische Bestimmung *(839)*. Bestimmung durch direkte Titration mit Hydroxylaminchlorhydrat *(840)*; nach dem Conwayschen Mikrodiffusionsverfahren *(841)*. Vgl. auch unter Hexamethylentetramin (S. 105).

| Nr. | Wissenschaftliche Bezeichnung und Formel | Handelsbezeichnungen | Toxicität, physiologisches Verhalten |
|---|---|---|---|
|  | Vgl. auch S. 192 |  | netzungsphänomenen und seiner schönenden Wirkung bei Lebensmitteln kann Formaldehyd nicht als Konservierungsmittel empfohlen werden (*816*). |
| 173 | **Hexamethylentetramin**<br><br>$CH_2$, $N$, $H_2C$, $H_2C$, $N$, $CH_2$, $CH_2$, $CH_2$, $N$<br><br>Vgl. auch Formaldehyd, S. 100 und 192 | Hexa, Hexamin, Komplexol (Gemisch aus 21 T. Hexamethylentetramin, 25 T. Calciumchlorid und 54 T. Mg-benzoat) | Gegen Hexamethylentetramin bestehen Bedenken, da daraus bei niederem $p_H$ im Lebensmittel oder durch die Magensalzsäure Formaldehyd entsteht, der toxisch wirken kann. Hexamethylentetramin erwies sich dagegen als verhältnismäßig inaktiv gegen Enzyme (*219*). |
| 174 | **Thioharnstoff**<br><br>$S = C\begin{cases} NH_2 \\ NH_2 \end{cases}$ |  | $LD_{50}$ bei Ratten 1—2 mg/kg Körpergewicht (*849*). Fortgesetzte Aufnahme von Thioharnstoff erzeugt bei Ratten Kretinismus, bei Menschen Absinken des Grundumsatzes und Vermehrung des Gallenfettes; es findet Kumulation statt; 0,15% Thioharnstoff im Futter von Ratten bewirkten Wachstumsverzögerungen und Schilddrüsenvergrößerung (*849*). Krebserregende Wirkung: 0,1% Thioharnstoff im Futter |

Hexamethylentetramin wird in Deutschland in großem Umfang zur Konservierung von *Fischerzeugnissen* verwendet. Es ist im Gegensatz zur Benzoesäure ein gutes Konservierungsmittel für *Bismarckheringe* (Dosierung 250 mg/kg); dabei treten keine geschmacklichen Beeinträchtigungen ein (*842*). Hexamethylentetramin zeigt spezifische Wirkungen gegen bestimmte Bakterienarten, ist aber kaum wirksam gegen Schimmelpilze (*843*). Seine konservierende Wirksamkeit wechselt mit dem Milieu (*844*). Die microbicide Wirkung, beruhend auf der Formaldehydabspaltung, ist in saurem Medium stärker als in neutralem (*843*). Die Spaltung von Hexamethylentetramin im eiweißhaltigen Milieu und die Anlagerung des entstehenden Formaldehyds an die Eiweißkomponente ist abhängig vom $p_H$-Wert, der Temperatur und der Einwirkungsdauer; bei genügend langer Einwirkung erfolgt eine restlose Festlegung des aus Hexamethylentetramin entstandenen Formaldehyds an das Eiweiß (*830, 845*). „Hexa" zeigt allgemein gute Hemmwirkung auf sporenlose Stäbchenbakterien bei *Marinaden*, wobei die Wirkung von der Anfangskonzentration der Keime abhängig ist (*846*). Kombinationen von „Hexa" mit Natriumbenzoat oder „Nipasol" zeigen gute microbicide Wirkung (*267*). Hexamethylentetramin wird außerdem bei der *Fleischkonservierung* und seit einigen Jahren auch in der *Molkerei* verwandt. Das durch Buttersäuregärung hervorgerufene Blähen des *Käses* wird durch Hexamethylentetramin verhindert. Konzentrationen von 50—100 mg/kg erwiesen sich hierbei noch als geschmacklich indifferent (*847*).

Von der Deutschen Forschungsgemeinschaft wird Formaldehyd abgelehnt; über Hexamethylentetramin werden weitere Untersuchungen als notwendig angesehen (*309*). Von der WEU (A 1) wurden Formaldehyd und Hexamethylentetramin in Liste III aufgeführt. Hexamethylentetramin wird in Deutschland in Höchstmengen von 0,025—0,1% für bestimmte Lebensmittel geduldet. In den Niederlanden sind 0,1% Hexamethylentetramin zur Konservierung von Kaviar und anderen Fischerzeugnissen erlaubt (*701*). Ferner ist der Zusatz von Hexamethylentetramin zu Kaltmarinaden erlaubt in der Schweiz (0,025%), Österreich (0,025%) und Schweden (0,05%) (*848*) sowie für bestimmte Zwecke in Finnland, Frankreich, Norwegen, Portugal und der Türkei (*913*).

**Analytik:** Die Hexamethylentetramin-Bestimmung wird fast ausschließlich durch Bestimmung des Formaldehyds nach vorhergehender Spaltung durchgeführt. Direkte Bestimmung von „Hexa" durch Titration in chloroformiger Lösung mit p-Toluolsulfosäure und Dimethylaminoazobenzol als Indicator (*694*). Trennung von Hexamethylentetramin und Formaldehyd durch Destillation aus sodaalkalischer Lösung und quantitative Bestimmung der verschiedenen Bindungsformen im eiweißhaltigen Medium (*830, 845*).

Früher häufig als Konservierungsmittel für *Citrusfrüchte* angewandt. Zur Verhinderung des Verderbs von *Orangen* ist die Zugabe von 5% Thioharnstoff zu einer Wachsemulsion, mit der die Früchte behandelt werden, besonders günstig (*784*). Orangen werden 4—5 min lang in eine 2%ige Thioharnstofflösung getaucht. Nach dieser Behandlung konnten 5 mg Thioharnstoff in 1 l Saft gefunden werden. Thioharnstoff soll in der Schale von Orangen durch den dort vorkommenden Decylaldehyd in den physiologisch unwirksamen Decylisothioharnstoff umgewandelt werden (*857*). Er ist auch wirksam gegen das Braunwerden von Citrusfrüchten (*858*). Zugabe von Thioharnstoff zu *Fleischwürzen* (*860*).

Thioharnstoff wurde von der „Internationalen Union gegen den Krebs" (*305*) in Liste C (A 2), von der WEU (A 1) in Liste III eingereiht. Von der Deutschen Forschungsgemeinschaft abgelehnt (*309*). Der *Delaney*-Ausschuß (USA) hält Thioharnstoff gesundheitlich nicht für unbedenklich (*154*). In den USA ist er daher verboten.

**Analytik:** Papierchromatographischer Nachweis mit Pentacyanoaminoferrat (*861*). Bestimmung durch Titration mit Kupfersulfatlösung (*862*). Maßanalytische Bestimmung mit Kaliumquecksilberjodid und Kaliumjodid (*863*); mit Jodat, Permanganat oder Cer(IV)-sulfat nach vorheriger Oxydation des Thioharnstoffs mit Hypojodit oder Jodbromid (*1613*). Über-

| Nr. | Wissenschaftliche Bezeichnung und Formel | Handelsbezeichnungen | Toxicität, physiologisches Verhalten |
|---|---|---|---|
| | Vgl. auch S. 142 | | erzeugten bei Ratten Lebertumore *(850)*. Ferner wurde die Entstehung von Schilddrüsentumoren beobachtet *(854)* — vielleicht bedingt durch Hypertrophie der Schilddrüse *(851* bis *853)* — sowie die Entstehung von Mundkrebs *(855)* bei Ratten. Thioharnstoff ruft bei Mäusen Lungenödeme hervor *(856)*. Er wird zu 98% vom Organismus wieder ausgeschieden; 2% erscheinen in der Schilddrüse *(857)*. Der Jodstoffwechsel wird durch Thioharnstoff beeinflußt *(852)*. |
| 175 | **Thioacetamid**<br><br>$S = C \big\langle {}^{NH_2}_{CH_3}$ | | Thioacetamid erzeugt Lebertumore bei Ratten *(850, 870)*. |
| 176 | **Trichlor-nitromethan**<br>Nitrochloroform<br><br>$O_2N - \overset{\displaystyle Cl}{\underset{\displaystyle Cl}{C}} - Cl$ | Chlorpikrin, Mikrolysin | Sehr toxisch (Kampfstoff). Verursacht Methämoglobinbildung und wirkt als Zellgift in den Organen *(34)*. Die Zugabe zu Lebensmitteln ist zu verwerfen *(88)*. |
| 177<br><br><br><br><br><br>178 | *Ampholytseifen*<br>**Di-(octylaminoäthyl)-glykokoll**<br>Di-(octylaminoäthyl)-glycin<br><br>$CH_3-(CH_2)_7-NH-CH_2-CH_2$<br>$\qquad\qquad\qquad N-CH_2-COOH$<br>$CH_3-(CH_2)_7-NH-CH_2-CH_2$<br><br>**N-Alkyldiaminoäthyl-glykokoll**<br>N-Alkyldiaminoäthyl-glycin<br><br>$NH-CH_2-COOH$<br>$|$<br>$CH_2-CH_2-NH-CH_2-CH_2-NH-R$<br><br>$R =$ Alkylrest $(C_{12}-C_{16})$ | E 10<br>[Gemisch von Di-(octylaminoäthyl)-glykokoll und N-Alkyldiaminoäthyl-glykokoll]<br><br><br>Tego 51,<br>E 10<br>(Gemisch obiger Zusammensetzung) | „*E 10*": $LD_{50}$ bei Ratten 900 mg/kg Körpergewicht; 0,1% „E 10" im Futter von Ratten über längere Zeit verabreicht, zeigten keine toxischen Wirkungen *(874)*. Die für Ratten tödliche Dosis entspricht einer Menge, die die mit der Nahrung aufgenommene um etwa das 100fache übertrifft. In den zur Anwendung gelangenden Mengen scheint daher „E 10" für den Menschen unschädlich zu sein *(874)*. „*Tego 51*": Akut tödliche Dosis für Ratten 3 g/kg Körpergewicht *(874)*. Die $LD_{50}$ ist bei oraler Gabe doppelt so hoch, die Schädlichkeit also |

führung mit $H_2O_2$ in Harnstoff und Bestimmung durch Urease (*865*). Coulometrische Bestimmung des aus ammoniakalischer Silberbromidlösung durch Thioharnstoff freigesetzten Bromids (*866*). Potentiometrische Bestimmung nach Oxydation mit Jodchlorid (*867*). Bestimmung mit Eisen-pentacyano-Komplexsalzen und Hydroxylaminhydrochlorid (purpurrote Färbung) (*868*). Jodometrische Bestimmung mit Seleniger Säure (*869*).

Eine 5%ige Lösung wurde vorgeschlagen zur Bekämpfung der Stengelansatz-Fäulnis sowie des Grün- und Blauschimmels bei *Orangen*; 5 min langes Eintauchen erzielt ausreichende Wirkung, gleichermaßen wie bei Thioharnstoff (*784*). Ferner vorgeschlagen zur Konservierung von anderen *Früchten* und *Gemüsen* im Tauchverfahren (*871*).

Thioacetamid wurde von der „Internationalen Union gegen den Krebs" (*305*) in Liste C (A 2) eingereiht.

50—80 mg/kg wurden zur Konservierung der *Milch* vorgeschlagen (*872, 873*). Nach anderen Angaben ergab die Zugabe von „Chlorpikrin" zur Milch jedoch keine zufriedenstellenden Ergebnisse (*77*).

Von der WEU (A 1) wurde Chlorpikrin in Liste III eingereiht.

„*E 10*": Als Zusatz zu *Fischeis* verlängert E 10 die Haltbarkeit der Fische um etwa 4—5 Tage. Nach Versuchen in Deutschland günstigste Wirkung neben „Foromycen" (Vgl. S. 101). Zu verwendende Dosis: 0,1% E 10-Lösung (entsprechend 50 mg/kg reinem Wirkstoff im Eis) (*874*).

„*Tego 51*": Zur Reinigung der in der *Milchindustrie* benützten Geräte empfohlen (*75, 876*). Ferner Anwendung von 1%igen Lösungen von Tego 51 in der *fleischverarbeitenden Industrie* (*876*). 1%ige Lösungen erwiesen sich hierbei als ungiftig und geruchlos (*877*). Tego 51 dient auch als gutes Desinfektionsmittel für alle mit *Fisch* in Berührung kommenden Gefäße (*876*). Zur Desinfektion in der Fischindustrie kommen 10%ige Lösungen der Ampholytseifen zur Anwendung, die auf eine Konzentration von 50—100 mg/kg verdünnt werden (*874*). Sprühung und Waschung von Arbeitsräumen und Geräten bewirkte eine Keimreduktion um bis zu 81%. Weitere Vorteile des Desinfektionsmittels sind seine Geruchlosigkeit und die Tatsache, daß die Lösungen keine Korrosion hervorrufen (*878*). Der hemmende Einfluß organischer Zusätze auf die Desinfektionskraft von Tego 51 ist verhältnismäßig gering. Die zur Abtötung erforderliche Zeit ist abhängig von der Konzentration der Tego 51-Lösung und der Art der Mikroorganismen (*879*). Tego 51 erwies sich bei der Desinfektion in fleischverarbeitenden Betrieben in seiner Wirkung auf *Salmonella* nicht als zuverlässig (*880*). Demgegenüber konnten im Laboratoriumsversuch durch 2%ige Tego 51-Lösungen Salmonellen schon nach einer Einwirkungsdauer von 1 min sicher abgetötet werden (*1644*).

**Analytik:** Farb- und Fällungsreaktionen (*881*).

| Nr. | Wissenschaftliche Bezeichnung und Formel | Handelsbezeichnungen | Toxicität, physiologisches Verhalten |
|---|---|---|---|
| | | | geringer als diejenige von „E 10"; auch die Kumulationsgefahr ist bei „Tego 51" etwas kleiner als bei „E 10" (*874*). Parenteral gegeben, übertrifft jedoch die Toxicität von „Tego 51" die von „E 10" (*874*). Die pharmakologischen Eigenschaften der sog. „Ampholytseifen" werden günstiger beurteilt als die der quaternären Ammoniumverbindungen (*875*). |
| 179 | **p-Propoxy-äthoxy-1,1-3,3-** **-tetramethyl-butylbenzol** $$CH_3-\underset{\underset{CH_3}{\mid}}{\overset{\overset{CH_3}{\mid}}{C}}-CH_2-\underset{\underset{CH_3}{\mid}}{\overset{\overset{CH_3}{\mid}}{C}}-\!\!\left\langle\!\!\bigcirc\!\!\right\rangle\!\!-O-CH_2-CH_2-O-CH_2-CH_2-CH_3$$ | Steramin H | |

## 2. Stoffe zum Abfangen

| Nr. | Wissenschaftliche Bezeichnung und Formel | Handelsbezeichnungen | Toxicität, physiologisches Verhalten |
|---|---|---|---|
| 180 | **Natriumpektat** Natriumsalz der Pektinsäure Pektinsaures Natrium Polygalakturonsaures Natrium Formel vgl. S. 152 Vgl. auch S. 152 und 184 | | unbedenklich |
| 181 | **Natriumalginat** Gemisch von polymannuronsaurem und polyguluronsaurem Natrium (Mischungsverhältnis 1:2 bis 2:1) Formeln vgl. S. 146 und 148 Vgl. auch S. 144, 146, 184 und 188 | Cohäsal, Manucol, Lamitex, Laminal, Protan, Protanal, Kelgin, Kelcoloid (Reaktionsprodukt aus Alginsäure und Propylenglykol) | unbedenklich |
| 182 | **Natriumcaseinat** Phosphorproteid Zusammensetzung vgl. S. 186 | | unbedenklich |

Durch „Steramin H" ließ sich noch bei einer Verdünnung von 1:30000 (33 mg/l) eine 90%ige bactericide Wirkung bei *Tomatensäften* erzielen; diese Verbindung wird wegen ihres neutralen Geschmackes sowie ihrer Farb- und Geruchlosigkeit allgemein zur Lebensmittelkonservierung vorgeschlagen (*882*).

## von Stoffwechselprodukten

Anwendung als Neutralisator für Lebensmittel (*23*).
**Analytik:** Vgl. S. 151).

Anwendung als Neutralisator für Lebensmittel (*23*).
**Analytik:** Vgl. S. 147.

Anwendung als Neutralisator für Lebensmittel (*23*).
**Analytik:** Vgl. S. 187.

| Nr. | Wissenschaftliche Bezeichnung und Formel | Handelsbezeichnungen | Toxicität, physiologisches Verhalten |
|---|---|---|---|
| 183 | **Dinatriummonophosphat**<br>Dinatrium-hydrogenphosphat<br>Dinatriumphosphat<br>$\left[O\ \overset{O}{\underset{O}{P}}\ O\right]^{---}\ \overset{(Na^+)_2}{H^+}\cdot 12\ H_2O$<br>$Na_2HPO_4\cdot 12\ H_2O$<br><br>Vgl. auch S. 132 und 140 | | 5—7 g $Na_2HPO_4$, täglich über lange Zeit verabreicht, ergaben beim Menschen keine Schädigungen (*890*). |
| 184 | **Natriumcarbonat**<br>$\left[O\ \overset{C}{\underset{O}{}}\ O\right]^{--}\ (Na^+)_2\cdot 10\ H_2O$<br>$Na_2CO_3\cdot 10\ H_2O$ | Soda | |
| 185 | **Natriumhydrogencarbonat**<br>Natriumbicarbonat<br>$\left[O\ \overset{C}{\underset{O}{}}\ O\right]^{--}\ \overset{Na^+}{H^+}$<br>$NaHCO_3$ | Doppelt kohlensaures Natron | |
| 186 | **Calciumhydroxyd**<br>$Ca(OH)_2$ | | |
| 187 | **Calciumhydrogenphosphat**<br>Dicalciummonophosphat<br>Dicalciumphosphat<br>sekundäres Calciumphosphat<br>$\left[O\ \overset{O}{\underset{O}{P}}\ O\right]^{---}\ \overset{Ca^{++}}{H^+}\cdot 2\ H_2O$<br>$CaHPO_4\cdot 2\ H_2O$ | | |
| 188 | **Calciumlactat**<br>$CH_3$—$CHOH$—$C$⟨$O$ ...<br>$Ca\cdot 5\ H_2O$<br>$CH_3$—$CHOH$—$C$⟨$O$ ...<br><br>Vgl. auch S. 172 und 174 | Calciumlactophosphat (Gemisch aus Calciumlactat, saurem Calciumlactat und Calciumhydrogenphosphat) | |

## II. Stoffe gegen

### 1. Stoffe gegen Oxydationsvorgänge

*a) Natürliche*

| | | | |
|---|---|---|---|
| | *Tokopherole*<br>Vitamin E | | Unbedenklich. Die Empfindlichkeit von Enzymen gegenüber α-Tokopherol ist nur unbedeutend (*897*). |

Verwendung phosphorsaurer Salze zur Einstellung des $p_H$-Wertes und zur Pufferung von Lebensmitteln (*892*). Dinatriummonophosphat verhindert das Unlöslichwerden von *Trocken-milch* (*893*). Zusatz zu *evaporierter Milch* vor der Sterilisation und Lagerung verzögert die Bildung von Natriumcitratkristallen (*894*).

Zur Verhinderung klumpiger, körniger und übermäßig dicker Milch ist Dinatriummonophosphat in den USA bei der Kondensmilchherstellung bis zu 0,1% zugelassen (*23*). Für den gleichen Zweck sind in Deutschland als Pufferungsmittel 500 mg/kg Dinatriummonophosphat (auch Natriumhydrogencarbonat oder Natriumcitrat) gestattet (*895*).

**Analytik:** Bestimmung der Phosphorsäure.

Angewandt in der Milchindustrie bei der *Butter-* und *Rahm-Herstellung* zur Verhinderung zu hoher Säurebildung (*23*); ferner als Zusatz bei der Herstellung von *Kondensmilch*.

500 mg/kg Natriumhydrogencarbonat sind in Deutschland als Zusatz zu Kondensmilch, Kondensmagermilch und sterilisierter Sahne als Pufferungsmittel gestattet (*895*). Durch die "Food and Drug Administration" (USA) ist die Verwendung von Natriumhydrogen-carbonat bei der Herstellung von Kondensmilch wegen der Gefahr der Verwendung untaug-licher Milch verboten (*23*).

**Analytik:** Nachweis und Bestimmung beruhen auf der Ermittlung des $CO_2$-Gehaltes.

In südlichen Ländern ist die Neutralisation der *Milch* mit Calciumhydroxyd üblich. In Deutschland ist sie nicht gestattet (*896*).

„Calciumlactophosphat" wurde als Neutralisator für *Milch* vorgeschlagen (*23*). Calcium-hydrogenphosphat wird angewandt zur Verhinderung des Fadenziehens bei *Brot*. Die Wir-kung soll auf einer Erniedrigung des $p_H$-Wertes beruhen.

**Analytik:** Bestimmung des Calciums, der Phosphorsäure, bzw. der Milchsäure nach bekannten Methoden.

## chemische Veränderungen

## in Fetten und Ölen (Fettantioxydantien)

### *Stoffe*

Angewandt zur Verhinderung der Oxydation von *Ölen* und *Fetten*. Die Ranzigkeit konnte bei 60° C bei *Schweineschmalz* 18 Tage lang hintangehalten werden, gegenüber 4 Tagen bei unbehandeltem Fett (*898*). Das Optimum der antioxydativen Wirkung von Tokopherol liegt für Schmalz bei 500 mg/kg, für Sojaöl dagegen bei 10 mg/kg (*899*). Tokopherole ver-hindern auch oxydative Veränderungen bei *Orangenöl* (*900, 901*). Sie zeigen den sog. „Carry-

112

| Nr. | Wissenschaftliche Bezeichnung und Formel | Handelsbezeichnungen | Toxicität, physiologisches Verhalten |
|---|---|---|---|
| | Beispiele: | | |
| 189 | **α-Tokopherol** | | |
| 190 | **γ-Tokopherol** | | |
| 191 | **Guajakharz** <br> Harz von *Guajacum officinale* | | *Guajakharz:* $LD_{50}$ bei Mäusen, Ratten und Meerschweinchen $> 1$ g/ kg Körpergewicht. Auch hinsichtlich der chronischen Toxicität ist Guajakharz unbedenklich *919*). Guajakharzhaltiges Futter an Ratten über die ganze Lebensdauer, an Hunde und Katzen 75 Wochen lang verfüttert, bewirkte noch kein Auftreten von Tumoren (*1614*). |
| 192 | **Guajakol** | | |
| 193 | **Guajakonsäure** | | |
| 194 | **Extrakte aus Hafermehl** | Avenol, Avenex | unbedenklich |
| 195 | **Extrakte aus Sojamehl** | Nurupan | |
| 196 | **Extrakte aus Kakaoschalen** | | |
| 197 | **Roh-Lecithine** <br> (α-Lecithin) | | Unbedenklich. Zusammenfassende Darstellung der Physiologie der Lecithine bei R. KUNZE (*1615*). |

through"-Effekt, d. h. die antioxydative Wirksamkeit bleibt auch im mit stabilisiertem Fett hergestellten *Gebäck* erhalten; das $\gamma$-Isomere erwies sich in dieser Hinsicht als wirksamer als das $\alpha$-Isomere *(902)*. Tokopherol ist in Konzentrationen von 0,1—0,5% geeignet zur Erhaltung der roten Farbe von *Paprika* und *Cayennepfeffer (903)*. In wasserhaltigen Fetten ist die antioxydative Wirkung vermindert *(904)*. Elektronenbestrahlung zerstört Tokopherole *(905)*. Angaben über den Wirkungsmechanismus der Antioxydantien im Schrifttum *(899, 906, 907)*. Gegen eine Verwendung von natürlichen Antioxydantien wie Tokopherole, Lecithin und Ascorbinsäure sowie von Synergisten wie Citronensäure, Weinsäure oder Phosphorsäure zur Verbesserung der Haltbarkeit von eßbaren Fetten und Ölen und ätherischen Ölen ist nichts einzuwenden; hierbei erscheint die Festlegung von Höchstmengen nicht erforderlich *(1341)*.

Als Antioxydantien für Fette und Öle wurden die Tokopherole von der "Food and Drug Administration" (USA) genehmigt *(908)*; für tierische Fette zugelassen durch die "Meat Inspection" des "US-Departement of Agriculture" *(909)*. Höchstzulässige Konzentration in den USA 300 mg/kg *(910)*. Ferner zugelassen in der Südafrikanischen Union (Höchstkonzentration 300 mg/kg) *(45)* und in Österreich (100 mg/kg), ferner — ohne Angabe einer Höchstgrenze — in Dänemark, Finnland, Norwegen, Schweden und der Schweiz *(913)*. In Kanada sind für Fette und Öle 0,2% in Form tokopherolhaltiger Öle zugelassen *(911)*. Zusammenfassungen der derzeit gültigen Bestimmungen über die Anwendung von Antioxydantien in verschiedenen Ländern im Schrifttum *(911—913)*.

**Analytik:** Papierchromatographischer Nachweis *(914)*. Colorimetrische Bestimmung mit Eisen(III)-chlorid und $\alpha,\alpha'$-Dipyridyl im Petrolätherextrakt *(915—917)*. Zusammenfassung chemischer, physikalischer und mikrobiologischer Bestimmungsmethoden für Tokopherole im Schrifttum *(918)*.

Phenolische Antioxydantien gewähren einen guten Schutz gegen oxydative Veränderungen bei *tierischen Fetten*, während die Resultate bei pflanzlichen Fetten oft unbefriedigend sind *(920)*. Guajakharz wird als Antioxydans für Fette und daraus hergestellte Lebensmittel angewandt. Seine antioxydative Wirkung wird durch den Wassergehalt nicht beeinflußt *(904)*.

Guajakharz ist als Antioxydans für Öle und Fette und damit hergestellte Produkte in einer Höchstkonzentration von 0,1% zugelassen in den USA, der Südafrikanischen Union, Schweden, Österreich, Dänemark (nicht für Milchprodukte) und Finnland (nicht für Milchprodukte, Fleisch und Fischprodukte); in Kanada sind 0,2% (nicht für Milchprodukte) genehmigt *(908—911, 913)*.

**Analytik:** Colorimetrische Bestimmung von Guajakharz im Alkoholextrakt mit 2,6-Dichlorchinonchlorimid und Boraxlösung (Blaufärbung) *(915, 916)*.

Besonders bewährt bei *Butter, Speiseeis, Süßwaren, Dauergebäck, Margarine* und *Schweineschmalz*; auch als Imprägniermittel für Einwickler verwendet *(921)*. Anwendungskonzentrationen für Haferextrakte bis zu 1,5% *(396)*. Wäßrige Haferextrakte zeigen eine Hemmwirkung gegenüber der durch $Cu^{++}$ katalysierten Ascorbinsäure-Oxydation *(922)*. Sojamehlextrakte stabilisieren Carotin in *Alfalfa (923)*. Gekeimte Haferkörner haben sich als Antioxydans bei Fetten und fetthaltigen Backwaren bewährt *(924)* „Avenol" und „Avenex" sind in den USA schon lange gebräuchlich *(921)*. Kakaoschalenextrakte enthalten stark wirksame Antioxydantien, die Butterfett — selbst bei Anwesenheit von Kupfer — stabilisieren *(925)*.

Unter „*Roh-Lecithinen*" wird ein Gemisch mehrerer, nicht scharf definierter Produkte mit höherem Gehalt an $\alpha$- und $\beta$-Lecithinen verstanden *(910)*. Sie finden Verwendung als Antioxydantien und/oder Emulgatoren für *Brot* und *Gebäck, Schokoladenerzeugnisse* und *Margarine (396)*. Die antioxydative Wirkung wird durch erhöhten Wassergehalt der Fette herabgesetzt *(904)*.

Lecithine wurden von der „Internationalen Union gegen den Krebs" *(305)* in Liste A (A 2) eingereiht. Sie sind genehmigt durch die "Food and Drug Administration" (USA) *(908, 909)*.

| Nr. | Wissenschaftliche Bezeichnung und Formel | Handelsbezeichnungen | Toxicität, physiologisches Verhalten |
|---|---|---|---|
| | Vgl. auch S. S. 146 und 170 | | |
| 198 | **Rohe Samenöle**<br><br>Baumwollsamenöl, Sojaöl, Weizenkeimöl, Karottenöl, Kapoköl, Reiskeimöl, Palmöl, Erdnußöl, Kakaobutter | | |
| 199 | **Gossypol** | | Gossypol ist giftig (*1616—17*). |
| 200 | **Nordihydro-guajaretsäure**<br><br>4,4′-(2,3-dimethyl-tetramethylen)-di-brenzkatechin<br>Dimethyl-bis-(3,4-dioxyphenyl)-butan<br>$\beta,\gamma$-Dimethyl-$\alpha$-$\delta$-bis-(3,4-dioxyphenyl)-butan | NDGA | $LD_{50}$ bei Mäusen 4,0 g/kg bei Ratten 5,5 g/kg, bei Meerschweinchen 0,8 g/kg Körpergewicht (*929*). „NDGA" wird als harmlos erachtet (*1619*); sie erwies sich auf Grund toxikologischer Versuche weit über die bei Fleischerzeugnissen notwendige Anwendungsdosis von 100 mg/kg hinaus als unschädlich (*930*). Auf Grund ausgedehnter Tierversuche wurde „NDGA" in den USA für unbedenklich erklärt (*944*). Nach Ansicht anderer Autoren bietet diese Verbindung jedoch keine ausreichende Sicherheitsspanne (*1620* bis *1621*). Eine 100fache Überdosierung gegenüber den mit der Nahrung zugeführten Mengen verursachte Wachstumsminderung und pathologische Veränderungen (*929*). 0,5% „NDGA" im Futter von Ratten bewirkte in 2 Jahren noch keine Tumorenbildung (*1620*). Die chronische Toxicität |

Zulässige Höchstkonzentration in den USA 0,5% *(396)*, in Kanada 0,2% *(910)*; in Dänemark, Finnland, Norwegen, Schweden und der Schweiz ebenfalls zugelassen *(913)*.

**Analytik:** Papierchromatographische Trennung und Identifizierung der Lecithine *(926)*. Colorimetrische Bestimmung mit 1-Amino-2-naphthol-4-sulfonsäure *(927)*.

Die genannten rohen Samenöle sind antioxydativ wirksam. Sie behalten diese Eigenschaft auch im hydrogenierten Zustand bei *(928)*.

Auch *Gossypol*, als Bestandteil des Baumwollsamenöls, wirkt oxydationsverhindernd; es findet jedoch für sich allein als Antioxydans keine Verwendung.

**Analytik:** Colorimetrische Bestimmungsmethode *(1618)*.

Nordihydroguajaretsäure kommt in den USA zur Anwendung als Antioxydans für tierische und pflanzliche Fette in Konzentrationen bis zu 100 mg/kg *(396)*; sie zeigt keine Wirksamkeit gegen bakteriell bedingten Verderb *(931)*. Gesalzene *Butter* blieb bei „NDGA"-Zusatz 247 Tage lang stabil *(932)*. Als Antioxydans wurde NDGA für *Sahne* vorgeschlagen; Ascorbinsäure und Tetranatriumpyrophosphat sind für diese Verbindungen geeignete Synergisten *(933)*. Gute Wirkung bei *Schweineschmalz* und *Baumwollsamenöl (934)*. NDGA bewährte sich auch als Antioxydans bei *Gebäck* (50 mg/kg), *Fischölen* (1000 mg/kg) und *Trockenmilchpulver* (800 mg/kg). Bei Mengen unter 1000 mg/kg tritt keine geschmackliche Beeinträchtigung auf *(935)*. Ein erhöhter Wassergehalt des Fettes setzt die antioxydative Wirkung der Nordihydroguajaretsäure herab *(936)*. Als Stabilisator für *Fette beim Backen* benötigt NDGA zur guten Wirkung Synergisten wie Citronensäure und Weinsäure *(937)*. Gute antioxydative Wirkung bei Fetten, besonders in Gegenwart von Carotin und Vitamin A *(938)*. NDGA verhindert den Oxydationsgeschmack der Milch und stabilisiert Milchfett *(932)*. 500 mg/kg (bezogen auf den Fettgehalt) verbesserten die Qualität von damit behandelter *Trockenmilch* bei einer Lagerzeit von 5 Monaten und einer Lagertemperatur von 29° C *(939)*. NDGA unterdrückt in einer Konzentration von 1000 mg/kg (besonders bei zusätzlicher Zugabe von 0,1% Citronensäure als Synergist) den Oxydationsgeschmack von Sprühtrockenmilch für einen Zeitraum von 12 Monaten *(940)*. Die Verbindung hat sich als das beste Antioxydans für frisches *Fleisch* erwiesen *(930)*. Bei *Schinken* wird das Bakterienwachstum durch 200 mg/kg NDGA verhindert *(941)*. Wirksames Antioxydans auch für *Pfefferminzöl (942)*. Zugabe von 500 mg/kg NDGA verhindert ferner oxydative Veränderungen in *Orangenöl (900, 901)*. 100 mg/kg haben sich zur Konservierung fetthaltiger *Süßwaren* bewährt *(943)*.

Nordihydroguajaretsäure wurde von der „Internationalen Union gegen den Krebs" *(305)* in Liste A (A 2) eingereiht *(944)*. Sie wurde durch die "Food and Drug Administration" (USA) genehmigt *(908)*. Höchstzulässige Menge für Fette und Öle in den USA 100 mg/kg, in Kanada 50 mg/kg (nicht zusammen mit Propylgallat) *(910, 913)*, in Schweden 100 mg/kg (für Frischmilch jedoch nur 0,5 mg/l); ferner zugelassen in der Südafrikanischen Union, Dänemark, Finnland, Norwegen und Österreich *(910, 913)*.

**Analytik:** Nachweis mit Eisen(III)-chlorid und Ammoniumrhodanid *(945)*. Colorimetrische Bestimmung mit Eisen(III)-chlorid und $\alpha,\alpha'$-Dipyridyl *(295, 915)*. Polarographische Bestimmung *(946)*. Potentiometrische Bestimmung phenolischer Antioxydantien mit Cer(IV)-sulfat oder mit Hilfe eines Redoxindicators *(947)*.

| Nr. | Wissenschaftliche Bezeichnung und Formel | Handelsbezeichnungen | Toxicität, physiologisches Verhalten |
|---|---|---|---|
| | | | ist jedoch noch nicht genau genug vermittelt (919). |

*b) Vorwiegend künstlich*

| Nr. | Wissenschaftliche Bezeichnung und Formel | Handelsbezeichnungen | Toxicität, physiologisches Verhalten |
|---|---|---|---|
| 201 | **Butyloxyanisol**<br><br>Mischungen der folgenden beiden Isomeren im Mischungsverhältnis 1:1<br><br>*3-Butyloxyanisol*<br><br>3-Tertiär-butyl-4-oxyanisol<br><br>*2-Butyloxyanisol*<br><br>2-Tertiär-butyl-4-oxyanisol | BHA,<br>Tenox II,<br>Sustan,<br>Staboleo,<br>AMIF<br>(Mischung von Butyloxyanisol und Propylgallat),<br>AMI-72<br>(Mischung von Butyloxyanisol und einem Synergisten) | $LD_{50}$ allgemein über 1 g/kg Körpergewicht (919). $LD_{50}$ bei Mäusen und Ratten 2,0—4,5 g/kg (929). Hinsichtlich der chronischen Toxicität liegen noch keine ausreichenden Untersuchungen vor (919). 0,12% „BHA" im Futter, 21 Monate an Ratten verfüttert, ergaben keine pathologischen Befunde (1623). Nach oraler Gabe von 1 g „BHA" wurden von Kaninchen 46% gebunden an Glucuronsäure, 9% gebunden an Schwefelsäure und 6% als freies Phenol ausgeschieden (948). |
| 202 | **Butyloxytoluol**<br><br>2,6-Dibutyl-p-kresol<br>2,6-Ditertiär-butyl-p-kresol<br>2,6-Ditertiär-butyl-4-methyl-phenol | BHT,<br>DBPC<br>Jonol,<br>Deenax,<br>Paranox | Chronische, subchronische und akute Toxicitätsversuche erwiesen die relative Ungefährlichkeit (961). Beim Hund ergaben 0,17—0,94 g/kg Körpergewicht bei Verfütterung über 12 Monate keine toxischen Symptome; 0,8% im Futter von Ratten über 24 Monate verabreicht ergaben keine Schädigung (962). |

### hergestellte Stoffe

Von den beiden Bestandteilen des „BHA" ist das 3-Butyloxyanisol der wirksamere (949). Anwendung zur Stabilisierung von Schweineschmalz, Frühstückscerealien, Kartoffelschnitzeln ("Potato chips"), Nüssen sowie als Zugabe zum Einwickler für Lebensmittel. Die Haltbarkeit von Schweineschmalz, Kartoffelschnitzeln und Biskuit wird durch 150 mg/kg „AMI-72" um das 100fache verlängert (950). Etwa 50% des in den USA hergestellten Schweineschmalzes werden mit „BHA" behandelt (951). Die Anwendungsdosis liegt allgemein zwischen 100 und 200 mg/kg (910). „BHA" zeigt schon in einer Konzentration von 50 mg/kg gute Wirkung bei Zusatz zu trockenen Fetten (936). Sehr gute Wirkung bei Erdnußöl in Konzentrationen von 100—200 mg/kg (952). „BHA" in Kombination mit Hydrochinon und Citronensäure übertraf die antioxydative Wirkung von „NDGA" bei tierischen Fetten (930). Eine Kombination von „BHA" und Propylgallat wirkte bei Schweineschmalz besser als die einzelnen Komponenten für sich allein (953). Nach anderen Autoren wird dem „BHA" bei Schweineschmalz nur eine begrenzte Wirkung in Konzentrationen von 100—1000 mg/kg zugeschrieben (934). Die Wirkung von „AMIF" soll hauptsächlich auf dem darin enthaltenen Propylgallat beruhen (953). In einer Konzentration von 200 mg/kg verhinderte Butyloxyanisol die Oxydation von Sardinenöl (954). Bei gedämpften Fleisch ist der antioxydative Effekt nur gering (955).

„BHA" zeigt die wichtige Eigenschaft, seine antioxydative Wirkung auch auf das gebackene Gut zu übertragen (sog. "Carry-through-Effekt"); es verursacht keine geschmackliche oder geruchliche Beeinträchtigung (956). Für sich allein oder in Kombination mit Propylgallat oder Citronensäure ist „BHA" ein geeignetes Antioxydans für Öle und für damit gebackene Erzeugnisse (957). In Mischung mit Citronensäure bedingt es eine besonders ausgeprägte Verbesserung der Haltbarkeit von Kuchen (958).

Butyloxyanisol wurde von der „Internationalen Union gegen den Krebs" (305) in Liste A (A 2) eingereiht. Seine Verwendung wurde in den USA durch die "Meat Inspection" des "US-Department of Agriculture" (909) und durch die "Food and Drug Administration" genehmigt (908). Zulässige Höchstmenge bei Verwendung in Fetten bzw. daraus hergestellten Produkten: in den USA 200 mg/kg, desgl. in Kanada, Schweden, Norwegen, Finnland (jedoch nicht in Milch-, Ei-, Getreide- und Fischerzeugnissen), der Südafrikanischen Union, Österreich, Dänemark (jedoch nicht in Molkereiprodukten), Jugoslawien, England und in der Schweiz; in Griechenland sind 100 mg/kg für Margarine zugelassen (911, 913).

**Analytik:** Schnellnachweis mit 2,6-Dichlorchinonchlorimid und Borax (915). Colorimetrische Bestimmung mit Eisen(III)-chlorid und $\alpha,\alpha'$-Dipyridyl (295). Polarographische Bestimmung (946). Bestimmung durch Absorptionsmessung der mit 2,6-Dichlorchinonchlorimid und $\alpha,\alpha'$-Dipyridyl erhaltenen Färbung (915, 929, 959). Bestimmung durch Messung der UV-Absorption (960).

Anwendung als Antioxydans bei Lebensmitteln (400, 951, 963). „BHT" übertrifft „BHA" an Wirksamkeit (961). Günstige Wirkung bei Schweinefett, Sojaöl und Fischleberöl erwiesen (964). „BHT" zeigt in Konzentrationen von 100—200 mg/kg sehr gute antioxydative Wirkung bei Ölen und Fetten; als besonders günstig erwies sich die Kombination mit Dodecylgallat (911). 200 mg/kg sind wirksam bei Schweinefett, Milchpulver und pflanzlichen Fetten (965). „BHT" besitzt einen "Carry-through-Effekt" (951). Von anderer Seite wird jedoch auf eine begrenzte Wirkung bei Schweineschmalz und Baumwollsamenöl hingewiesen (934). Guter Stabilisator für Vitamin A (964). Besonders geeignet als Imprägniermittel für Verpackungsmaterial (0,2%) (46, 966).

Butyloxytoluol wurde von der „Internationalen Union gegen den Krebs" (305) in Liste A (A 2) eingereiht. Zulässige Höchstmengen bei Verwendung in Ölen, Fetten und fetthaltigen Produkten in Frankreich und den USA 100 mg/kg; in Schweden, Norwegen und Dänemark 200 mg/kg (911).

118

| Nr. | Wissenschaftliche Bezeichnung und Formel | Handelsbezeichnungen | Toxicität, physiologisches Verhalten |
|---|---|---|---|
| 203 | **Conidendrin** 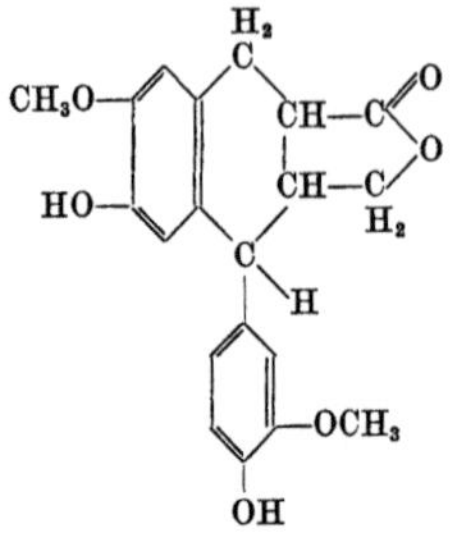 | | Die Toxicität der beiden Verbindungen ist noch nicht ausreichend untersucht (*967*). |
| 204 | **Norconidendrin** 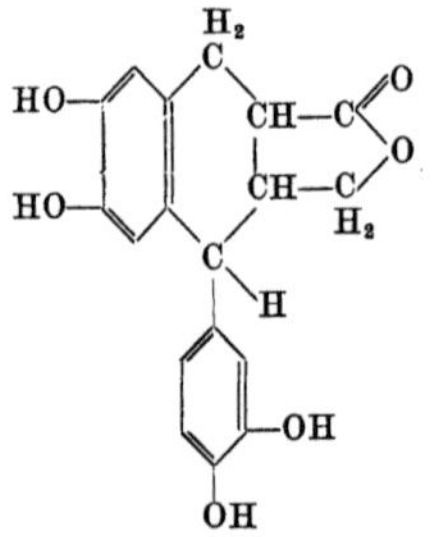 | | |
| 205 | **Hydrokaffeesäure**<br>1,2-Dioxyphenyl-4-propionsäure 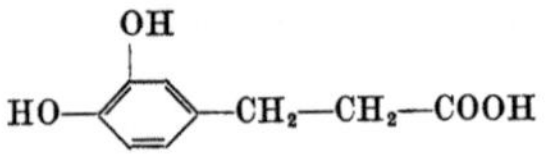 | | |
| 206 | **Hydrokaffeesäure-äthylester**<br>1,2-Dioxyphenyl-4-propionsäure-äthylester 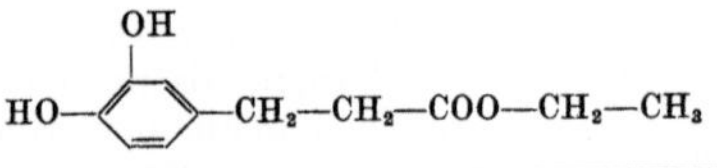 | | |
| 207 | **1,7-Dioxynaphthalin** 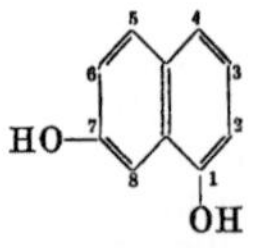 | | |
| 208 | **N,N-Diphenyl-p-phenylendiamin** 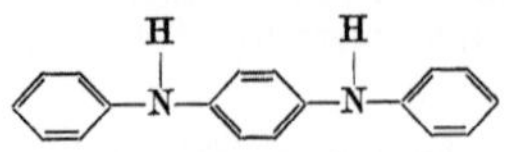 | DPPD | Bei Verfütterung von 125 mg/kg „DPPD" an Hühner wurde dieses im Eigelb und im Depotfett wiedergefunden (*973*). „DPPD" wirkte toxisch auf trächtige Ratten (*1624*). |

Antioxydantien für *Fette* und *Öle* (*967*). Vorgeschlagen auch als Inhibitoren gegen Polymerisationen (*968*). Jedoch nur begrenzte Wirkung bei *Schweineschmalz* in Konzentrationen von 100—1000 mg/kg (*934*).

*Norconidendrin* ist schon bei Konzentrationen von 10—200 mg/kg wirksam (*956*). Die Wirkung kann durch saure Synergisten erheblich gesteigert werden (*956*).

Beide Verbindungen wurden vorgeschlagen als Antioxydantien für Lebensmittel (*400, 921, 969*). 40 mg/kg Hydrokaffeesäure-äthylester verhinderten den Oxydationsgeschmack bei in der Kälte gelagertem *Rahm* über 12 Monate (*970*). Bei Gegenwart von Schwermetallspuren wurde die 10fache Menge benötigt; Ascorbinsäure wirkt synergistisch (*970*).

**Analytik:** Papierchromatographischer Nachweis und Identifizierung durch Fluorescenz im UV-Licht (*971*).

1,7-Dioxynaphthalin übertrifft in seiner antioxydativen Wirksamkeit Hydrochinon und die Gallate (*920*). Schon von 50 mg/kg an ist eine deutliche Wirkung zu erkennen. Zugabe von Citronensäure wirkt verstärkend (*920*).

**Analytik:** Nachweis durch Rotfärbung mit Aldehyden (*972*).

Anwendung zur Stabilisierung von *Kaugummi* (*864*) und von *Carotin* (*974, 977*). Ferner angewandt zur Erhaltung der Farbe von *Cayennepfeffer* (*975*). Die antioxydativen Eigenschaften von Aminen werden hauptsächlich für *technische Produkte* ausgenutzt (*969*).

„DPPD" wurde von der "Food and Drug Administration" (USA) als Antioxydans für Hühnerfutter abgelehnt (1624).

**Analytik:** Bestimmung nach Aceton-Extraktion durch Farbreaktion mit konz. Salpetersäure und Messung der roten Färbung bei 520 m$\mu$ (*973*). Bestimmung, beruhend auf der Bildung einer blauen Färbung mit Salzsäure und $Cu^{++}$-Ionen (*976*).

120

| Nr. | Wissenschaftliche Bezeichnung und Formel | Handelsbezeichnungen | Toxicität, physiologisches Verhalten |
|---|---|---|---|
| 209 | **Methylendioxyphenol** | Sesamol | |
| 210 | **Quercetin** | | |
| 211 | **Dihydroquercetin** | | |
| 212 | **Gallussäure** <br><br> 3,4,5-Trioxybenzoesäure <br><br> *Gallussäureester* <br><br> 3,4,5-Trioxybenzoesäureester <br> Gallate <br><br> Beispiele: | | LD$_{50}$ im allgemeinen über 1 g/kg Körpergewicht (*919*). Im einzelnen: LD$_{50}$ für *Dodecylgallat* bei Ratten etwa 5 g/kg (*983*); für *Propylgallat* bei Ratten 3,8 g/kg; für *Octyl*- und *Dodecylgallat* bei Ratten 4,5—6,5 g/kg Körpergewicht (*929, 984*). 0,035, 0,2 und 0,5% in der Nahrung von Ratten und Meerschweinchen bewirkten noch keine Wachstumshemmung (Ausnahme 0,5% Dodecylgallat bei Ratten); auch sonst zeigten sich keine nachteiligen Erscheinungen hinsichtlich Fortpflanzung und Lebenserwartung (*984*). *Propylgallat* hat sich als unbedenklich für die menschliche Gesundheit erwiesen (*919*). Nur geringe Hemmung von Oxydasen und Cyclopherasen durch *Propylgallat* (*985*). Toxikologische Untersuchungen erwiesen die relative Unschädlichkeit der Alkylgallate (*910*). Auch bei chronischer An- |
| 213 | **Methylgallat** <br> R = —CH$_3$ | | |
| 214 | **Äthylgallat** <br> R = —C$_2$H$_5$ | Progallin A | |
| 215 | **Propylgallat** <br> R = —CH$_2$—CH$_2$—CH$_3$ | Nipa 49, Progallin P | |
| 216 | **Octylgallat** <br> R = —CH$_2$—(CH$_2$)$_6$—CH$_3$ | | |

Zur Verwendung als Antioxydans vorgeschlagen (*400*). Die Verbindung zeigt antioxydative Eigenschaften bei *Schweineschmalz* und *pflanzlichen Ölen* (*978*). Sie erwies sich in Konzentrationen von 100—200 mg/kg als nicht besonders wirksames Antioxydans für *Erdnußöl* (*952*).

**Analytik:** Nachweis durch Farbreaktion mit Furfurol (*979, 980*).

*Quercetin* wird als Antioxydans empfohlen (*981*). 0,1% zeigen eine deutliche Oxydationshemmung bei *Triolein*; die Wirkung ist konzentrationsabhängig und entspricht größenordnungsmäßig etwa der der Gallate (*981*). Zugabe von 150 mg/kg zu *Milchfett* oder *Schweineschmalz* verlängert die Inkubationsperiode um das 5fache (*921*).

Die antioxydative Wirkung des *Dihydroquercetins* entspricht etwa derjenigen des Propylgallats (*956*).

**Analytik:** Adsorptionschromatographische Isolierung und Identifizierung (*982*).

Die niederen Ester der Gallussäure zeigen eine gute antioxydative Wirksamkeit bei *Schweinefett, Sojaöl* und *Fischleberölen*; als Synergisten bewähren sich Citronensäure und Phosphorsäure (*964*). Propylgallat in einer Konzentration von 100—200 mg/kg findet Verwendung als Antioxydans für *Erdnußöl* (*952*). Es verhinderte das Ranzigwerden von Schweinefett über 135 Tage, gegenüber 7 Tagen bei unbehandeltem Schweinefett (*898*). In den USA werden Gallate für tierische und pflanzliche Fette in einer Dosierung von 100 mg/kg angewandt (*396*).

Gallate sind besonders für tierische Fette geeignet (*910*); nachteilig ist jedoch die mögliche Verfärbung bei Gegenwart von Eisen(III)-salzen und Wasser; insbesondere treten Verfärbungen bei den niederen Gallaten auf (*910*). Dodecylgallat zeigt einen starken "Carry-through-Effekt" auf Gebäck (*989*). Propylgallat in einer Konzentration von 100 mg/kg verlängert die Haltbarkeit von *Kartoffelschnitzeln* um das 8fache (*898*). Gallate wurden auch zur Stabilisierung von *Milch* und *Milchprodukten* vorgeschlagen (*990*). 20 mg/l Propylgallat verhindern den Oxydationsgeschmack von *sterilisierter Milch* 14 Tage lang bei einer Lagertemperatur von 2° C (*990*). 100 mg/kg Dodecylgallat erwiesen sich als wirksames Antioxydans bei *Milchpulver*, dabei trat keine Geschmacksbeeinträchtigung ein (*911*).

An synthetischen Antioxydantien wurden vom Food Standards Committee (London) Propyl-, Decyl- und Dodecylgallat (100 mg/kg) [sowie Butyloxyanisol (200 mg/kg)] empfohlen (*1341*). Von der „Internationalen Union gegen den Krebs" (*305*) wurden Propyl-, Octyl- und Dodecylgallat in Liste A (A 2) eingereiht. Propylgallat ist von der "Food and Drug Administration" (USA) zugelassen (*908*). Seine Verwendung zur Stabilisierung tierischer Fette ist auch von der "Meat Inspection" des "US-Department of Agriculture" genehmigt (*909*). Die Höchstzulässigen Mengen bei Verwendung in Ölen und Fetten betragen in den USA 100 mg/kg Propylgallat, in Kanada 100 mg/kg Propylgallat (nicht gemeinsam mit „NDGA"), in Schweden 100—500 mg/kg Alkylgallate, in England, den Niederlanden und der Südafrikanischen Union 100 mg/kg Propyl-, Octyl- und Dodecylgallat (*910*). In neuerer Zeit sind die Gallate auch in Belgien, Dänemark, Finnland, Griechenland, Jugoslawien, Norwegen, Österreich und der Schweiz zugelassen (*911, 913*). In Frankreich wurden für Nahrungsfette (außer Butter) 100 mg/kg Octyl- und Dodecylgallat empfohlen (*864*).

**Analytik:** Colorimetrische Bestimmung im Alkoholextrakt der Petroläther-Lösung mit Ammoniak (Rosafärbung) (*295, 915, 916*). Polarographische Bestimmung (*946*). Bestimmung von Propylgallat als Wismut-Komplexsalz (*991*). Bestimmung durch UV-Absorptionsmessung (*960*). Bestimmung von Propyl-, Octyl- und Dodecylgallat nebeneinander in Fetten und Ölen mit Eisentartrat und Messung der Absorption bei 530 m$\mu$ (*1625*).

| Nr. | Wissenschaftliche Bezeichnung und Formel | Handelsbezeichnungen | Toxicität, physiologisches Verhalten |
|---|---|---|---|
| 217 | **Decylgallat**<br>$R = —CH_2—(CH_2)_8—CH_3$ | | wendung unbedenklich (*919*). Bei Verfütterung von 0,2% *Methyl-*, *Octyl-* und *Dodecylgallat* in der Nahrung von Ratten über 3 Generationen zeigten sich keine toxischen Wirkungen, insbesondere keine Wachstumshemmung und keine cancerogene Wirkung (*986*). 0,5% *Laurylgallat* zeigten bei täglicher Verfütterung an Ratten keine toxischen Befunde (*987*). Futter mit 1% Laurylgallat ruft bei männlichen Ratten Wachstumsverzögerung, jedoch keine Tumorenbildung hervor (*987*). Freie phenolische Gruppen können auf das Gleichgewichtssystem Adrenalin-Adrenochrom einwirken und Schädigungen am vegetativen Nervensystem verursachen (*988*). |
| 218 | **Dodecylgallat**<br>Laurylgallat<br>$R = —CH_2—(CH_2)_{10}—CH_3$ | Progallin LA | |
| 219 | **Cetylgallat**<br>$R = —CH_2—(CH_2)_{14}—CH_3$ | Progallin CE | |
| 220 | **Hydrochinon**<br>$HO—\langle\ \rangle—OH$ | Tenox H | Hydrochinon geht im Fett teilweise in das giftige Chinon bzw. Chinhydron über (*920*). Es bildet Methämoglobin und löst rote Blutkörperchen auf (*32*). Ferner wurde eine Beeinflussung des Zellteilungsmechanismus und mutagene Wirkung von Hydrochinon nachgewiesen (*626, 993*). Ungeeignet als Zusatz zu Lebensmitteln (*919*). Nach Angaben der "Tennessee Eastman Company" soll Hydrochinon jedoch in hochgereinigtem Zustand keine toxischen Eigenschaften besitzen (*994*). |
| 221 | **$\beta, \beta'$-Thio-dipropionsäure**<br>Bis-(2-carboxyäthyl)-sulfid<br>$S\langle\begin{smallmatrix}CH_2—CH_2—COOH\\CH_2—CH_2—COOH\end{smallmatrix}$ | | LD$_{50}$ allgemein über 1 g/kg Körpergewicht (*919*). Geringe Toxicität (*997*). Auch hinsichtlich der chronischen Toxicität unbedenklich (*919*). |

Früher viel verwendet als Antioxydans für *Fette* (*950*). Gute antioxydative Wirksamkeit bei *Schweinefett*, besonders in Gegenwart von Synergisten (*964*). 0,01—0,25% Hydrochinon erwiesen sich als wirksamstes Antioxydans für *Leberöle* (*995*). Der Ersatz von Hydrochinon durch das harmlosere Propylgallat wurde empfohlen (*996*).

Hydrochinon wurde von der „Internationalen Union gegen den Krebs" (*305*) in Liste C(A2) eingereiht. Die früher erteilte Genehmigung für Hydrochinon als Antioxydans wurde von der "Food and Drug Administration" (USA) zurückgezogen (*908*).

**Analytik:** Farbreaktion mit Phosphormolybdänsäure (*694*).

Anwendung als Antioxydantien für *Fette* und andere Lebensmittel.

Thio-dipropionsäure wurde von der „Internationalen Union gegen den Krebs" (*305*) in Liste B (A 2) eingereiht. Genehmigt als Antioxydans für Fette von der "Meat Inspection" des "US-Department of Agriculture" (*909*). Höchstzulässige Mengen in Schweden und Finnland 100 mg/kg freie Säure bzw. 900 mg/kg Dilauryl- und Distearylester (nicht in Milch-, Getreide-, Ei- und Fischerzeugnissen); in den USA 100 mg/kg freie Säure bzw. 900 mg/kg Dilauryl- und Distearylester (*910, 911*).

| Nr. | Wissenschaftliche Bezeichnung und Formel | Handelsbezeichnungen | Toxicität, physiologisches Verhalten |
|---|---|---|---|
| 222 | $\beta,\beta'$-**Thio-dipropionsäure-dilaurylester** <br><br> $S\big\langle\begin{matrix}CH_2-CH_2-COO-CH_2-(CH_2)_{10}-CH_3\\ CH_2-CH_2-COO-CH_2-(CH_2)_{10}-CH_3\end{matrix}$ | | |
| 223 | $\beta,\beta'$-**Thio-dipropionsäure-distearylester** <br><br> $S\big\langle\begin{matrix}CH_2-CH_2-COO-CH_2-(CH_2)_{16}-CH_3\\ CH_2-CH_2-COO-CH_2-(CH_2)_{16}-CH_3\end{matrix}$ | | |
| 224 | **Vanillin** | | |
| 225 | **Cumarin** <br> Benzo-$\alpha$-pyron <br><br> *Cumarinderivate* <br> Beispiel: | | $LD_{50}$ bei Mäusen 0,23 g/kg, bei Ratten 0,3 g/kg Körpergewicht; 0,25% Cumarin in der Nahrung, an Ratten 90 Tage lang verfüttert, erzeugten Leberschädigungen (*1002*). *Dicumarin*, bei Ratten über 38 Tage täglich in einer Dosis von 300 mg verfüttert, führte zum Tode durch innere Verblutung (*1003*). Vgl. auch die Angaben über die Toxicität von Cumarinderivaten auf S. 226. |
| 226 | **3,3'-Methylen-bis-(4-oxycumarin)** <br> Dicumarin <br><br> Vgl. auch S. 226 | | |
| 227 | **Äthoxy-dihydro-trimethylchinolin** <br> 6-Äthoxy-1,2-di-hydro-2,2,4-trimethylchinolin | Santoquin | |

Hinweis auf die Brauchbarkeit des Vanillins als Antioxydans *(921)*. Besonders geeignet für *Eiskremmischungen* in einer Dosierung von 0,1% *(400, 998, 999)*. Vorgeschlagen zur Konservierung von *Milch (1000)* sowie als allgemein verwendbares Konservierungsmittel *(1001)*.

**Analytik:** Bestimmung mit 2,4-Dinitrophenylhydrazin *(694)*. Maßanalytische Bestimmung mit $NaHSO_3$ *(694)*. Bestimmung von Vanillin neben Äthylvanillin auf der Grundlage des unterschiedlichen Verteilungsquotienten in Chloroform *(878)*.

Vorgeschlagen als Antioxydans für *Eiskremmischungen (400, 999)*.

Cumarin und Cumarinderivate sind im "Food, Drug and Cosmetic Act" (USA) unter den giftigen Substanzen aufgeführt; damit versetzte Lebensmittel werden als verfälscht betrachtet *(1004)*.

**Analytik:** Colorimetrischer Nachweis mit Jod-Wismut-Lösung *(1005)*. Papierchromatographischer Nachweis der Cumarine *(1006)*. Colorimetrische Bestimmung mit 4-Nitranilin *(1511)*.

In Konzentrationen von 0,1% wirksam gegen den Verlust der roten Farbe bei *Paprika* und *Cayennepfeffer*; geschmacklich und in der Farbtönung traten keine nachteiligen Erscheinungen auf *(975)*. Überwiegende Verwendung für *technische Produkte*.

| Nr. | Wissenschaftliche Bezeichnung und Formel | Handelsbezeichnungen | Toxicität, physiologisches Verhalten |
|---|---|---|---|
| 228 | **Tetraoxy-dimethyldiphenyl**<br><br>2,2'-3,3'-Tetraoxy-5,5'-dimethyldiphenyl | TDBP | |
| 229 | **Tetramethyl-thiuram-disulfid** | TMTD, Thiram | $LD_{50}$ bei Ratten 1,2 g/kg [nach anderer Angabe 865 mg/kg (*1008*)], bei Hunden und Kaninchen 2—3 g/kg Körpergewicht (*1009, 1010*). Bei dauernder Gabe von 0,1% in der Nahrung von Ratten erstes Auftreten toxischer Erscheinungen (*1351*). Bei täglicher Zugabe zum Futter verursachten „TMTD" und „TÄTD" bei jungen Ratten keine Wachstumsminderung (*1009, 1011*). 0,02% „TMTD" in der Fettfraktion des Rattenfutters bewirkten noch keine Schädigungen (*1012*). 48 mg/kg „TÄTD" in der Nahrung über 3 Generationen an Ratten verfüttert, ergaben keine Verminderung von Wachstum und Lebenserwartung und keine Änderung der Blutmorphologie gegenüber Kontrolltieren (*1013*). Beim Menschen zeigten 0,25 bis 1,0 g/Tag keine toxischen Wirkungen (*1010*). Anwendung einer Dosis von 18 g führte zu Erbrechen, Albuminurie und Diarrhoe (*1014*).<br><br>Stark toxische Wirkung in Verbindung mit Alkoholgenuß. |
| 230 | **Tetraäthyl-thiuram-disulfid**<br><br><br>Vgl. auch S. 192 | TÄTD, TATD, Antabus, Abstinyl | |
| 231 | **Melanoidine**<br><br>Kohlenhydrat-Eiweiß-Verbindungen unbekannter Struktur | | |

Übertrifft in seiner antioxydativen Wirkung die Nordihydroguajaretsäure. Starke Wirkungssteigerung durch Kombination mit Citronensäure. Schon mit 100 mg/kg wurden befriedigende Ergebnisse bei *Schweineschmalz, Maisöl* und *Sojaöl* erhalten (*920*).

„TMTD" und „TÄTD" wurden als Antioxydantien empfohlen; sie erwiesen sich als wertvolle Stabilisatoren für *Butter* aus gesäuertem Rahm. Anderweitige Anwendungsmöglichkeiten sind bis jetzt noch nicht bekannt geworden (*910, 1015*). Zur Erhöhung der Haltbarkeit von Kühlhausbutter wurden 50—150 mg/kg „TMTD" bzw. 10—20 mg/kg „TÄTD" vorgeschlagen (*1009*). Nach anderen Angaben bewegen sich die zur Anwendung vorgeschlagenen Konzentrationen zwischen 5 und 10 mg/kg (*910, 1012, 1015*). Besonders in Kombination mit Kaltlagerung erwiesen sich „TMTD" und „TÄTD" als gute Antioxydantien für Butter schon in Konzentrationen von 5 mg/kg (*1016*).

**Analytik:** Nachweis und Bestimmung durch Messung der bei Zugabe von Kupferjodid entstehenden gelbbraunen Färbung des Kupferdimethyldithiocarbaminats bzw. Kupferdiäthyldithiocarbaminats (*1017, 1330*). Bestimmung nach Chloroform-Extraktion durch die Farbreaktion mit Kupfer(II)-chlorid (*1018*). Bestimmung von „TÄTD", beruhend auf der Bildung einer gelben Färbung mit metallischem Kupfer in organischen Lösungsmitteln (*1019*).

Melanoidine werden technisch erhalten durch Erhitzen wäßriger Lösungen von Glucose und Glutaminsäure auf 100—120° C. In einer Menge von 0,05—0,1% der *Margarine* zugesetzt, zeigten sie deutliche Hemmwirkung auf die Fettoxydation. 0,5% Melanoidine zeigten einen größeren antioxydativen Effekt als 0,01% „NDGA", Dodecylgallat, „TÄTD" oder 1,7-Dioxynaphthalin (*1021*).

| Nr. | Wissenschaftliche Bezeichnung und Formel | Handelsbezeichnungen | Toxicität, physiologisches Verhalten |
|---|---|---|---|
| 232 | **Äthylendiamin-tetraessigsäure**<br><br>Formel unter Nr. 233 | Trilon B, Sequestren, Komplexon II, Titriplex III, Idranal II, Versen | Erwies sich bei Fütterungsversuchen an Ratten mit Dosen, die weit über der Anwendungsdosis liegen, als nicht toxisch (*956, 1022*). |
| 233 | **Natriumäthylendiamin-tetraacetat**<br><br>Äthylendiamin-tetraessigsaures Natrium 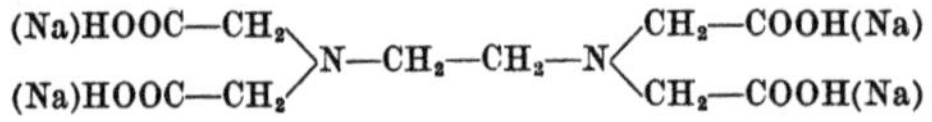<br><br>$(Na)HOOC-CH_2$ und $(Na)HOOC-CH_2$ >N$-CH_2-CH_2-$N< $CH_2-COOH(Na)$ und $CH_2-COOH(Na)$<br><br>Vgl. auch S. 160 und 188 | Natriumversenat, Idranal III | |
| 234 | **L-Ascorbinsäure**<br>Vitamin C<br>Formel unter Nr. 235 | Redoxon, Cebion | Unbedenklich |
| 235 | **Natrium-L-ascorbinat**<br>Natriumascorbinat<br>L-ascorbinsaures Natrium 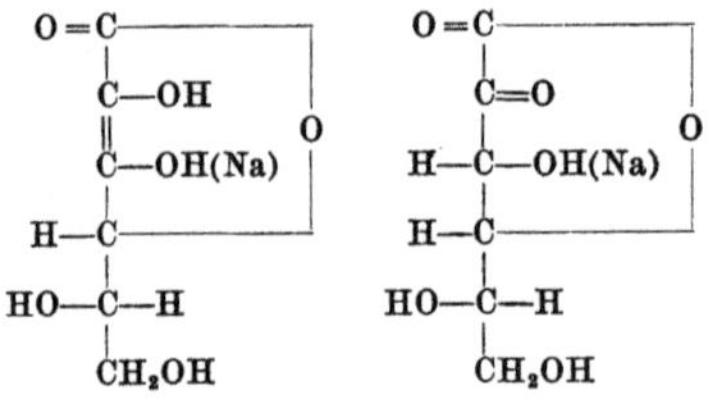<br><br>Enolform / Ketoform<br><br>L-*Ascorbinsäure-ester* 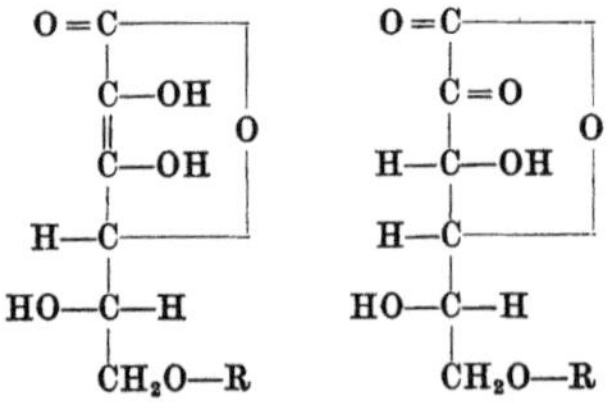<br><br>Enolform / Ketoform<br><br>Beispiele: | | |
| 236 | **L-Ascorbylpalmitat**<br>Ascorbinsäurepalmitat<br><br>$R = -CO-(CH_2)_{14}-CH_3$ | | Ascorbylpalmitat, in der Nahrung in einer Konzentration von 2,5 g/kg 2 Jahre an Ratten ver- |

Verhindert die durch Metallspuren katalysierte Autoxydation der *Fette* durch Bildung stabiler Metallkomplexe; „Versen" zeigt, besonders in Kombination mit Ascorbinsäure, starke antioxydative Eigenschaften (*956*). 1% Natriumäthylendiamin-tetraacetat im Gemisch mit Natriumhydrogensulfit inaktiviert Eisen durch Bildung wasserlöslicher Komplexe und verhindert damit das Verfärben geschälter, gekochter *Kartoffeln*; Anwendung als Tauchmittel (*1024*). Bei Anwendung von „Trilon B" ließ sich eine starke Verzögerung des Abbaues von *Vitamin C* beobachten (*1025*). Vorgeschlagen zur Behandlung von *Krustentieren* (*1023*).

**Analytik:** Nachweis und Bestimmung, beruhend auf der Bildung gefärbter Komplexverbindungen mit Kobalt (*1026*), Chrom (*1027*) und Kupfer (*1073*).

Anwendung als Antioxydans sowie als Synergist für phenolische Antioxydantien (*400*). 200 mg/kg Ascorbylpalmitat erwiesen sich als ausreichend zur Stabilisierung von *Olivenöl* und *Erdnußöl* (*1028*). 0,1% Ascorbinsäure drängen die Ranziditätsentwicklung bei hydriertem *Mandelöl, Walfischöl, Kakaobutter* und *Margarine* zurück; Antioxydantien wie „BHA" und Propylgallat verstärken diese Wirkung (*1029*). Hintanhaltung des Oxydationsgeschmackes gefrorener *homogenisierter Milch* (*1030, 1031*). Vitamin C schützt mit Vitamin A versetzte Milch vor dem sog. „Heugeschmack" (*1032*). Ascorbinsäurezusatz hält *Trockenmilch* längere Zeit frisch (*1020*). 20—50 mg/kg Ascorbinsäure bedingen einen schützenden Effekt für Vitamin A bei der Trockenmilchbereitung; auch Thiamin und Lipoide werden geschützt (*1033*). L-Ascorbinsäure wurde auch vorgeschlagen als *Mehlverbesserungsmittel* (*1034*): Zusatz von 10—25 mg/kg Ascorbinsäure zu Weizenmehl erwiesen sich als günstig zur Mehlverbesserung, besonders in Kombination mit 0,1—0,3% Malzmehl. Hierdurch ließen sich bessere Ergebnisse erzielen als durch Kaliumbromat (*1035*). Ascorbinsäure oder ein Gemisch von Ascorbinsäure (0,3%) und Carrageen (0,5%), angewandt als Tauchlösung für *Fische*, verzögert deren Ranzigwerden (*1036, 1037*). Zur Verhinderung der Fettoxydation bei *Salzheringen* sind verhältnismäßig hohe Konzentrationen erforderlich (*1038*). Kombinationen von Ascorbinsäure mit Gallaten bewirken bei *Fischleberölen* einen sehr guten stabilisierenden Effekt (*1039*). Angewandt als Antioxydans auch gegen das Ranzigwerden von *Fischölen* und zur Erhaltung ihrer natürlichen Farbe (*1040*).

Ascorbinsäure, Salze der Ascorbinsäure und Ascorbinsäureester unterbinden den Einfluß der als Oxydationsbeschleuniger wirkenden Spuren von Metallen (Cu, Co, Mn, Fe) (*1041*). Das fettlösliche Ascorbylpalmitat macht die antioxydative Wirkung der Ascorbinsäure auch für Fette und fetthaltige Lebensmittel zugänglich (*956*). Ascorbinsäure selbst ist ungeeignet als Zusatz zu Butter (Malzgeschmack, Verfärbung) (*1042*), jedoch erwies sich Ascorbylstearat als gutes Antioxydans für *Butter*; die bei Verwendung von Vitamin C auftretende Verfärbung konnte damit vermieden werden (*1043*).

Ascorbinsäure und Ascorbylpalmitat wurden von der „Internationalen Union gegen den Krebs" (*305*) in Liste A (A 2) eingereiht. Höchstzulässige Mengen in den USA (für Fleischprodukte) 0,05%, in Kanada 0,2% (auch als Palmitat). Ferner zugelassen in Frankreich (0,03%), in den Niederlanden (0,5% für Selchwaren) und in der Schweiz (0,04%) (*913*). Unbeschränkt zugelassen in Dänemark, Finnland, Norwegen, Österreich, Schweden und in der Südafrikanischen Union (*910, 913*).

**Analytik:** Nachweis von Ascorbinsäure in Mehl durch Tüpfelreaktion (*1044*). Papierchromatographische Trennung der Ascorbinsäure von reduzierenden Zuckern, Cystein, Glutathion, Sulfit, Fe$^{++}$ und Reduktonen (*1045*). Papierchromatographischer Nachweis in Mehlen (*1046*). Bestimmung (nach Extraktion mit Metaphosphorsäure und Reinigung mit Isobutanol und Petroläther) mit diazotiertem 2-Nitranilin (*1047*). Bestimmung in Wein und Fruchtsäften

| Nr. | Wissenschaftliche Bezeichnung und Formel | Handelsbezeichnungen | Toxicität, physiologisches Verhalten |
|---|---|---|---|
| 237 | **L-Ascorbylstearat**<br>Ascorbinsäurestearat<br>$R = -CO-(CH_2)_{16}-CH_3$<br><br>Vgl. auch S. 138 | | füttert, bewirkte keine pathologischen Veränderungen (*1626*). |
| 238 | **Citronensäure**<br>Oxytricarballylsäure<br>$\beta$-Öxypropan-$\alpha,\beta,\gamma$-tricarbonsäure<br>$CH_2-COOH$<br>$HO-C-COOH \cdot H_2O$<br>$CH_2-COOH$<br>Vgl. auch S. 140<br><br>*Citronensäureester*<br>(Mono-, Di- und Tri-ester)<br>$CH_2-COOR$<br>$HO-C-COOR(H)$<br>$CH_2-COOR(H)$ | | *Citronensäure-isopropylester:* $LD_{50}$ bei Ratten 7,2 g/kg Körpergewicht (*1051*).<br>*Citronensäure-stearylester:* $LD_{50}$ bei Ratten 5,5 g/kg Körpergewicht (*1051*). Bis zu 2,8 bzw. 9,5% in der Nahrung verfüttert, zeigte der Isopropyl- bzw. der Stearylester noch keine toxischen Erscheinungen bei Ratten (*1051*). |
| 239 | **Citronensäure-isopropylester**<br>Isopropylcitrate<br>$CH_3$<br>$R = -CH$<br>$CH_3$ | | |
| 240 | **Citronensäure-stearylester**<br>Stearylcitrate<br>$R = -CH_2-(CH_2)_{16}-CH_3$ | | |
| 241 | **Citronensäure-glycerylester**<br>Glycerylcitrate<br>$-CH_2$   $-CH_2$   $-CH_2$<br>$R = HO-CH$  $R = -CH$  $R = -CH$<br>$HO-CH_2$  $OH-CH_2$  $-CH_2$<br>Monoglycerid  Diglycerid  Triglycerid | | |
| 73 | **Citraconsäure**<br>Methylmaleinsäure<br>$CH_3-C-COOH$<br>$H-C-COOH$<br><br>Vgl. auch S. 62 und 162 | Pescasäure (Gemisch aus 10% Citraconsäure, 30% Citronensäure und 60% Milchsäure), Beropin (enthält als wirksamen Bestandteil Citraconsäure) | Gesundheitliche Bedenken gegen die Verwendung von Citraconsäure bestehen nicht (*399, 400*). |

durch Messung der Blaufärbung mit Phosphorwolframsäure (*1048*). Maßanalytische Bestimmung mit Natrium-1,2-naphthochinon-4-sulfonat (*1049*). Zusammenfassende Darstellung chemischer Bestimmungsmethoden für Ascorbinsäure bei F. GSTIRNER (*1050*).

Citronensäure ist ein ungiftiger Stabilisator; gut geeignet für *pflanzliche Fette,* weniger für tierische. Bei einem Wassergehalt der Fette von $> 2\%$ wirkt Citronensäure jedoch prooxydativ (*1052*). 100 mg/kg Citronensäure (und Sorbit) stabilisieren *Sojaöl* (*1053*). Häufig verwandt als Synergist für Gallate, „NDGA" und „BHA" bei *Schweinefett* (*964*). Die antioxydative Wirkung von Dihydroquercetin wird durch geringe Mengen Citronensäure ebenfalls stark erhöht (*1054*). Die Gefahr der Verfärbung, wie sie bei Anwendung der Gallate besteht, wird durch Citronensäure herabgesetzt (Komplexbildung) (*910*). Verwendung von Citronensäure bzw. Citraten als Zusatz zu *Schmelzkäse* und *Fleischwaren.*

Die Isopropyl- und Stearylester der Citronensäure erwiesen sich als gut wirksam gegen eine Geschmacksverschlechterung von *Sojaöl* (Margarinegrundstoff) (*1051*). Die Glycerylester der Citronensäure wirken auch bei *tierischen Fetten* als gute Stabilisatoren (*1052*). Citronensäure-Monoalkylester wurden als Antioxydantien für *Nußmehle* (*1055*) und andere *getrocknete Lebensmittel* (*1056*) vorgeschlagen.

Citronensäure wurde von der WEU (A 1) (*152, 864*) in Liste I eingereiht. Genehmigt durch die "Meat Inspection" des "US-Department of Agriculture" (*909*). Isopropyl- und Stearylcitrat sind für Margarine und Fettprodukte in USA ebenfalls genehmigt (*1057*). Zugelassene Höchstmengen in den USA 0,01%, in Kanada 0,2%, in Schweden 0,1—0,3%, in der Südafrikanischen Union, Österreich, Finnland, Norwegen, Dänemark und der Schweiz ohne Mengenbegrenzung zugelassen (*910*). Für die Anwendung in Kombination mit anderen Antioxydantien setzte die "Food and Drug Administration" (USA) eine Höchstkonzentration von 50 mg/kg für Monoisopropylcitrat fest (*396*).

**Analytik:** Mikrocolorimetrischer Nachweis (*1058*). Papierchromatographischer Nachweis (*1059*). Chromatographischer Nachweis an Ionenaustauschern (*1060*). Colorimetrische Bestimmung über Pentabromaceton (*1061*). Modifiziertes Pentabromacetonverfahren zur Bestimmung von Citronensäure in zuckerreichen Dessertweinen (*1062*). Polarographische Bestimmung (*1063*).

300—450 mg/kg Citraconsäure zeigen bei *Ölen* eine gute antioxydative Wirkung (*400, 1064*). Die Säure übertrifft in ihrer Wirksamkeit bei verschiedenen Fetten die Gallate (*1064*). Anwendung als Synergist (*400*).

| Nr. | Wissenschaftliche Bezeichnung und Formel | Handelsbezeichnungen | Toxicität, physiologisches Verhalten |
|---|---|---|---|
| 242 | **Maleinsäure**<br><br>$H-C-COOH$<br>$\parallel$<br>$H-C-COOH$ | | |
| 243 | **Fumarsäure**<br><br>$HOOC-C-H$<br>$\parallel$<br>$H-C-COOH$ | | |
| 244 | **Phosphorsäure**<br><br>Orthophosphorsäure<br><br>$\left[\begin{array}{c} O \\ O\ P\ O \\ O \end{array}\right]^{---} (H^+)_3$<br><br><br>*Phosphorsäureverbindungen*<br><br>Phosphate<br><br>Beispiele: | | $LD_{50}$ bei Ratten 4 g/kg Körpergewicht (gültig für ein handelsübliches Polyphosphatgemisch) (*1067*). Keine Kumulation von Phosphat im menschlichen Organismus (vgl. hierzu jedoch die Angaben unten); der intermediäre Kohlenhydrat-, Fett- und Eiweißstoffwechsel wird nicht beeinflußt (*891*). Mono- und Diphosphate sowie Polyphosphate gelten als Zusätze zu Lebensmitteln in kleinen Mengen auch bei dauernder Aufnahme als unbedenklich; auch höhermolekulare Phosphate erscheinen gefahrlos (*891*). Gesundheitliche Schäden hierdurch konnten bisher nicht beobachtet werden (*1070*). Eingehendere chronisch-toxikologische Untersuchungen erscheinen jedoch noch wünschenswert. Linear gebaute Polyphosphate werden im Organismus größtenteils zu Monophosphat hydrolysiert, cyclische nicht (*1013, 1068, 1074*). Die Speicherung hochpolymerer Phosphate findet in Leber und Milz statt. Das Ausmaß der Retention ist abhängig vom Molekülbau (*1069*). Parenteral verabreicht erwies sich die Toxicität der verschiedenen Polyphosphate bei den einzelnen Tierarten als sehr unterschiedlich (*1070*). Verminderung der Eisenresorption durch Poly- |
| 245 | **Mononatriummonophosphat**<br><br>Mononatrium-dihydrogenphosphat<br>Mononatriumphosphat<br><br>$NaH_2PO_4 \cdot H_2O$ | | |
| 183 | **Dinatriummonophosphat**<br><br>Dinatrium-hydrogenphosphat<br>Dinatriumphosphat<br><br>$Na_2HPO_4 \cdot 12\ H_2O$ | | |
| 246 | **Dinatriumdiphosphat**<br><br>saures Natriumpyrophosphat<br>Dinatrium-dihydrogenpyrophosphat<br>Dinatriumpyrophosphat<br><br>$Na_2H_2P_2O_7$ | | |
| 247 | **Dodecylphosphat**<br><br>Laurylphosphat<br><br>$\begin{array}{c} OH \\ \mid \\ CH_3-(CH_2)_{10}-CH_2-O-P=O \\ \mid \\ OH \end{array}$ | | |

Anwendung analog Fumarsäure (vgl. Nr. 243) (*1065*).

Fumarsäure wurde vorgeschlagen zur Stabilisierung von *Raps*- und *Olivenöl* (*1065*).

**Analytik:** Fällung mit $CuSO_4$/Pyridin und colorimetrische Bestimmung des überschüssigen $Cu^{++}$ mit Natrium-diäthyl-dithiocarbaminat (*1066*).

Verwendung als Synergisten für „BHA", Gallate und „NDGA" bei *Schweineschmalz* (*400, 964*). Mehrbasische Säuren (wie Phosphorsäure, Weinsäure, Citronensäure), welche als Metallinaktivatoren und Synergisten wirken, zeigen eine gute Wirkung bei *pflanzlichen Ölen*; weniger ausgeprägt ist ihre Wirkung dagegen bei tierischen Fetten (*1052*). Die beste synergistische Wirkung konnte mit Grahamschem Salz und Madrellschem Salz erzielt werden (*936*). Die Polyphosphate werden auch als Wasserstoffdonatoren für phenolische Antioxydantien aufgefaßt (*1077, 1078*). Polymere Phosphate erwiesen sich in Verbindung mit L-Ascorbinsäure als wirksam zur Farberhaltung bei Lebensmitteln (*1079*).

Verhütung der Oxydation von Lebensmitteln durch Zusatz kleiner Mengen von organischen Phosphaten (z. B. Triose-, Pentose- oder Hexosephosphat) (*1080*). Butyl-, Octyl- und Dodecyl (Lauryl) -phosphat wirken stabilisierend auf *Sojaöl* (1053). Diphosphat-Zusatz wurde auch zur Erhöhung der Backfähigkeit von *Mehlen* empfohlen (*1081*). Cyclische Phosphate werden zur Herstellung von Lebensmitteln nicht verwendet, sie kommen höchstens in geringen Mengen als Begleitstoffe geradkettiger kondensierter Phosphate vor.

Zusätze von Salzen der Phosphorsäure zu tierischen Fetten wurden durch die "Meat Inspection" des "US-Department of Agriculture" genehmigt (*909*). Als Synergist für Antioxydantien ist Phosphorsäure in folgenden Höchstmengen zugelassen: in den USA 100 mg/kg, in der Südafrikanischen Union 50 mg/kg.

**Analytik:** Mikroskopischer Nachweis von Phosphatgemischen (*1082*). Nachweis kondensierter Phosphate in Lebensmitteln durch Papierchromatographie (*1083, 1084, 1085*) oder Papierelektrophorose (*1086*). Analyse von Gemischen aus Mono-, Di-, Tri- und höheren Polyphosphaten auf Grundlage der $p_H$-abhängigen, scharf ausgeprägten Löslichkeitsunterschiede der Bariumsalze (*1087*). Bestimmung von Diphosphat (*1088*). Komplexometrische Bestimmung der Diphosphorsäure (*1089*). Trennung und Bestimmung kondensierter Phosphate auf papierchromatographischem Wege (*1090*).

| Nr. | Wissenschaftliche Bezeichnung und Formel | Handelsbezeichnungen | Toxicität, physiologisches Verhalten |
|---|---|---|---|
| | *Hexosephosphate*<br><br>Beispiel: | | phosphat-Verfütterung an Hunde (*1071*). Verfütterung an Ratten bewirkte jedoch keine Verminderung der Resorption von Calcium und Kupfer (*1072*). Bei Verfütterung steigender Mengen von Polyphosphaten bedingten 2,5% in der Nahrung noch keine Änderungen, 5% dagegen Wachstumsverminderung und Herabsetzung der Fruchtbarkeit; bei dieser Konzentration war starke Ablagerung von Calciumphosphat in Nieren, Magen, Herzmuskel und Aorta feststellbar; die gleichen Befunde zeigten sich auch bei Mono- und Diphosphaten; verfütterte Polyphosphate werden nicht gut resorbiert; 37 bis 66% wurden im Kot wiedergefunden (*1075*). Nach Verfütterung von Kurrolschem Salz an Ratten wurden im Harn 10 bis 50 % der zugeführten Menge als Orthophosphat ausgeschieden (*1076*). Zusammenfassende Übersicht über die Physiologie der Phosphate im Schrifttum (*1074*). Vgl. auch S. 110. |
| 248 | **Fructosediphosphat**<br><br>Fructose-1,6-phosphorsäure<br><br>$$\begin{array}{l} CH_2-O-P(=O)(OH)_2 \\ HO-C-OH \\ HO-C-H \\ H-C-OH \\ H-C-OH \\ CH_2-O-P(=O)(OH)_2 \end{array}$$ | | |
| | *Kondensierte Phosphate* | | |
| 249 | **Natriumpolyphosphat**<br><br>$$HO-\underset{ONa}{\overset{O}{P}}-O-\left[\underset{ONa}{\overset{O}{P}}-O\right]_n-\underset{ONa}{\overset{O}{P}}-OH$$<br><br>$(NaPO_3)_n \cdot H_2O$<br><br>Madrellsches Natriumpolyphosphat<br><br>Madrellsches Salz<br><br>$n = 34 - 70$<br><br>Grahamsches Natriumpolyphosphat<br><br>Grahamsches Salz<br><br>früher: ,,Natriumhexametaphosphat"<br><br>$n = 80 - 200$ | Calgon,<br>Polyron<br><br><br><br><br><br>Polyron H | |
| 250 | **Kaliumpolyphosphat**<br><br>$$HO-\underset{OK}{\overset{O}{P}}-O-\left[\underset{OK}{\overset{O}{P}}-O\right]_n-\underset{OK}{\overset{O}{P}}-OH$$<br><br>$(KPO_3)_n \cdot H_2O$<br><br>Kurrolsches Kaliumpolyphosphat<br><br>Kurrolsches Salz<br><br>Früher: ,,Kaliumoctometaphosphat"<br><br>$n \approx 1000$ | Plasmal,<br>Fibrisol,<br>Protosol<br>(Gemische kondensierter Phosphate) | |

Angaben vgl. S. 133.

| Nr. | Wissenschaftliche Bezeichnung und Formel | Handelsbezeichnungen | Toxicität, physiologisches Verhalten |
|---|---|---|---|
| 251 | **Natriumtricyclophosphat**<br>Natriumtrimetaphosphat<br><br>$(NaPO_3)_3$ | | |
| 252 | **Natriumtetracyclophosphat**<br>Natriumtetrametaphosphat<br><br>$(NaPO_3)_4$<br><br>Vgl. auch S. 110, 140, 160, 174 und 190. | | |
| 253 | **Natriumglutaminat**<br>Mononatriumglutaminat<br>L(+)-glutaminsaures Natrium<br>α-aminoglutarsaures Natrium<br><br>COOH<br>\|<br>CH—NH$_2$<br>\|<br>CH$_2$<br>\|<br>CH$_2$<br>\|<br>COONa | | Unbedenklich. LD$_{50}$ bei Mäusen 11,4 g/kg Körpergewicht (*1627*). |
| 254 | **α-Alanin**<br>L(+)-Alanin<br>α-Aminopropionsäure<br><br>CH$_3$<br>\|<br>CH—NH$_2$<br>\|<br>COOH | | |
| | *Amine*<br>Beispiel: | | |
| 255 | **Colamin**<br>Äthanolamin<br><br>CH$_2$—NH$_2$<br>\|<br>CH$_2$—OH | | |

Angaben vgl. S. 133.

Zugabe von Mononatriumglutaminat hemmt das Ranzigwerden bei *Fettfischen* (*1091*). Bei *Gemüsen* wird eine bessere Erhaltung der natürlichen Farbe und des Aromas erzielt (*1091*). Injektion einer 5%igen wäßrigen Natriumglutaminatlösung erhöht die Haltbarkeit von *Geflügel*, besonders des Geflügelfettes (*1092*). Zusatz von Natriumglutaminat zur Geschmacksverbesserung von *Fertigsuppen*.

**Analytik:** Nachweis und Bestimmung durch colorimetrische, enzymatische und mikrobiologische Verfahren (*1093*).

$\alpha$-Alanin zeigt eine synergistische Wirkung bei der Hemmung der Fettoxydation durch phenolische Antioxydantien; $\beta$-Alanin ist demgegenüber ohne synergistischen Effekt (*1094*). Aminosäuren sind in der Schweiz als Synergisten zugelassen (*913*).

*Colamin* allein wirkt antioxydativ bei *Ölen* und *Fetten*, bei gleichzeitiger Anwesenheit von Kupfer zeigt es jedoch stark prooxydative Eigenschaften; synergistische Wirkung von Aminen (*400*) (vgl. auch S. 139).

Zugabe von *Diäthylentriamin* oder ähnlichen *Polyalkylenpolyaminen* wirkt synergistisch für phenolische Antioxydantien (*1095*).

| Nr. | Wissenschaftliche Bezeichnung und Formel | Handelsbezeichnungen | Toxicität, physiologisches Verhalten |
|---|---|---|---|
| 256 | **Weinsäure**<br><br>D-Weinsäure<br><br>COOH<br>\|<br>H—C—OH<br>\|<br>HO—C—H<br>\|<br>COOH | | Unbedenklich. 1,2% Weinsäure im Futter von Ratten ergaben keine pathologischen Befunde (*1628*). |
| 257 | *Weinsäure-Ester* 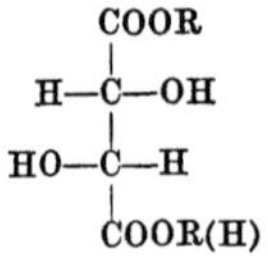<br><br>D-Weinsäure-Ester<br><br>Beispiel:<br>**Weinsäure-glycerinester**<br><br>Glyceryltartrat<br><br>COOR<br>\|<br>H—C—OH<br>\|<br>HO—C—H<br>\|<br>COOR(H)<br><br>R = Glycerylrest(e)<br><br>(Formeln vgl. S. 130) | | |

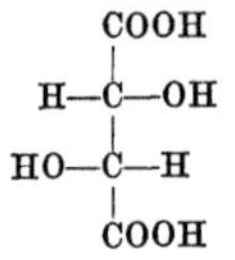

## 2. Stoffe gegen Farbänderungen

| Nr. | Wissenschaftliche Bezeichnung und Formel | Handelsbezeichnungen | Toxicität, physiologisches Verhalten |
|---|---|---|---|
| 234 | **L-Ascorbinsäure**<br><br>Vitamin C<br><br>Formel unter Nr. 235 | Redoxon, Cebion | unbedenklich |
| 235 | **Natrium-L-ascorbinat**<br><br>Natriumascorbinat<br>L-ascorbinsaures Natrium 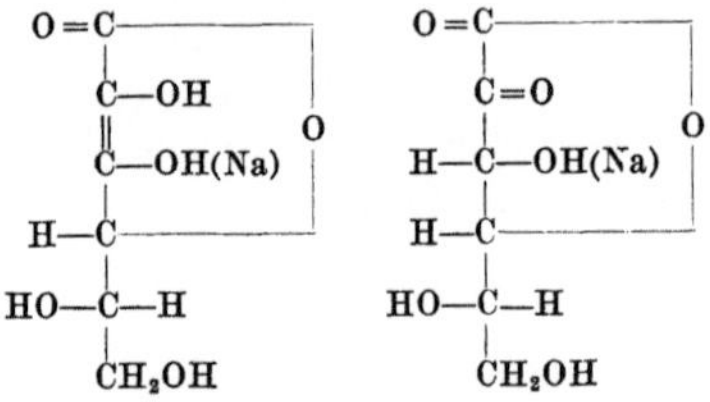<br><br>Enolform    Ketoform<br><br>Vgl. auch S. 128. | | |
| 258 | D-**Ascorbinsäure**<br><br>Isoascorbinsäure<br><br>D-Isoascorbinsäure<br><br>Formel unter Nr. 259 | | D-*Ascorbylpalmitat:* LD$_{50}$ allgemein > 1 g/kg Körpergewicht (*919*). |

Die Zugabe von 100 mg/kg Weinsäure (oder Citronensäure) bewirkte eine bemerkenswerte Verlängerung der Induktionsperiode bei *Talg* und *Schweineschmalz*; da Weinsäure in Fetten und Ölen nicht gut löslich ist, wurde vorgeschlagen, gemischte Glycerinester zu verwenden, die zu 1—2% in Fett löslich sind und in einer Konzentration von 0,1% eine beträchtliche stabilisierende Wirkung auf tierische Fette aufweisen (*1052*).

Von der WEU (A 1) in Liste I eingereiht. Die zulässige Höchstmenge (als Fettantioxydans) wurde in Kanada auf 0,2% festgesetzt. In der Südafrikanischen Union und in Dänemark ohne Mengenbeschränkung zulässig (*910*).

**Analytik:** Bestimmung mit Perjodat und Perjodsäure (*1096*). Chromatographische Bestimmung mit Ionenaustauschern (*1060*).

## und Vitaminverluste

L-Ascorbinsäure verhindert das Braunwerden von *Früchten, Fruchtsäften, Kartoffeln, Weißwein* und *Fischen* (*1097*). Sie erhält die natürliche Farbe und das Aroma von *Apfelsaft* (*1098*). Besonders günstige Wirkung in Kombination mit Citronensäure (*1099*). Bei gleichzeitiger Dunkellagerung bleibt die natürliche Farbe von *Sauerkraut* erhalten (*1100*). Zugabe von 0,3% Ascorbinsäure verbessert Farbe und Geschmack von *Pilzen* (*1101*). Durch Zugabe von 0,25% Ascorbinsäure und 0,14% Citronensäure konnte bei *Pilzkonserven* eine bessere Farberhaltung erzielt werden (*1102*). 100—400 mg/kg Ascorbinsäure verhindern bei *eingedosten Früchten* den Kochgeschmack und das Braunwerden und erhalten das Naturaroma (*1103*).

Zusatz von Ascorbinsäure beim Pökeln von *Fleischwaren* bewirkt tiefere Rotfärbung (*1104*). Ascorbinsäure verlängert die Farberhaltung bei Pökelfleisch, ohne durch Mikroorganismen bedingte Veränderungen überdecken zu können (*1105, 1106*). Bei Zugabe von Ascorbinsäure ist eine Verringerung des Nitritzusatzes bei Pökelwaren um etwa ein Drittel möglich (*1106*). Auf nichtgepökelte Fleischerzeugnisse hat Ascorbinsäure keinen Einfluß; das Überdecken von Verderbserscheinungen gepökelter und nichtgepökelter Fleischerzeugnisse durch Ascorbinsäure ist ausgeschlossen (*1629*). Ascorbinsäure [in Kombination mit *Colamin* (vgl. S. 137)] bietet Schutz gegen Fettoxydation und *Vitamin A*-Verlust (*1107*). Die Zugabe von Ascorbinsäure hemmt bei Proteinen auch die durch Elektronenbestrahlung ausgelösten Veränderungen (*1108*).

D-Ascorbinsäure erwies sich neben ihren antioxydativen Eigenschaften gegen das Ranzigwerden von *Ölen* auch als gutes Mittel gegen das Dunkelwerden und die Entwicklung eines Oxydationsgeschmackes bei *Bier* (*921*). D-ascorbinsaures Natrium („Isona") schützt Bier vor Oxydationstrübungen, Geschmacksveränderungen und Nachdunkeln (*1109*). D-Ascorbinsäure wird leichter oxydiert als L-Ascorbinsäure; sie kann daher als Antioxydans für letztere fungieren (*1110—1112*). Zugabe von 60 mg/l D-Ascorbinsäure zu *Tomatensaft* bedingt eine vollständige Erhaltung des Vitamins C und verhindert Farb- und Aromaverluste, auch bei höheren Lagertemperaturen (*921*).

| Nr. | Wissenschaftliche Bezeichnung und Formel | Handelsbezeichnungen | Toxicität, physiologisches Verhalten |
|---|---|---|---|
| 259 | **Natrium-D-ascorbinat**<br>D-ascorbinsaures Natrium<br><br>Enolform        Ketoform | Isona | |
| 260 | **D-Ascorbylpalmitat**<br>D-Ascorbinsäure-palmitat<br><br>Enolform        Ketoform | | |
| 238 | **Citronensäure**<br>Oxytricarballylsäure<br>$\beta$-Oxypropan-$\alpha,\beta,\gamma$-tricarbonsäure<br><br>Vgl. auch S. 130. | | Angaben über die Toxicität vgl. S. 130. |
| 244 | **Phosphorsäure** | | Angaben über die Toxicität vgl. S. 110 und 132. |
| 245 | **Mononatriummonophosphat** | | |
| 183 | **Dinatriummonophosphat** | | |
| 246 | **Dinatriumdiphosphat** | | |
| 249 | **Natriumpolyphosphat** | | |
| 250 | **Kaliumpolyphosphat** | | |
| 251 | **Natriumtricyclophosphat** | | |

Von der „Internationalen Union gegen den Krebs" *(305)* wurde D-Ascorbinsäure in Liste A (A 2) eingereiht.

Mischungen von Citronensäure und Natriumhypochlorit sowie von Citronensäure und Ascorbinsäure erwiesen sich als gut wirksam gegen die Verfärbung von Lebensmitteln *(921)*. Angewandt zur Fixierung der Farbe von *eingemachten Kirschen (1113)* und von *Erdbeersirup (1114)*. Ferner wirksam gegen das Braunwerden von *Apfelringen (1115)*. Citronensäure-Ascorbinsäure-Mischungen verzögern in einer Konzentration von 0,25% die Bildung schwarzer Flecken bei auf Eis gelagerten *Krabben* bis zu 14 Tage lang *(1116)*.

**Analytik:** Vgl. S. 131.

Durch Zugabe von Polyphosphaten zu *Tomatensäften* wurde eine bessere Erhaltung der Farbe und des Vitamin C-Gehaltes erreicht *(1117)*. Zur Verhinderung des Nachdunkelns von *Früchten* und *Obsterzeugnissen* wird der Zusatz eines kondensierten wasserlöslichen Phosphates vorgeschlagen *(1118)*. Natriumsalze von Phosphorsäure und Diphosphorsäure verhüten die Verfärbung von *Erdbeersaft*; jedoch zeigte sich eine geschmackliche Beeinträchtigung der so behandelten Säfte *(1119)*. Vorgeschlagen ferner zur Erhaltung der Farbe bei *Gemüse* usw. *(1120)*.

**Analytik:** Vgl. S. 133 und 161.

| Nr. | Wissenschaftliche Bezeichnung und Formel | Handelsbezeichnungen | Toxicität, physiologisches Verhalten |
|---|---|---|---|
| 252 | **Natriumtetracyclophosphat**<br><br>Formeln und Bezeichnungen vgl. S. 132, 134 und 136.<br><br>Vgl. auch S. 110, 132, 160, 174 und 190. | | |
| 34 | **Schweflige Säure** | | Angaben über die Toxicität vgl. S. 34. |
| 35 | **Schwefeldioxyd** | | |
| 36 | **Natriumsulfit** | Preservalin | |
| 37 | **Natriumhydrogensulfit** | | |
| 38 | **Natriumpyrosulfit** | Natriummetabi-sulfit | |
| 39 | **Kaliumpyrosulfit** | Kaliummetabi-sulfit, Jiffy-Pack (Gemisch von Kaliumpyro-sulfit und Lactose) | |
| 40 | **Calciumhydrogensulfit** | | |
| 41 | **Natriumthiosulfat**<br><br>Formeln und Bezeichnungen vgl. S. 34 und 36. | | |
| 261 | **Natriumhydrogensulfit-glucose**<br>Natriumbisulfit-glucose<br><br>$\begin{array}{c} \text{OH} \\ \mid \\ \text{H—C—SO}_3\text{Na} \\ \mid \\ \text{H—C—OH} \\ \mid \\ \text{HO—C—H} \\ \mid \\ \text{H—C—OH} \\ \mid \\ \text{H—C—OH} \\ \mid \\ \text{CH}_2\text{OH} \end{array}$<br><br>Vgl. auch S. 34. | | |
| 174 | **Thioharnstoff**<br><br>$S=C\begin{cases} NH_2 \\ NH_2 \end{cases}$<br><br>Vgl. auch S. 104. | | Angaben über die Toxicität vgl. S. 104. |

Angaben vgl. S. 141.

Schwefeldioxyd dient als Hemmstoff gegen die enzymatische und die nichtenzymatische Bräunung (*1121*). Schweflige Säure und Sulfite werden vor allem bei *Früchten* und *Gemüsen* sowie den daraus hergestellten Erzeugnissen zur Erhaltung der Farbe angewandt (*23, 1122, 1123*). Sulfit ist in den USA das gebräuchlichste Mittel gegen das Verfärben von *Kartoffeln* (*1124—25*). Die Anwendung erfolgt durch Eintauchen in eine 1,7%ige Natriumhydrogensulfitlösung oder in eine 0,5% Natriumhydrogensulfit und 0,5% Citronensäure enthaltende Lösung während 30 sec (*1124*). Auch *Pilze* und *Nüsse* werden zur Verhinderung nachteiliger Farbveränderungen mit $SO_2$ behandelt. Eintauchen von geschälten und geschnitzelten Äpfeln in Lösungen von 0,1—0,18% $SO_2$ über einen Zeitraum von 5—180 sec imprägniert die Früchte mit 40—90 mg/kg $SO_2$ und läßt eine Lagerung ohne Farb- und Geschmacksverluste über längere Zeit bei Kühlhausbedingungen zu (*195, 1127*).

Natriumsulfit und Natriumhydrogensulfit verzögern die Bildung schwarzer Flecken auf Eis gelagerter *Krabben* um 5—14 Tage (*1116, 1128*). Zusatz von $SO_2$ zu der zur Herstellung von *Eiweißhydrolysaten* verwendeten Salzsäure vermindert die Bräunung des Hydrolysates (*1129*). Schweflige Säure in einer Konzentration von 40—50 mg/l verhindert das Braunwerden von *Weißwein* (*1130*). Auch Natriumthiosulfat wurde als Antioxydans vorgeschlagen (*23, 1131*).

Zugabe der *Glucosehydrogensulfit-Verbindung* zu gefrorenen *Pfirsichen* ergab eine gute Farberhaltung und ist geschmacklich der Behandlung mit $SO_2$ vorzuziehen. Dieses Verfahren wird für vorteilhafter gehalten als die Behandlung mit Ascorbinsäure und Citronensäure (*1132*).

Ein Vorteil der Behandlung mit Schwefliger Säure und ihren Verbindungen liegt in ihrer leichten Entfernbarkeit; jedoch bleibt immer ein Teil des zugesetzten $SO_2$ an organische Substanz gebunden zurück (*210*). — Schweflige Säure zerstört Vitamin $B_1$. Über den Einfluß auf Vitamin C gehen die Befunde auseinander: teils wurde eine Erhaltung (*189, 204*), teils eine völlige Zerstörung festgestellt (*186, 1133*).

In England sind 550 mg/kg $SO_2$ für Trockenkartoffeln und 2000 mg/kg für Trockengemüse zugelassen (*44*).

**Analytik:** Vgl. S. 37.

Vorgeschlagen als Mittel gegen das Braunwerden von *Citrusfrüchten* (*23, 558, 921*). Eintauchen von *Apfelschnitten* in 0,05%ige wäßrige Thioharnstofflösungen verhindert deren Bräunung; hierbei gelangen etwa 30 mg/kg in die an der Oberfläche liegenden Schichten des Lebensmittels (*23, 921*). Die Verhinderung der Braunfärbung von Früchten wird dem Komplexbildungsvermögen des Thioharnstoffs mit Kupfer zugeschrieben (*864*). In einer Konzentration von 50 mg/kg zur Stabilisierung von Vitamin C in *Konserven* vorgeschlagen (*859*). Keine Stabilisierung von Vitamin C durch Thioharnstoff beim Kochen von Gemüse (*1134*).

**Analytik:** Vgl. S. 105.

| Nr. | Wissenschaftliche Bezeichnung und Formel | Handelsbezeichnungen | Toxicität, physiologisches Verhalten |
|---|---|---|---|
| 181 | **Natriumalginat** <br><br> Gemisch von polymannuronsaurem und polyguluronsaurem Natrium (Mischungsverhältnis 1:2 bis 2:1) <br><br> Formeln vgl. S. 146 und 148. <br><br> Vgl. auch S. 108, 146, 184 und 188. | Cohäsal, Laminal, Lamitex, Protan, Protanal, Manucol, Kelgin, Kelcoloid (Reaktionsprodukt aus Alginsäure und Propylenglykol) | unbedenklich |
| 262 | **Gelatine** <br><br> Schematisierte Formel: <br><br> $-CO-NH-CH-CO-NH-CH-CO-NH-CH-$ <br> mit R an den CH-Gruppen <br><br> R = Glykokoll-, Prolin-, Oxyprolinreste als Hauptbestandteile <br><br> Vgl. auch S. 146 und 186. | | unbedenklich |
| 263 | **Schwefelwasserstoff** <br><br> $H_2S$ | | Sehr giftig; Angaben über die Toxicität finden sich in den gebräuchlichen Pharmakologiebüchern. |
| 151 | **Äthylen** <br><br> $CH_2=CH_2$ <br><br> Vgl. auch S. 92 und 234. | Fumold (Gemisch aus 15% Äthylen und 85% Methylformiat) | |
| 264 | *Inerte Gase* <br><br> **Stickstoff** <br><br> $N_2$ | | unbedenklich |
| 153 | **Kohlendioxyd** <br><br> $CO_2$ <br><br> Vgl. auch S. 94. | | |

0,1—0,4% Natriumalginat bedingen die Erhaltung von Vitamin C in hocherhitzter und mit Sauerstoff in Berührung befindlicher *Milch*; die Wirkung beruht auf einer Hemmung des schädigenden Einflusses von Cu-Spuren *(1135)*.

**Analytik:** Vgl. S. 147.

Gelatine drängt die durch Oxydationsvorgänge bedingte und durch Spurenelemente katalysierte Zerstörung von *Vitamin A* in Lebensmitteln zurück; sie wirkt als Metall-Inaktivator *(1136)*.

**Analytik:** Vgl. S. 147.

Lagerung von *frischem Gemüse* und *frischen Früchten* in einer Atmosphäre, die 1% Schwefelwasserstoff enthält, schützt vor Vitamin- und Carotinverlusten *(1137)*.

Äthylenbegasung verhindert das Dunkelwerden von *Walnüssen* *(1138)*.

**Analytik:** Vgl. S. 93.

Verpackung unter *Stickstoffatmosphäre* verhindert die durch oxydative Prozesse hervorgerufene Qualitätsverschlechterung von Lebensmitteln *(1139, 1140)*.
*Kohlendioxyd* wirkt in gleichem Sinne *(1139, 1140)*.

| Nr. | Wissenschaftliche Bezeichnung und Formel | Handelsbezeichnungen | Toxicität, physiologisches Verhalten |
|---|---|---|---|
| 262 | **Gelatine**<br><br>Schematisierte Formel:<br><br>$-CO-NH-CH-CO-NH-CH-CO-NH-CH-$<br>(mit R-Resten)<br><br>R = Glykokoll-, Prolin-, Oxyprolinreste als Hauptbestandteile<br><br>Vgl. auch S. 144 und 186. | | unbedenklich |
| 197 | **Roh-Lecithine**<br><br>Beispiel für ein α-Lecithin:<br><br>$CH_2-O-CO-(CH_2)_{16}-CH_3$<br>$CH-O-CO-(CH_2)_{14}-CH_3$<br>$CH_2-O-P=O$ ... $O-CH_2-CH_2-N^{\oplus}(CH_3)_3$ mit $O^{\ominus}$<br><br>Vgl. auch S. 112 und 170. | | Unbedenklich. Zusammenfassende Darstellung der Physiologie der Lecithine bei R. KUNZE (*1615*). |
| 181 | *Alginate*<br><br>Beispiel:<br><br>**Natriumalginat**<br><br>Gemisch von polymannuronsaurem und polyguluronsaurem Natrium (Mischungsverhältnis 1:2 bis 2:1)<br><br>polymannuronsaures Natrium | Cohäsal, Laminal, Lamitex, Protan, Protanal, Manucol, Kelgin, Kelcoloid (Reaktionsprodukt aus Alginsäure und Propylenglykol) | unbedenklich |

**physikalische Veränderungen**

**und gegen die Entmischung von Flüssigkeiten**

*Stoffe*

---

Anwendung, gesetzliche Vorschriften, Analytik und sonstige Angaben

---

Gelatine ist das am meisten benutzte Agens zur Erhaltung der Struktur von *Speiseeis* (*23*). Im Verein mit Agar-Agar wird sie auch für *Mayonnaisen* angewandt (*23*). Viel verwendetes Dickungsmittel (*23*).

**Analytik:** Identifizierungsreaktionen für Dickungsmittel (*1141*). Turbidimetrische Bestimmung (*1142*).

---

Anwendung als Emulsions-Stabilisator bei Lebensmitteln (*23*).

Zulässige Höchstkonzentration in den USA bei Schokoladeprodukten und bei Margarine 0,5% (*396*).

**Analytik:** Vgl. S. 115.

---

Verwendung als Dickungsmittel für *Fruchtkonserven* (*1143*). Die Alginate erwiesen sich hinsichtlich der Gelierfähigkeit dem Pektin als überlegen (*1143*). Häufig verwendetes Mittel zur Erhaltung der Struktur von *Speiseeis* (*23*); hierfür angewandte Konzentration 0,2% (*1144*). Auch bei *Käsezubereitungen* angewandt (*396*). Alginate werden von anderer Seite nicht als Ersatz für Pektin bei Obsterzeugnissen empfohlen, weil sie nicht hitzebeständig, geschmacklich nicht neutral und leicht verderblich sind (*1186*).

In Deutschland wurde eine Ausnahmebewilligung zur Verwendung von „Protanal" für Speiseeis erteilt (*1145*).

**Analytik:** Nachweis in Milchprodukten und in Schokoladenerzeugnissen durch Ausfällen mit Trichloressigsäure, Lösen mit $MgSO_4$-Lösung und Identifizierung durch Farbreaktion mit $Fe(OH)_3 + H_2SO_4$ (*886, 1146*). Luminescenzanalytischer Nachweis mit 2,7-Dioxynaphthalin-Schwefelsäure (*888*). Bestimmung von Alginaten in Marmelade durch Fällung mit 3n-HCl oder 3%iger Calciumchloridlösung (*885*). Bestimmung durch Oxydation mit Cer(IV)-sulfat und Rücktitration des überschüssigen Oxydationsmittels mit Eisen(II)-salzlösung (*887*).

| Nr. | Wissenschaftliche Bezeichnung und Formel | Handelsbezeichnungen | Toxicität, physiologisches Verhalten |
|---|---|---|---|
| | (Strukturformel) <br> polyguluronsaures Natrium <br> Vgl. auch S. 108, 144, 184 und 188. | | |
| 265 | **Agar-Agar** <br> komplexes Polysaccharid, aufgebaut aus D-Galaktose und L-Galaktose, mit $H_2SO_4$ verestert | | unbedenklich |
| 266 | **Saponine** <br> Glykoside komplizierter Struktur <br> Beispiel: <br> (Strukturformel) <br> R = Cyclisches Aglucon <br> (Typus eines α-D-Glucose-glykosids) | | Unterschiedliche Giftigkeit der Saponine je nach ihrer Herkunft (*32*). Ein Teil der Saponine ist sehr giftig; hämolytische Wirkung; Erhöhung der Durchlässigkeit der Zellen. Entgiftung im Organismus durch Cholesterin. |
| 267 | **Johannisbrotkern-Mehl** <br> Gemisch verschiedener Kohlenhydrate; vorwiegend Galaktomannan <br> (Strukturformel) <br> Galaktomannan | Caroubin, Caroben, Karobengummi | unbedenklich |

Verwendung als Stabilisator für *Schaumgebäck*; angewandte Dosierung 0,1% *(1147)*. Ferner verwendet zur Erhaltung der Struktur von *Speiseeis (23)*.

In den USA als Dickungsmittel für Speiseeis angewandt; von der "Food and Drug Administration" wurde hierfür eine Höchstkonzentration von 0,5% festgesetzt *(396)*.

**Analytik:** Identifizierung von Dickungsmitteln *(1141)*.

Als Stabilisatoren für Schäume empfohlen, z. B. für *Schlagrahm* und *Bier*; ferner als Zusatz zu *Speiseeis (23)*.

**Analytik:** Bestimmung von Saponinen durch Messung der Hemmung des Schaumvermögens bei Zugabe von Isoamylalkohol *(1148)*.

Als Dickungsmittel empfohlen, unter anderem für *Fleischerzeugnisse (1149)*. Zur Stabilisierung von Suspensionen, z. B. für *Fruchtsäfte (23)*. Zusatz von 30 mg/kg Johannisbrotkern-Keimmehl zur Stabilisierung der Trübung von *Citrussäften (1150)*.

In den USA wurde Johannisbrotkern-Mehl als Dickungsmittel und Emulsionsstabilisator für Käsezubereitungen, Speiseeis und ähnliche Produkte von der "Food and Drug Administration" genehmigt; zulässige Höchstkonzentrationen 0,5—0,8%, je nach Art des Lebensmittels *(396)*.

**Analytik:** Nachweis von Johannisbrotkern-Mehl in Milchprodukten *(886)*.

| Nr. | Wissenschaftliche Bezeichnung und Formel | Handelsbezeichnungen | Toxicität, physiologisches Verhalten |
|---|---|---|---|
| 268 | **Carrageen**<br>Lichen Irlandicus<br>Getrocknete Rotalgen; zu etwa 80% bestehend aus Pflanzenschleimen unbekannter Struktur | Irländisches Moos, Gelatan | unbedenklich |
| 269 | **Stärke**<br>Gemisch aus Amylepektin und Amylose | | unbedenklich |

Formel zu Nr. 269:

```
   CHOH            H—C—            H—C—
   |               |               |
 H—C—OH          H—C—OH          H—C—OH
   |       O   O   |       O   O   |       O
HO—C—H          HO—C—H          HO—C—H
   |               |               |
 H—C—            H—C—            H—C—OH
   |               |               |
 H—C—            H—C—            H—C—
   |               |               |
  CH₂OH           CH₂OH           CH₂OH
                    ⋮
                    O              ]n
                    ⋮
                    R
```

Bei Amylopektin Vernetzung zu 2. Seitenkette

(R = gleichartige Kette)

| Nr. | Wissenschaftliche Bezeichnung und Formel | Handelsbezeichnungen | Toxicität, physiologisches Verhalten |
|---|---|---|---|
| 270 | **Dextrine**<br>Abbauprodukte der Stärke von kleinerem Molekulargewicht | | unbedenklich |
| | *Pektin und Pektinderivate* | | |
| 271 | **Pektin**<br>(hoch- und niederverestert) | | unbedenklich |
| 272 | **Natriumpektinat**<br>Natriumsalz des Pektins | | unbedenklich |

Formel zu Nr. 272:

```
  H—C—            H—C—             H—C—OH
  |               |                |
 H—C—OH          H—C—OH           H—C—OH
  |       O   O   |       O    O   |       O
HO—C—H          HO—C—H           HO—C—H
  |               |                |
HO—C—H            C—H              C—H
  |               |                |
  H—C—            H—C—             H—C—
  |               |                |
 COO—CH₃(H,Na)   COO—CH₃(H,Na)    COO—CH₃(H,Na)
                                ]n
```

| Nr. | Wissenschaftliche Bezeichnung und Formel | Handelsbezeichnungen | Toxicität, physiologisches Verhalten |
|---|---|---|---|
| 273 | **Pektinsäure**<br>Polygalakturonsäure | | unbedenklich |

Carrageen erwies sich als Geliermittel dem Pektin als überlegen (*1143*). Verwendung als Dickungsmittel für *Fruchtkonserven* (*1143*) und zur Stabilisierung von *Schokolademilch* (*1151*). In einer Dosierung von 400 mg/l angewandt, kann mit Carrageen eine beständige Suspension von Kakaopulver in Milch erzielt werden (*1151*).

Von der "Food and Drug Administration" (USA) für die gleichen Zwecke wie Johannis-brotkern-Mehl (vgl. Nr. 267) genehmigt (*396*).

Verwendung als Dickungsmittel für Lebensmittel (*23*); ferner finden Dextrine als Schaum-stabilisatoren bei Bier Verwendung (*396*).

**Analytik:** Nachweis und Bestimmung von Stärke nach bekannten Methoden. Nachweis von Dextrinen (*1152*). Bestimmungsmethoden für Dextrine (*1153*).

Verwendung von *Pektin* als Stabilisator der Trübung von naturtrüben *Fruchtsäften*, als Geliermittel bei *Marmeladen* sowie als Bindemittel bei *Speiseeis* und bei *Krem-* und *Schaum-waren* in der Bäckerei (*1154*). Eine 10%ige Pektinlösung erwies sich in Kombination mit Erhitzen auf 75° C als bestes Mittel zur Verhinderung des Ausflockens von *Citrussäften* (*1155*). Vielfach angewandt als Dickungsmittel bei Marmeladen und *Gelees*, besonders solchen aus pektinarmen Früchten (*23*). Die niederveresterten (nieder-methoxylierten) Pektine erwiesen sich als besonders vorteilhaft zur Einsparung von Zucker (*23*). Angewandt als Emulgatoren bei den verschiedensten Lebensmitteln (*1156*).

*Pektate* werden angewandt zur Herstellung von *Gelees* mit niedrigem Zuckergehalt, zur Klärung von *Säften* und zur Verbesserung der Backfähigkeit von *Mehl* (*1154*).

In Deutschland sind bei Einfruchtmarmeladen 0,3% Pektin (berechnet als Calciumpektat) zulässig (*1154*).

**Analytik:** Nachweis von *Pektin* in Marmelade durch Fällung mit NaOH und Gelbfärbung beim Erhitzen (*885*). Bestimmung als Calciumpektat, durch Acetonfällung oder durch Messung der Gelierfähigkeit (*883, 1157*). Volumetrische Bestimmung von Pektin als Calcium-pektat mit Äthylendiamin-tetraessigsäure (*1158*) (bei beiden Methoden erfolgt die Bildung des Calciumpektats nach vorhergehender Entmethoxylierung unter Bildung von Pektinsäure). Bestimmung der Galakturonsäure oder des Gehalts an Methoxylgruppen (*1159, 1160*). Allgemeine Übersicht über Identifizierungsreaktionen für Dickungsmittel (*1141*).

Bestimmung der *Pektinsäure* durch Fällung als Calciumpektat oder durch Titration. Bestimmung durch Decarboxylierung mit HCl bei 145° C (*883, 884*).

| Nr. | Wissenschaftliche Bezeichnung und Formel | Handelsbezeichnungen | Toxicität, physiologisches Verhalten |
|---|---|---|---|
| 180 | **Natriumpektat**<br>Natriumsalz der Pektinsäure<br>Pektinsaures Natrium<br>Polygalakturonsaures Natrium<br>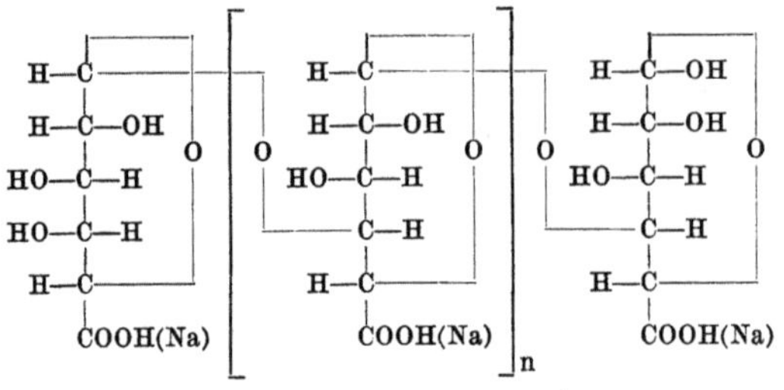<br>Vgl. auch S. 108 und 184 | | unbedenklich |
| | *Pflanzengummi*<br>Beispiele: | | |
| 274 | **Gummi Arabicum**<br>Akaziengummi<br>Pflanzliches Naturprodukt, vorwiegend bestehend aus Ca-, Mg- und K-Salzen der Arabinsäure<br>$[(C_6H_{10}O_5)_2 \cdot H_2O]$ | Arabischer Gummi | |
| 275 | **Gummi Tragacantha**<br>Traganth<br>Pflanzengummi aus *Astragalus*-Arten, vorwiegend bestehend aus Hemicellulosen | | |
| 276 | **Karayagummi**<br>Pflanzengummi aus *Sterculia*-Arten | | |

***b) Künstliche***

| | | | |
|---|---|---|---|
| 277 | **Polyoxyäthylen**<br>Polyäthylenglykol<br>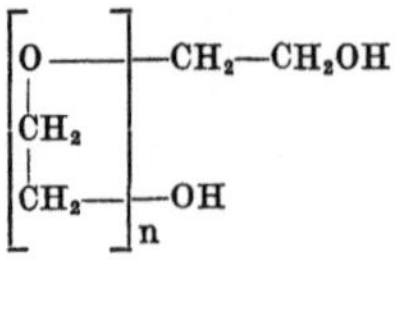 | Carbowax | $LD_{50}$ für Polyäthylenglykole (Mol-Gew. > 600) bei Mäusen 47 ml/kg Körpergewicht (*1162*). Keine Hautschädigungen bei Ratten durch Polyäthylenglykole (*1163*). Die Toxicität von „Carbowax" wird als gering bezeichnet (*1164*). |

Angaben vgl. S. 151.

Verwendung als Dickungsmittel für Lebensmittel *(23)* und als Schaumstabilisator in der Brauerei *(396)*.

**Analytik:** Abtrennung und Identifizierung in Milchprodukten *(886)*. Identifizierung von Dickungsmitteln *(1141)*. Neuere Nachweismethoden für Binde- und Dickungsmittel *(1161)*.

*Stoffe*

„Carbowax 3500" erwies sich als guter Emulgator *(1165)*. Anwendung 1%iger Lösungen von „Carbowax" als Tauchmittel und als Träger wachstumsregulierender Substanzen bei *Obst* *(1166)*.

**Analytik:** Nachweisreaktionen *(1162)*.

| Nr. | Wissenschaftliche Bezeichnung und Formel | Handelsbezeichnungen | Toxicität, physiologisches Verhalten |
|---|---|---|---|
| 278 | **Polyoxyäthylen-monostearat** 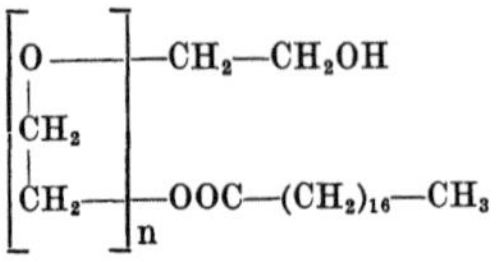 <br><br> $\begin{bmatrix} O\text{—}CH_2\text{—}CH_2OH \\ CH_2 \\ CH_2\text{—}OOC\text{—}(CH_2)_{16}\text{—}CH_3 \end{bmatrix}_n$ <br><br> Vgl. auch S. 166 | Myrj, Sta-soft, Repco, POEMS | Angaben über die Toxicität vgl. S. 166. |
| | *Polyoxyäthylen-sorbitan-Fettsäureester* 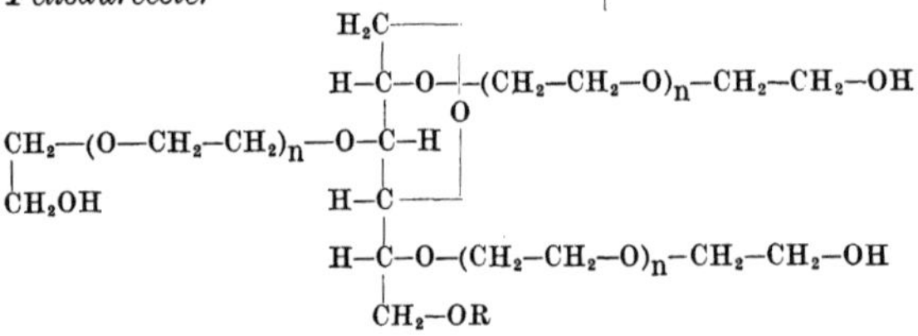 <br><br> $H_2C\text{—}$ <br> $H\text{—}C\text{—}O\text{—}(CH_2\text{—}CH_2\text{—}O)_n\text{—}CH_2\text{—}CH_2\text{—}OH$ <br> $CH_2\text{—}(O\text{—}CH_2\text{—}CH_2)_n\text{—}O\text{—}C\text{—}H$ <br> $CH_2OH \qquad H\text{—}C$ <br> $H\text{—}C\text{—}O\text{—}(CH_2\text{—}CH_2\text{—}O)_n\text{—}CH_2\text{—}CH_2\text{—}OH$ <br> $CH_2\text{—}OR$ <br><br> Beispiele: | | Die Toxicität der "Tweens" wird als gering bezeichnet (*1164, 1168*); jedoch ist ihre Unbedenklichkeit noch nicht erwiesen (*1169*). Toxische Schädigungen treten bei Ratten erst bei 25%iger Zugabe von "Tween" zum Futter auf (*1170*). 0,5—2% "Tween 20" im Futter von Ratten verursachten dagegen noch keine Schädigungen (*1171*). Bei Verfütterung von "Tween 60" an Ratten scheint keine Resorption stattzufinden (*1172*). Nach anderen Angaben führten 5% Polyoxyäthylen-Derivate im Futter von Ratten, Kaninchen und Hamstern zu ausgeprägten äußerlichen und histopathologischen Veränderungen, u. a. zur Bildung von Blasensteinen (*1173*). 5% "Tween 20" im Futter von Hamstern ergaben gesundheitliche Schädigungen (*1174*). Der Mensch verträgt 2—8 ml 5%ige "Tween"-Lösung intravenös ohne Schädigung; bei Kindern ist jedoch mit Allergiegefahr zu rechnen (*1171*). Vierjährige Einnahme von 4,5—6,0 g "Tween 80" täglich durch den Menschen zeigte keine schädliche Wirkung (*1631*). Nach einmonatiger Behandlung mit einer unwirksamen Dosis eines cancerogenen Kohlenwasserstoffs bewirkte die |
| 279 | **Polyoxyäthylen-sorbitan--monolaurat** <br><br> $R = \text{—}OC\text{—}(CH_2)_{10}\text{—}CH_3$ <br> Laurinsäurerest | Tween 20 | |
| 280 | **Polyoxyäthylen-sorbitan--monopalmitat** <br><br> $R = \text{—}OC\text{—}(CH_2)_{14}\text{—}CH_3$ <br> Palmitinsäurerest | Tween 40 | |
| 281 | **Polyoxyäthylen-sorbitan--monostearat** <br><br> $R = \text{—}OC\text{—}(CH_2)_{16}\text{—}CH_3$ <br> Stearinsäurerest | Tween 60 | |
| 282 | **Polyoxyäthylen-sorbitan-tristearat** 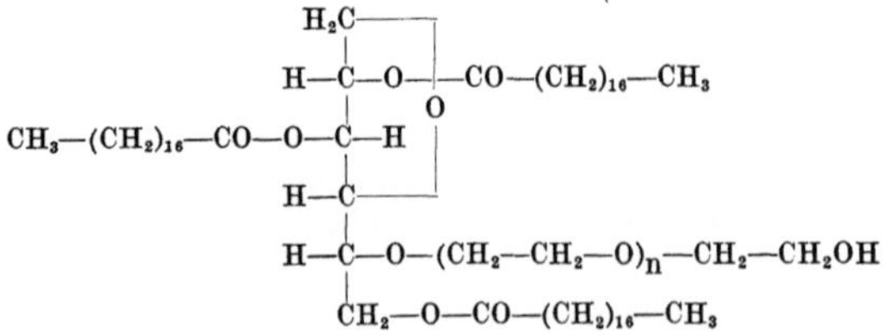 <br><br> $H_2C\text{—}$ <br> $H\text{—}C\text{—}O\text{—}CO\text{—}(CH_2)_{16}\text{—}CH_3$ <br> $CH_3\text{—}(CH_2)_{16}\text{—}CO\text{—}O\text{—}C\text{—}H$ <br> $H\text{—}C$ <br> $H\text{—}C\text{—}O\text{—}(CH_2\text{—}CH_2\text{—}O)_n\text{—}CH_2\text{—}CH_2OH$ <br> $CH_2\text{—}O\text{—}CO\text{—}(CH_2)_{16}\text{—}CH_3$ | Tween 65 | |
| 283 | **Polyoxyäthylen-sorbitan-monooleat** <br><br> $R = \text{—}OC\text{—}(CH_2)_7\text{—}CH{=}CH\text{—}(CH_2)_7\text{—}CH_3$ <br> Ölsäurerest | Tween 80 | |

„Myrj" und „Sta-soft" verhindern in Konzentrationen von 1% die Fettreifbildung auf *Schokolade* (*1167*).

Die Verwendung von Emulgatoren vom Typ des Polyoxyäthylen-monostearats ist von der "Food and Drug Administration" für die USA untersagt (*154*).

Verwendung von "Tweens" als Emulgatoren für Lebensmittel (*1168*). "Tween 60" verhindert in Konzentrationen von 1% die Fettreifbildung auf *Schokolade* (*1167*). Nach anderen Untersuchungen gelingt es schon, mit Konzentrationen von 0,25% "Tween 60" in Kombination mit 0,6% „Span 60" die Fettreifbildung bei Schokolade stark zu verzögern (*1630*). Zugabe von "Tween 20" zu Milch in Konzentrationen bis zu 1% (berechnet auf Trockenmasse) erhöht die Löslichkeit des daraus hergestellten *Milchpulvers* (*1178*).

Polyoxyäthylen-sorbitan-Fettsäureester wurden von der „Internationalen Union gegen den Krebs" (*305*) in Liste B (A 2) eingereiht.

| Nr. | Wissenschaftliche Bezeichnung und Formel | Handelsbezeichnungen | Toxicität, physiologisches Verhalten |
|---|---|---|---|
| | | | Pinselung der Haut mit "Tween 60" das Auftreten von Tumoren (*1176*). Die Sorption von Bakteriophagen an *Corynebacterium diphtheriae* wird durch "Tween 80" gehemmt (*1177*). |
| | *Sorbitan-Fettsäureester*<br><br>$$\begin{array}{l} CH_2{-}\!\!\rceil \\ H{-}C{-}OH \quad\; \\ (R)HO{-}C{-}H \quad O \\ H{-}C{-}\!\!\!-\!\!\!- \\ H{-}C{-}OH(R) \\ CH_2{-}OR \end{array}$$<br><br>Beispiele: | | "Spans" erwiesen sich als nicht toxisch (*1168*), 2 jährige Aufnahme von 5% "Span" im Futter beeinflußte bei Ratten weder den Gesundheitszustand, noch die Lebensdauer oder das Blutbild; auch histologische Veränderungen konnten nicht beobachtet werden (*1632*). "Span 60" zeigte keine Kumulation oder Ablagerung im Organismus der Ratte (*1179*). Sorbitanmonostearat, in Getreideöl gelöst, wird im Körper der Ratte zu 90%, in Wasser gelöst nur zu 50% zu Stearinsäure und Sorbitanhydrid (Sorbitan) abgebaut; letzteres wird mit dem Harn ausgeschieden. 48 Std. nach Verfütterung sind nur noch 5—7% des Emulgators im Gewebe nachzuweisen (*1180*). Pinselung der Haut mit "Span 20" bewirkte in Verbindung mit einer an sich unwirksamen Dosis eines cancerogenen Kohlenwasserstoffs Auftreten von Tumoren (*1176*). |
| 284 | **Sorbitan-monolaurat**<br><br>$R = {-}OC{-}(CH_2)_{10}{-}CH_3$<br><br>Laurinsäurerest | Span 20 | |
| 285 | **Sorbitan-monopalmitat**<br><br>$R = {-}OC{-}(CH_2)_{14}{-}CH_3$<br><br>Palmitinsäurerest | Span 40 | |
| 286 | **Sorbitan-monostearat**<br><br>$R = {-}\,OC{-}(CH_2)_{16}{-}CH_3$<br><br>Stearinsäurerest | Span 60 | |
| 287 | **Sorbitan-tristearat**<br><br>$R = {-}OC{-}(CH_2)_{16}{-}CH_3$<br><br>3 Stearinsäurereste | Span 65 | |
| 288 | **Sorbitan-monooleat**<br><br>$R = {-}OC{-}(CH_2)_7{-}CH=CH{-}(CH_2)_7{-}CH_3$<br><br>Ölsäurerest<br><br>Vgl. auch S. 170 | Span 80 | |

Verbreitete Verwendung von „Spans" als Emulgatoren für Lebensmittel (*1168*). „Span 60" verhindert in einer Konzentration von 1% die Fettreifbildung bei *Schokolade* (*1167*). Im Gegensatz zu den "Tweens" erwies sich „Span 20" als unwirksam zur Erhöhung der Löslichkeit von Milchpulver (*1178*).

Sorbitan-Fettsäureester wurden von der „Internationalen Union gegen den Krebs" (*305*) in Liste B (A 2) eingereiht. Sorbitan-monostearat ist in den USA bis zu einer Konzentration von 1% bei Schokolade zur Fettreif-Verhinderung zugelassen (*1181*).

| Nr. | Wissenschaftliche Bezeichnung und Formel | Handelsbezeichnungen | Toxicität, physiologisches Verhalten |
|---|---|---|---|

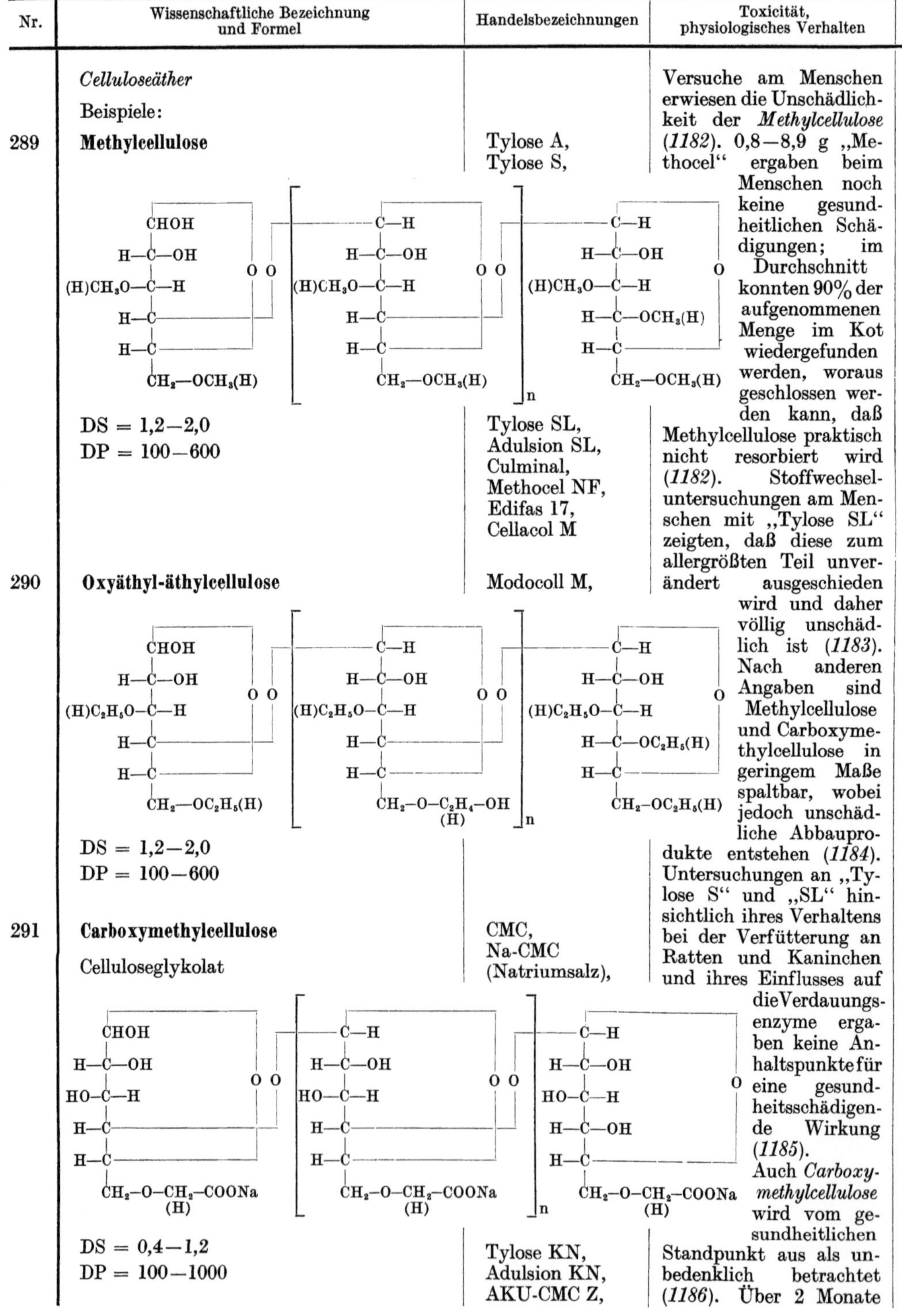



Handelsbezeichnungen:

Tylose A,
Tylose S,

Tylose SL,
Adulsion SL,
Culminal,
Methocel NF,
Edifas 17,
Cellacol M

Modocoll M,

CMC,
Na-CMC
(Natriumsalz),

Tylose KN,
Adulsion KN,
AKU-CMC Z,

Toxicität, physiologisches Verhalten:

Versuche am Menschen erwiesen die Unschädlichkeit der *Methylcellulose* (*1182*). 0,8—8,9 g „Methocel" ergaben beim Menschen noch keine gesundheitlichen Schädigungen; im Durchschnitt konnten 90% der aufgenommenen Menge im Kot wiedergefunden werden, woraus geschlossen werden kann, daß Methylcellulose praktisch nicht resorbiert wird (*1182*). Stoffwechseluntersuchungen am Menschen mit „Tylose SL" zeigten, daß diese zum allergrößten Teil unverändert ausgeschieden wird und daher völlig unschädlich ist (*1183*). Nach anderen Angaben sind Methylcellulose und Carboxymethylcellulose in geringem Maße spaltbar, wobei jedoch unschädliche Abbauprodukte entstehen (*1184*). Untersuchungen an „Tylose S" und „SL" hinsichtlich ihres Verhaltens bei der Verfütterung an Ratten und Kaninchen und ihres Einflusses auf die Verdauungsenzyme ergaben keine Anhaltspunkte für eine gesundheitsschädigende Wirkung (*1185*). Auch *Carboxymethylcellulose* wird vom gesundheitlichen Standpunkt aus als unbedenklich betrachtet (*1186*). Über 2 Monate

Von praktischer Bedeutung sind nur die wasserlösliche Methylcellulose, Oxyäthyl-äthyl-cellulose und Carboxymethylcellulose. Unter *Methylcellulosen* werden Verbindungen verstanden, die Methyläther der Cellulose darstellen. Sie können im durchschnittlichen Substitutions- (DS) und Polymerisationsgrad (DP) stark verschieden sein (DS = durchschnittliche Anzahl verätherter OH-Gruppen je Glucosemolekül; DP = durchschnittliche Anzahl Glucosemoleküle in der Molekülkette). Die Methylcellulosen können auch zusätzlich kleine Mengen von Oxyäthylgruppen ($-CH_2-CH_2OH$) — auf je 10 Glucosemoleküle etwa 1 Oxyäthylgruppe — enthalten, um das Kolloid hydrophiler zu machen. Unter Oxyäthylcellulosen werden Äthyläther der Cellulose verstanden, die gleichzeitig noch Oxyäthylgruppen enthalten. Bei ihnen sind die Verhältnisse bezüglich Polymerisations- und Substitutionsgrad ähnlich wie bei den Methylcellulosen.

Unter *Carboxymethylcellulosen* werden Verbindungen verstanden, welche sich aus dem Methyläther der Cellulose durch Ersatz eines H-Atoms der Methylgruppe durch die Carboxylgruppe ableiten lassen. Die Methylcellulosen sind in kaltem Wasser leicht löslich; sie flocken in der Hitze reversibel aus. Geringe Abhängigkeit der Viscosität von der Temperatur und dem $p_H$-Wert; kein Salzcharakter, daher keine ionogenen Umsetzungen. Die Carboxymethylcellulosen zeigen ähnliche Eigenschaften wie die Methylcellulosen; sie unterscheiden sich jedoch von ihnen durch ihre Löslichkeit in kaltem *und* heißem Wasser und ihren Salzcharakter.

*Celluloseäther* wurden vorgeschlagen zur Verbesserung von Erzeugnissen der *Fischindustrie* (Marinaden, Vollkonserven); sie besitzen ähnliche Eigenschaften wie Traganth u. dgl., übertreffen jedoch in ihrer Emulgierfähigkeit diese Naturstoffe (*1186*). Auch als Zusatz zu *Speiseeis* verwendet. Ausgedehnte Verwendung in Pharmazie bzw. Medizin, z. B. für *diätetische Erzeugnisse, Stuhlregulierungs-* und *Schlankheitsmittel* (Dosis bis 6 g/Tag).

*Methylcellulose* wird als Emulgator für *Kremfüllungen* verwendet (*1189*). Verbreitete Anwendung in vielen Ländern zur Emulgierung *ätherischer Öle* und künstlicher und natürlicher *Essenzen* sowie zur Verbesserung der backtechnischen Eigenschaften von *Milcheiweißprodukten.*

*Oxyäthyl-äthylcellulose* entspricht in ihrem Anwendungsbereich der Methylcellulose; sie hat jedoch nur geringe Verbreitung gefunden.

*Carboxymethylcellulose* oder ihr Natriumsalz findet Verwendung als Dickungsmittel für *Fruchtkonserven* (*1143*); ferner für *Speiseeis, Puddingsoßen, Zuckerwaren* (zur Verhinderung des Auskristallisierens), *Tomatentunke* und *Trinkschokolade* (*1187*) (für Speiseeis übliche Anwendungskonzentration 0,5%). Sie erwies sich gegenüber Pektin als Geliermittel durch ihre höhere Erweichungstemperatur, vermutlich auch wegen ihrer geringeren Anfälligkeit gegen mikrobiellen Verderb, als überlegen (*1143*). Bei der Herstellung von *Fondantmassen* wird der Zuckerlösung nach dem Kochen „CMC" in einer Konzentration von 0,1—0,3% zugegeben (*1190*). Zusammenfassende Angaben über die Verwendung von wasserlöslichen Celluloseäthern in Pharmazie und Medizin im Schrifttum (*1648*).

Wasserlösliche Celluloseäther sind in Finnland und Schweden als Lebensmittel-Zusatzstoffe zugelassen (*913*); Carboxymethylcellulose ist als Emulgier- und Dickungsmittel bis zu einer Konzentration von 1,25% für verschiedene Lebensmittel in den USA durch die "Food and Drug Administration" genehmigt (*396*). In Deutschland bestehen Ausnahmegenehmigungen zur Anwendung von Celluloseäthern für manche Zwecke (z. B. Speiseeis, Süßwaren) (*1650*). In England wurde durch das "Food Standards Committee" die Anwendung von Celluloseäthern bei der Herstellung von Schokoladen- und Zuckerwaren sowie Essenzen gebilligt (ausgenommen sind Brot, Milch, Kondensmilch, Milchpulver, Sahne) (*1649*).

**Analytik:** Nachweis von Carboxymethylcellulose und Oxyäthyl-methylcellulose in Marmelade (*885*). Lumineszenzanalytischer Nachweis von „Tylose" mit 2,7-Dioxynaphthalin-Schwefelsäure (*888*). Nachweis von Methylcellulose, Oxyäthyl-äthylcellulose und Carboxymethylcellulose-Natrium nebeneinander auf papierchromatographischem Wege (*1191*). Mikroskopischer Nachweis von Cellulosederivaten (*1192*). Nachweis und Bestimmung von Methylcellulose (*1192—1194*). Nachweis von Celluloseäthern durch Anfärbung mit Jod oder durch Fällung mit Tannin (*1651*). Bestimmung der Celluloseäther durch Hydrolyse mit verdünnter HCl und Abscheidung von $Cu_2O$ aus Fehlingscher Lösung (*1195*). Bestimmung von „Tylose" auf Grund der blauvioletten Färbung mit Kupfersulfat und 15%iger NaOH (*1196*). Unterscheidung von Carboxymethylcellulose von anderen Celluloseäthern durch Ausflockung mit 20%iger $CuSO_4$-Lösung; keine Ausflockung mit 10%iger Tanninlösung (*1192*). Weitere

| Nr. | Wissenschaftliche Bezeichnung und Formel | Handelsbezeichnungen | Toxicität, physiologisches Verhalten |
|---|---|---|---|
| | Vgl. auch S. 180 und 186. | Blanose RA, Carboxel-Gel, Cellugel FF, Edifas B, Fondin, Herkules CMC-70, Nymcell ZC-P, Relatin | durchgeführte Fütterungsversuche an Ratten mit 0,6 g/kg „CMC" täglich im Futter ergaben keine Hinweise auf gesundheitliche Schädigungen (*1187*); auch bei Fütterung über 25 Monate traten keine Schädigungen ein (*1188*). |
| 249 | *Kondensierte Phosphate*<br>**Natriumpolyphosphat** | Calgon, Polyron, Polyron H | Angaben über die Toxicität vgl. S. 132—134. |
| 250 | **Kaliumpolyphosphat**<br>Kurrolsches Salz | Plasmal | |
| 251 | **Natriumtricyclophosphat** | Fibrisol, Protosol (Gemische kondensierter Phosphate) | |
| 252 | **Natriumtetracyclophosphat**<br><br>Formeln und Bezeichnungen vgl. S. 134 und 136 | | |
| 292 | *Calciumglycerophosphate*<br>Beispiel:<br>**Calciumglyceromonophosphat**<br><br>$CH_2$—OH<br>$\|$<br>CH—OH<br>$\|$<br>$CH_2$—O—P(=O)(O)(O)Ca<br><br>Vgl. auch S. 134, 140 und 190 | | |
| 232 | **Äthylendiamin-tetraessigsäure**<br><br>HOOC—$CH_2$ \ N—$CH_2$—$CH_2$—N / $CH_2$—COOH<br>HOOC—$CH_2$ / \ $CH_2$—COOH<br><br>Vgl. auch S. 128 und 188 | Trilon B, Komplexon II, Sequestren, Titriplex III, Idranal II, Versen | Angaben über die Toxicität vgl. S. 128. |

Angaben über den Nachweis und die quantitative Bestimmung wasserlöslicher Celluloseäther in Lebensmitteln bei J. STAWITZ (*1652*).

Anwendung von Polyphosphaten in einer Konzentration von 500 mg/l zur Verhinderung des Ausflockens von *Fruchtsäften* (*1197*). Auch *Calciumglycerophosphat* erwies sich als guter Stabilisator für diesen Zweck (*1198*). Polyphosphate dienen ferner als „Schmelzsalze" bei der *Schmelzkäseherstellung*.

Zur Anwendung bei *Fleischerzeugnissen* vorgeschlagen (*1199*). Anwendung von Polyphosphaten zur Verbesserung von *Brühwürsten*. Die Wirkung beruht auf einer Verschiebung des $p_H$-Wertes des Fleisches von $p_H$ 6,2 auf $p_H$ 6,4; durch die Entfernung vom isoelektrischen Punkt des Fleischproteins ($p_H$ 5,4) wird das Quellungsvermögen erhöht; optimaler Zusatz 0,4% (*1200*). Nach anderen Angaben beruht die Wirkung in erster Linie auf einer Festlegung der die Hydratation beeinflussenden Ca-Ionen (*1653*). Bei einer Zulassung von polymeren Phosphaten als Brätzusatzmittel wird empfohlen, nur „Meta-", Di- und Polyphosphate zuzulassen, die Menge des Zusatzes auf 0,4% zu begrenzen und den $p_H$-Wert des mit Phosphat behandelten Fleischproduktes auf höchstens 6,4 festzusetzen (*1201*). Günstige Beeinflussung des Aussehens und der Struktur von *Blutwürsten* und *Brühwürsten* durch 0,3—1,0% Natriumpolyphosphate („Fibrisol") (*1202—1204*). 0,4% „Plasmal" oder „Protosol" bedingen eine Erhöhung der Aufnahmefähigkeit für Wasser bis zu 7%. Eine über das optimale Bindungsvermögen für Wasser, wie es schlachtwarmem Fleisch zu eigen ist, hinausgehende Wasserschüttung ist nur durch so große Dosen zu erreichen, daß dadurch ein unangenehmer Eigengeschmack auftreten würde (*1653*). Polyphosphate werden in der Wurst zu 25—65% unter Bildung von Orthophosphat hydrolysiert (*1205*). Zusammenfassende Übersicht über die Anwendung von Phosphaten bei Lebensmitteln (*1074*).

In Deutschland sind Polyphosphate für Fleischprodukte nur in einzelnen Ländern zugelassen. 0,5% „Natriumhexametaphosphat" sind in der Südafrikanischen Union für Fischkonserven genehmigt (*1206*). In der Deutschen Demokratischen Republik sind alkalische Phosphate zur Verbesserung der Qualität aus Gefrierfleisch hergestellter Würste in einer Konzentration von 0,5% zugelassen (*471*). Erlaubter Zusatz von Phosphaten zu Fleischwaren in Schweden und Finnland 0,3%, in Belgien, Griechenland, Österreich, den Niederlanden und den USA 0,5% (*913, 1074*). Der Zusatz von Phosphaten bei der Schmelzkäseherstellung ist in vielen Ländern in Mengen von 3—3,5% erlaubt (*1074*).

**Analytik:** Bestimmung von Polyphosphaten in Wurstwaren auf potentiometrischem und gravimetrischem Wege (*1088*). Vgl. auch S. 133.

Anwendung zur Verhinderung der Coagulation der *Milch* (*1207*).
**Analytik:** Vgl. S. 129.

| Nr. | Wissenschaftliche Bezeichnung und Formel | Handelsbezeichnungen | Toxicität, physiologisches Verhalten |
|---|---|---|---|
| 73 | **Citraconsäure**<br>Methylmaleinsäure<br><br>$CH_3$—C—COOH<br>$\\parallel$<br>H—C—COOH<br><br><br>Vgl. auch S. 62 und 130 | Pescasäure (Gemisch aus 10% Citraconsäure, 30% Citronensäure und 60% Milchsäure), Beropin (enthält als wirksamen Bestandteil Citraconsäure) | Gesundheitliche Bedenken gegen die Verwendung von Citraconsäure bestehen nicht (*399, 400*). |
| 293 | *Mono- und Diglyceride von Fettsäuren*<br>Beispiele:<br><br>**Glycerin-monostearat**<br>Monostearinsäure-glycerid<br><br>$CH_2$—OH<br>\|<br>CH—OH<br>\|<br>$CH_2$—OOC—$(CH_2)_{16}$—$CH_3$<br><br>(auch 2-Isomeres) | Esma, GMS | Mono- und Di-Fettsäureglyceride können als unbedenklich angesehen werden (*1208*). „GMS" wird resorbiert und tritt auch normalerweise beim Fettabbau im menschlichen Organismus auf (*1209, 1633*). Verfütterung von Mono- und Diglyceriden anstelle von Triglyceriden zeigte keine abweichenden Befunde hinsichtlich Wachstum, Nahrungsaufnahme, Fruchtbarkeit, Verdaulichkeit und Resorption bei verschiedenen Tierarten; diese Stoffe können daher als normale, den Triglyceriden gleichwertige Nährstoffe angesehen werden (*1208, 1210—1215*). |
| 294 | **Glycerin-distearat**<br>Distearinsäure-glycerid<br><br>$CH_2$—OH<br>\|<br>CH—OOC—$(CH_2)_{16}$—$CH_3$<br>\|<br>$CH_2$—OOC—$(CH_2)_{16}$—$CH_3$<br><br>(auch 1,1'-Isomeres)<br><br>Vgl. auch S. 166 und 168 | | |
| 295 | **Monostearin-natrium-sulfoacetat**<br>1-Monostearinsäure-1'-sulfoessigsäure-glycerid (Natriumsalz)<br><br>$CH_2$—OOC—$(CH_2)_{16}$—$CH_3$<br>\|<br>CH—OH<br>\|<br>$CH_2$—OOC—$CH_2$—$SO_3Na$ | | |
| 296 | **Alkyl-phenyl-phthalat**<br>Phenyl-alkyl-phthalat<br><br>COOR / COO—<br><br>R = Alkylrest | Alfenthal | $LD_{50}$ bei Ratten > 34 g/kg, bei Affen > 15 g/kg Körpergewicht; 4% Alkyl-phenyl-phthalat enthaltendes Futter zeigte bei Hunden bzw. Ratten nach 1 bzw. 2 Jahren noch keine pathologischen |

„Beropin" wurde als Zusatz zu *Ziehmargarine* empfohlen (*399*). Es bedingt ein vergrößertes Volumen und bessere Struktur des mit dieser Margarine hergestellten *Blätterteiges*. Die Anwendungsdosis bei Margarine beträgt 80—90 mg/kg (*399, 400*).

Mono- und Diglyceride werden als Emulgatoren angewandt bei *Brot, Kuchen, Getreide-produkten, Speiseeis, Backfett, Milchgetränken, Schweineschmalz, Zuckergebäck* und *Erdnuß-butter* (*1208*). Monostearinsäure-glyceride verhindern die Wasserabgabe bei *Margarine* (*23*). Bei den zur Zeit in den USA geltenden gesetzlichen Grundlagen kann mit einer täglichen Höchstaufnahme von 2,13 g Mono- und Diglyceriden pro Person gerechnet werden (*1208*).

Mono- und Diglyceride wurden von der „Internationalen Union gegen den Krebs" (*305*) in Liste A (A 2) eingereiht. Sie sind als Emulgiermittel von der "Food and Drug Administration" in den USA genehmigt (*1198*) [Höchstkonzentration bei Margarine in den USA 0,5% (*1208*)]. Mono- und Diglyceride der Stearinsäure werden in Frankreich bis zu 2% in Nahrungsfetten geduldet (*1216*). Ferner sind Fettsäuremono- und -diglyceride in den Niederlanden und in Schweden zugelassen (*913*).

**Analytik:** Bestimmung von Monoglyceriden durch Oxydation der benachbarten Hydroxylgruppen mit Perjodsäure (*1217*). Bestimmung von Monoglyceriden in Schmalz und Brot (*1218*).

Verwendung in einer Konzentration von 0,5% als Mittel gegen das Spritzen der *Margarine* beim Erhitzen (*396*); auch das Distearin-natrium-sulfoacetat wird angewandt.
Für obengenannten Zweck in den USA geduldet (*1219*).

Besonders geeignet als Emulsions-Stabilisator für *Salatsoßen*.

| Nr. | Wissenschaftliche Bezeichnung und Formel | Handelsbezeichnungen | Toxicität, physiologisches Verhalten |
|---|---|---|---|
| | | | Erscheinungen und keine Beeinträchtigung von Wachstum und Lebenserwartung (*1220*). |
| 297 | **Bromierte Öle** | | |
| 298 | **Morpholin** | | |
| 299 | **Acetylweinsäure** $H_3C-CO-\overset{COOH}{\underset{COOH}{\overset{\mid}{\underset{\mid}{C}}-OH}}$ $HO-\overset{\mid}{\underset{\mid}{C}}-H$ Vgl. auch S. 170 | Solvit | Bei Verfütterung an Ratten keine gesundheitlichen Schädigungen (*1223*). Zur Beurteilung der Unbedenklichkeit werden eingehendere toxikologische Untersuchungen für notwendig erachtet (*1224*). |
| 30 | **Distickstoffoxyd** Stickoxydul $N_2O$ Vgl. auch S. 32 | Lachgas, Nitral | Pharmakologisch indifferent (*1225*). Pathologisch-anatomische Veränderungen auch bei sehr langer $N_2O$-Einwirkung nicht bekannt (*1226*). Narkose mit 85% $N_2O$ + 15% $O_2$ bei einem Druck von 1100 mm Hg verursachte bei Hunden über 72 Std. keine Schädigungen (*1227*). Die Unschädlichkeit des $N_2O$ in den bei der Schlagsahneherstellung zur Resorption gelangenden Mengen kann als erwiesen gelten (*149*). 200 g Schlagsahne, die bei 7,5 atü mit $N_2O$ behandelt worden war, zeigten bei Verfütterung am Hunde keine Symptome (*1225*). Auch der tägliche Verzehr von mit $N_2O$ behandelter Schlagsahne durch den Menschen ergab keine Beschwerden (*1225*). |

Angewandt als Stabilisatoren zur Verhinderung des Abscheidens ätherischer Öle, besonders in *alkoholfreien Getränken* und Citrus-aromatischen Getränken; Anwendungskonzentration zwischen 0,03 und 0,05% (*396*). Bromierte pflanzliche Öle wie Arachis-, Oliven- oder Sesamöl werden in vielen Ländern (z. B. England, USA) verwendet. Sie bewirken eine Annäherung des spezifischen Gewichtes der ätherischen Öle an das der Zuckerlösung und verhindern so das „Aufrahmen" (*1634*).

In den Niederlanden sind bromierte Öle als Lebensmittelzusätze verboten (*1634*).

Als Zusatzstoff für Lebensmittel erwähnt (*1221*). Anwendung vorzugsweise in der *Kosmetik* als Emulgator (*1222*).

Von der WEU (A 1) in Liste IV eingereiht.

**Analytik:** Nachweis mit Alkaloidfällungsmitteln oder durch Farbreaktion mit Natriumnitrosoprussiat und Acetaldehyd; Bestimmung durch Titration mit Säuren (*1222*).

Acetylweinsäure wurde vorgeschlagen zur Anwendung als Emulgator für Lebensmittel (*1224*). Auch die Mono- und Diglyceride der Acetylweinsäure werden als Emulgatoren angewandt: sie dienen als Zusatz zum *Backfett*.

In den USA zugelassen; ein damit behandeltes Backfett darf nicht mehr als 20% des Lebensmittels ausmachen (*396*).

Anwendung bei der Herstellung von *Schlagsahne* zur längeren Haltbarkeit des Schaumes; für 1 l Schlagsahne werden etwa 5—6 g $N_2O$ benötigt; die Volumenzunahme bewegt sich zwischen 200 und 600%, bezogen auf das Ausgangsvolumen (*1228*). Nach anderen Angaben beträgt die Volumenzunahme im Mittel nur 180—200%, also nur wenig mehr als bei der Anwendung von Preßluft; hinzu kommt, daß das Anfangsvolumen der mit Distickstoffoxyd versetzten Sahne sehr rasch abnimmt, und zwar innerhalb weniger Minuten um etwa 20%, während die mit Luft geschlagene Sahne in der gleichen Zeit nur eine Abnahme von etwa 4% zeigt. Daraus wird gefolgert, daß durch die Anwendung von Distickstoffoxyd eine Täuschung des Konsumenten nicht gegeben ist. Bei Anwendung unter Druck, besonders zusammen mit $CO_2$ (z. B. 85% $N_2O$ und 15% $CO_2$) zeigt Distickstoffoxyd auch bactericide Wirkungen (*149*).

Anwendung auch als Narkoticum.

Die Verwendung von Distickstoffoxyd bei der Herstellung von Schlagsahne ist in Österreich, der Schweiz und Schweden genehmigt.

**Analytik:** Vgl. S. 33.

## 2. Stoffe gegen Kristallisationsvorgänge

| Nr. | Wissenschaftliche Bezeichnung und Formel | Handelsbezeichnungen | Toxicität, physiologisches Verhalten |
|---|---|---|---|
| 300 | **Polyvinylalkohol**<br><br>$HO{-}HC{=}HC{-}\left[{-}CH_2{-}\underset{\underset{OH}{\mid}}{CH}{-}\right]_n CH{=}CH{-}OH$ | Solvar, Resistoflex | |
| 293<br><br>294 | *Mono- und Diglyceride von Fettsäuren*<br><br>Beispiele:<br><br>**Glycerin-monostearat**<br><br>**Glycerin-distearat**<br><br>Bezeichnungen und Formeln vgl. S. 162<br><br>Vgl. auch S. 162 und 168 | Esma, GMS | Angaben über die Toxicität vgl. S. 162. |
| 301<br><br><br><br><br><br><br><br><br>302 | *Silicone*<br><br>**Methylsilicon**<br><br>Methylpolysiloxan<br>Dimethylpolysiloxan<br><br>$CH_3{-}Si{-}O{-}\left[{-}Si{-}O{-}\right]_n Si{-}CH_3$ (Methyl)<br><br>**Phenylsilicon**<br><br>Phenylpolysiloxan<br>Diphenylpolysiloxan<br><br>$C_6H_5{-}Si{-}O{-}\left[{-}Si{-}O{-}\right]_n Si{-}C_6H_5$<br><br>Vgl. auch S. 172 | Siliconöl<br>Pan-Glaze<br>(gemischtes Methyl-Phenyl-silicon)<br><br><br><br><br>Pan-Glaze<br>(vgl. oben) | Methyl- und Phenylsilicone bis 20 g/kg an Ratten peroral gegeben, riefen keine Schädigungen hervor; in den angewandten Mengen für den Menschen unschädlich (*1230*). |

## 3. Stoffe gegen das Altbackenwerden von Backwaren

| Nr. | | Handelsbezeichnungen | Toxicität, physiologisches Verhalten |
|---|---|---|---|
| 278 | **Polyoxyäthylen-monostearat**<br><br>$\left[\underset{\underset{CH_2}{\mid}}{\underset{\mid}{O}}{-}CH_2{-}CH_2OH\right.$ $\left. CH_2{-}OOC{-}(CH_2)_{16}{-}CH_3\right]_n$ | Myrj, Sta-soft, Repco, POEMS | Die Angaben über die Toxicität sind widersprechend. Nach einem Teil der Autoren ist Polyoxyäthylen-monostearat nicht als unbedenklicher Zusatzstoff für Lebensmittel anzusehen (*1231*). |

## und gegen Schaumbildung

| Anwendung, gesetzliche Vorschriften, Analytik und sonstige Angaben |
|---|

Zur Verhinderung der groben Kristallisation bei *Speiseeis* vorgeschlagen.

Die Anwendung von Stearinsäuremono- und -diglyceriden wurde in Konzentrationen von 0,1—0,2% (sowie von Sorbitan-monolaurat in Konzentrationen von 0,5—1,0%) zur Schaumverhinderung bei der *Kondensmilchherstellung* empfohlen (*1229*).

**Analytik:** Vgl. S. 163.

Anwendung als Schaumverhinderungsmittel in Konzentrationen von 0,25—10 mg/kg; z. B. bei der Abfüllung von *Getränken*, der Konzentrierung von *Fruchtsäften*, der *Zuckerraffination*, der Herstellung von *Kaugummi* und von *Gelatine* (*1230*). Beim Kochen von *Krabben* auf See zur Verhinderung des Schäumens zwecks Erzielung höherer Temperaturen verwendet (*1635—36*). Durch die Anwendung höherer Temperaturen wird infolge Zerstörung von in den Krabben enthaltenen, autolytisch wirkenden Enzymen eine längere Haltbarkeit erzielt (*1637*).

## und sonstige Backhilfsmittel

Als Mittel gegen das Altbackenwerden des *Brotes* in Konzentrationen von 0,25—2,0% vorgeschlagen (*1235—1238*). Polyoxyäthylen-monostearat erwies sich für diesen Zweck wirkungsvoller als Monoglyceride (*1239*). Die Wirksamkeit hängt von der Mehlsorte ab (*1240*). Vorgeschlagen zur Weichhaltung der Krume (*1241*). Polyoxyäthylen-monostearat soll in einer Konzentration von 0,5% die Qualität der Krume verbessern (*1242*) und nachteilige Veränderungen beim Lagern verzögern (*1243*). Zusatz von 0,5% zu Weißbrot bewirkte nach 3 tägiger Lagerung bei 30° C und 85% relativer Leuftfeuchtigkeit eine höhere Feuchtigkeits-

| Nr. | Wissenschaftliche Bezeichnung und Formel | Handelsbezeichnungen | Toxicität, physiologisches Verhalten |
|---|---|---|---|
| | Vgl. auch S. 154 | | 5—15% „Sta-soft" und „Myrj" ergaben bei Tieren Leberschädigungen (*1232*); in größeren Mengen können Polyoxyäthylen-stearate zu Diarrhoe führen (*526*). Nach anderen Angaben erwies sich „Myrj" als nicht toxisch (*1168*). Katzen erhielten 20% „Myrj" im Futter 1 Jahr lang ohne schädliche Wirkung (*1233*) 3—6 g „Myrj 45" täglich, 66 Tage lang an Menschen gegeben, zeigten keine nachteiligen Wirkungen auf die Leberfunktionen bei von Leberkrankheiten genesenden Patienten (*1234*). Keine Schädigung der Pankreasaktivität durch „Myrj" (*1231*). „Myrj" zerstört Thiamin (*1231*). |
| | *Mono- und Diglyceride von Fettsäuren* <br><br> Beispiele: | | Angaben über die Toxicität vgl. S. 162. |
| 293 | **Glycerin-monostearat** | Esma, GMS | |
| 294 | **Glycerin-distearat** <br><br> Bezeichnungen und Formeln zu Nr. 293 und 294 vgl. S. 162 | | |
| 303 | **Glycerin-monopalmitat** <br> Monopalmitinsäure-glycerid <br><br> $CH_2$—OH <br> $\mid$ <br> $CH$—OH <br> $\mid$ <br> $CH_2$—O—CO—$(CH_2)_{14}$—$CH_3$ | | |
| 304 | **Glycerin-monooleat** <br> Monooleinsäure-glycerid <br><br> $CH_2$—OH <br> $\mid$ <br> $CH$—OH <br> $\mid$ <br> $CH_2$—O—CO—$(CH_2)_7$—CH=CH—$(CH_2)_7$—$CH_3$ <br><br> Vgl. auch S. 162 und 166 | | |

retention und weichere Beschaffenheit der Brote sowie eine geringere Wasserabsorption der Krume (*1244*).

In den USA werden Polyoxyäthylen-stearate als Mittel gegen das Altbackenwerden des Brotes *nicht* eingesetzt (*1189*); von der "Food and Drug Administration" (USA) sind sie für diesen Zweck nicht zugelassen (*154*).

Verwendung von Glycerin-monostearat und Glycerin-oleostearat als Mittel gegen das Altbackenwerden des *Brotes* (*1245—1247*). Die Wirkung der Monoglyceride beruht in erster Linie auf einer Herabsetzung der Wasseraufnahme und des Quellungsvermögens der Stärke; Monoglyceride verhindern die Verhärtung der Gebäckkrume (*1248*). Diglyceride dürften ähnlich wirken. Schwierigkeiten bei der Herstellung von *Milch-Eiweiß-Broten* können durch Zugabe von 0,4% dieser Glyceride behoben werden (*1249*). Zusatz von 0,5—3,0% einer 40%igen Glycerin-Monofettsäureester-Lösung verbessert die Qualität von *Keksen* und *Kastengebäck* (*1250*). Ungesättigte Fettsäureester sind wirkungsvoller als Ester der Stearinsäure (*1250*). Die Wirkung beruht auf einer Verringerung der Oberflächenspannung des Fettes im Gebäck (*1250*). GMS ist in England eines der weitest verbreiteten Brotverbesserungsmittel; 0,05% in Verbindung mit Ascorbinsäure und Phosphaten verbessern das Brotvolumen und die Weichheit der Krume; ferner Anwendung bei *Speiseeis* als Ersatz für Traganth (0,35—0,5%) sowie für *Schokoladeüberzüge* (*1251*).

In den USA ist der Zusatz von Mono- und Diglyceriden von Fettsäuren zu Backwaren gestattet; der Anteil der Mischung der Glyceride mit dem Backfett darf dabei 20% des Gebäckgewichtes nicht überschreiten; der Mono- und Diglyceridanteil obiger Mischung wiederum muß unter 8% liegen (*396*).

**Analytik:** Vgl. S. 163.

| Nr. | Wissenschaftliche Bezeichnung und Formel | Handelsbezeichnungen | Toxicität, physiologisches Verhalten |
|---|---|---|---|
| 197 | **Roh-Lecithine**<br>Beispiel für ein α-Lecithin<br>$CH_2\text{—}O\text{—}CO\text{—}(CH_2)_{16}\text{—}CH_3$<br>$CH\text{—}O\text{—}CO\text{—}(CH_2)_{14}\text{—}CH_3$<br>$CH_2\text{—}O\text{—}P=O$ mit $O^{\ominus}$ und $O\text{—}CH_2\text{—}CH_2\text{—}N^{\oplus}(CH_3)_3$<br>Vgl. auch S. 112 und 146 | | unbedenklich<br>Zusammenfassende Darstellung der Physiologie der Lecithine bei R. KUNZE (*1615*). |
| 286 | **Sorbitan-monostearat**<br>$CH_2$<br>$H\text{—}C\text{—}OH$<br>$HO\text{—}C\text{—}H$ mit O<br>$H\text{—}C$<br>$H\text{—}C\text{—}OH$<br>$CH_2\text{—}OOC\text{—}(CH_2)_{16}\text{—}CH_3$<br>Vgl. auch S. 156 | Span 60 | Angaben über die Toxicität vgl. S. 156. |
| 305 | **p-Methoxybenzophenon** | | |
| 299 | **Acetylweinsäure**<br>$COOH$<br>$H_3C\text{—}CO\text{—}C\text{—}OH$<br>$HO\text{—}C\text{—}H$<br>$COOH$<br>Vgl. auch S. 164 | Solvit | Angaben über die Toxicität vgl. S. 164. |
| | *Höhere aliphatische Alkohole*<br>Beispiele: | | |
| 306 | **Dodecylalkohol**<br>Laurylalkohol<br>Dodecanol<br>$CH_3\text{—}(CH_2)_{10}\text{—}CH_2\text{—}OH$ | | |
| 307 | **Myristylalkohol**<br>Tetradecylalkohol<br>Tetradecanol<br>$CH_3\text{—}(CH_2)_{12}\text{—}CH_2OH$ | | |

Lecithin ist ein wichtiges Backhilfsmittel (*1252*). Es vergrößert das Volumen des *Brotes* um etwa 25%, verbessert die Farbe und Elastizität der Krume und macht *Teigwaren* (Nudeln) kochbeständiger (*1253*). Lecithinzusatz zu Brot, *Gebäck* und *Biskuit* verbessert deren Qualität (*1254*). Zugabe zum *Mehl* vergrößert die Viscosität des Teiges und verbessert dessen Struktur (*1255*). Angewandt zur Weicherhaltung der Gebäckkrume (*1241*).

In den USA ist ein Zusatz von Lecithin in Konzentrationen bis zu 0,5% gestattet (*396*).

**Analytik:** Vgl. S. 115.

Sorbitan-monostearat wurde als Mittel gegen das Altbackenwerden des *Brotes* vorgeschlagen (*1245, 1246*). Ferner vorgeschlagen zur Weichhaltung der Brotkrume (*1241*).

Vorgeschlagen als Mittel zur Vergrößerung des *Brotvolumens* (*1256*).

Acetylweinsäure wird angewandt als Weichmacher für *Brot-* und *Backwaren* (*1123*).

Höhere aliphatische Alkohole, in Mengen von 0,05—5% dem Hefeteig zugesetzt, verzögern das Altbackenwerden der *Gebäckkrume* (*1257*). „Lanetta-Emulgator" wird *Zwiebackkrem* zugesetzt.

| Nr. | Wissenschaftliche Bezeichnung und Formel | Handelsbezeichnungen | Toxicität, physiologisches Verhalten |
|---|---|---|---|
| 308 | **Cetylalkohol**<br><br>Hexadecylalkohol<br>Hexadecanol<br><br>$CH_3-(CH_2)_{14}-CH_2OH$ | Lanetta-Emulgator (Gemisch aus Cetyl- und Stearylalkohol) | |
| 309 | **Stearylalkohol**<br><br>Octadecylalkohol<br>Octadecanol<br><br>$CH_3-(CH_2)_{16}-CH_2OH$ | Lanetta-Emulgator (vgl. oben) | |
| 310 | **Oleylalkohol**<br><br>Octadecylen-(9,10)-alkohol<br><br>$CH-(CH_2)_7-CH_3$<br>$\|$<br>$CH-(CH_2)_7-CH_2OH$ | | |
| | *Silicone* | | Angaben über die Toxicität vgl. S. 166. |
| 301 | **Methylsilicon**<br><br>Methylpolysiloxan<br>Dimethylpolysiloxan | Siliconöl, Pan-Glaze (gemischtes Methyl-Phenyl-silicon) | |
| 302 | **Phenylsilicon**<br><br>Phenylpolysiloxan<br>Diphenylpolysiloxan<br><br>Vgl. auch S. 166 | | |

## 4. Stoffe gegen das Weichwerden

| Nr. | Wissenschaftliche Bezeichnung und Formel | Handelsbezeichnungen | Toxicität, physiologisches Verhalten |
|---|---|---|---|
| 188 | *Calciumsalze*<br><br>Beispiele:<br><br>**Calciumlactat** | Biosmon (vorwiegend bestehend aus Calciumsalzen, ferner Natrium-, Mangan-, Magnesium-, Eisen- und Zinksalzen mit Gehalt an Hypophosphit) | Im allgemeinen unbedenklich. Der Gehalt an Zinksalzen und an Hypophosphit in „Biosmon" läßt dieses jedoch nicht als unbedenklich erscheinen (*1259*). |

Verwendung als *Trennmittel* für *Backwaren* (Backformen-Einstreichmittel; wird in die Form eingebrannt). Einmalige Verwendung von ,,Pan-Glaze'' reicht für 100—200 Backvorgänge aus.

Die "Food and Drug Administration" (USA) erhebt gegen Konzentrationen bis zu 10 mg/kg im Lebensmittel keine Einwendungen (*1258*).

## pflanzlicher Produkte (Festigungsmittel)

Calciumsalze bilden mit den Pektinstoffen pflanzlicher Gewebe Calciumpektinate. Festigung des Gewebes von *Kartoffeln* durch Behandlung mit Calciumsalzen (*1260*). Anwendung zur Erhaltung der Festigkeit von *Tomaten, Kartoffeln* und *Spargel* bei der Eindosung (*1261*). Festfleischige Tomaten enthielten von Natur aus im Fruchtfleisch mehr Calcium als weichfleischige (*1262*). Calciumlactat erwies sich als bestes Festigungsmittel für *Früchte* (*1263*). Anwendung 1%iger Lösungen von Calciumsalzen beim Eindosen von *Beerenobst* (*23*).

Eine 1%ige Lösung von Calciumlactat (oder Ascorbinsäure) bei *Apfelbäumen* in Zweige oder Früchte eingespritzt, bedingt eine größere Festigkeit der Früchte (Ca-chlorid erwies sich hierfür als ungünstig infolge der dadurch eintretenden Schädigung des Baumes) (*1264*).

,,Biosmon'' wurde zur Frischhaltung von *Gemüsen* und *Salaten* vorgeschlagen. Die Wirkung beruht vermutlich auf einem osmotischen Effekt auf die Pflanzenzellen; eine Qualitätserhaltung oder Qualitätssteigerung durch ,,Biosmon'' konnte jedoch nicht festgestellt werden

| Nr. | Wissenschaftliche Bezeichnung und Formel | Handelsbezeichnungen | Toxicität, physiologisches Verhalten |
|---|---|---|---|
| 311 | **Calciumchlorid** <br> $CaCl_2 \cdot 6H_2O$ | | |
| 312 | **Calciumsulfat** <br> $CaSO_4 \cdot 2H_2O$ | | |
| 313 | **Calciumcarbonat** <br> $CaCO_3$ | | |
| 187 | **Calciumhydrogenphosphat** <br> Dicalciummonophosphat <br> Dicalciumphosphat <br> sekundäres Calciumphosphat <br><br> $\left[\begin{array}{c} O \\ O\ P\ O \\ O \end{array}\right]^{---} \begin{array}{c} Ca^{++} \cdot 2H_2O \\ H^+ \end{array}$ <br><br> $CaHPO_4 \cdot 2H_2O$ | | |
| 314 | **Monocalciumphosphat** <br> primäres Calciumphosphat <br> Calciumsuperphosphat <br> $Ca(H_2PO_4)_2 \cdot H_2O$ <br><br> Vgl. auch S. 110 | | |
| | *Aluminiumsalze* <br> Beispiel: | | |
| 315 | **Kalium-Aluminiumsulfat** <br> $KAl(SO_4)_2 \cdot 12H_2O$ | Kali-Alaun | |

## 5. Stoffe gegen Veränderungen
### *a) Feuchthaltungs-*

| Nr. | | | |
|---|---|---|---|
| 103 | *Diole* <br> Glykole <br> Beispiele: <br> **Äthylenglykol** <br><br> $CH_2{-}OH$ <br> $\mid$ <br> $CH_2{-}OH$ | | Bei Verwendung zur Feuchthaltung des Tabaks bedingt Äthylenglykol keine über die Wirkung des Tabaks selbst hinausgehenden Schäden (*1267*). <br><br> Weitere Angaben über die Toxicität vgl. S. 72 und 74. |
| 106 | **1,2-Propylenglykol** <br> 1,2-Propandiol <br><br> $CH_2{-}CH{-}CH_3$ <br> $\mid \quad \mid$ <br> $OH \quad OH$ | | |

*(1265)*. Es zeigte bei Versuchen an *Endiviensalat, Spinat* und *Karotten* keine Wirkung gegen das Welkwerden *(1259)*.

Beim Behandeln von Tomaten mit Calciumchlorid dürfen davon nach den in den USA geltenden Vorschriften nicht mehr als 700 mg/kg im Fertigprodukt enthalten sein *(23)*. Nach neueren Angaben dürfen in den USA bei Verwendung von Calciumchlorid als Festigungsmittel bei Kartoffeln nicht mehr als 510 mg/kg Calcium, bei Tomaten nicht mehr als 260 mg/kg im Fertigprodukt enthalten sein *(396)*.

**Analytik:** Bestimmung des Calciums sowie der einzelnen Ionen nach bekannten Methoden.

Das Besprühen von *Kirschen* mit Aluminiumsalzen (auch Calciumsalzen) vor der Ernte vermindert die Tendenz zum Aufplatzen der Früchte *(1266)*. Anwendung von Kalium-Aluminiumsulfat beim Eindosen von *Gemüsen* (Pickles) *(23)*.

**Analytik:** Bestimmung des Aluminiums nach bekannten Methoden.

## des Wassergehaltes

### *mittel*

1,2-Propylenglykol wurde als Feuchthaltungsmittel für Lebensmittel empfohlen *(23)*. Äthylenglykol, Propylenglykol und Butylenglykol finden Anwendung als Feuchthaltungsmittel für *Tabak*; Konzentration 2—3%. Für *Kau-* und *Schnupftabak* sollte aus gesundheitlichen Gründen jedoch nur 1,2-Propylenglykol angewandt werden *(1268)*.

Anwendung von Äthylen-, Propylen- und Butylenglykol als Lösungsmittel für *Aromen* und *Farbstoffe*.

**Analytik:** Vgl. S. 73.

| Nr. | Wissenschaftliche Bezeichnung und Formel | Handelsbezeichnungen | Toxicität, physiologisches Verhalten |
|---|---|---|---|
| 107 | **1,3-Butylenglykol**<br><br>1,3-Butandiol<br><br>$CH_3-CH_2-CH-CH_3$<br>　　　　　│　　│<br>　　　OH　　OH<br><br>Vgl. auch S. 72 und 74 | | |
| 316 | **Glycerin**<br><br>$CH_2-OH$<br>│<br>$CH-OH$<br>│<br>$CH_2-OH$ | | *Glycerin DAB. 6* (85%-ige wäßrige Lösung): $LD_{50}$ bei Mäusen 30,2 ml/kg Körpergewicht, bei Ratten 46,7 ml/kg Körpergewicht (*529*). Bei Anwendung als Frischhaltungsmittel für Tabak zeigte Glycerin keine über die reine Tabakwirkung hinausgehenden Schädigungen (*1269*). 5% synthetisches oder natürliches Glycerin im täglichen Trinkwasser von Ratten über 6 Monate gegeben, ergaben keine Unterschiede im Wachstum und Blutbild gegenüber Kontrolltieren (*1270*). |
| 317 | D-**Sorbit**<br><br>$CH_2OH$<br>│<br>$H-C-OH$<br>│<br>$HO-C-H$<br>│<br>$H-C-OH$<br>│<br>$H-C-OH$<br>│<br>$CH_2OH$ | Sionon,<br>Nivitin,<br>Karion F,<br>Arlex,<br>Sorbo | Sorbit wirkt nicht toxisch (*1276*). Er kann auch intravenös appliziert werden (*1277*). |

b) Überzugs-

| | | | |
|---|---|---|---|
| 318 | *Wachsartige Verbindungen*<br><br>**Natürliche Wachse**<br>Vorwiegend Ester höhermolekularer geradzahliger Fettsäuren ($C_{24}-C_{36}$) mit höhermolekularen geradzahligen aliphatischen Alkoholen ($C_{16}-C_{36}$) oder Alkoholen, die sich von Steroiden ableiten.<br><br>Beispiel:<br><br>*Carnaubawachs* | | |

Als Feuchthaltungsmittel für Lebensmittel empfohlen (*23*).

Von der WEU (A 1) in Liste I eingereiht.

**Analytik:** Papierchromatographischer Nachweis (*1271*). Colorimetrische Bestimmung mit Kaliumdichromat und Diphenylcarbazid (*1272*); desgl. durch Oxydation mit Perjodsäure zu Formaldehyd und Bestimmung desselben mit Chromotropsäure (*1273*). Bestimmung in Wein mit Perjodsäure nach vorheriger Entfernung störender Substanzen wie Oxysäuren, Zucker und Zuckeralkoholen durch Fällung mit Bariumhydroxyd (*1274*). Glycerinbestimmung in Wein nach der amtlichen Anweisung als Isopropyljodid mit Jodwasserstoffsäure (*1322*); oder mit Anilinsulfat, m-Nitrobenzol-sulfonsaurem Natrium und Schwefelsäure (Skraupsche Chinolinsynthese), Chinolin wird mit Kalium-Quecksilberjodid gravimetrisch bestimmt (*545*). Bestimmung von Glycerin in Traubenmost, Wein und Dessertwein durch Überführung in Chinolin (*1275*).

Als Feuchthaltungsmittel für Lebensmittel empfohlen (*23*). Anwendung als Weichhaltungsmittel bei *Süßwaren*. Die hierfür üblichen Anwendungsdosen liegen zwischen 5 und 15% (*1278*).

Anwendung als Süßungsmittel für Diabetiker.

**Analytik:** Nachweis mit o-Chlorbenzaldehyd (*1279*).

*mittel*

Paraffine im Sprühverfahren bei *Orangen* angewandt, schützen diese vor Insekten, Mikroorganismen und Wasserverlust (*1280*). „Gewachste" Orangen trocknen weniger rasch aus als solche, die nur in Einwicklern verpackt sind (*1281*). Die Behandlung von *Citronen* mit Wachsemulsionen, denen 2,4-Dichlorphenoxy-essigsäure zugesetzt wurde, verzögerte deren Einschrumpfung; so behandelte Citronen können dann in mit Diphenyl imprägnierten Kartons bei 13—14° C 4—8 Wochen ohne Qualitätsverluste gelagert werden (das Eindringen des Diphenyls in die Frucht wird durch die Wachsemulsion verzögert) (*768*).

Wachsüberzüge setzen Atmungsrate und Gewichtsverlust von *Äpfeln* herab (*1282*). Überzüge auf Äpfeln mit Mischungen aus Schellack, Ölemulsionen und Wachsemulsionen verlängerten die Haltbarkeit um 50% (*1283*). Für die Obstkonservierung wurde auch ein weicher Paraffinüberzug, dem noch härteres Carnaubawachs aufgesprüht wurde, empfohlen (*1284*). 5%ige Lösungen von „Obstabil" als Tauchmittel bei Obst angewandt, schützen dieses vor Verderb (*1285, 1286*). Eintauchen der zur Aufbewahrung von Obst und Früchten dienenden *Behälter* in Mischungen von 95% Paraffinwachs (Smp 62—66° C) und 5% Mikrokristallin-Wachs

| Nr. | Wissenschaftliche Bezeichnung und Formel | Handelsbezeichnungen | Toxicität, physiologisches Verhalten |
|---|---|---|---|
| | vorwiegend enthaltend: $CH_3—(CH_2)_{24}—COO—CH_2—(CH_2)_{29}—CH_3$ (Cerotinsäure-myricylester = Cerotinsäure-melissylester) daneben: $CH_3—(CH_2)_{24}—CH_2OH$ (Cerylalkohol) ferner: Cerotinsäure, Carnaubasäure, Kohlenwasserstoffe | | |
| 319 | **Synthetische Wachse** Höhermolekulare Säuren (= „Wachssäuren"), Höhermolekulare Ester, aliphatische Ketone, aliphatische Alkohole (= Fettalkohole) (auch Mischungen obiger Komponenten) | Okerol, IG-Wachse, Gersthofener Wachse | |
| 320 | **Paraffine** Paraffin-Wachse (Gemische hauptsächlich aliphatischer Kohlenwasserstoffe) Hauptgruppe $C_{18}H_{38}—C_{43}H_{88}$ Beispiel eines Bestandteils: $CH_3—(CH_2)_{23}—CH_3$ (Pentacosan) | Obstabil | |
| 321 | **Mikrokristallin-Wachse** enthalten vorwiegend alkylierte hydroaromatische und aromatische Kohlenwasserstoffe | | |
| 322 | **Harze** Gemische vorwiegend aromatischer Harzsäuren, Harzester, Harzalkohole und Kohlenwasserstoffe Beispiel: *Schellack* vorwiegend enthaltend: $HOCH_2—(CH_2)_5—CHOH—CHOH—(CH_2)_7—COOH$ (Aleuritinsäure) und andere Harzsäuren, Cerylalkohol, Myricylalkohol, Ester | | |

(Smp 71—74° C) verminderten das Schimmelwachstum (*1287*). Schellacküberzüge auf *Käse*, besonders in Verbindung mit fungiciden Mitteln, wurden zur Verhinderung der Schimmelbildung vorgeschlagen (*437*). Auch Mikrokristallin-Wachse finden hierfür Anwendung. Letztere erwiesen sich als besser geeignet als Paraffine, da sie eine höhere Wasserdampfdichtigkeit besitzen, weniger Neigung zur Haar-Rißbildung zeigen und beständiger gegen Erwärmung sind (*1288*). Paraffinüberzüge wurden auch zur Konservierung von *Wurst*, *Schinken* und *Pökelwaren* vorgeschlagen (*1289*). Anwendung von Paraffinüberzügen (auch mit fungiciden Beimengungen wie Borsäure oder Dowiciden) (*1290*) zur Haltbarmachung von *Schaleneiern* (*23, 88, 1291*).

In England sind für Kaugummi 12,5% Mikrokristallin-Wachse zugelassen (*153*). In den USA sind Schellack, Carnaubawachs, Paraffine und Benzoeharz in Konzentrationen bis zu 0,4% als Glasier- und Poliermittel für Zuckerwaren gestattet (*396*). Paraffine (als Paraffinöl oder Paraffinwachs) sind ferner auch in Finnland und Schweden als Lebensmittel-Zusatzstoffe zugelassen (*913*).

**Analytik:** Nachweis von Paraffinen durch Ätherextraktion (Ringbildung) (*1291*) oder Auskochen mit alkoholischer NaOH; Trübung bei Zugabe von Wasser (*1292*).

| Nr. | Wissenschaftliche Bezeichnung und Formel | Handelsbezeichnungen | Toxicität, physiologisches Verhalten |
|---|---|---|---|
| 323 | **Cellulose**<br><br>(Strukturformel)<br><br>*Cellulosederivate*<br>Beispiele: | Cellophan, Cuprophan, Zellglas, Phriphan, Transparit, Heliozell | Bei Verwendung zur Lebensmittelverpackung vom gesundheitlichen Standpunkt aus unbedenklich (*1126*). Weitere Angaben über die Toxicität vgl. S. 158. |
| 324 | **Acetylcellulose**<br>Celluloseacetat<br><br>(Strukturformel) | Ultraphan, Cellit,<br><br>Cellon, ZA-Folie, Diofan | |
| 291 | **Carboxymethylcellulose**<br>Formel u. Handelsbezeichnungen vgl. S. 158<br>Vgl. auch S. 158 und 186 | | |
| 325 | **Polyäthylen**<br>Polyäthylenharze<br><br>$-CH_2-CH_2-\left[-CH_2-CH_2-\right]_n-CH_2-CH_2-$ | Polythen, Lupolen, Alkorthylen, Genolen, Northylen, Norvilen, Suprathen, Synthen, Trolen | Polyäthylenkunststoffe werden vom menschlichen Gewebe reaktionslos vertragen (*1299* bis *1302*). Bei Verwendung zur Lebensmittelverpackung vom gesundheitlichen Standpunkt aus unbedenklich (*1126*). |
| 326 | **Polystyrol**<br><br>$-CH-CH_2-\left[-CH-CH_2-\right]_n-CH-CH_2-$ (mit Phenylringen) | | |

Cellulose und Cellulosederivate werden als Verpackungsmaterial empfohlen (*1293*). Cellulose wird in großen Mengen als „Zellglas" zu Verpackungsmaterial verwandt. Zwecks Verminderung der Wasserdampfdurchlässigkeit wird das Zellglas häufig mit Schichten von Nitrocellulose, neuerdings auch mit Polyäthylen und Polyvinylidenchlorid überzogen. Es dient im wesentlichen zur Verpackung und Frischhaltung leicht verderblicher Lebensmittel wie *Obst, Eier, Fleisch, Wurst, Geflügel, Käse, Teigwaren, Speisefette, Dauergebäck, Kaffee, Tee, Schokoladewaren, Hartkaramellen, Gefrierwaren* aller Art (*1294*). Regenerierte Cellulose findet Verwendung als *Wursthülle* (*1295*).

Acetylcellulose (Celluloseacetat) wird nur in größeren Dicken hergestellt und zur Erzeugung von Sichtkartonagen sowie zur Herstellung von Schachteln selber verwandt; als Einwickelpapier für Lebensmittel ist es wegen seiner größeren Sperrigkeit weniger geeignet als beschichtete Zellglasarten.

„Zellglas", Acetylcellulose und Carboxymethylcellulose wurden auch als Überzugsmasse für *Schaleneier* vorgeschlagen (*1296—1298*).

**Analytik:** Vgl. S. 159.

Polyäthylenfolien eignen sich als Einwickelmaterial für Lebensmittel (*154, 997*); z. B. für *Frischobst, Frischgemüse, Essiggemüse, Sauerkraut, Gefrierobst, Gefriergemüse, Fischmarinaden, Gefrierfleisch, Senf, Bonbons* (*1294*). Sie sind wichtig für die *Milchindustrie* als Verpackungsmaterial. *Sektpfropfen* aus Polyäthylen gewährleisten einwandfreie Dichtung und beeinflussen den Geschmack des Getränkes nicht (*1304*).

Polystyrol wird als synthetisches Verpackungsmaterial für Lebensmittel empfohlen (*1293*). Es wird insbesondere vorgeschlagen zum Verpacken feuchtigkeitsempfindlicher Lebensmittel (*1305*) und erwies sich für diesen Zweck als geeignet (*154, 997*). Vorgeschlagen als Überzugsmasse für *Schaleneier*; Zugabe von n-Butylstearat oder Dibutylphthalat verstärkt die günstige Wirkung (*1306*).

| Nr. | Wissenschaftliche Bezeichnung und Formel | Handelsbezeichnungen | Toxicität, physiologisches Verhalten |
|---|---|---|---|
| | *Polyvinylderivate* | | |
| 327 | **Polyvinylacetat**<br><br>$-CH-CH_2-[-CH-CH_2-]-CH-CH_2-$<br>$\quad\ \ \ O \qquad\quad O \qquad\quad O$<br>$\quad CO-CH_3 \quad CO-CH_3 \quad CO-CH_3$ ]$_n$ | PVA,<br>Vinipas,<br>Mowilith | |
| 328 | **Polyvinylchlorid**<br><br>$-CH-CH_2-[-CH-CH_2-]-CH-CH_2-$<br>$\quad\ \ Cl \qquad\quad Cl \qquad\quad Cl$ ]$_n$ | PVC,<br>Igelit,<br>Astralon,<br>Cambophan,<br>Genotherm,<br>Geon,<br>Luritherm,<br>Pe-Ce Faser,<br>Polytherm,<br>Protodur,<br>Suprotherm,<br>Vestolit,<br>Vineol,<br>Vinifol,<br>Vinoflex,<br>Vinylit | Bei Verwendung zur Lebensmittelverpackung vom gesundheitlichen Standpunkt aus unbedenklich (*1126*). |
| | *Polyacrylsäureester*<br><br>Polyacrylate<br><br>$-CH-CH_2-[-CH-CH_2-]-CH-CH_2-$<br>$\quad COOR \qquad COOR \qquad COOR$ ]$_n$<br><br>K:S-(= Kopf-Schwanz-)-Polymerisation<br><br>oder<br><br>$-CH_2-CH-[-CH-CH_2-CH_2-CH-]-CH-CH_2-$<br>$\quad ROOC \qquad COOR \quad ROOC \qquad COOR$ ]$_n$<br><br>K:K-(= Kopf-Kopf-)-Polymerisation<br><br>Beispiel: | | |
| 329 | **Polyacrylsäure-methylester**<br><br>Methylpolyacrylat<br>$R = -CH_3$<br><br>*Polymethacrylsäureester*<br><br>$\quad\ CH_3 \qquad\quad CH_3 \qquad\quad CH_3$<br>$-C-CH_2-[-C-CH_2-]-C-CH_2-$<br>$\quad COOR \qquad COOR \qquad COOR$ ]$_n$<br><br>K:S-Polymerisation<br>(analog K:K-Polymerisation) | Plexiglas,<br>Lucit,<br>Cristallit | |

Polymere von Vinylderivaten werden als synthetisches Verpackungsmaterial für Lebensmittel empfohlen (*1293*).

*Polyvinylacetat* wurde vorgeschlagen als Überzugsmasse für *Schaleneier* (*1306*).

*Polyvinylchlorid* erwies sich in der Verpackungsindustrie als wertvoll infolge seiner chemischen Beständigkeit, physiologischen Unbedenklichkeit, Geschmack- und Geruchlosigkeit, Alterungsbeständigkeit und geringen Wasserdurchlässigkeit (*1307*). Als Verpackungsmaterial angewandt bei *Feinbackwaren, Teigwaren, Sauermilchkäse, Speisefetten* und *Ölen, Gewürzen, Kakao, Süßwaren, Trockenobst, Essigpräserven,* ferner in Form von Abdeckblättern bei *Konfitüren* und *Mayonnaisen* (*1294*).

**Analytik:** Nachweis von Polyvinylchlorid durch Dunkelbraunfärbung mit methanolischer Alkalilauge und Pyridin beim Erwärmen (*1303, 1304*).

Empfohlen als Verpackungsmaterial für Lebensmittel (*1293*). Polymethacrylsäure-methylester finden als Überzugsmasse für *Früchte, Gemüse* und *Eier* Verwendung.

Polyacrylsäureester sind gegen Licht und Wärme (bis 200° C) beständig; Polymethacrylsäureester sind härter als die entsprechenden Polyacrylsäureester (*1308*).

| Nr. | Wissenschaftliche Bezeichnung und Formel | Handelsbezeichnungen | Toxicität, physiologisches Verhalten |
|---|---|---|---|
| 330 | Beispiel: **Polymethacrylsäure-methylester** Methylpolymethacrylat $R = -CH_3$ | | |
| 181 | **Natriumalginat** Gemisch von polymannuronsaurem Natrium und polyguluronsaurem Natrium (Mischungsverhältnis 1:2 bis 2:1) Formeln vgl. S. 146 und 148 Vgl. auch S. 108, 144, 146 und 188 | Cohäsal, Manucol, Lamitex, Laminal, Protan, Protanal, Kelgin, Kelcoloid (Reaktionsprodukt aus Alginsäure und Propylenglykol) | unbedenklich |
| 331 | *Terphenyle* Beispiel: **1,4-Diphenylbenzol** p-Terphenyl | Santowachs | |
| 332 | **Nickelpektinat** Formel vgl. S. 150, jedoch anstelle von $Na: \dfrac{Ni}{2}$ | | |
| 333 | **Kobaltpektinat** Formel vgl. S. 150, jedoch anstelle von $Na: \dfrac{Co}{2}$ Vgl. auch S. 108 und 150 | | |
| 334 | **n-Butylstearat** Stearinsäure-butylester $CH_3-(CH_2)_{16}-COO-CH_2-CH_2-CH_2-CH_3$ | | |
| 335 | **Dibutylphthalat** Phthalsäure-dibutylester $-COO-CH_2-CH_2-CH_2-CH_3$ $-COO-CH_2-CH_2-CH_2-CH_3$ | | Wegen seiner erwiesenen Giftigkeit wird vor dem Gebrauch von Dibutylphthalat für die Verpackung von Lebensmitteln dringend gewarnt (*1126*). |

Vorgeschlagen zur Herstellung von *Kunsthäuten für Würste*; solche Häute können mitgegessen werden und sind verdaulich (*1304*). Einfrieren von *Fischen* in Alginatgelee („Protan-Verfahren"); *Heringe*, die so behandelt wurden, wiesen sehr gute Qualität auf; noch nach einer Lagerzeit von einem Jahr waren sie gut geeignet zum Eindosen. Das Verfahren wird besonders bei *Fischfilet* als gut brauchbar angesehen. Es wird auch vorgeschlagen zum Gefrieren von *Früchten* (*1309, 1310*).

**Analytik:** Vgl. S. 147.

Verwendung zum Wachsen von *Citrusfrüchten*; zur Herstellung hochschmelzender Überzüge in der Verpackungsindustrie vorgeschlagen (*1311*).

Als Überzug angewandt zum Schutz von Lebensmitteln vor dem Eintrocknen sowie vor Schimmel- und Bakterienbefall bei Lagerung und Transport (*1154*).

**Analytik:** Vgl. S. 151.

Empfohlen als Zugabe zur Überzugsmasse für *Schaleneier* (*1306*). Vgl. auch unter Polystyrol, S. 181.

Empfohlen als Zugabe zur Überzugsmasse für *Schaleneier* (*1306*). Vgl. auch unter Polystyrol, S. 181.

| Nr. | Wissenschaftliche Bezeichnung und Formel | Handelsbezeichnungen | Toxicität, physiologisches Verhalten |
|---|---|---|---|
| 336 | **Inosit-tetracalcium-tetraphosphat**<br>Calciumphytinat<br><br>(Formel)<br><br>(daneben auch andere Isomere möglich) | Aferrin | Für den Menschen unschädlich (*1312, 1313*). |
| 289 | **Methylcellulose**<br><br>Formel vgl. S. 158<br><br>Vgl. auch S. 158 und 180 | Tylose S, Adulsion SL, Methocel.<br>Weitere Handelsbezeichnungen S. 158 | Angaben über die Toxicität vgl. S. 158. |
| 337 | **Albumin**<br><br>Protein, hauptsächlich bestehend aus Tyrosin, Lysin, Arginin, Histidin, Valin, Leucin, Asparaginsäure, Glutaminsäure, Oxyglutaminsäure, Cystin, Methionin, Alanin und Phenylalanin | | unbedenklich |
| 262 | **Gelatine**<br><br>Schematisierte Formel:<br>$-CO-NH-CH-CO-NH-CH-CO-NH-CH-$<br>mit R an den CH-Gruppen<br><br>R = Glykokoll-, Prolin- und Oxyprolinreste als Hauptbestandteile<br><br>Vgl. auch S. 144 und 146 | | unbedenklich |
| 338 | **Casein**<br><br>Phosphorproteid, hauptsächlich bestehend aus Alanin, Valin, Leucin, Isoleucin, Asparaginsäure, Glutaminsäure, Threonin, Cystin, Methionin, Lysin, Arginin, Phenylalanin, Tryptophan, Histidin, Tyrosin, Prolin und Oxyprolin | | unbedenklich |
| 182 | **Natriumcaseinat**<br>Natriumsalz des Caseins<br><br>Vgl. auch S. 108 | | |

Anwendung, gesetzliche Vorschriften, Analytik und sonstige Angaben

„Aferrin" wird zur Entfernung von Eisenverbindungen im *Wein* empfohlen. Es beseitigt in einer Konzentration von 200 mg/l mit Sicherheit 0,2 mg/l Eisen *(1312)*. Die Reaktion beruht auf der Bildung schwerlöslicher Komplexverbindungen. „Aferrin" kommt in der Natur in Getreidekeimen vor; Geruch, Geschmack, Zusammensetzung und $p_H$-Wert des mit „Aferrin" behandelten Weines werden nicht verändert; Eisen wird (nach Belüftung) auch in der II-wertigen Form erfaßt *(1313)*. Die Löslichkeit des „Aferrins" in Wasser beträgt 430 mg/l. Bei *Rotwein* ist ein Verlust von etwa 10% der Farbintensität zu beobachten. Eine Nachschönung mit Hausenblase, Tannin, Gelatine oder Eiweiß ist gelegentlich erforderlich *(1312)*.

„Aferrin" ist in der Schweiz versuchsweise zugelassen; es darf jedoch nur bei Eisengehalten von mehr als 0,08 mg/l angewandt werden; die zulässige Höchstdosis an „Aferrin" beträgt 200 mg/l *(1313)*. Calciumphytinat wurde vom „Conseil superieur d'Hygiène publique de France" als Weinschönungsmittel empfohlen *(864)*.

Früher (1948) als *Weinschönungsmittel* vorgeschlagen *(1314)*.

**Analytik:** Vgl. S. 159.

Verwendung als Klärungsmittel für *Apfelwein*; Zugabe in Form einer 10—15%igen wäßrigen Lösung, die mit der 10fachen Menge Apfelwein verdünnt wurde. Bei höheren Zugaben (700 bis 1000 mg/l) wird allerdings die Farbe des Apfelweines stark verändert *(1315)*. Eier-Eiweiß (Eiklar) wird in einer Konzentration von 80—160 mg/l zur Schönung feinster *Rotweine* angewandt *(1316)*.

Eier-Eiweiß ist ein in Deutschland zugelassenes Schönungsmittel für Wein *(1316)*.

Gelatine dient zur Entfernung von Tannin aus *Weinen*; 20 g/l Gelatine vermindern den Tanningehalt von 1,6—2,6 g/l auf 0,4—0,6 g/l *(1317)*. Bei dieser Anwendungsform vermindert Gelatine die Farbe des Weines *(1318)*. Sie erweist sich als besonders geeignet zur Schönung von Rotwein und *Obstwein* *(1316)*.

In Deutschland als Schönungsmittel zugelassen *(1316)*.

**Analytik:** Vgl. S. 147.

Eine 0,5—1%ige Lösung von Casein erwies sich zur Klärung von *Weißwein* als geeignet. Casein ist viel weniger empfindlich gegen einen Gehalt an Tannin sowie Änderungen des $p_H$-Wertes und der Temperatur als andere Klärungsmittel *(1319)*.

In Deutschland ist Casein als Schönungsmittel nicht mehr zugelassen *(1316)*.

**Analytik:** Refraktometrische Bestimmung von Casein in Milch *(889)*. Bestimmung durch Fällung mit Phosphorwolframsäure/Schwefelsäure und N-Bestimmung im Niederschlag *(1320)*.

| Nr. | Wissenschaftliche Bezeichnung und Formel | Handelsbezeichnungen | Toxicität, physiologisches Verhalten |
|---|---|---|---|
| 181 | **Natriumalginat**<br><br>Gemisch von polymannuronsaurem Natrium und polyguluronsaurem Natrium<br><br>(Mischungsverhältnis 1:2 bis 2:1)<br><br>Formeln vgl. S. 146 und 148<br><br>Vgl. auch S. 108, 144, 146 und 184 | Cohäsal, Manucol, Lamitex, Laminal, Protan, Protanal, Kelgin, Kelcoloid (Reaktionsprodukt aus Alginsäure und Propylenglykol) | unbedenklich |
| 339 | **Tannin**<br><br>Gerbsäure<br>Gallusgerbsäure<br>Gallotannin |  |  |
| 232 | **Äthylendiamin-tetraessigsäure**<br>Formel vgl. Nr. 233 | Trilon B, Komplexon II, Sequestren, Titriplex III, Idranal II, Versen | Angaben über die Toxicität vgl. S. 128. |
| 233 | **Natriumäthylendiamin-tetraacetat**<br><br>Äthylendiamin-tetraessigsaures Natrium<br><br>Vgl. auch S. 128 und 160 | Natriumversenat, Idranal III |  |

In Rußland vorgeschlagen zur Klärung von *Obst-*, *Beeren-* und *Traubenweinen* mit hohem Säuregehalt und geringen Anteilen an Gerb- und Farbstoffen. Die ausfallende Alginsäure reißt die Trübungsstoffe des Weines mit. Weine mit geringem Säuregehalt können jedoch nicht mit Natriumalginat geklärt werden (*1321*).

**Analytik:** Vgl. S. 147.

Tannin wird als Klärungsmittel für *Bier*, *Wein* und *Essig* in einer Anwendungsdosis bis zu 0,1 g/l angewandt (*396*).

In Deutschland als Weinschönungsmittel zugelassen (*1316*).

In den USA vorgeschlagen zur Klärung von *Wein*. Die Wirkung beruht auf der Bildung sehr stabiler Schwermetallkomplexe (*1022*).

Die Anwendung von „Sequestren" bei Wein ist in Frankreich nicht gestattet (*1026*).

**Analytik:** Vgl. S. 129.

| Nr. | Wissenschaftliche Bezeichnung und Formel | Handelsbezeichnungen | Toxicität, physiologisches Verhalten |
|---|---|---|---|
| 249 | **Natriumpolyphosphat**<br><br>$$HO-\overset{\overset{O}{\|}}{P}-O-\left[\overset{\overset{O}{\|}}{P}-O\right]-\overset{\overset{O}{\|}}{P}-OH$$<br>$ONa\quad ONa_n\quad ONa$<br><br>$(NaPO_3)_n \cdot H_2O$<br><br>Madrellsches Natriumpolyphosphat<br>Madrellsches Salz<br>n = 34—70<br><br>Grahamsches Natriumpolyphosphat<br>Grahamsches Salz<br>früher:<br>„Natriumhexametaphosphat"<br>n = 80—200<br><br>Vgl. auch S. 134, 140 und 160 | Calgon,<br>Polyron<br><br><br><br><br><br><br><br>Polyron H | Angaben über die Toxicität vgl. S. 132—134. |
| 340 | **Kaliumeisen(II)-cyanid**<br>Kaliumferrocyanid<br>Kaliumhexacyanoferrat(II)<br>Ferrocyankalium<br>$K_4[Fe(CN)_6]$ | | |
| 341 | **Aluminiumsilicat**<br>Montmorillonit,<br>Bentonit<br>$[Al_2(OH)_2]\,[Si_4O_{10}]$ | | |

In Frankreich vorgeschlagen zur Schönung von *Wein*. Bei niederen $p_H$-Werten sind die gebildeten Komplexe sehr stabil *(1323)*.

**Analytik:** Vgl. S. 133 und 161.

Verwendung zur Schönung von *Wein* und *Essig*. Kaliumferrocyanid ist besonders geeignet zur Verhinderung der durch Eisenphosphat bzw. Eisen-Gerbstoff-Verbindungen verursachten Trübungen (grauer bzw. schwarzer Bruch) *(1316)*.

In Deutschland als Schönungsmittel für Wein zugelassen *(1316)*.

Montmorillonit *(1324)* und Bentonit *(1325)* werden als Klärmittel empfohlen. Neuartige Kellerbehandlungsmittel zur Entfernung von Eiweißstoffen aus *Getränken*; Anwendungsdosis 0,5—1,5 g/l. Eiweißtrübungen in *Wein*, insbesondere bei Rotwein und einschließlich der durch Kupfer verursachten, können durch Bentonitbehandlung vermieden werden *(1326)*.

Das Schweizerische Lebensmittelgesetz hat bislang die Verwendung von Bentonit für die Schönung von Wein nicht gestattet *(1327)*. In Deutschland ist dieser für die Weinschönung zugelassen *(1316)*.

## IV. Stoffe, die bei der landwirtschaftlichen Erzeugung

### 1. Saatbeizmittel,

| Nr. | Wissenschaftliche Bezeichnung und Formel | Handelsbezeichnungen | Toxicität, physiologisches Verhalten |
|---|---|---|---|
| 170 | **Formaldehyd**<br><br>$H-C\underset{O}{\overset{H}{<}}$<br><br>Vgl. auch S. 100 | | Angaben über die Toxicität vgl. S. 100. |
| 229 | **Tetramethyl-thiuram-disulfid**<br><br>[Formel: $CH_3$, $CH_3$ — N—C(=S)—S—S—C(=S)—N — $CH_3$, $CH_3$]<br><br>Vgl. auch S. 126 | TMTD, Thiram, Thiurax, Arasan, Pomarsol, Carbasulfin, Falitiram, Tuzet | Angaben über die Toxicität vgl. S. 126. |
| 342 | **Zink-dimethyl-dithiocarbaminat**<br><br>Dimethyl-dithiocarbaminsaures Zink<br><br>[Formel: $CH_3$, $CH_3$ — N—C(=S)—S—Zn—S—C(=S)—N — $CH_3$, $CH_3$] | Ziram, Fuclasin, Zinkcarbamat | $LD_{50}$ bei Ratten 5 g/kg Körpergewicht (*1008*). Gegen „Fuclasin" erwiesen sich Hühner als sehr empfindlich (*1331*). „Ziram" (und „Ferbam"), 250 mg/kg im Futter täglich an Ratten 2 Jahre lang, an Hunde 1 Jahr lang verabreicht, ergaben keine Veränderungen von Organen und keine Kumulation; erst bei 500 mg/kg im Futter zeigte sich bei Ratten eine schwache Schilddrüsenwirkung; cancerogene Wirkungen wurden nicht beobachtet (*1332*). |
| 343 | **Eisen-dimethyl-dithiocarbaminat**<br><br>Dimethyl-dithiocarbaminsaures Eisen<br><br>[Formel für Eisen(III)-dimethyldithiocarbamat mit Fe als Zentralatom] | Ferbam, F 40 | $LD_{50}$ bei Ratten 7,5 g/kg Körpergewicht (*1331*); nach anderen Angaben 4 g/kg (*1336*). Die Schädlichkeit entspricht etwa der von Zink-dimethyl-dithiocarbaminat (vgl. Nr. 342). |
| 344 | **Dinatrium-äthylen-bis--(dithiocarbaminat)**<br><br>[Formel: $CH_2$—NH—C(=S)—SNa, $CH_2$—NH—C(=S)—SNa] | Nabam, Dithan $D_{14}$ | $LD_{50}$ bei Ratten 395 mg/kg Körpergewicht. Die Verbindung besitzt kropferzeugende Wirkung; diese ist 10mal stärker als diejenige von Zink--äthylen-bis-(dithiocarbaminat) (*1343*). |

**in das Lebensmittel gelangen können**

**Fungicide**

| Anwendung, gesetzliche Vorschriften, Analytik und sonstige Angaben |
| --- |

0,1%ige Lösungen von Formaldehyd werden als Saatbeizmittel gegen Haferflugbrand verwendet.

**Analytik:** Vgl. S. 103.

---

Anwendung als Fungicid im Obstbau. Besonders günstig als Spritzmittel gegen Schorf (*1328*). 15%ige „TMTD"-Lösungen erwiesen sich von 7 untersuchten S-haltigen Präparaten als bestes Mittel gegen Weißfäule bei *Weintrauben*; jedoch ist „TMTD" nicht genügend wirksam gegen Mehltau (*1329*). Die Keimfähigkeit wird durch die Behandlung mit „Thiram" nicht vermindert, sondern sogar erhöht (Hormonwirkung) (*1011*).

**Analytik:** Vgl. S. 127.

---

Anwendung als Fungicid besonders im Obstbau (*1328, 1333, 1334*). Hauptsächliche Anwendung bei Obst und Gemüse, keine phytotoxische Wirkung (*1335*).

Als höchstzulässige Restmenge in Lebensmitteln wurden durch die "Food and Drug Administration" in den USA (*1337*) sowie von der WEU (*1336*) 7 mg/kg festgelegt.

**Analytik:** Colorimetrische Bestimmung von Dithiocarbaminaten (*1338, 1339*). Bestimmung von Zink-dimethyl-dithiocarbaminat, Eisen-dimethyl-dithiocarbaminat, Zinkäthylen-bis--(dithiocarbaminat) in Mengen unter 1 mg/kg durch Freisetzung von $CS_2$ und Messung der Farbtiefe des aus $CS_2$ und Kupferacetat-Dimethylamin gebildeten gelben Kupferdimethyl-dithiocarbaminats (*1340*).

---

Anwendung als Blattspritzmittel (Fungicid) hauptsächlich im Obstbau (*1335*). Die Rückstände in *Kirschen* nach Behandlung mit „Ferbam" betrugen nach der Ernte 2 mg/kg, nach dem Einmachen 0,5 mg/kg (*1342*). Keine phytotoxische Wirkung (*1335*).

Als höchstzulässige Restmenge in Lebensmitteln wurden durch die "Food and Drug Administration" in den USA (*1377*) sowie von der WEU (*1336*) 7 mg/kg festgelegt.

**Analytik:** Vgl. Zink-dimethyl-dithiocarbaminat (Nr. 342).

---

Anwendung als Blattspritzmittel (Fungicid) (*1335*). Dinatrium-äthylen-bis-(dithiocarbaminat) wird selten allein angewandt; meistens im Gemisch mit Zinksulfat (*1335*). „Nabam" wirkt phytotoxisch (*1335*).

**Analytik:** Vgl. Zink-dimethyl-dithiocarbaminat (Nr. 342).

| Nr. | Wissenschaftliche Bezeichnung und Formel | Handelsbezeichnungen | Toxicität, physiologisches Verhalten |
|---|---|---|---|
| 345 | **Zink-äthylen-bis-(dithiocarbaminat)** | Zineb, Phytox, Dithan Z 78, Deikusol, Curit, Alean, Fazin, Fungo-Pulvit | $LD_{50}$ bei Ratten 5,2 g/kg Körpergewicht (*1343*). |
| 346 | **Dinitro-rhodanbenzol** Rhodan-dinitrobenzol | Cladox, Prosat, Nitrit | |
| 347 | **Dinitro-phenylcrotonat** Crotonsäure-dinitrophenylester | Karathan | $LD_{50}$ bei Ratten 1,1 g/kg Körpergewicht (*1331*). |
| 348 | **Pentachlor-nitrobenzol** Chlornitrobenzol Nitrochlorbenzol | Brassicol, Tritisan | |
| 349 | **Trichlor-trinitrobenzol** Trinitro-trichlorbenzol | Bulbosan, TCTNB | $LD_{50}$ bei Ratten $> 30$ g/kg Körpergewicht. Relativ ungiftig. 0,2% „TCTNB" in der Nahrung ergaben bei männlichen Ratten Wachstumsverzögerung und Lebervergrößerung, bei weiblichen Ratten ergaben sich keine Befunde (*1348*). |
| 350 | **Äthoxymethyl-di-p-chlorphenyl--carbinol** | | $LD_{50}$ bei Mäusen 5 g/kg Körpergewicht (*1349*). |
| 72 | **Salicylsäureanilid** Vgl. auch S. 62 | | |

Anwendung als Fungicid; bei zinkempfindlichen Pflanzen besteht die Möglichkeit phytotoxischer Wirkungen (*1335*).

Als höchstzulässige Restmenge in Lebensmitteln wurden durch die "Food and Drug Administration" in den USA (*1377*) sowie durch die WEU (*1336*) 7 mg/kg festgelegt.

**Analytik:** Vgl. Zink-dimethyl-dithiocarbaminat (S. 193).

---

Anwendung im Garten- und Feldbau (als Fungicid) (*1328*). Gute Erfolge bei der Bekämpfung des Pfefferminzrostes (*1344*).

---

Spezialmittel gegen echten Mehltau (*1331*).

---

Anwendung als Fungicid im Gartenbau (*1328*). Gut wirksam gegen Salatfäule (*1345*).

**Analytik:** Colorimetrische Bestimmung (*1346, 1347*).

---

Angewandt gegen Spinnmilben in Gewächshäusern (*1328*) und gegen Braunfleckigkeit bei *Tomaten* (*1345*), ferner als fungicides Stäubemittel bei *Kürbis, Gurken* und Tomaten. 3 Tage nach der Anwendung konnten höchstens noch 0,1 mg/kg als Rückstand gefunden werden (*1348*).

---

Selektiv wirksames Acaricid gegen Milben und Spinnen, keine nennenswerte insecticide Wirkung. Daher keine Gefahr der Schädigung von Nutzinsekten (*1349*).

---

Anwendung im Gartenbau (*1328*); ferner zur Bekämpfung von Schimmel auf Korkscheiben (*1350*).

| Nr. | Wissenschaftliche Bezeichnung und Formel | Handelsbezeichnungen | Toxicität, physiologisches Verhalten |
|---|---|---|---|
| 351 | **Methylsulfon-N-trichlormethyl--sulfenyl-4-chlor-anilid** | Mesulfan | Geringe akute und chronische Toxicität (*1364*). |
| 352 | **Tetrachlor-p-benzochinon** <br> Tetrachlor-p-chinon <br> Chloranil | Spergon | $LD_{50}$ bei Ratten 4,2 g/kg Körpergewicht (*1008*). Für Mensch und Tier weitgehend ungiftig (*1352*). 150 mg, täglich peroral gegeben, zeigten bei Kaninchen keine toxischen Erscheinungen (*1353*). |
| 353 | **2,3-Dichlor-1,4-naphthochinon** | Phygon | $LD_{50}$ bei Ratten 1,5 g/kg Körpergewicht (*1008*). Bei Konzentrationen über 0,25% in der Nahrung treten bei dauernder Aufnahme beginnende sichtbare toxische Erscheinungen auf (*1351*). „Phygon" ist weitgehend unschädlich, ruft jedoch Lichtempfindlichkeit hervor (*1328*). |
| 168 | **8-Oxychinolin-kaliumhydrogensulfat** <br> Vgl. auch S. 100 | Chinosol, Travacid, Oxin | Angaben über die Toxicität vgl. S. 100. |
| 354 | **2-Heptadecyl-glyoxalidin** <br> 2-Heptadecyl-4,5-dihydro--imidazol | | $LD_{50}$ bei Ratten 4 g/kg Körpergewicht (*1008*). Bei langdauernder Gabe von 1% in der Nahrung beginnende toxische Erscheinungen (*1351*). |
| 355 | **N-Trichlormethyl-thio-tetrahydro--phthalimid** | Orthocid, Captan | $LD_{50}$ bei Ratten 9,0 g/kg Körpergewicht (*1331*). Keine nachteiligen Wirkungen bei gebräuchlicher Anwendungsdosis (*1357*). |

Neuerdings als Fungicid angewandt, besonders im Blumen- und Obstbau. Bei Anwendung 14 Tage vor der Ernte bei *Erdbeeren*, *Kirschen* und *Himbeeren* wurden Rückstandsmengen von 1—15 mg/kg gefunden (*1364*).

**Analytik:** Colorimetrische Bestimmung nach Zersetzung mit $H_2SO_4$ zu p-Chloranilin, Diazotierung und Kupplung mit N (1-Naphthyl)-äthylendiamin (*1364*).

Vielfach angewandtes Saatbeizmittel (*1328*). Verbesserung der Ernteerträge durch „Spergon" um bis zu 66% (*1352*).

**Analytik:** Papierchromatographischer Nachweis (*1354*). Colorimetrische Bestimmung von „Chloranil" (*1355*).

Anwendung wie bei „Chloranil"; jedoch wirkt „Phygon" 8 mal stärker als dieses. Wirkungsmechanismus: Blockierung der SH-Gruppen von Enzymen (*1328*).

Anwendung im Gartenbau zur Bodendesinfektion (*1328*).

**Analytik:** Vgl. S. 101.

2-Heptadecyl-glyoxalidin wird in steigendem Maß als Fungicid in der *Früchteindustrie* angewandt (Besprühung). Sprührückstände dringen nicht in merklichem Ausmaß durch die Schalen von *Äpfeln* hindurch (*1356*).

Als höchstzulässige Restmenge in Lebensmitteln wurden in den USA durch die "Food and Drug Administration" 5 mg/kg festgelegt (*1337*).

**Analytik:** Bestimmung von Sprührückständen durch Titration des kationischen oberflächenaktiven 2-Heptadecyl-glyoxalidins oder seines Hydrolyseproduktes mit einer anionischen oberflächenaktiven Substanz und Methylenblau als Indicator (*1356*).

Bewährtes Fungicid. Angewandt zur Saatbehandlung in einer Dosierung von 580 mg/kg (*1357*).

**Analytik:** Papierchromatographischer Nachweis (*1354*). Colorimetrische Bestimmung mit Resorcin (*1358*).

| Nr. | Wissenschaftliche Bezeichnung und Formel | Handelsbezeichnungen | Toxicität, physiologisches Verhalten |
|---|---|---|---|
| 139 | **Actidion**<br><br>$\beta$-[2-(3,5-dimethyl-2-oxo--cyclohexyl)-2-oxyäthyl]--glutarimid<br><br>Formel vgl. S. 88<br><br>Vgl. auch S. 86 | Cycloheximid | Angaben über die Toxicität vgl. S. 86. |
| | *Phenyl-Quecksilberverbindungen*<br>Beispiele: | | $LD_{50}$ für Phenyl-Quecksilberverbindungen bei Ratten 30—50 mg/kg Körpergewicht (*1008*). Organische Quecksilberfungicide können trotz ihrer guten Wirkung wegen ihres geringen Sicherheitsfaktors nicht als Schädlingsbekämpfungsmittel empfohlen werden (*1360*); sie sind für den Menschen kaum gefährlich, bei Hühnern ist jedoch Vorsicht geboten (*1352*). |
| 356 | **Chlor-quecksilber-phenol**<br><br>$HO-\langle\rangle-Hg-Cl$ | | |
| 357 | **Phenyl-quecksilber-acetat**<br><br>$\langle\rangle-Hg-OOC-CH_3$ | PMAS | |
| 358 | **Phenyl-quecksilber-brenzkatechin**<br><br>OH<br>$\langle\rangle-O-Hg-\langle\rangle$ | Germisan | *Phenyl-Quecksilberacetat:* In chronischen Toxicitätsversuchen erwiesen sich 40 mg/kg in der Nahrung bei langwährendem Genuß als niedrigste Dosis, die noch erkennbare toxische Schädigungen bewirkte (*1351*). 0,1 mg/kg im Futter von Ratten, 104 Wochen gegeben, verursachten keine erkennbaren Schäden (*1351*). |
| | *Aliphatische Quecksilberverbindungen* | | Die Toxicität der aliphatischen Quecksilberverbindungen entspricht etwa derjenigen der Phenyl-Quecksilberverbindungen. Vgl. Nr. 356—58. |
| 359 | **Methoxyäthyl-quecksilber-silicat**<br><br>$CH_3-O-CH_2-CH_2-HgO$<br>$\qquad\qquad\qquad\qquad Si=O$<br>$CH_3-O-CH_2-CH_2-HgO$ | Ceresan | |
| 360 | **Äthyl-quecksilber-chlorid**<br><br>$CH_3-CH_2-Hg-Cl$ | Fusariol | |

In Lösung von 10 mg/l noch wirksam gegen parasitische Pilze, ohne schädliche Nebenwirkungen, wie sie z. B. bei der Anwendung von Kupfer zu beobachten sind (*1359*). Actidion erwies sich als wirksames Rostbekämpfungsmittel bei *Weizen*; die Backeigenschaften des daraus hergestellten Mehls wurden nicht beeinträchtigt (*1638*). Erfolgreiche Anwendung gegen die Braunfleckigkeit bei *Pfirsichen* und gegen Blattflecken bei Kirschen (*1359*).

**Analytik:** Vgl. S. 89.

Anwendung als Saatbeizmittel (*1328*). Hg-haltige Saatbeizmittel sind in der Anwendung einfach und billig (*1352*). Nach Behandlung mit organischen Hg-Verbindungen verbleiben im Durchschnitt 0,01—0,1 mg/kg im Getreide (*1360—1363*). Der Wirkungsmechanismus der Hg-haltigen Saatbeizmittel besteht in einer Blockierung der SH-Gruppen von Enzymen (*1328*).

Phenyl-Quecksilberacetat findet als Saatbeizmittel Anwendung (*1328*).

Quecksilberverbindungen wurden von der WEU (A 1) in Liste III eingereiht (*152, 864*). Für organische Hg-Verbindungen wurde durch die "Food and Drug Administration" in den USA (*1335*) und durch die WEU (*1336*) festgelegt, daß keine Rückstände davon in Lebensmitteln nachweisbar sein dürfen.

**Analytik:** Bestimmung von Hg in organischen Quecksilberverbindungen durch Titration mit Rhodanid (*1365*). Polarographische Bestimmung von Phenyl-quecksilberacetat (*1366*).

Anwendung als Saatbeizmittel (*1352*). Vgl. auch unter Chlor-quecksilber-phenol (s. o.).

| Nr. | Wissenschaftliche Bezeichnung und Formel | Handelsbezeichnungen | Toxicität, physiologisches Verhalten |
|---|---|---|---|
| 361 | **p,p′-Dichlor-diphenyl-trichloräthan** | DDT, Gesarol, Gesapon, DiDiTan, DiDiTanol | $LD_{50}$ bei Ratten 250 mg/kg Körpergewicht (*1008*). In der täglichen Nahrung bewirken 50—100 mg/kg bei Ratten beginnende sichtbare Schädigungen (*1351*). 5 mg/kg täglich, 8 Monate lang im Futter gegeben (entsprechend einer täglichen Aufnahme von etwa 0,1 mg/kg Körpergewicht durch den Organismus), riefen bei Ratten Leberschädigungen hervor (*1639*). Cancerogene Wirkung von „DDT" bei Ratten (*1376, 1409*). In Öl gelöst erwiesen sich schon 10—12 mg/kg Körpergewicht für den Menschen als tödlich (*1352*), sonst 150—600 mg/kg (*1368, 1369*). Für Fische sind 5 mg/kg Körpergewicht tödlich (*1368, 1369*). 200 mg/kg Körpergewicht peroral verabfolgt, zeigten bei Hunden toxische Erscheinungen (Krämpfe) (*1370*). „DDT" wird im Körper gespeichert; es wird als Dichlor-diphenylessigsäure im Harn wieder ausgeschieden (*1328*). *Erträgliche Dosen* sehr unterschiedlich je nach Tierart: Beim *Huhn* 250 bis 500 mg/kg Körpergewicht; bei der *Katze* 300—500 mg/2,5 kg, entsprechend 120—250 mg/kg Körpergewicht; beim *Schaf* 1500 mg/30 kg, entsprechend 50 mg/kg Körpergewicht; beim *Hund* 500—700 mg/1,5 kg entsprechend 330—470 mg/kg Körpergewicht; beim *Rind* 2000 mg/600 kg, entsprechend 3,3 mg/kg Körpergewicht; beim *Menschen* 250—1000 mg/70 kg, entsprechend 3,6 |

**bekämpfungsmittel**

*Acaricide*



Anwendung im Obst-, Feld-, Wein- und Gartenbau und in der Viehzucht. „DDT" besitzt eine verhältnismäßig geringe Wirkungsbreite *(1352)*. Es ist auch gut wirksam gegen Schmeiß-fliegen in Schlachthäusern *(1374)*. Bei der Resistenzbildung von Fliegen entsteht in diesen eine DDT-Dehydrochlorinase *(1375)*. Die Behandlung mit Insecticiden wie „DDT", „Hexa" oder organischen Phosphorsäureestern soll den Geschmack und das Aroma stark schädigen *(1376)*.

1%iger DDT-Staub dient als wirksames Insecticid für in Säcken gelagertes *Mehl*. Das so behandelte Mehl enthielt jedoch mehr DDT als zulässig *(1377)*. Handelsüblich mit DDT behandeltes Mehl enthielt nach 6 Monaten noch 8 mg/kg DDT; im daraus hergestellten *Brot* war es jedoch nicht mehr nachweisbar *(1378)*. Nach anderen Angaben enthielt Brot, das aus mit DDT behandeltem Getreide hergestellt wurde, 11 mg/kg DDT *(1379)*. Bei Anwendung von DDT in der Milchwirtschaft wurden bis zu 0,5 mg/l in der *Milch* nachgewiesen *(1380)*. In der *Butter* hat man infolge der Anreicherung des fettlöslichen DDT mit etwa 10 mg/kg zu rechnen *(1381)*. Im Butterfett von mit DDT-haltigem Sojaöl gefütterten Kühen fanden sich nach anderen Angaben bis zu 150 mg/kg DDT *(1382)*. In mit DDT bespritzten *Trauben* blieb ein Rückstand von 7—10 mg/kg; daraus hergestellter *Saft* und *Marmelade* waren jedoch DDT-frei *(1383)*. DDT-Rückstände in mit DDT behandelten *Früchten* und *Gemüsen* waren in keinem Fall höher als 7 mg/kg *(1384)*. Bei der Anwendung für Futtermittel verschwindet der DDT-Gehalt bei der Silierung zum größten Teil. Verwendung solchen Futters bei Milch-vieh ergab keine Verunreinigung der Milch mit DDT *(1013)*.

Von der "Food and Drug Administration" in den USA wurde eine Höchstmenge an DDT-Rückständen in Lebensmitteln von 7 mg/kg festgesetzt *(1337, 1385—86)*; von der WEU wurden 5 mg/kg vorgeschlagen *(1336)*. Der Gebrauch von DDT in Stallungen für Milchvieh ist in den USA wegen der Gefahr des Übergangs in die Milch verboten *(1328)*.

**Analytik:** Nachweis auf colorimetrischem Wege durch Grünfärbung mit Schwefelsäure/ Salpetersäure *(1387—88)*. Fluorescenzanalytischer Nachweis *(1389)*. Nachweis und Bestim-mung: 1. durch Chlorbestimmung; 2. colorimetrisch über die Nitroverbindung; 3. colori-metrisch mit Xanthydrol-Pyridin *(1390)* und mit Na-Methylat *(81)*. Titrimetrische Bestim-mung durch Bildung des Isopropylesters und Titration des freiwerdenden Chlors *(1391)*. Enzym-analytische Bestimmung kleinster Mengen von DDT durch Messung der Hemmung der Kohlensäureanhydrase *(1392)*. Bestimmung durch Nitrierung und Messung der bei der Reaktion mit Natriummethoxylat gebildeten Blaufärbung *(1393—94)*. Biologische Be-stimmungsmethode für Insecticidrückstände, beruhend auf der Hemmung des Lichtflucht-reflexes bei Mückenlarven *(1395)*. Trennung und Identifizierung chlorierter organischer Insecticide auf papierchromatographischem Wege *(1396)*. Zusammenfassende Beschreibung der analytischen Bestimmungsmethoden im Schrifttum *(1397—99)*.

| Nr. | Wissenschaftliche Bezeichnung und Formel | Handelsbezeichnungen | Toxicität, physiologisches Verhalten |
|---|---|---|---|
| | | | bis 14,3 mg/kg Körpergewicht (*1371*). „DDT" hemmt die enzymatische Oxydation und die Phosphorylierung (*1372*); es wird im Fettgewebe gespeichert (*1332*). Weitere Angaben über die Toxicität von „DDT" im Schrifttum (*1373*). |
| 362 | **Dichlor-diphenyl-dichloräthan** $Cl-\langle\rangle$ $CH-CHCl_2$ $Cl-\langle\rangle$ | DDD, TDE | $LD_{50}$ bei Ratten 3,4 g/kg Körpergewicht (*1008*). Die Grenzkonzentration für sichtbare toxische Schädigungen an Ratten liegt bei 2jähriger Verfütterung zwischen 100 und 400 mg/kg im Futter (*1351*). |
| 363 | **1,1-Dichlor-2,2-bis--(p-äthylphenyl)-äthan** $CH_3-CH_2-\langle\rangle$ $CH-CHCl_2$ $CH_3-CH_2-\langle\rangle$ | | |
| 364 | **Dimethoxy-diphenyl-trichloräthan** $CH_3O-\langle\rangle$ $CH-CCl_3$ $CH_3O-\langle\rangle$ | Methoxychlor | $LD_{50}$ bei Ratten 6 g/kg Körpergewicht (*1008*). 100—200 mg/kg täglich im Futter von Ratten verabreicht, ergaben erste erkennbare toxische Erscheinungen (*1351*). |
| 365 | **Difluor-diphenyl-trichloräthan** $F-\langle\rangle$ $CH-CCl_3$ $F-\langle\rangle$ | DFDT | $LD_{50}$ bei Ratten 1,1 g/kg Körpergewicht (*1008*). 200—1000 mg/kg in der täglichen Nahrung von Ratten verabreicht, bewirkten erste erkennbare toxische Erscheinungen (*1351*). |
| 366 | **γ-Hexachlor-cyclohexan** $Cl$ — $CH$ $Cl-CH$ $CH-Cl$ $Cl-CH$ $CH-Cl$ $CH$ $Cl$ | Hexa, Lindan, Benzolhexachlorid, Gammexan, Jacutin, Nexit, Viton, HCH, BHC, Hexatox, Perfektan, Tarsol, Rapidin, | $LD_{50}$ bei Ratten 125 mg/kg Körpergewicht (*1008*). Die $LD_{50}$ anderer Isomeren beträgt bei Ratten für das α-Isomere 500 mg/kg Körpergewicht, für das β-Isomere 6000 mg/kg und das δ-Isomere 1000 mg/kg. In chronischer Hinsicht erwies sich das β-Isomere als am giftigsten (*864*). „HCH" ist doppelt so giftig wie „DDT" (*1403*). |

Die Anwendung entspricht derjenigen von „DDT".

Als höchstzulässige Restmenge in Lebensmitteln wurde in den USA durch die "Food and Drug Administration" für Dichlordiphenyl-dichloräthan 7 mg/kg festgelegt (*1335*).

**Analytik:** Nachweis mit Schwefelsäure/Essigsäureanhydrid ($\rightarrow$ Orangefärbung) (*1388*).

Die Anwendung entspricht derjenigen von „DDT".

Als höchstzulässige Restmenge in Lebensmitteln wurde in den USA von der "Food and Drug Administration" für diese Verbindung 15 mg/kg (bei Kirschen, Salat und Spinat) festgelegt (*1335, 1400*).

Mit „Methoxychlor" konnten in bestimmten Fällen bessere Ergebnisse als mit „DDT" erzielt werden (*1401*). Außerdem fällt die erheblich geringere Toxicität ins Gewicht.

Als höchstzulässige Restmenge in Lebensmitteln wurden durch die "Food and Drug Administration" (USA) (*1335, 1377*) und durch die WEU (*1336*) 14 mg/kg festgelegt.

„DFDT" erwies sich als wirksameres Insecticid als „DDT", ohne eine erhöhte Toxicität gegen Warmblüter aufzuweisen (*1345*). Der Fluorgehalt in mit fluorhaltigen Insecticiden behandelten Lebensmitteln beträgt 2—135 mg/kg (*1402*).

Als höchstzulässige Restmenge an fluorhaltigen Verbindungen in Lebensmitteln wurden durch die "Food and Drug Administration" (USA) (*1335, 1377*) und durch die WEU (*1336*) 7 mg/kg (berechnet als Fluor) festgelegt. In Frankreich wurde für fluorhaltige organische Insecticide in Getreide eine Toleranzgrenze von 3 mg/kg, in Gemüse und Früchten eine solche von 12 mg/kg festgelegt.

Anwendung im Obst-, Garten- und Feldbau. Im Lebensmittel sollen nicht mehr als 5 mg/kg zurückbleiben. Besonders günstige Ergebnisse wurden bei Anwendung gegen Kohl- und Rapsschädlinge sowie gegen Engerlinge erzielt (*1328*). „Lindan"-Präparate werden auch zur Saatgutbehandlung verwendet. Das $\gamma$-Isomere hat gegenüber den anderen stereoisomeren Verbindungen die weitaus stärkste Wirkung und zeigt außerdem die geringste Toxicität. Die Wirkung beruht auf der Verdrängung des stereoisomeren Mesoinosits; sie ist gegenüber „DDT" verzehnfacht. Das reine $\gamma$-Isomere zeigt keine geschmackliche Beeinträchtigung der damit behandelten Produkte. Mit anderen Isomeren verunreinigtes $\gamma$-Isomeres bedingt moderigen Geruch (*1352*). „Lindan" (reines $\gamma$-Isomeres) ist das geschmacklich günstigste Insecticid (*1405*).

Vom "US-Department of Agriculture" wurde „Lindan" zur Anwendung in Stallungen mit Milchvieh empfohlen. Der "Medical Research Council" (USA) hat für „Lindan" eine zulässige Höchstgrenze von 2,5 mg/kg in Lebensmitteln empfohlen (*1406*). Als höchstzulässige Restmenge in Lebensmitteln wurden in den USA durch die "Food and Drug Administration"

| Nr. | Wissenschaftliche Bezeichnung und Formel | Handelsbezeichnungen | Toxicität, physiologisches Verhalten |
|---|---|---|---|
| | oder<br><br>Sterische Formel<br><br>Die angeführten Handelsnamen können nicht in allen Fällen auf reines $\gamma$-Hexachlor-cyclohexan bezogen werden; es kann sich auch um die $\alpha$-, $\beta$- oder $\delta$-Isomeren oder um Gemische derselben handeln. | Hexagam, Nolapur, Poksin, Verindal, Hexox, Billtox, Barguflor, Agrisept H, Aplidal, Agronex, Alon, Hexacid, Hexal, Hexylan, Hortex, Multexol, Verindal, Amatin, Hexaflor, Parex WW, Primex, Nekator | 50—100 mg/kg in der täglichen Nahrung von Ratten verabreicht, bewirkten erste erkennbare toxische Erscheinungen (*1351*). Bei Zusatz von 20—30 mg/kg zur Nahrung von Ratten war bei einer Versuchsdauer von 27 Tagen keine Schädigung festzustellen (*1404*). 1,25 g erwiesen sich bei einmaliger Gabe für den Menschen als tödlich (*1352*). Übersicht über die Toxikologie von „Lindan" im Schrifttum (*1373*). |
| 367 | **Octachlormethylen- -tetrahydro-hydrinden**<br><br>1,2,4,5,6,7,10,10-Octachlor-4,7- -methylen-4,7,8,9-tetrahydro- -hydrinden | Chlordan, Octamul, Octatox, Illoxol, M 410 | $LD_{50}$ bei Ratten 460 mg/ kg Körpergewicht (*1008*). 25—75 mg/kg in der täglichen Nahrung von Ratten ergaben erste erkennbare toxische Erscheinungen (*1351*). In öliger Lösung giftiger als in Wasser (*1328*). Starke Speicherung in Fettgeweben (*1332*). Weitere Toxicitätsangaben im Schrifttum (*1417*). |
| 368 | **Heptachlormethylen- -tetrahydro-inden**<br><br>3,4,5,6,7,10,10-Heptachlor-4,7,- -8,9-tetrahydro-inden | Heptachlor | $LD_{50}$ bei Ratten 90 mg/kg Körpergewicht (*1423*). |

5 mg/kg (*1335, 1377*), durch die WEU (*1336*) 10 mg/kg festgelegt. In Frankreich beträgt die höchstzulässige Rückstandsmenge 0,5 mg/kg (*864*).

**Analytik:** Colorimetrischer Nachweis durch die Violettfärbung mit Anilin-Schwefelsäure-Vanadinpentoxyd (*1407*). Nachweis (neben „DDT") durch Zinkstaubdestillation, Nitrierung, Reduktion zu Anilin und anschließende Rungesche Reaktion (*1408*). Fluorescenzoptisches Verfahren zum Nachweis von Hexachlorcyclohexan (*1409, 1410*). Chromatographische Bestimmung mit Aktivkohle (*1411*). Colorimetrische Bestimmung mit Methyläthylketon (*81, 1412*). Colorimetrische Bestimmung von „Lindan" in Pilzen (*1413*). Bestimmung auf biologischem Wege (*1414*). Bestimmung durch Polarographie (*1410, 1415*). Bestimmung durch Entchlorung mit Zink (Essigsäure), Nitrierung und Messung der mit KOH in Butanol entstehenden rotvioletten Färbung (*1416*). Zusammenfassende Beschreibung der Bestimmungsmethoden im Schrifttum (*1397, 1411*).

Anwendung besonders gegen Engerlinge und Stallfliegen (USA, Deutschland, Schweiz) (*1328*). „Illoxol" findet Verwendung zur Bekämpfung verschiedener Schädlinge (Rote Spinne, Blattläuse) (*1418*).

Geringere Geschmacksbeeinträchtigung als durch die „Hexa"-Präparate (*1328*). Größere Wirkungsbreite als „DDT" bei gleicher Toxicität (*1419*). Bei täglicher Aufnahme von 120 bis 200 mg „Chlordan" im Futter (Luzerne) gehen 0,1—0,2 mg/l in die Milch über (*1420*).

Als höchstzulässige Restmenge in Lebensmitteln wurden durch die "Food and Drug Administration" (USA) (*1335, 1377*) sowie durch die WEU (*1336*) 1 mg/kg festgelegt

**Analytik:** Nachweis durch Rotfärbung mit Äthylenglykol/Pyridin (*1388*). Colorimetrische Bestimmung (Rotfärbung mit Diäthanolamin und methanolischer KOH bzw. Violettfärbung mit Naphthalin, methanolischer KOH und Pyridin) (*1421*). Bestimmung in Fetten durch Verseifung mit alkoholischer KOH und Bestimmung des ionogen gewordenen Chlors (*1418*). Spektrophotometrische Bestimmung (*1422*). Zusammenfassung der Bestimmungsmethoden im Schrifttum (*1397, 1411*).

Verwendung als Insecticid und zur Saatgutbehandlung. Die Anwendung entspricht derjenigen von „Chlordan".

**Analytik:** Qualitativer Nachweis durch Grünfärbung mit Pyridin/Anilin oder durch Rotfärbung mit methylalkoholischer KOH (*1388*). Spektrophotometrische Bestimmung (*1422*).

| Nr. | Wissenschaftliche Bezeichnung und Formel | Handelsbezeichnungen | Toxicität, physiologisches Verhalten |
|---|---|---|---|
| 369 | **1,1-bis-(p-chlorphenyl)--2-nitropropan**<br><br>Dichlorphenyl-nitropropan<br><br>$Cl-\!\!\!<\!\!>\!-\!\!\!<\!\!>\!-CH-CH-CH_3$, mit $NO_2$ | Prolan,<br>BNP | $LD_{50}$ bei Ratten 4 g/kg Körpergewicht (*1008*). 200 mg/kg dauernd in der Nahrung verabreicht, zeigen erste erkennbare toxische Erscheinungen (*1351*). |
| 370 | **1,1-bis-(p-chlorphenyl)--2-nitrobutan**<br><br>Dichlorphenyl-nitrobutan<br><br>$Cl-\!\!\!<\!\!>\!-\!\!\!<\!\!>\!-CH-CH-CH_2-CH_3$, mit $NO_2$ | Bulan,<br>Dilan,<br>BNB | $LD_{50}$ bei Ratten 330 mg/ kg Körpergewicht (*1008*). Bei Verfütterung von 0,1% mit der täglichen Nahrung treten erste erkennbare toxische Erscheinungen auf (*1351*). |
| 371 | *Chlornaphthalinderivate*<br><br>**Hexachlor-hexahydro--dimethylen-naphthalin**<br><br>1,2,3,4,10,10-Hexachlor--1,4,4a,5,8,8a-hexahydro--1,4,5,8-dimethylen-naphthalin | Aldrin,<br>Compound 118,<br>Aglutox,<br>Werratox,<br>Alifin,<br>Eruzin | *Aldrin:* $LD_{50}$ bei Ratten 67 mg/kg Körpergewicht (*1008*). „Aldrin" ist 5-mal giftiger als „DDT" (*1403*). 25—50 mg/kg in der Nahrung fortlaufend verabreicht, stellen die Toxicitätsgrenze dar (*1351*).<br><br>Geringe Mengen „Aldrin", an Ratten verfüttert, führten zu einer Verminderung des Grundumsatzes und Steigerung der Serum-Pseudocholinesterase-Aktivität (*1424*). |
| 372 | **Hexachlorepoxy-octahydro--dimethylen-naphthalin**<br><br>1,2,3,4,10,10-Hexachlor-6,7-epoxy--1,4,4a,5,6,7,8,8a-octahydro-1,4,5,8--dimethylen-naphthalin | Dieldrin,<br>Compound 497,<br>Alvit 55,<br>Quintox | *Dieldrin:* $LD_{50}$ bei Ratten 87 mg/kg Körpergewicht (*1008*). „Dieldrin" ist 4mal giftiger als „DDT" (*1403*). 3,5 mg/Tag erwiesen sich für den Menschen als erträglich (*1424*). |

Insecticid, fünfmal wirksamer als „DDT" (*1345*).

Insecticid, fünfmal wirksamer als „DDT" (*1345*).

Als Insecticide in den USA im Handel. Sie werden wegen ihrer verhältnismäßig großen Giftigkeit für Pflanzen, die der Ernährung dienen, als nicht geeignet angesehen (*1345*). „Aldrin" und „Dieldrin" werden auch in Form von Saatgutpudern angewandt.

Als höchstzulässige Restmenge in Lebensmitteln wurden durch die "Food and Drug Administration" in den USA (*1335, 1377*) sowie durch die WEU (*1336*) 0,1 mg/kg festgelegt.

**Analytik:** Nachweis durch Rotfärbung mit rauchender Schwefelsäure (*1388*). Bestimmung durch Papierchromatographie (*1425*); desgl. nach Umsatz mit Natrium in Isopropanol durch Titration der entstandenen Cl-Ionen (*1426*). Photometrische Bestimmung von „Dieldrin" nach Reduktion und Umsetzung mit Phenylazid (*1427*). Zusammenfassende Beschreibung der Bestimmungsmethoden im Schrifttum (*1428*).

| Nr. | Wissenschaftliche Bezeichnung und Formel | Handelsbezeichnungen | Toxicität, physiologisches Verhalten |
|---|---|---|---|
| 373 | **p-Chlorphenyl-chlormethylsulfon** <br><br> $Cl-\langle\ \rangle-\overset{\overset{O}{\|}}{\underset{\underset{O}{\|}}{S}}-CH_2Cl$ | CCS | Unbedenklich für Warmblüter (*1345*). |
| 374 | **p-Chlorbenzyl-p-chlorphenylsulfid** <br><br> $Cl-\langle\ \rangle-S-CH_2-\langle\ \rangle-Cl$ | Chlorparacid, Chlorbensid | |
| 375 | **2-(p-tertiärbutyl-phenoxy)- -1-methyl-äthyl-2-chloräthylsulfit** <br><br> $O=S\underset{O-CH-CH_2-O-\langle\ \rangle-C(CH_3)_2-CH_3}{\overset{O-CH_2-CH_2Cl}{\diagup}}$ | Aramit | $LD_{50}$ bei Ratten 6,3 g/kg Körpergewicht (*1008*). Die Grenzkonzentration für das Auftreten sichtbarer toxischer Schädigungen liegt zwischen 1 und 5 g/kg Futter (*1351*). |
| 376 | **Diäthyl-4-methyl- -7-oxycumarin-thiophosphat** <br><br> Thiophosphorsäure-diäthyl- -4-methyl-7-oxycumarinester <br><br> (Strukturformel) | E 838, Potasan | $LD_{50}$ bei Ratten 19 mg/kg Körpergewicht (*1008*). Nach 40maliger percutaner Verabreichung von 10 mg an Kaninchen während 90 Tagen schwere Vergiftungserscheinungen, jedoch keine letale Wirkung; 11—15malige Verabreichung von 40 mg tötete alle Versuchstiere (*1433*). Übersicht über die Toxikologie der Phosphorsäureester im Schrifttum (*1373*). |
| 377 | **Diäthyl-3-chlor-4-methyl- -7-oxycumarin-thiophosphat** <br><br> Thiophosphorsäure-3-chlor- -4-methyl-7-oxycumarinester <br><br> (Strukturformel) | Resitox | $LD_{50}$ bei Ratten 100 bis 125 mg/kg Körpergewicht (*1423, 1434*). |
| 378 | **Diäthyl-p-nitrophenyl-thiophosphat** <br><br> Thiophosphorsäure-p- -nitrophenyl-diäthylester <br><br> $O_2N-\langle\ \rangle-O-\overset{\overset{O-CH_2-CH_3}{\|}}{\underset{\underset{O-CH_2-CH_3}{\|}}{P}}=S$ | E 605, Parathion, Thiophos 3422, Folidol | $LD_{50}$ bei Ratten 6,5 mg/ kg Körpergewicht (*1434*). Nach anderen Angaben 15 mg/kg (*1328*), 3 mg/kg (*1008*), 7,5—10 mg/kg bzw. subcutan 100 mg/kg (*1345*). Bei Mäusen subcutan 18—20 mg/kg |

Hochwirksames Insecticid, fünfmal wirksamer als „DDT" (*1429*). Besonders geeignet zur Bekämpfung von Läusen, Spinnen, Ameisen und anderen saugenden Insekten (gehört zur Gruppe der systemischen Insecticide) (*1345*).

Anwendung als Insecticid in 0,05%iger Lösung in Öl oder als Streupulver; ovocide Wirkung; spezifisch zur Bekämpfung der roten Spinne (*1430*). Besonders geeignet als Milbenbekämpfungsmittel (*1431*).

**Analytik:** Bestimmung nach Oxydation mit $H_2O_2$ und Nitrierung nach der Methode von SCHECHTER. Vgl. auch unter „DDT", S. 200 (*1431*).

Anwendung als Acaricid. Bei Anwendung etwa 50 Tage vor der Ernte wurden bei *Äpfeln* Rückstände zwischen 0,2 und 0,85 mg/kg gefunden (*1432*).

In Kanada wurde die zulässige Höchstmenge für „Aramit"-Rückstände in Lebensmitteln auf 1 mg/kg festgelegt (*45*).

**Analytik:** Bestimmung, beruhend auf der Bildung eines roten Komplexsalzes aus $SO_2$ (freigesetzt mit HCl) und Natriumnitrosoprussiat/Zinksulfatlösung (*1432*). Papierchromatographische Isolierung und Identifizierung (*1354*).

Selektiv wirkendes Insecticid gegen den Kartoffelkäfer; nach 24 Std. sind Käfer und Larven tot (*1352*). Gut wirksam gegen fressende Insekten (*1434*). In der Pflanze wird das Präparat durch Abbau zu unschädlichen Verbindungen rasch inaktiviert. Durch die Fruchtschale dringt kein E-Präparat in das Innere der Frucht ein (*1352*).

**Analytik:** Papierchromatographischer Nachweis organischer Thiophosphate (*1435*). Colorimetrische Bestimmung von organischen Phosphaten nach Abbau zu Orthophosphorsäure, Umsetzung mit Phosphormolybdänsäure und Kuppelung mit Chinaldinrot (*1436—37*).

Fliegenbekämpfungsmittel mit langer Rückstandswirkung. Die Wirkung der organischen Phosphorverbindungen ist stark konstitutionsabhängig; so zeigt „Potasan" (vgl. S. 208) nur geringe Wirkung gegen Mückenlarven, während das in 3-Stellung chlorsubstituierte „Resitox" hierbei 1000fach stärkere Wirkung aufweist (*1434*). Die gute Dauerwirkung beruht auf der Resistenz gegen hydrolytische Spaltung (*1438*).

Gute Wirkung gegen Engerlinge, Obstmaden, Drahtwürmer, Saugwespen, widerstandsfähige Blattläuse und Maikäfer. Der Sauerwurm in Weinbergen wird zu 88—96%, der Heuwurm zu 96—100% abgetötet; dabei tritt keine geschmackliche Beeinträchtigung der *Moste* ein. Im Ölfruchtbau bewährt gegen Rapskäfer (*1328*).

„E 605" wirkt insecticid als Fraß-, Atmungs- und Kontaktgift; es besitzt eine sehr große Wirkungsbreite; der Wirkungsmechanismus beruht auf der Cholinesterase-Hemmung. „E 605" wird als Sprühmittel in Konzentrationen von 100—200 mg/kg angewandt; es besitzt auch eine ovocide und acaricide Wirkung (*1328, 1345*). In damit behandelten *Tomaten* ist

| Nr. | Wissenschaftliche Bezeichnung und Formel | Handelsbezeichnungen | Toxicität, physiologisches Verhalten |
|---|---|---|---|
| | | | Körpergewicht (*1345*). Beginnende erkennbare toxische Erscheinungen bei 10—25 mg/kg in der täglichen Nahrung bei Ratten (*1351*). Die Grenze der Toxicität für den Menschen wird auf 10 bis 20 mg pro Person geschätzt (*1439*). Atropin hebt Vergiftungen durch E-Präparate auf; E-Präparate sind weniger giftig als die entsprechenden S-freien Verbindungen (*1345*). Trypsin-Hemmung durch „Parathion" (*1440*). 50%ige Cholinesterasehemmung durch $1,5 \times 10^{-6}$ molare Lösungen (*1441*). Nach anderer Angabe reagiert „E 605" in reinem Zustand nicht mit Cholinesterase; erst das wahrscheinlich daraus im Organismus entstehende „E 600" („Paroxon"; = O-Isomeres) blockiert das Enzymsystem (*1434*). Nach intravenöser Injektion von „Parathion" bei Hunden wurde als hauptsächliches Ausscheidungsprodukt im Harn p-Nitrophenol gefunden (*1454*). |
| 379 | **Dimethyl-p-nitrophenyl- -thiophosphat**<br><br>Thiophosphorsäure-p- -nitrophenyl-dimethylester<br><br>$O_2N$—⬡—$O$—$P(=S)(O{-}CH_3)(O{-}CH_3)$ | Dimethyl-parathion | $LD_{50}$ bei Ratten 15,2 mg/kg Körpergewicht (*1008*). Geringere Toxicität als „E 605" gegen Warmblüter (*1345*). |
| 380 | **Äthyl-p-nitrophenyl- -thionobenzolphosphonat**<br><br>Phenylthiophosphorsäure- -äthyl-p-nitrophenylester<br><br>$O_2N$—⬡—$O$—$P(=S)(O{-}CH_2{-}CH_3)(C_6H_5)$ | EPN | $LD_{50}$ bei weiblichen Ratten 14,5 mg/kg, bei männlichen Ratten 91 mg/kg Körpergewicht (*1455* bis *1456*). Bei einer Konzentration von 180 mg/kg im Futter von Ratten und einer Fütterungszeit von 1 Jahr traten erste Schädigungen im Gewebe auf (*1351*). |

„E 605" nach einer Lagerzeit von 5 Wochen nicht mehr nachweisbar *(1442)*. Bei Gabe von 0,02—0,11 mg „Parathion" pro Kilogramm Körpergewicht im Futter von Kühen, konnte in der *Milch* nichts davon nachgewiesen werden *(1443)*. „Parathion"-Rückstände in damit besprühtem *Blumenkohl* betrugen in keinem Fall mehr als 1,5 mg/kg *(1444)*. Säfte, die aus mit „Parathion" behandelten *Citrusfrüchten* hergestellt worden waren, zeigten einen Gehalt von 0,2 mg/kg, also weniger als der zulässigen Höchstmenge entspricht *(1445)*. Bei Anwendung mindestens 1 Monat vor der Ernte ist ein ausreichender Schutz gegen die toxischen Gefahren gegeben *(526)*.

Als höchstzulässige Restmenge in Lebensmitteln wurde durch die "Food and Drug Administration" in den USA *(1335, 1377)* sowie durch die WEU *(1336)* 1 mg/kg festgesetzt.

**Analytik:** Isolierung durch Säulenchromatographie *(1446)*. Colorimetrische Bestimmung durch Reduktion mit Zink und Salzsäure, Diazotierung der aromatischen Aminogruppe und Kuppelung nach BRATTON und MARSHALL *(1447)*. Colorimetrische Bestimmung nach Reduktion, Diazotierung und Kuppelung siehe auch bei MELNIKOW *(1448)*. Bestimmung nach Reduktion und Diazotierung durch Kuppelung mit N-(1-Naphthyl)-äthylendiamin und Messung der entstehenden rotvioletten Färbung *(1449—50)*. Diese Methode gestattet die Erfassung von 88—93% des „Parathions" *(1451)*. Potentiometrische Bestimmung *(1452)*. Vgl. auch bei „Potasan" S. 208.

„Dimethylparathion" zeigt gleiche Wirksamkeit wie „E 605" *(1345)*.

**Analytik:** Vgl. Angaben bei Diäthyl-p-nitrophenyl-thiophosphat (Nr. 378).

Die Anwendung entspricht etwa der von „Parathion".

Als höchstzulässige Restmenge in Lebensmitteln wurden in den USA durch die "Food and Drug Administration" 3 mg/kg festgelegt *(1335)*.

| Nr. | Wissenschaftliche Bezeichnung und Formel | Handelsbezeichnungen | Toxicität, physiologisches Verhalten |
|---|---|---|---|
| 381 | **3-Chlor-4-nitrophenyl-dimethyl--thiophosphat**<br><br>Thiophosphorsäure-3-chlor--4-nitrophenyl-dimethylester<br><br>$$O_2N{-}\overset{\text{Cl}}{\underset{}{\bigcirc}}{-}O{-}\overset{O-CH_3}{\underset{O-CH_3}{P}}{=}S$$ | Chlorthion | $LD_{50}$ bei Ratten 500 mg/kg Körpergewicht (*1457*). Nach anderen Angaben 625 mg/kg (*1434*); bei Albinoratten 550—600 mg/kg (*1458*). Die halbe $LD_{50}$, 3 Wochen lang an Ratten gegeben, erwies sich als tödlich (*1458*). 1 g/kg erzeugte beim Auftragen auf die Haut von Ratten keine Schädigungen (*1457*). |
| 382 | *Systox-Verbindungen*<br><br>**β-Oxy-thioäthyläther--diäthyl-thiophosphat**<br><br>Thiophosphorsäure-β-oxy--thioäthyläther-diäthylester<br><br>$$CH_3{-}CH_2{-}S{-}CH_2{-}CH_2{-}O{-}\overset{O-CH_2-CH_3}{\underset{O-CH_2-CH_3}{P}}{=}S$$ | Thionosystox, Systox, Demeton (Systox und Demeton sind Gemische von Thionosystox und Thiolsystox) | $LD_{50}$ bei Mäusen 15—20 mg/kg Körpergewicht (*1345*). $LD_{50}$ für „*Thionosystox*" bei Ratten 75 mg/kg Körpergewicht, für „*Thiolsystox*" 1,5 mg/kg Körpergewicht; 50%-ige Cholinesterase-Hemmung durch $10^{-5,7}$ molare „Thionosystox"-Lösung, bzw. durch $10^{-7,1}$ molare „Thiolsystox"-Lösung (*1434*). Bisher wurden keine Gesundheitsschädigungen durch Genuß von mit „Systox" behandelten Pflanzen beobachtet (*1345*). Noch erträgliche Dosis bei täglicher oraler Gabe beim Meerschweinchen etwa 5—7 mg/kg (*1460*). „Systox" wird in der lebenden Pflanze am Thioätherschwefel zum Sulfoxyd bzw. Sulfon oxydiert, ohne daß eine Änderung der toxischen Eigenschaften eintritt (*1438*). |
| 383 | **β-Thio-thioäthyläther--diäthylphosphat**<br><br>Phosphorsäure-β-thio--thioäthyläther-diäthylester<br><br>$$CH_3{-}CH_2{-}S{-}CH_2{-}CH_2{-}S{-}\overset{O-CH_2-CH_3}{\underset{O-CH_2-CH_3}{P}}{=}O$$ | Thiolsystox, Systox, Demeton (Systox und Demeton sind Gemische von Thiolsystox und Thionosystox) | |
| 384 | *Metasystox-Verbindungen*<br><br>**β-Oxy-thioäthyläther--dimethyl-thiophosphat**<br><br>Thiophosphorsäure-β-oxy--thioäthyläther-dimethylester<br><br>$$CH_3{-}CH_2{-}S{-}CH_2{-}CH_2{-}O{-}\overset{O-CH_3}{\underset{O-CH_3}{P}}{=}S$$ | Thiono-Metasystox, Metasystox (Gemisch von Thiono-Metasystox und Thiol-Metasystox) | $LD_{50}$ für „*Thiol-Metasystox*" bei Mäusen 20 mg/kg Körpergewicht (*1463*); bei Ratten 40 mg/kg (*1434*); für „*Thiono-Metasystox*" bei Ratten 150 mg/kg (*1434*). 50%ige Cholinesterase-Hemmung durch $10^{-4,5}$ molare „Thiono-Metasystox"-Lösung bzw. $10^{-5,8}$ molare „Thiol-Metasystox"-Lösung (*1434*). |

Ähnliche Eigenschaften wie „E 605"; etwas herabgesetzte insecticide Wirkung, jedoch wesentlich weniger toxisch gegen Warmblüter. Gut bewährt in den USA im Baumwoll-anbau. Gute Ergebnisse bei der Bekämpfung „DDT"-resistenter Fliegen in Stallungen und anderen landwirtschaftlichen Räumen. Geeignet zur Bekämpfung „DDT"-resistenter Moskitolarven (*1459*).

**Analytik:** Nachweisreaktion (*1457*). Vgl. auch unter „Potasan" (S. 209).

„Systox" ist ein Gemisch aus 70% „Thionosystox" und 30% „Thiolsystox". Selektiv wirkendes Insecticid gegen saugende Insekten, besonders gegen fast alle Blattlausarten. Der Wirkstoff gelangt in die saftführenden Systeme der Pflanzen (Gruppe der systemischen Insecticide). Nützliche Insekten wie Bienen und Marienkäfer werden nicht geschädigt (*1345*). Beim Besprühen im Juni wurden bei der Ernte in *Äpfeln* nur noch 0,3 mg/kg „Systox" gefunden (*1360*).

Als höchstzulässige Restmengen wurden durch die "Food and Drug Administration" in den USA sowie durch die WEU je nach Lebensmittel 0,3—5,0 mg/kg festgesetzt (*1336*).

**Analytik:** Enzymatische Bestimmungsmethode, beruhend auf der Hemmwirkung gegenüber Cholinesterase (*1462*). Vgl. auch unter „Potasan" (S. 209).

„Metasystox" entspricht hinsichtlich seiner Anwendung dem „Systox"-Gemisch (vgl. S. 212).

| Nr. | Wissenschaftliche Bezeichnung und Formel | Handelsbezeichnungen | Toxicität, physiologisches Verhalten |
|---|---|---|---|
| 385 | **$\beta$-Thio-thioäthyläther- -dimethylphosphat**<br><br>Thiophosphorsäure-$\beta$-thio-thioäthyläther-dimethylester<br><br>$CH_3-CH_2-S-CH_2-CH_2-S-\overset{\displaystyle O-CH_3}{\underset{\displaystyle O-CH_3}{P}}=O$ | Thiol-Meta-systox, Metasystox (Gemisch von Thiol-Meta-systox und Thiono-Meta-systox) | |
| 386 | **Dicarboxy-äthoxyäthyl- -dimethyl-dithiophosphat**<br><br>S-(1,2-dicarboxy-äthoxyäthyl)- -O-O-dimethyl-dithiophosphat<br><br>Diäthyl-mercaptobernsteinsäure- -O,O-dimethylthiophosphorsäure-ester<br><br>$CH_3-CH_2-O-\overset{\displaystyle O}{\underset{\displaystyle \parallel}{C}}-CH-S-\overset{\displaystyle O-CH_3}{\underset{\displaystyle O-CH_3}{P}}=S$<br>$CH_3-CH_2-O-\underset{\displaystyle O}{\overset{\displaystyle \parallel}{C}}-CH_2$ | Malathion, Malathon, Celathion, Parasitol | $LD_{50}$ bei Ratten etwa 750 mg/kg Körpergewicht (*1335*); nach anderen Angaben 1500 (*1434*) bzw. 1845 mg/kg (*1423*). Im Vergleich zu ,,E 605" ist die Toxicität bei Säugetieren etwa 100fach geringer (*1464*). 50%ige Cholinesterase-Hemmung durch $8 \times 10^{-3}$ molare Lösungen (*1465*). |
| 387 | **2-Isopropyl-4-methyl- 6-diäthyl-thiono-phosphoryl-pyrimidin**<br><br>Thiophosphorsäure-(2-isopropyl- -4-methylpyrimidyl-6)-diäthylester | Exodin, Diazinon, Basudin | $LD_{50}$ bei Ratten 235 bis 240 mg/kg Körpergewicht (*1423*, *1434*); nach anderen Angaben 100 bis 150 mg/kg (*1471—72*). $LD_{50}$ bei Albinoratten 200—225 mg/kg Körpergewicht; die halbe $LD_{50}$-Dosis, 3 Wochen lang an Ratten gegeben, erwies sich als tödlich (*1458*). 100 mg/kg im Futter zeigten bei Ratten nach 72wöchiger Verfütterung noch keine toxischen Erscheinungen (*1471*).<br><br>$LD_{50}$ bei Mäusen 82 mg/kg Körpergewicht; 6,5 mg/kg Körpergewicht, an Hunde täglich längere Zeit verfüttert, ergaben noch keine toxischen Befunde, bei 9,3 mg/kg traten jedoch toxische Erscheinungen sowie Cholinesterase-Hemmung auf (*1471*).<br><br>Geringere Toxicität gegen Wirbeltiere im Vergleich zu ,,E 605" (*1464*). 50%ige Cholinesterase-Hemmung durch $1 \times 10^{-5}$ molare Lösungen (*1472*). |

„Malathion" weist ein Viertel der Wirksamkeit von „E 605" auf, was im Hinblick auf die geringere Toxicität in Kauf genommen werden kann (*1464*). Angewandt als Insecticid und Acaricid (*1434*); wirksam vor allem gegen „DDT"-resistente Fliegen (*1438*). Rohe und konservierte, mit „Malathion" behandelte *Früchte* zeigten keinen nachteiligen Geschmack (*1466*). Es empfiehlt sich, die Besprühung bei *Kartoffeln* mindestens 3 Wochen, bei *Erbsen* 2 Wochen vor der Ernte vorzunehmen, um Beeinträchtigungen von Geschmack und Qualität zu vermeiden (*1467*). 10 Tage nach dem Besprühen von Apfelbäumen wurden in den *Äpfeln* maximal 0,2 mg/kg „Malathion" gefunden (*1468*).

In Kanada werden 8 mg/kg „Malathion" als höchstzulässige Rückstandsmenge in Lebensmitteln geduldet (*45*); in den USA wurden 8 mg/kg, von der WEU 1,0 mg/kg als höchstzulässige Restmenge in Lebensmitteln festgelegt (*1336*).

**Analytik:** Colorimetrische Bestimmung des durch Behandlung mit alkoholischer NaOH und $CuSO_4$ erhaltenen gelben Cu-dimethyl-dithiophosphats (*1469*). Polarographische Bestimmung (*1470*). Vgl. auch unter Diäthyl-4-methyl-7-oxycumarin-thiophosphat (S. 209).

„Diazinon" ist ein Phosphorsäureester mit guter insecticider Wirkung (*1438*). Gute Erfolge bei der Bekämpfung von gegen andere Gifte resistenten Stubenfliegen (*1473*).

Als höchstzulässige Restmenge in Lebensmitteln wurde durch die WEU 1,0 mg/kg festgesetzt (*1336*).

**Analytik:** Colorimetrische Bestimmung nach Hydrolyse zu 2-Isopropyl-4-methyl-6-oxy-pyrimidin (*1474*).

| Nr. | Wissenschaftliche Bezeichnung und Formel | Handelsbezeichnungen | Toxicität, physiologisches Verhalten |
|---|---|---|---|
| 388 | **N-Methylbenzazamid--dimethyl-dithiophosphat**<br><br>Dimethyl-dithiophosphorsäure-ester des N-Methylbenzazamids | Gusathion, Bayer 17147 | |
| 389 | **Hexaäthyl-tetraphosphat** | HETP, Bladan, Mortopal | $LD_{50}$ bei Ratten 7 mg/kg Körpergewicht (*1008*); nach anderen Angaben 2 mg/kg (*1336*). Ziemlich starke, jedoch nur akute Toxicität, da rascher Abbau zu ungiftigen Verbindungen erfolgt (*1345*). Die höchste Dosis, die noch ohne sichtbare Schädigung von Ratten ertragen werden kann, beträgt 0,1% im Futter (*1351*). Hexaäthyl-tetraphosphat wirkt auch gegenüber Menschen und Tieren als Kontaktgift; 600 mg können für einen erwachsenen Menschen lebensgefährlich werden (*1345*). |
| 390 | **Tetraäthyl-diphosphat**<br><br>Tetraäthylpyrophosphat | TEPP, Vapoton | $LD_{50}$ bei Ratten 1,2 mg/kg Körpergewicht (*1008*). 50%ige Cholinesterase-Hemmung am Rattenhirn noch in $4 \times 10^{-9}$ molarer Lösung (*1438*). |
| 391 | **Dithiodiphosphorsäure--tetraäthylester**<br><br>Dithiopyrophosphorsäure--tetraäthylester<br>Tetraäthyldithionodiphosphat | Sulfotepp, ASP-47 | $LD_{50}$ bei Ratten 5 mg/kg Körpergewicht (*1008*). Die Grenzkonzentration für sichtbare toxische Erscheinungen bei Ratten liegt zwischen 60 und 180 mg/kg im Futter (*1351*). |

Insecticid, wirksam gegen Baumwollschädlinge; sehr beständig gegen Sonnenlicht und hydrolytische Einflüsse (*1434*).

**Analytik:** Bestimmung durch Kuppelung mit Phenyl-$\alpha$-naphthylamin zu einem blauroten Farbstoff (*1475*).

Als spezielles Mittel gegen Blattläuse in den USA angewandt (*1328*).

Für Hexaäthyl-tetraphosphat wurde durch die "Food and Drug Administration" in den USA (*1335*) sowie durch die WEU (*1336*) festgelegt, daß keine Rückstände davon in Lebensmitteln nachweisbar sein dürfen.

Anwendung als Insecticid in den USA; schnelle Hydrolyse zu harmlosen Verbindungen (*526*). Die Wirkung beruht auf einer Cholinesterase-Hemmung im Serum (*1476*).

Für Tetraäthyl-diphosphat wurde durch die "Food and Drug Administration" in den USA (*1335*) sowie durch die WEU (*1336*) festgelegt, daß keine Rückstände davon in Lebensmitteln nachweisbar sein dürfen.

Schädlingsbekämpfungsmittel gegen saugende Insekten in geschlossenen Räumen (*1434*).

| Nr. | Wissenschaftliche Bezeichnung und Formel | Handelsbezeichnungen | Toxicität, physiologisches Verhalten |
|---|---|---|---|
| 392 | **Octamethyl-di-phosphorsäureamid**<br><br>Octamethyl-pyrophosphorsäure-amid<br><br>Tetradimethylamino-pyrophosphat | Pestox III,<br>Schradan,<br>OMPA | $LD_{50}$ bei Ratten 13,5 mg/kg Körpergewicht (*1008*). |
| 393 | **Thionomethyl-thioäthyl--diäthyl-thiophosphat**<br><br>Diäthylthiophosphorsäure--thionomethylthioäthyl-ester | Thimet | $LD_{50}$ bei Ratten 2 mg/kg; 50%ige Cholinesterase-Hemmung durch eine $10^{-3}$ molare „Thimet-Lösung" (*1434*). |
| 394 | **0,0-Dimethyl-2,2,2-trichlor-1--oxyäthyl-phosphorsäure** | Dipterex,<br>Tugon,<br>Bayer L 13/59 | $LD_{50}$ bei Ratten 625 mg/kg Körpergewicht; geringe toxische Wirkung gegen Warmblüter (*1434*). |
| 395 | **Bisdimethylamino--fluorphosphorsäureamid** | Terra Sytam,<br>Hanan,<br>Dimefox | $LD_{50}$ bei Ratten 1 mg/kg Körpergewicht (*1438*). |
|  | *Pyrethrine*<br><br>Cinerine<br><br>(Ester der Chrysanthemum--mono(di)carbonsäure mit 2-Penta-dienyl(Butenyl, Allyl)-3-methyl--2-cyclopenten-4-ol-1-on) | Chrysantol,<br>Dominon,<br>PYR,<br>Dusturan,<br>Pybutrin<br>(Kombination von Pyrethrinen mit Piperonyl-butoxyd) | *Pyrethrine:* $LD_{50}$ bei Ratten im Durchschnitt 200 mg/kg Körpergewicht (*1008*). 0,1—0,5% in der täglichen Nahrung von Ratten ergaben beginnende erkennbare toxische Wirkungen (*1351*). |

Anwendung als Insecticid *(1477)*. Systemische Wirkung; die mit diesem Präparat behandelten Pflanzen sind 8—10 Tage lang für saugende Insekten giftig, da es nur langsam hydrolytisch gespalten wird. Wirksamkeitssteigerung durch Umwandlung in der lebenden Pflanzenzelle zum Aminoxyd *(1434)*. Die Wirkung beruht auf einer Cholinesterase-Hemmung *(1478)*. „OMPA" zeigt in reinem Zustand keine Cholinesterase-Hemmung in vitro, dagegen starke in vivo infolge der Oxydation zum stark hemmenden Aminoxyd. Mechanismus der Enzymhemmung: Phosphorylierung (und damit Inaktivierung) der Hydroxylgruppen eines aktiven Enzyms *(1438)*.

In der Schweiz nicht zugelassen, dagegen in England *(1328)*.

**Analytik:** Colorimetrische Bestimmung nach Hochvakuumdestillation und Überführung in Phosphat *(1436, 1479)*. Extraktion mit Chloroform, Hydrolyse zu Dimethylamin-hydrochlorid und colorimetrische Bestimmung des letzteren nach Zugabe von Schwefelkohlenstoff und Kupfersalz *(1480)*.

Die Anwendung entspricht der der anderen Thiophosphorsäureester.

Typisches Fraßinsecticid mit systemischer Wirkung *(1434)*. Wirksames Mittel gegen Hausfliegen („Tugon-Fliegenteller"); gut bewährt gegen „DDT"-resistente Fliegen *(1438)*.

**Analytik:** Bestimmung nach Überführung in Dimethyldichlorvinyl-phosphorsäureester mit HCl (Gelbfärbung mit Isonicotinsäurehydrazid) *(1461)*.

Systemisch wirkendes Pflanzenschutzmittel; in England im Handel.

**Analytik:** Bestimmung in Ernteprodukten durch Colorimetrie der Phosphorsäure *(1436, 1481)*.

Insecticide natürlicher Herkunft (wirksames Prinzip von *Chrysanthemum cinerariaefolium*). Diese wurden in neuerer Zeit durch die synthetisch hergestellten teilweise verdrängt. Die Doppelbindung im Allylrest bzw. diejenigen im Furfurylrest scheinen Voraussetzung für die Toxicität gegen Insekten zu sein *(1482)*. Pyrethrine werden in Verbindung mit Synergisten, z. B. Piperonylbutoxyd [(Butylcarbityl)-(6-propyl-piperonyl)-äther] in den USA für *Papiersäcke für Lebensmittel* verwendet *(526)*. Die Pyrethrine sind wenig stabil und daher als Insecticide nicht besonders günstig *(1406)*. Beim Behandeln von *Mehlsäcken* mit Pyrethrinen zeigten sich im Mehl nur verschwindende Mengen des Insecticids *(1483)*.

| Nr. | Wissenschaftliche Bezeichnung und Formel | Handelsbezeichnungen | Toxicität, physiologisches Verhalten |
|---|---|---|---|
| 396 | Beispiele: **Chrysanthemum-monocarbonsäure--2-allyl-3-methyl-2-cyclopentenyl--1-on-ester** | Allethrin | *Allethrin:* $LD_{50}$ bei Ratten 680 mg/kg Körpergewicht (*1008*). 0,5 bis 1% im Futter stellen die chronische Toxicitätsgrenze dar (*1351*). |
| 397 | **Chrysanthemum-monocarbonsäure--2-Furfuryl-3-methyl-2--cyclopentenyl-1-on-ester** | Furethrin | |
| 398 | **Azobenzol** | | relativ ungiftig (*1352*). |
| 399 | **Tetranitrocarbazol** | Nirosan | relativ ungiftig (*1352*). |
| 400 | **4,6-Dinitro-o-kresol** <br><br> Vgl. auch S. 230 | DNOC, Extar, Sandolin | $LD_{50}$ bei Ratten 26 mg/kg Körpergewicht (*1008*); nach anderen Angaben 26—45 mg/kg (*1336*). |
| 401 | **Dibenzothiazin** <br> Phenothiazin <br> Thiodiphenylamin | Phenthiazin | $LD_{50}$ bei Ratten 5 g/kg Körpergewicht (*1008*). Relativ ungiftig (*1352*). |

Pyrethrin-Piperonylbutoxyd-Präparate werden als aussichtsreiche Bekämpfungsmittel gegen Insekten bezeichnet (*1484*). Bestäubung von Raps *(Brassica napus)* mit 0,05% Pyrethrinen und 0,8% Piperonylbutoxyd erwies sich zu 80% als erfolgreich zur Bekämpfung des grauen Rapskäfers; gegenüber Bienen ungiftig (*1485*). „Dusturan" gegen Vorratsschädlinge in *Mehl (18)*.

Durch die WEU (*1336*) sowie durch die "Food and Drug Administration" (USA) (*1486*) wurden als höchstzulässige Restmengen in Lebensmitteln für Piperonylbutoxyd 20 mg/kg und für Pyrethrine 3 mg/kg festgelegt. In Kanada wurden für Piperonylbutoxyd 20 mg/kg und für Pyrethrine 3 mg/kg als höchstzulässige Rückstandsmenge in Gerste, Buchweizen, Mais, Reis, Roggen und Weizen festgelegt (*45*).

**Analytik:** Nachweis durch den sog. „Schwefel-Farbtest" (*1487*), oder durch Rotfärbung mit Phosphorsäure und Äthylacetat; reines „Furethrin" ergibt Gelbfärbung (*1488*). Bestimmung von Pyrethrinen im Mehl (*1483*). Bestimmung von „Allethrin", beruhend auf der Umsetzung mit Äthylendiamin zum Amid der Chrysanthemum-carbonsäure und Titration mit Natriummethylat in Pyridinlösung (*1489*). Colorimetrische Bestimmung mit $Na_2S$ (*1490*).

Spezifisches Insecticid gegen Spinnmilben (*1352*).

Ersatz für Arsen im Weinbau zur Bekämpfung des Heu- und Sauerwurms (*1345*). Macht den Weinbau unabhängig von arsenhaltigen Mitteln (*1352*). Nitrocarbazolpräparate sind für Bienen wenig gefährlich (*1491*).

Verwendung als Winterspritzmittel im Obstbau (*1328*). Kontaktinsecticidwirkung durch Eiweißfällung in den Zellen, ferner ovocide Wirksamkeit (*1345*).

Für Dinitrokresol wurde durch die "Food and Drug Administration" in den USA (*1335*) und durch die WEU (*1336*) festgelegt, daß keine Rückstände davon in Lebensmitteln nachweisbar sein dürfen.

**Analytik:** Colorimetrische Bestimmung über die Diaminoverbindung nach Diazotierung und Kuppelung zum Farbstoff (*1492*). Bestimmung nach Reduktion zu Diaminokresol durch Messung der Extinktion des daraus durch Oxydation mit Kaliumchromat entstehenden Aminochinonimins (*1493*).

Ersatz für Bleiarsenat im Obstbau; in den USA angewandt (*1328*).

Als höchstzulässige Restmenge in Lebensmitteln wurden in den USA durch die "Food and Drug Administration" 7 mg/kg festgelegt (*1377*).

| Nr. | Wissenschaftliche Bezeichnung und Formel | Handelsbezeichnungen | Toxicität, physiologisches Verhalten |
|---|---|---|---|
| 402 | **Phenylazopyrrolidin**<br>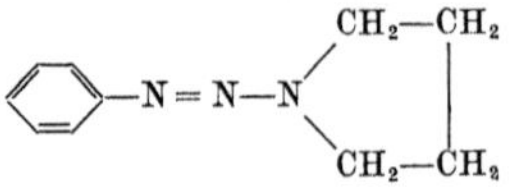 | Nemosan | |
| 403 | **Octachlorcamphen**<br>Chlorcamphen<br>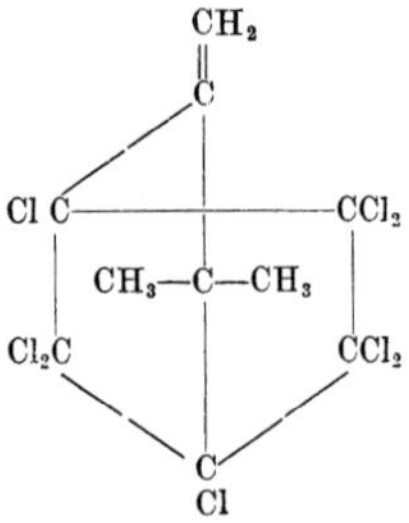 | Toxaphen (Mischung von Chlorcamphen mit anderen chlorierten Terpenen; Chlorgehalt 67 bis 69%) | $LD_{50}$ bei Ratten 69 mg/kg Körpergewicht (*1008*); nach anderen Angaben bis 120 mg/kg (*1336*). „Toxaphen" ist 4mal giftiger als „DDT" (*1403*). 100—400 mg/kg in der täglichen Nahrung von Ratten bewirken erste erkennbare toxische Erscheinungen (*1351*). |
| 404 | **Blausäure**<br>Cyanwasserstoffsäure<br>$HCN$ | Cyclon,<br>Calcid,<br>Calcyan [$Ca(CN)_2$-Präparate] | 100 und 300 mg/kg Blausäure im Futter von Ratten ergaben bei 2 Jahre dauernden Fütterungsversuchen keine Vergiftungserscheinungen (*1496*). |
| 154 | **Methylbromid**<br>$CH_3Br$<br>Vgl. auch S. 94 | | Angaben über die Toxicität vgl. S. 94. |
| 152 | **Äthylenoxyd**<br>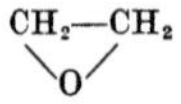<br>Vgl. auch S. 92 | Cartox (10% Äthylenoxyd + 90% $CO_2$),<br>T-Gas,<br>Etox<br>(beide bestehend aus 90% Äthylenoxyd + 10% $CO_2$) | Angaben über die Toxicität vgl. S. 92. |
| 405 | **Dichloräthyläther**<br>$CH_2Cl—CH_2—O—CH_2—CH_2Cl$ | | |

Besonders bewährtes Insecticid gegen verschiedene Forstschädlinge (*1352*).

Angewandt als Insecticid in den USA (*1328*). ,,Toxaphen'' geht nur in geringfügigen Mengen in die *Milch* über (2,5—18,2 mg/l) (*1494*). Bei täglicher Verfütterung von 163—243 mg ,,Toxaphen'' in Luzerne bei Kühen wurden in der Milch 0,1 mg/l Insecticid gefunden (*1420*).

Durch die WEU (*1336*) sowie durch die "Food and Drug Administration" (USA) (*1335*) wurden als höchstzulässige Restmenge in Lebensmitteln 7 mg/kg festgelegt. In der Schweiz nicht zugelassen (*1328*).

**Analytik:** Schnelltest zum Nachweis von ,,Toxaphen'' in Insecticidmischungen durch Farbreaktion mit Pyridin und methanolischer Kalilauge (*1388, 1495*).

Gasförmiges Bekämpfungsmittel gegen Vorratsschädlinge in *Mehl* (*18*). Calciumcyanid wird auch zur Bekämpfung von Pflanzenschädlingen angewandt.

Für CN' wurde durch die "Food and Drug Administration" in den USA (*1335*) sowie durch die WEU (*1336*) festgelegt, daß keine Rückstände davon in Lebensmitteln nachweisbar sein dürfen.

**Analytik:** Argentometrische Bestimmung von Blausäure in Mehl (*81*). Bestimmung von Cyanid (und Thiocyanat), beruhend auf der Umwandlung in Bromcyan und anschließende Farbreaktion mit Benzidin in Pyridin (*1642*).

Anwendung als Schädlingsbekämpfungsmittel bei *Mehl* (*18*). Bei 24stündiger Begasung von Mehl mit 20 g $CH_3Br$ pro m³ Luft wurden Insekten restlos vernichtet. Die so behandelten Mehle zeigten jedoch einen beträchtlichen Gehalt an Bromid, der bei Entlüftung und beim Backen nicht mehr vollständig entfernt werden konnte (*1497*). 2 Tage nach Begasung mit Methylbromid fanden sich in *Kartoffeln, Gemüse* und *Früchten* 0—41 mg/kg, in *Weinbeeren, Pflaumen* und *Pfirsichen* 5—10 mg/kg (*1498*), in *Getreide* bis zu 247 mg/kg Bromid (*1499*).

Die Mittelmeerfruchtfliege, ein Schädling der *Citrusfrüchte*, ließ sich in allen Entwicklungsstadien durch Methylbromidbegasung (10—50 g/m³ Luft) in 6—12 Std. vernichten. Dabei blieben in der Schale 57 mg/kg, im Fruchtfleisch höchstens 32 mg/kg zurück (*1500*). Als höchstzulässige Restmenge an organischem Brom wurden in den USA 5—75 mg/kg je nach Lebensmittel festgelegt.

**Analytik:** Vgl. S. 95.

Schädlingsbekämpfungsmittel für *Mehl* (*18*). Bei Anwesenheit von Feuchtigkeit wird Äthylenoxyd teilweise zu Äthylenglykol umgesetzt.

**Analytik:** Vgl. S. 93.

Anwendung als gasförmiges Schädlingsbekämpfungsmittel bei der *Käselagerung* gegen Käsemilben; derart behandelter Käse wies keine geschmacklichen Nachteile auf (*1502*).

| Nr. | Wissenschaftliche Bezeichnung und Formel | Handelsbezeichnungen | Toxicität, physiologisches Verhalten |
|---|---|---|---|
| 406 | **Äthylendibromid**<br>$CH_2Br—CH_2Br$ | | |
| 407 | **Acrylnitril**<br>Vinylcyanid<br>$CH_2=CH—CN$ | Ventox | |
| 408 | **Phosphorwasserstoff**<br>$PH_3$ | Phostoxin | |

***b) Roden-***

| Nr. | Wissenschaftliche Bezeichnung und Formel | Handelsbezeichnungen | Toxicität, physiologisches Verhalten |
|---|---|---|---|
| 409 | **Chlorphenyl-diazothioharnstoff** | Muritan,<br>Promurit | Toxisch für Warmblüter (*1352*). Giftiger als α-Naphthyl-thioharnstoff für Haustiere (*1503*). |
| 410 | **α-Naphthyl-thioharnstoff**<br><br>Vgl. auch S. 232 | Antu,<br>Muritanyl,<br>Alrato,<br>Nekral,<br>Antrax,<br>Cito,<br>De-Dro,<br>Ratokil,<br>Rattan,<br>Smeesana,<br>Thiox 30,<br>Lubinol,<br>Thiural | $LD_{50}$ bei Ratten 6 mg/kg Körpergewicht (*1008*). Bei 50—100 mg/kg in der Nahrung von Ratten beginnende toxische Erscheinungen (*1351*). Unterschiedliche Toxicität bei verschiedenen Tierarten: $LD_{50}$ bei der Wanderratte 7—9 mg/kg, bei der Hausratte 100 bis 210 mg/kg, bei Hunden 100—250 mg/kg, bei Hühnern 5 g/kg Körpergewicht (*1345*). |
| 411 | **Natriumfluoracetat**<br>Monofluoressigsaures Natrium<br>$CH_2F—COONa$ | P 1080 | $LD_{50}$ bei Ratten 1,7 mg/kg Körpergewicht (*1008*); nach anderer Angabe 0,25 mg/kg (*1336*). 10 bis 25 mg/kg in der Nahrung von Ratten zeigen beginnende chronische Toxicität (*1351*). Mäuse sind wesentlich weniger empfindlich als Ratten (*1507*). |

Schädlingsbekämpfungsmittel für *Getreide, Mais, Reis* sowie andere Ernteprodukte (*1335*). Als höchstzulässige Rückstandsmenge nach der Begasung wurden in den USA 50 mg/kg (berechnet als Br) festgelegt (*1643*).

**Analytik:** Bestimmung des Äthylendibromidgehaltes begaster Früchte durch Zersetzung mit äthanolischer Natronlauge, Oxydation des gebildeten NaBr mit Hypochlorit zu Bromat und jodometrischer Titration desselben (*1622*).

Verwendung als Bekämpfungsmittel gegen Vorratsschädlinge in *Mehl* (*18*).

Verwendung als Bekämpfungsmittel gegen Vorratsschädlinge in *Mehl* (*18*) und gegen Kornkäfer in *Getreide*.

## *ticide*

Wirksam als Rodenticid erst in Dosen, die der *Dosis letalis* für Warmblüter nahekommen. Wird durch Feuchtigkeit gespalten und verliert dadurch an Wirkung (*1352*).

Wichtiges Bekämpfungsmittel gegen Vorratsschädlinge (Nagetiere) im *Getreide* (*18*). Die tödliche Dosis für Nagetiere liegt erheblich unter derjenigen für den Menschen und für Haustiere (*1352*). Bei richtiger Anwendung daher wenig gefährlich (*1345*).

**Analytik:** Papierchromatographische Isolierung und Identifizierung durch Besprühen mit Natronlauge und Prüfung im UV-Licht (blaue Fluorescenz) (*1504*). Colorimetrische Bestimmung mit diazotiertem m-Nitranilin (*1505*). Bestimmung durch Diazotierung des daraus hergestellten α-Naphthylamins und anschließende Titration mit Natriumnitrit (*1506*).

Das Natriumsalz der Monofluoressigsäure wird in den USA als Rodenticid angewandt (*1352*) und hat sich hierbei bewährt (*1508*). Die Wirkung beruht auf der Unterbrechung des Citronensäurecyclus (*1352*).

Als höchstzulässige Restmenge an fluorhaltigen Verbindungen in Lebensmitteln wurden in den USA durch die "Food and Drug Administration" (*1377*) sowie durch die WEU (*1336*) 7 mg/kg festgesetzt.

| Nr. | Wissenschaftliche Bezeichnung und Formel | Handelsbezeichnungen | Toxicität, physiologisches Verhalten |
|---|---|---|---|
| | *Cumarinderivate* Beispiele: | | *Cumarinhaltige Präparate* sind auch für Haustiere giftig; sie setzen die Gerinnungsfähigkeit des Blutes herab und führen zum Tod durch innere Verblutung (*1509*). |
| 412 | **3-($\alpha$-Phenyl-$\beta$-acetyl)--äthyl-4-oxycumarin** 3-[$\alpha$-acetonylbenzyl]--4-oxycumarin | Warfarin, Marcoumar, Compound 42, Dethmor | *Warfarin:* $LD_{50}$ bei Ratten 160 mg/kg Körpergewicht (*1008*); nach anderen Angaben 5—10 mg/kg (*1336*). 0,09 mg bei täglicher Aufnahme durch eine 300 g schwere Ratte erwiesen sich in 5 Tagen als tödlich (*1345*). Vgl. auch die Angaben über die Toxicität von Cumarinderivaten auf S. 124. |
| 413 | **3-($\alpha$-p-Chlorphenyl-$\beta$-acetyl)--äthyl-4-oxycumarin** Vgl. auch S. 124 | Tomorin, Actosin, Cumarax | |
| 414 | **Cyclo-trimethylen-trinitramin** | Hexogen, Cyclonit | $LD_{50}$ bei Ratten 50 mg/kg Körpergewicht (*1512*). Beim Menschen bewirkten 150 g außer Erbrechen keine Schädigungen; sehr wenig gefährlich gegenüber Haustieren und dem Menschen (*1512*). |

## 3. Stoffe gegen das Auskeimen von Ernteprodukten

| Nr. | Wissenschaftliche Bezeichnung und Formel | Handelsbezeichnungen | Toxicität, physiologisches Verhalten |
|---|---|---|---|
| 415 | **$\alpha$-Naphthylessigsäure-methylester** | Rhizopon C, Belvitan K, Depon, Mena | $LD_{50}$ bei Ratten 1 g/kg Körpergewicht (*1008*). Zwischen 0,25—2% in der Nahrung von Ratten liegt die Grenzkonzentration sichtbarer toxischer Wirkungen (*1351*). Keine Tumorbildung bei Mäusen durch $\alpha$-Naphthylessigsäure (*1641*). |

Neue gut wirkende Rodenticide (*1510*).

**Analytik:** Vgl. S. 125.

Neues Rattenbekämpfungsmittel, angewandt in Form von Beimischungen zum Köder oder als Streupulver (*1512*).

## und Unkrautvertilgungsmittel (Herbicide)

Gutes Mittel gegen das Auskeimen von *Kartoffeln* (*1513*). In den USA überwiegend für diesen Zweck angewandt (*1514*). Es findet eine Verminderung des Gewichtsverlustes um die Hälfte statt (*1515*). Die Keimungshemmung wird durch eine Wuchsstoffüberdosierung hervorgerufen (*1345*). Die Anwendungsdosen liegen zwischen 15 und 85 mg/kg. Durch die Knolle werden davon nur etwa 5% aufgenommen, hiervon verbleiben in der Schale 4% (= 80% der aufgenommenen Menge) (*1516*). Der keimungshemmende Effekt nimmt mit steigender Lagertemperatur ab (*1517*). Die so behandelten Kartoffeln erwiesen sich als schmackhaft und verfärbten sich nicht beim Kochen (*1518—19*). Durch Behandlung mit 3,5%igem α-Naphthylessigsäure-methylester-Staub bei der Lagerung von Kartoffeln konnten Vitamin C, Stärke und Zucker monatelang erhalten werden (*1520*). Verstärktes Auftreten der *Fusarium*-Trockenfäule bei Kartoffeln nach Behandlung mit α-Naphthylessigsäure-methylester (*1521*).

Behandlung von *Birnen* mit α-Naphthylessigsäure-methylester [wie auch mit „2,4-D" (vgl. S. 228), „2,4,5-T" (vgl. S. 228) und 4-Chlorphenoxyessigsäure (vgl. S. 230)] in Konzentrationen von 15—500 mg/kg ergab bei der Ernte intensiver gefärbte, jedoch weichere Früchte bei geringerer Haltbarkeit (*1522*).

| Nr. | Wissenschaftliche Bezeichnung und Formel | Handelsbezeichnungen | Toxicität, physiologisches Verhalten |
|---|---|---|---|
| 416 | **β-Indolylessigsäure** <br><br> (Strukturformel: Indol-Ring mit –$CH_2$–COOH) | Heteroauxin | |
| 417 | **2,4-Dichlor-phenoxyessigsäure** <br><br> (Strukturformel: Cl, Cl–Ring–O–$CH_2$–COOH) <br><br> *Derivate der 2,4-Dichlor--phenoxyessigsäure* <br><br> Beispiel: | 2,4-D, Hedonal, U 46, Selekton, Agropur, Dikofag (obige Handels-bezeichnungen gelten für die freie Säure und/oder ihre Derivate) | $LD_{50}$ bei Ratten 500 mg/ kg Körpergewicht (*1008*). 0,1—0,5% in der Nahrung von Ratten bewirkten beginnende Schädigun-gen (*1351*). Mit „2,4-D" behandelte Tomaten, 2 Jahre lang an Ratten verfüttert, bewirkten Wachstumshemmung (*1332*). In der Praxis unschädlich für Tiere (*1391*). Kein Auftreten von Tumoren bei Be-handlung von Mäusen mit 2,4-Dichlorphenoxy-essigsäure (*1640*). |
| 418 | **2,4-Dichlor-phen-oxyessigsäure-amylester** <br><br> (Strukturformel: Cl, Cl–Ring–O–$CH_2$–COO–$CH_2$–$CH_2$–CH mit $CH_2$ und $CH_2$) <br><br> Vgl. auch S. 234 | | |
| 419 | **2,4,5-Trichlor-phenoxyessigsäure** <br><br> (Strukturformel: Cl, Cl, Cl–Ring–O–$CH_2$–COOH) <br><br> *Derivate der 2,4,5-Trichlor--phenoxyessigsäure* <br><br> Beispiele: | 2,4,5-T, Weedon, TCP, Tormona (obige Handels-bezeichnungen gelten für die freie Säure und/oder ihre Derivate) | $LD_{50}$ bei Ratten 300 mg/ kg Körpergewicht (*1008*). 0,1—0,5% im täglichen Futter zeigen beginnende Toxicität bei Ratten (*1351*). 0,1% „2,4,5-T", 30 Wochen lang an Rat-ten verfüttert, bewirkten beginnende histologische Veränderungen (*1332*). |
| 420 | **2,4,5-Trichlor-phenoxy-essigsäure-isopropylester** <br><br> (Strukturformel: Cl, Cl, Cl–Ring–O–$CH_2$–COO–CH mit $CH_3$ und $CH_3$) | | |

Als höchstzulässige Restmenge in Lebensmitteln wurde in den USA durch die "Food and Drug Administration" 1 mg/kg festgesetzt (*1377*).

Besonders wirksam als Herbicid gegen Dikotyledonen (*1345*). In kleinen Konzentrationen wirkt „Heteroauxin" wachstumssteigernd, so findet z. B. eine Beschleunigung der Wurzelbildung bei *Phlox paniculata* durch 200 mg/kg Heteroauxin statt (*1523*). In großen Konzentrationen wird das Wachstum derart gesteigert, daß die Pflanze an zu raschem Wachstum eingeht.

**Analytik:** Papierchromatographische Bestimmung (*1524*). Colorimetrische und biologische Bestimmung sowie chromatographische Trennung (*1525*).

Anwendung als Sprüh- oder Bestäubungsmittel (*1345*). Besprühung von *Früchten* mit in Öl gelöstem „2,4-D" verhindert deren vorzeitigen Abfall; durch geringe Konzentrationen erfolgt eine Wachstumsanregung (*1345*). Ferner Anwendung als Herbicid. Breitblättrige Pflanzen werden angegriffen, schmalblättrige nicht; daher besonders wirksam gegen Wildpflanzen aus der Klasse der Dikotyledonen. Die Säure ist nicht wasserlöslich; die Anwendung erfolgt daher als Alkali-, Ammonium- und Aminsalz oder als Ester.

Als Sprühmittel zur Bodenvorbehandlung angewandt, ergab eine Mischung von „2,4-D" und „2,4,5-T" (vgl. Nr. 419) die besten Resultate; Anwendungsweise: 15 lbs/ha (entsprechend 681 mg/m²), 14—35 Tage vor der Aussaat (*1528*). 6—13 kg „2,4-D"/ha (entsprechend 600 bis 1300 mg/m²) reduzierten *Colchicum autumnale* zu 50%; die Sprühung ist 3 Jahre lang wirksam (*1529*). Der Wirkungsmechanismus beruht wahrscheinlich auf der Verdrängung von Auxinen aus den Wachstumsspitzen (*1530*).

0,5%, „2,4-D" (bzw. 0,2% „2,4,5-T") verglängern die Lagerhaltbarkeit von damit besprühten *Citronen* (*1531*). Verlängerte Haltbarkeit von Citronen durch Zugabe von 0,01—0,1% „2,4-D" oder „2,4,5-T" zur Wachsemulsion, mit der die Früchte vor der Einlagerung behandelt werden (*1532*). Verhinderung des Blattabfalles bei der Lagerung von *Blumenkohl* durch Behandlung mit 50 mg/kg „2,4-D" (als Amylester) oder einer Mischung aus „2,4-D" und α-Naphthylessigsäure-methylester in Kombination mit "Tween 20" (*1533*). Bei mit *Saccharomyces cerevisiae* beimpftem *Traubenmost* wirkten erst Konzentrationen über 300 mg/l gärungshemmend (*1534*).

Als höchstzulässige Restmenge in Lebensmitteln wurden in den USA durch die "Food and Drug Administration" (*1335, 1377*) sowie durch die WEU (*1336*) 5 mg/kg festgelegt.

**Analytik:** Nachweis mit Nitrit und Schwefelsäure (*1535*). Spektrophotometrische Bestimmung (*1536*). Bestimmung durch Farbreaktion mit Chromotropsäure (*1537, 1538*).

Stärkstes Herbicid dieser Gruppe; besonders bewährt gegen holziges Unkraut (*1345*). Behandlung mit „2,4,5-T" verhindert das Abfallen von *Äpfeln* vor der Ernte (*1540*). *Citrusfrüchte*, die im Sprüh- oder Tauchverfahren mit „2,4,5-T" (bzw. „2,4-D") behandelt wurden, zeigten verlängerte Haltbarkeit, wobei sich „2,4,5-T" als wirksamer erwies (*1541*). Durch Eintauchen in eine 200 mg/l „2,4,5-T" enthaltende Wasser/Wachsemulsion konnten Citronen gegen Fäulnis und vorzeitiges Gelbwerden geschützt werden (*1542*).

Bei Anwendung von 0,1% „2,4,5-T" (als Isopropyl- oder Butylester) wurde in damit behandelten Citronen nach 2—3 monatiger Lagerzeit kein Rückstand mehr gefunden (*1532*). Besprühung mit „2,4,5-T" verursachte Vergrößerung der Früchte, schnellere Reifung, verminderten Fruchtabfall und raschere Farbentwicklung (*1543*).

**Analytik:** Nachweis mit Nitrit und Schwefelsäure (*1535*). Spektrophotometrische Bestimmung (*1536*). Bestimmung nach der Isotopen-Verdünnungsmethode (*1538*).

| Nr. | Wissenschaftliche Bezeichnung und Formel | Handelsbezeichnungen | Toxicität, physiologisches Verhalten |
|---|---|---|---|
| 421 | **2,4,5-Trichlor-phenoxyessigsäure--butylester**<br><br>$Cl$<br>$Cl$—[Ring]—$O$—$CH_2$—$COO$—$CH_2$—$CH_2$—$CH_2$—$CH_3$<br>$Cl$<br><br>Vgl. auch S. 234 | | |
| 422 | **4-Chlor-phenoxyessigsäure**<br><br>$Cl$—[Ring]—$O$—$CH_2$—$COOH$ | | |
| 423 | **2-Methyl-4-chlor--phenoxyessigsaures Natrium**<br><br>$CH_3$<br>$Cl$—[Ring]—$O$—$CH_2$—$COONa$ | Ancion,<br>Methoxon,<br>Selektonon M,<br>Utox M,<br>Hedonal M,<br>Celatox,<br>Nolachit,<br>MCPA,<br>M 52,<br>U/46 M | Letale Dosis bei Mäusen 28 mg/kg Körpergewicht (subcutan oder intravenös) (*674*). |
| 424 | **Trichloressigsaures Natrium**<br>Natriumtrichloracetat<br>$CCl_3$—$COONa$ | TCA,<br>NaTa | |
| 400 | **4,6-Dinitro-o-kresol-Natrium**<br><br>$OH(Na)$<br>$O_2N$—[Ring]—$CH_3$<br>$NO_2$<br><br>Vgl. auch S. 220 | DNOC,<br>Extar,<br>Sandolin | Angaben über die Toxicität vgl. S. 220. |
| 425 | **2,4-Dinitro-6-isobutylphenol**<br><br>$OH$<br>$O_2N$—[Ring]—$C$($CH_3$)($CH_3$)($CH_3$)<br>$NO_2$ | DNBP,<br>Gebutox,<br>Hivertox,<br>Subitex,<br>BNP 30 | |
| 426 | **2,3,5,6-Tetrachlor-nitrobenzol**<br><br>$NO_2$<br>$Cl$—[Ring]—$Cl$<br>$Cl$—[Ring]—$Cl$ | TCNB,<br>Fritosan | Die toxische Grenzdosis für Ratten liegt bei 0,135% in der Nahrung (entsprechend 365 mg/1000 kcal) (*1013*). |

Angaben vgl. S. 229.

Blattbesprühung beeinflußt beim Weinstock die Traubenentwicklung günstig (*1544*). Spritzungen von *Brombeeren* am Strauch bewirkten Vergrößerung der Früchte bis zu 20% (*1545*). Die Verbindung wirkt bei Besprühung 4 Tage vor der Ernte günstig auf die Erhaltung von Vitamin C in Früchten (*1546*). Sprühungen mit 400—800 mg/kg (bezogen auf die Früchte) verzögern die physiologischen Abbauvorgänge in *Ananasfrüchten* (*1547*).

**Analytik:** Bestimmung nach der Isotopen-Verdünnungsmethode (*1538*).

Ähnliche Anwendung und Wirkung wie „2,4-D" (vgl. S. 229); jedoch ist die Bodenwirkung anhaltender und Überdosierung weniger gefährlich (*1345*).

**Analytik:** Nachweis mit Nitrit und Schwefelsäure (*1535*). Bestimmung nach der Isotopen-Verdünnungsmethode (*1538*).

In den USA als Herbicid angewandt. Wirksam sowohl gegen Monokotyledonen wie auch gegen Dikotyledonen (*1345*). Anwendung der Trichloressigsäure zur Verhinderung der Keimung von *Kartoffeln* (*1548*).

Angewandt als Unkrautbekämpfungsmittel; als Na-Verbindung wasserlöslich; in 0,7% iger Lösung wirksam gegen Dikotyledonen (durch Verätzung) (*1345*).

Für Dinitrokresol wurde von der "Food and Drug Administration" (USA) (*1335*) sowie durch die WEU (*1336*) festgelegt, daß keine Rückstände davon in Lebensmitteln nachweisbar sein dürfen.

**Analytik:** Vgl. S. 221.

Bewährtes Unkrautvertilgungsmittel für Erbsenkulturen (*1345*).

Für Dinitro-butylphenol wurde durch die "Food and Drug Administration" in den USA (*1335*) festgelegt, daß keine Rückstände davon in Lebensmitteln nachweisbar sein dürfen.

Verhindert das Auskeimen und den dadurch bedingten Gewichtsverlust von *Kartoffeln* (*1518*); jedoch nur schwache Wirkung (*1513*). Bei Anwendung von 134 mg/kg „TCNB" (bezogen auf Kartoffeln) zur Verhinderung des Auskeimens blieben als Restmenge 1—2 mg/kg zurück (vorwiegend in der Schale) (*1550*). In England am häufigsten angewandtes Mittel zur Verhinderung des Keimens von Kartoffeln (*1514*). Kein verstärktes Auftreten von *Fusarium*-Trockenfäule nach Behandlung mit Tetrachlor-nitrobenzol (im Gegensatz zu α-Naphthyl-essigsäure-methylester) (*1521*).

| Nr. | Wissenschaftliche Bezeichnung und Formel | Handelsbezeichnungen | Toxicität, physiologisches Verhalten |
|---|---|---|---|
| 427 | **Octachlorpenten**<br>1,1,2,3,3,4,5,5-Octachlorpenten-1<br>$Cl_2C = CCl—CCl_2—CHCl—CHCl_2$ | | |
| 410 | **$\alpha$-Naphthyl-thioharnstoff**<br>$S = C \big\langle{}^{NH_2}_{NH—}$<br><br>Vgl. auch S. 224 | Antu | Angaben über die Toxicität vgl. S. 224. |
| 428 | **Isopropyl-N-phenyl-carbaminat**<br>—NH—COO—CH$\big\langle{}^{CH_3}_{CH_3}$ | IPC,<br>Agermin,<br>Bikartol-Neu,<br>Tixit | $LD_{50}$ bei Ratten 1 g/kg Körpergewicht *(674)*. 275 mg/1000 kcal (= 910 mg/kg im Futter) in der Nahrung von Schweinen wurden gut vertragen; Wachstum, Blutbild und anatomische Befunde waren normal *(1013)*. |
| 429 | **Isopropyl-N-phenyl-thiocarbaminat**<br>—NH—C(=S)—O—CH$\big\langle{}^{CH_3}_{CH_3}$ | | 25 mg, intravenös bei Mäusen verabreicht, zeigten noch keine toxischen Erscheinungen *(1549)*. |
| 430 | **3-(p-Chlorphenyl)-<br>-1,1-dimethylharnstoff**<br>$O = C \big\langle{}^{N(CH_3)_2}_{NH—C_6H_4—Cl}$ | CMU,<br>Karmex W | |
| 431 | **3-(3,4-Dichlorphenyl)-<br>-1,1-dimethylharnstoff**<br>$O = C \big\langle{}^{N(CH_3)_2}_{NH—C_6H_3Cl_2}$ | | |
| 432 | **$\alpha,\alpha$-Dichlorpropionsäure**<br>$CH_3—CCl_2—COOH$ | Dalapon | |

**Analytik:** Polarographische Bestimmung (*1551*). Colorimetrische Bestimmung des mit Aceton und Tetraäthylammoniumhydroxyd gebildeten farbigen Komplexes (*1552*).

200—800 mg/kg Octachlorpenten hemmen die Keimung von *Kartoffeln* bei niederen Lagertemperaturen, ohne die Keimfähigkeit zu schädigen (*1556*).

Vorgeschlagen als Unkrautbekämpfungsmittel (*1345*).

**Analytik:** Vgl. S. 225.

Angewandt zur Verhinderung des Auskeimens von *Kartoffeln* (*1557, 1561*). Besonders wirksames Herbicid gegen Gräser (*1352*). Selektive Wirkung gegen Monokotyledonen (*1345*). „IPC" wurde nach dem Besprühen von *Salat* auf diesem nur in einer Menge von 0,16 mg/kg gefunden (*1558*). Vorgeschlagen zur Haltbarmachung von *Gemüse* und Kartoffeln (*1559*).

**Analytik:** Bestimmung des bei der sauren Hydrolyse entwickelten Kohlendioxyds (*1560*) bzw. Anilins (*1558*).

Isopropyl-N-phenyl-thiocarbaminat erwies sich als besseres Mittel gegen das Auskeimen von *Kartoffeln* als α-Naphthylessigsäure-methylester (*1549*).

Besonders geeignet zur Bekämpfung von Gräsern (*1345*). Anwendung als Unkrautvertilgungsmittel auf Spargelfeldern. Dosenkonserven aus so behandeltem *Spargel* zeigten auch nach 6 Monaten einwandfreien Geschmack (*1562*).

Die Anwendung entspricht derjenigen von „Karmex W" (vgl. Nr. 430).

Von der "Food and Drug Administration" wurde für diese Verbindung in den USA bei *Baumwollsamen, Kartoffeln, Zuckerrohr* und *Trauben* eine zulässige Höchstmenge von 1 mg/kg festgelegt (*1563*).

Anwendung als Wachstumsregler; die Verbindung wird von allen vegetativen Teilen der Gräser aufgenommen und dient zur selektiven Vernichtung von Monokotyledonen (*1564*).

| Nr. | Wissenschaftliche Bezeichnung und Formel | Handelsbezeichnungen | Toxicität, physiologisches Verhalten |
|---|---|---|---|
| 433 | **Maleinsäurehydrazid** <br><br> 1,2-Dihydropyridazin-3,6-dion | | $LD_{50}$ bei Ratten 4 g/kg Körpergewicht (*1008*). 5% in der Nahrung erwiesen sich bei täglicher Aufnahme 17 Wochen lang bei Ratten als Grenzdosis für sichtbare toxische Erscheinungen (*1351*). Verdacht auf cancerogene Wirkung infolge Chromosomenzerstörung (*1565*). |

**4. Reifungsbeeinflussende**

| Nr. | Wissenschaftliche Bezeichnung und Formel | Handelsbezeichnungen | Toxicität, physiologisches Verhalten |
|---|---|---|---|
| 151 | **Äthylen** <br> $CH_2=CH_2$ <br><br> Vgl. auch S. 92 und 144 | | |
| 434 | **Äthylenchlorhydrin** <br> $\underset{OH}{CH_2}-\underset{Cl}{CH_2}$ | | |
| 435 | **Essigsäureäthylester** <br> Äthylacetat <br> $CH_3-COO-CH_2-CH_3$ | | |
| 436 | **Acetylen** <br> $HC\equiv CH$ | | |
| 417 | **2,4-Dichlor-phenoxyessigsäure** | 2,4-D, Hedonal, U 46, Selektonon, Agropur, Dikofag | Angaben über die Toxicität vgl. S. 228. |
| 419 | **2,4,5-Trichlor-phenoxyessigsäure** <br><br> Vgl. auch S. 228 | 2,4,5-T, Weedon, TCP, Tormona | |

Verhindert das Auskeimen von *Kartoffeln* (*1566*). Besprühung durch wäßrige Lösungen mit einem Maleinsäurehydrazidgehalt von 0,05 — 0,25% verhindert das Auskeimen von *Zwiebeln*, *Kartoffeln* und *Zuckerrüben* (*1567*). Beim Besprühen von *Äpfeln* vor der Ernte wird deren Weichwerden verhindert. Der durch Behandlung mit ,,2,4-D'', ,,2,4,5-T'' oder α-Naphthylessigsäure-methylester hervorgerufene Effekt des Weichwerdens von Früchten wird durch Zugabe von Maleinsäurehydrazid verhindert, ohne daß dadurch die Verzögerung des Abfallens beeinträchtigt würde (*1568*). Verbesserte Lagerhaltbarkeit durch Besprühen mit Maleinsäurehydrazidlösungen (*1569*).

Als Herbicid wird Maleinsäurehydrazid in 0,2%iger Lösung als Diäthanolaminsalz (30% Maleinsäurehydrazid) oder als Natriumsalz (40% Maleinsäurehydrazid) angewandt. Es wirkt selektiv auf Monokotyledonen, da Dikotyledonen von einem bestimmten Alter an nicht mehr geschädigt werden (*1345, 1570*). Nach Behandlung von *Zwiebeln* mit Maleinsäurehydrazid konnten unmittelbar nach der Ernte bis zu 12 mg/kg gefunden werden (*1571*). Übersicht über die Anwendung des Maleinsäurehydrazids (zur Verhinderung des Keimens von Kartoffeln und Zwiebeln, gegen Sprossen von *Tabakwurzeln* und zur Unkrautbekämpfung) im Schrifttum (*1572*).

**Analytik:** Polarographische Bestimmung (*1573*).

## Stoffe

Äthylen regt die Reifung *spätreifender Früchte* an (*1574*); gleichzeitig tritt Bleichung durch Zerstörung des Chlorophylls ein. Unter einer Äthylenatmosphäre gelagerte *Birnen* zeigten beschleunigte Reifung (*1575*). Angewandt auch bei *Orangen* (*1574*). Äthylen wirkt ferner keimungshemmend auf *Kartoffeln*. Hierbei ist die Wirkung konzentrationsabhängig (*1514*). In Cypern ist die Äthylengasbehandlung zur rascheren Farbentwicklung von Citronen zulässig (*46*).

**Analytik:** Vgl. S. 93.

Wirksamstes Mittel zur Beschleunigung des Auskeimens bei Saatkartoffeln (*1576*).

Lagerung von *Birnen* in einer Äthylacetat-Atmosphäre ruft eine Verzögerung der Reifung hervor (*1575*).

In einer Konzentration von 1% in der Lageratmosphäre wird Acetylen zur schnelleren Reifung von *Citrusfrüchten*, *Pflaumen* und *Tomaten* angewandt (*1575*).

In sehr großer Verdünnung angewandt, wirken ,,2,4-D'' und ,,2,4,5-T'' als Reifungsbeschleuniger. 50 mg/l ,,2,4,5-T'', 4 Wochen vor der Ernte auf *Früchte* versprüht, ergaben eine um eine Woche frühere Reifung; Größe, Farbe und Geschmack der Früchte blieben unbeeinflußt (*1577*).

# Literatur


1. HECHT, G.: Toxikologische Daten von Farbstoffen und ihre Zulassung für Lebensmittel in verschiedenen Ländern. Mitt. 6 der Kommission zur Bearbeitung des Lebensmittelfarbstoffproblems (Deutsche Forschungsgemeinschaft) vom 1. XII. 1955.
2. Data Sheets on Food Colours. Hrsg. von der World Health Organization (WHO), Genf, vom 5. VII. 1957.
3. Mitt. I der Kommission zur Prüfung der Lebensmittelkonservierung (Deutsche Forschungsgemeinschaft) vom 11. X. 1954.
4. SOUCI, S. W.: Z. Lebensmittel-Unters. u. -Forsch. (Ges. u. VO.) 93, 37 (1951).
5. SOUCI, S. W.: Dtsch. med. Wschr. 1955, 1761.
6. LEHMAN, A. J., W. I. PATTERSON, B. DAVIDOW, E. C. HAGAN, G. WOODARD, E. P. LAUG, J. P. FRAWLEY, O. G. FITZHUGH, A. R. BOURKE, J. H. DRAIZE, A. A. NELSON and B. J. VOS: Food, Drug, Cosmetic Law J. 10, 679 (1955).
7. D. A. A. MOSSEL: Z. Lebensmittel-Unters. u. -Forsch. 102, 254 (1955).
8. SCHELHORN, M. V.: Adv. Food Res. 3, 429 (1951).
9. HAMPEL, H., Essex, Mass.: USP 2303740 (1940).
10. LERCHE, M., u. L. HEPP: Tierärztl. Rdsch. 47, 527, 539 (1941).
11. Federal Register 21, 5619 (1956); ref. Chem. Abstr. 50, 14990 (1956).
12. KÖSZEGI, D., u. E. SALGO: Z. analyt. Chem. 143, 423 (1954).
13. ARCAND, G. M., and E. H. SWIFT: Analyt. Chemistry 28, 440 (1956).
14. PRISTAVKA, D., u. V. KREMÉRY: Chem. Zvesti (slowak.) 10, 183 (1956); ref. Z. analyt. Chem. 154, 282 (1957).
15. ARNOLD, A., and F. C. GOBLE: Cereal Chem. 27, 375 (1950); ref. Food Sci. Abstr. 24, No. 1220 (1952).
16. ARNOLD, A., and F. C. GOBLE: J. Nutrit. 41, 459 (1950); ref. Food Sci. Abstr. 25, No. 2224 (1953).
17. ROHRLICH, M., u. G. BRÜCKNER: Z. Lebensmittel-Unters. u. -Forsch. 94, 324 (1952).
18. ROHRLICH, M., u. G. BRÜCKNER: Das Getreide, I. Teil. Berlin: A. W. Hayn's Erben 1956.
19. Mühlenchemie G.m.b.H., Frankfurt: DRP 577238 (1923).
20. CHITTY, C. W., Dover, u. W. JAGO, London: DRP 262733 (1911).
21. DOTY, J. M., and R. C. SHERWOOD: Cereal Chem. 27, 409 (1950); ref. Food Sci. Abstr. 24, No. 1221 (1952).
22. DOOSE, O., u. K. WOLTER: Brot u. Gebäck 7, 197 (1953).
23. JACOBS, M. B.: The Chemistry and Technology of Food and Food Products. Bd. III. 2. Aufl. New York: Interscience Publishers Inc. 1951.
24. Dtsch. Lebensmittel-Rdsch. 53, 24 (1957).
25. KOLTHOFF, J. M., u. E. M. CARR: Analyt. Chemistry 25, 298 (1953).
26. DREWS, E.: Getreide u. Mehl 2, 57 (1952).
27. PFEIFFER, C. C., L. F. HALLMAN u. I. GERSH: J. Amer. Med. Assoc. 128, 266 (1945); ref. Chem. Abstr. 39, 3071 (1945).
28. J. Amer. Med. Assoc. 129, 332 (1945).
29. SCHELHORN, M. V.: Dtsch. Lebensmittel-Rdsch. 48, 102 (1952).
30. POULSSON, E.: Lehrbuch der Pharmakologie. 16. Aufl. Leipzig: S. Hirzel 1949.
31. ROST, E.: Arb. Reichsgesdh.amt 19, 1 (1902).
32. FLURY, F., u. H. ZANGGER: Lehrbuch der Toxikologie. Berlin: Julius Springer 1928.
33. HEFFTER, A.: Arb. Reichsgesdh.amt 19, 109 (1902).
34. EICHHOLTZ, F.: Lehrbuch der Pharmakologie. 3. u. 4. Aufl. Berlin: Springer 1944.
35. REITH, J. F., u. H. VAN GENDEREN: Conserva 4, 326 (1956); ref. Chem. Abstr. 51, 3855 (1957).
36. Z. Lebensmittel-Unters. u. -Forsch. (Ges. u. VO.) 96/97, 36 (1953).
37. ARTIMINI, P., Florenz: DRP 11027 (1879).
38. JANNASCH, H., Bernburg: DRP 72887 (1892).
39. OPPERMANN, H., Bernburg: DRP 80002 (1893).
40. J. Amer. Med. Assoc. 83, 1699 (1924).
41. SABALITSCHKA, TH.: Veneficus. Z. Pharmacie (Oslo) 1937, Nr. 7 u. 8.
42. RAIBLE, K.: Fette u. Seifen 58, 100 (1956).

43. Mitt.-Bl. GDCh.; Fachgr. Lebensm.-Chem., gerichtl. Chem. 8, 167 (1954).
44. Statutory Instrument 1953, Nr. 1820; The Public Health (Preservatives in Food) (Amendment Nr. 2) Regulations, 10. XII. 1953.
45. Current Food Additives Legislation (FAO), Nr. 3 (27. VIII. 1956).
46. Current Food Additives Legislation (FAO), Nr. 1 (1. VI. 1956).
47. MOSSEL, D. A. A., u. G. EIJGELAAR: Conserva 5, 7 (1956/57).
48. DUCKER, L. F., and G. A. LITTLE, Orlando Fla.: USP 2328265 (1941).
49. GODFREY, G. H., and A. L. RYALL: Texas Agric. Exper. Sta., Bull. 701 (Juli 1948).
50. Mühlenchemie G.m.b.H., Frankfurt: DRP 431749 (1924).
51. Dtsch. Lebensmittel-Rdsch. 53, 24 (1957).
52. QUENTIN, K.-E.: Z. Lebensmittel-Unters. u. -Forsch. 95, 305 (1952).
53. BARON, H.: Z. analyt. Chem. 143, 339 (1954).
54. Nordisk Metodik-Komite for Levnedsmidler 1950, Nr. 1.
55. SCHULEK, E., u. G. VASTAGH: Z. analyt. Chem. 84, 167 (1931); 87, 165 (1931).
56. SCHULEK, E., O. SZAKÁCS u. M. SZAKÁCS: Z. analyt. Chem. 151, 1 (1956).
57. SMITH, W. C., A. I. GOUDIE and I. N. SIVERTSON: Analyt. Chemistry 27, 295 (1955).
58. ALLISON, J. B., J. I. WHITE, E. P. AJEMIAN and J. S. ROTH: Cereal Chem. 27, 495 (1950); ref. Food Sci. Abstr. 24, Nr. 1219 (1952).
59. NEWELL, G. W., S. N. GERSHOFF, H. M. SUCKLE, W. F. GIBSON, T. C. ERICKSON and C. A. ELVEHJEM: Cereal Chem. 26, 160 (1949); ref. Food Sci. Abstr. 22, Nr. 1467 (1950).
60. MORAN, T., J. PACE and E. E. McDERMOTT: Nature (London) 171, 103 (1953); ref. Food Sci. Abstr. 27, Nr. 941 (1955).
61. VINCENT, G. P., J. D. MACMAHON and J. F. SYNAN: Amer. J. Publ. Health, Nation's Health 36, 1035 (1946); ref. Chem. Abstr. 40, 6719 (1946).
62. HAYNES, R., and J. O. MUNDT: Food Industr. S. Afric. 20, 71, 202 (1948).
63. SCHANDERL, H., STAUDENMAYER u. M. RÖSSLER: Industr. Obst- u. Gemüseverwert. 37, 338 (1952).
64. ELLIKER, P. R., and K. R. SPURGEON: J. Dairy Sci. 31, 724 (1948); ref. Food Sci. Abstr. 22, Nr. 114 (1950).
65. PRYOR, D. E.: Wallace and Tiernan Products Corp., Bellville N.Y.: USP 2539470(1947).
66. LUNDBORG, M., S. LINDHE and O. LEVIN: Transactions of Chalmers University of Technology 1950, Nr. 99, Göteborg (Schweden).
67. LUNDBORG, M.: Sv. kem. Tidskr. 67, 523 (1955); ref. Ernährungswirtsch. 4, 43 (1957).
68. PARTMANN, W.: Z. Lebensmittel-Unters. u. -Forsch. 94, 246 (1952).
69. SPILDE, O.: Tidsskr. Hermetikind. 36, 201 (1950); ref. Food Sci. Abstr. 26, Nr. 90 (1954).
70. RIEMANN, H.: Konserves 11, 21 (1953); ref. Food Sci. Abstr. 26, Nr. 91 (1954).
71. CARDINELL, H. A.: Quart. Bull. Michigan Agric. Exp. Sta. 35, 34 (1952); ref. Food Sci. Abstr. 25, Nr. 2525 (1953).
72. CARDINELL, H. A., and C. G. BARR: Quart. Bull. Michigan Agric. Exp. Sta. 35, 39 (1952); ref. Food Sci. Abstr. 25, Nr. 2526 (1953).
73. PARKER, R. B., and P. R. ELLIKER: J. Milk Food Technol. 14, 52 (1951); ref. Food Sci. Abstr. 25, Nr. 800 (1953).
74. PRYOR, D. E., and J. C. BAKER, Wallace and Tiernan Products Corp., Bellville N.Y.: USP 2531463 (1948).
75. SCHÖNBERG, F.: Molkerei-Ztg., Hildesheim 6, 181 (1952).
76. MOUTON, J., et R. BOREZÉE: Oléagineux 4, 271 (1949); ref. Chem. Abstr. 43, 8705 (1949).
77. MARTEL, H.: Rev. gén. Froid 25, 775 (1948); ref. Food Sci. Abstr. 22, No. 1315 (1950).
78. STAUDT, E., Niederuzwil (Schweiz): DRP 515843 (1926).
79. RÜTER, R., Köln-Deutz: DRP 608947 (1932).
80. HARREL, C. G.: Industr. Engng. Chem. 44, 95 (1952); ref. Food Sci. Abstr. 25, Nr. 2223 (1953).
81. ROHRLICH, M., u. G. BRÜCKNER: Das Getreide, II. Teil, Berlin: A. W. Hayn's Erben 1957.
82. Current Food Additives Legislation (FAO), Nr. 1 (1. VI. 1956).
83. CREMER, H. D.: Z. Lebensmittel-Unters. u. -Forsch. 96, 188 (1953).
84. KULMAN, J.: Z. Getreidewes. 18, 162 (1931).
85. LIPPS, G., u. P. GAERTNER: Z. analyt. Chem. 139, 188 (1953).
86. HODGEN, H. W., and R. S. INGOLS: Analyt. Chemistry 26, 1224 (1954).
87. PROVVEDI, F.: Chim. e Ind. (Milano) 36, 541 (1954); ref. Chem. Zbl. 1955, 7046.
88. HIRSCH, P.: Chemische Konservierung von Lebensmitteln. 2. Aufl. Dresden u. Leipzig: Theodor Steinkopff 1956.
89. HÖGL, O.: Mitt. Lebensm.-Unters. Hyg. (Bern) 44, 484 (1953).
90. WIELAND, H., u. G. KURTZAHN: Arch. exper. Path. u. Pharmakol. 97, 489; zit. bei E. BÜRGI: Handbuch der experimentellen Pharmakologie, Bd. III, 1. Berlin: Julius Springer 1927.

91. Roholm, K.: Fluorine Intoxication. Kopenhagen-London 1937.
92. Bredemann, G.: Biochemie und Physiologie des Fluors. Berlin: Akademieverlag 1956.
93. Teisler, E., Strehla: DRP 125458 (1900).
94. Ernährungswirtsch. 2, 321 (1955).
95. Müller, H.: Dtsch. Lebensmittel-Rdsch. 47, 150 (1951).
96. Remmert, L. F., and T. D. Parks: Analyt. Chemistry 25, 450 (1953).
97. Shaw, W. M.: Analyt. Chemistry 26, 1212 (1954).
98. Liddell, H. F.: Analyst (London) 78, 494 (1953).
99. Nommik, H.: Fluorine in Swedish Agricultural Products, Soil and Drinking Water. Stockholm 1953.
100. Indinger, J.: Über die Bestimmung kleiner Fluormengen in Lebensmitteln und Wässern. Diss. München 1957.
101. Willard, H. H., and C. A. Horton: Analyt. Chemistry 24, 862 (1952).
102. Richter, F.: Silikattechnik 3, 220 (1952); ref. Chem. Zbl. 1953, 4916.
103. McNulty, B. T., u. L. D. Woollard: Analyt. chim. Acta (N.Y.) 14, 452 (1956); ref. Chem. Abstr. 51, 132 (1957).
104. Klement, R.: Handbuch der analytischen Chemie III/I, Bd. VIIa α, Berlin-Göttingen-Heidelberg: Springer 1950.
105. Riemann, H.: Acta pharmacol. (Københ.) 6, 285 (1950); ref. Food Sci. Abstr. 23, Nr. 2669 (1951).
106. Notevarp, O., u. K. J. Bakken: DBP 898539 Kl. 53 g v. 24. 4. 1951, ausgeg. 30.11. 1953. N. Prior. 25. 4. 1950; ref. Chem. Zbl. 1954, 7768.
107. Tarr, H. L. A.: J. Fisheries Res. Board Canada 10, 69 (1953); ref. Food Sci. Abstr. 25, Nr. 2396 (1953).
108. Prodinger, W., u. D. Svoboda: Mikrochemie 40, 426 (1953); ref. Z. analyt. Chem. 145, 218 (1955).
109. Case, J.: Food Industr. S. Afric. 5, 40 (1952); ref. Food Sci. Abstr. 25, Nr. 336 (1953).
110. Revel, L., u. M. Campagne: DRP 90512 (1895).
111. Gesellschaft für Sterilisation m.b.H., Berlin: DRP 275871 (1913).
112. Mühlenchemie G.m.b.H., Frankfurt: DRP 658436 (1929).
113. Ward Baking Comp., New York: DRP 350489 (1915).
114. Fisher, O. W., W. L. Haley and A. J. King, Seattle, Wash.: USP 2303448 (1939).
115. Jacobs, M. B.: The Chemistry and Technology of Food and Food Products; Bd. II. 2. Aufl. New York: Interscience Publishers Inc. 1951.
116. Bundesgesetzblatt Teil I, Nr. 55, S. 1081, vom 31. XII. 1956; wiedergegeben in Z. Lebensmittel-Unters. u. -Forsch. (Ges. u. VO.) 105/106, 50 (1957).
117. Mitteilung I der „Kommission zur Untersuchung des Bleichens von Lebensmitteln" der Deutschen Forschungsgemeinschaft vom 1. VI. 1955.
118. Cunningham, D. K., and I. A. Anderson: Cereal. Chem. 31, 517 (1954); ref. Food Sci. Abstr. 27, Nr. 1497 (1955).
119. Reith, J. F.: Persönliche Mitteilung.
120. Scheel, L. D., E. Fleisher and F. W. Klemperer: Amer. Med. Assoc. Arch. Industr. Hyg. occ. Med. 8, 564 (1953); ref. in Chem. Zbl. 1954, 10291.
121. Mack, L., Vaterstetten: DRP 676896 (1936).
122. Marcus, R., Frankfurt/M.: DRP 317874 (1917).
123. Straub, F. G., and H. A. Grabowski: Industr. Engng. Chem. (Analyt. Edit.) 16, 574 (1944); ref. Chem. Abstr. 38, 5750 (1944).
124. Heupke, W., u. H. Fischer: Münch. med. Wschr. 1952, 1186.
125. Chem. Ind. van Hasselt, Amersfort, und Meelfabrieken Nederlandsche Bakkerij, Rotterdam: DRP 566437 (1929).
126. Eberlein: Chemiker-Ztg. 63, 97 (1939).
127. Wiser, I.: Österr. P. 53a 6/12A 5622/54 v. 15. VII. 1956.
128. Kuprianoff, J.: Kältetechn. 5, 283 (1953); ref. Chem. Zbl. 1954, 4746.
129. Stockinger, H. E., W. O. Wagner and P. G. Wright: Arch. Industr. Health 14, 158 (1956).
130. Ingram, M., and R. B. Haines: J. of Hyg. 47, 146 (1949); ref. Food Sci. Abstr. 23, Nr. 1379 (1951).
131. Mäder, K.: Fette u. Seifen 58, 429 (1956).
132. Umbeck, C. E., Köln: DRP 104 186 (1898).
133. Müller, J. C. & Co., Dresden: DRP 534776 (1927).
134. Kaess, G.: Chemiker-Ztg. 62, 365 (1938).
135. Schomer, H. A., and L. P. McColloch: US. Dep. Agric. Circular No. 765 (1948); ref. Food Sci. Abstr. 23, No. 1595 (1951).
136. Deckert, W.: Z. analyt. Chem. 153, 189 (1956).

137. Treadwell, F. P.: Kurzes Lehrbuch der analytischen Chemie, Bd. II. 11. Aufl. Wien: Franz Deuticke 1946.
138. Zehender, F.: Mitt. Lebensm.-Unters. Hyg. (Bern) 43, 144 (1952).
139. Christiansen: Dtsch. Gesundheitswesen 1, Nr. 14 (1946).
140. Flieg u. G. Pfützer, IG Farbenindustrie AG., Frankfurt/M.: DRP 717085, Kl. 53 g; zit. bei P. Hirsch, vgl. Anm. 88.
141. Schmidt-Hoensdorf, F.: Bericht über „Weidnerit-Eis" auf der Sitzung des Arbeitskreises der GDCh., Fachgr. Lebensm.-Chem. am 18. VII. 1955; ref. in Mitt.-Bl. GDCh., Fachgr. Lebensm.-Chem., gerichtl. Chem. 9, 198 (1955).
142. Doerr, R., u. W. Berger: Z. Hyg. 96, 207 (1922).
143. Krause, G. A., München: DRP 594020 (1926).
144. Mehlitz, A.: Industr. Obst- u. Gemüseverwert. 23, 49, 67 (1936).
145. Krause, G. A., München: DRP 600032 (1932).
146. Gabel, W.: Dtsch. Lebensmittel-Rdsch. 48, 87 (1952).
147. Kutscher, U.: Mineralwasser-Ztg. 8, 457 (1955).
148. Kuang lu Cheng: Analyt. Chemistry 26, 1038 (1954).
149. Potterat, M., u. O. Högl: Mitt. Lebensm.-Unters. Hyg. (Bern) 42, 342 (1951).
150. Bart, H., Bad Dürkheim: DRP 336749 (1916).
151. Bart, H.: Arch. of Hyg. 91, 1 (1922); ref. Chem. Zbl. 1922 IV, 259.
152. Souci, S. W.: Bericht auf dem III. Symposium über chemische Fremdstoffe in Nahrungsmitteln der "Commission Internationale des Industries Agricoles" und des „B.I.P.C.A." vom 14. bis 18. V. 1957 in Como. Kongreßbericht (z. Z. im Druck).
153. Current Food Additives Legislation (FAO), Nr. 2 (20. VII. 1956).
154. Gibbs, R. G.: Chem. Engng. News 30, 2972 (1952) (3. Bericht des Delaney-Ausschusses); ref. Z. Lebensmittel-Unters. u. -Forsch. 98, 85 (1954).
155. Bentley, H. R., E. E. McDermott, J. Pace, J. K. Whitehead and T. Moran: Nature, (London) 163, 675 (1949); ref. Food Sci. Abstr. 24, Nr. 600 (1952).
156. Carlson, A. J.: Food Industr. S. Afric. 20, 125 (1948).
157. Elithorn, A., D. M. Johnson and M. A. Crosskey: Lancet 256, 143 (1949); ref. Chem. Abstr. 43, 3499 (1949).
158. Bentley, H. R., E. E. McDermott, T. Moran, J. Pace and J. K. Whitehead: Proc. Roy. Soc. (London), Ser. B. 137, 402 (1950); ref. Chem. Abstr. 45, 2520 (1951).
159. Bentley, H. R., E. E. McDermott, J. Pace, J. K. Whitehead and T. Moran: Nature (London) 165, 150 (1950); ref. Z. Lebensmittel-Unters. u. -Forsch. 94, 346 (1952).
160. Godfrey, G. H., and A. L. Ryall: Texas Agric. Exper. Sta. Bull. 701, Juli 1948.
161. Barger, W. R., J. S. Wiant, W. T. Pentzer, A. L. Ryall and D. H. Dewey: Phytopathology 38, 1019 (1948); ref. Chem. Abstr. 43, 3133 (1949).
162. Littauer, F.: Palestine J. Bot. 6, 205 (1947); ref. Z. Lebensmittel-Unters. u. -Forsch. 107, Heft 6 (1958).
163. Dtsch. Lebensmittel-Rdsch. 53, 24 (1957).
164. Hein, H.: Ärztl. Wschr. 1948, 696.
165. Hvidsten, H., u. M. Husby: Fiskeridirektoratets Skrifter, Ser. Tekn. Undersøkelser 3, 47 (1955); ref. Z. Lebensmittel-Unters. u. -Forsch. 105, 222 (1957).
166. Meld. S. S. F., Damsgård, Bergen Nr. 10, S. 9 (1950); ref. Food Sci. Abstr. 25, Nr. 71 (1953).
167. Gesellschaft für Pökelsalz, Berlin-Charlottenburg: DRP 500 656 (1928).
168. Gyllenberg, H. H. G.: Suomen kem. 22B, 7 (1949); ref. Food Sci. Abstr. 24, Nr. 28 (1952).
169. Steinke, P. K. W., and E. M. Foster: Food Res. 16, 477 (1951).
170. Shewan, J. M.: Nature (London) 166, 613 (1950).
171. Partmann, W.: Dtsch. Lebensmittel-Rdsch. 49, 265 (1953).
172. Food Manufact. 26, 45 (1951).
173. Partmann, W.: Kältetechn. 4, 192 (1952); ref. Food Sci. Abstr. 26, Nr. 2268 (1954).
174. Meld. S.S.F., Damsgård, Bergen Nr. 8/9, S. 3 (1950); ref. Food Sci. Abstr. 25, Nr. 70 (1953).
175. Current Food Additives Legislation (FAO), Nr. 1 (1. VI. 1956) u. Nr. 5 (15. XI. 1956).
176. Misra, A. L., R. C. Mehrotra u. J. D. Tewari: Z. analyt. Chem. 139, 89 (1953).
177. Pfeiffer, H.: Fleischwirtsch. 4, 58 (1952).
178. Pfeiffer, H.: Z. Lebensmittel-Unters. u. -Forsch. 88, 287 (1948).
179. Pierson, R. H.: Analyt. Chemistry 26, 315 (1954).
180. Ziegler, M., u. O. Glemser: Z. analyt. Chem. 144, 187 (1955).
181. Rost, E., u. F. Franz: Arb. Kaiserl. Gesdh.amt 43, 187 (1912).
182. Cremer, H.: Z. Unters. Lebensm. 70, 315 (1935).
183. Habs, H.: Bericht auf der 6. Sitzung der „Kommission zur Prüfung der Lebensmittelkonservierung" der Deutschen Forschungsgemeinschaft am 15. XII. 1956.
184. Das Reichsgesundheitsamt 1926, S. 120.

185. FITZHUGH, O. G., L. F. KNUDSEN and A. A. NELSON: J. of Pharmacol. a. Exper. Ther. **86**, 37 (1946); ref. Chem. Abstr. **40**, 2532 (1946).
186. BÜSING, H. K., u. W. RAABE: Klin. Wschr. **1938**, 1766.
187. CRANG, A., and M. STURDY: J. Sci. Food Agric. **1**, 252 (1950); ref. Food Sci. Abstr. **25**, Nr. 3285 (1953).
188. BERGNER, K. G.: Dtsch. Lebensmittel-Rdsch. **43**, 95 (1947).
189. HEISS, R.: Dtsch. Lebensmittel-Rdsch. **44**, 13 (1948).
190. PHAFF, H. J.: Chron. Bot. **12**, 306 (1951) (Biologia II 1950—51); ref. Food Sci. Abstr. **25**, Nr. 3258 (1953).
191. RINDI: Internat. Z. Vitaminforsch. **24**, 430 (1952).
192. LANG, K.: Persönliche Mitteilung, erwähnt im Bericht von P. MARQUARDT über Schweflige Säure. 4. Sitzung der „Kommission zur Prüfung der Lebensmittelkonservierung" der Deutschen Forschungsgemeinschaft am 23./24. VI. 1955.
193. SCHANDERL, H.: Z. Lebensmittel-Unters. u. -Forsch. **103**, 379 (1956).
194. JONES, I. R.: Proc. Annual Meeting, Western Divis. Amer. Dairy Sci. Assoc. **34**, 9 (1953); ref. Chem. Zbl. **1955**, 4957.
195. GLABE, E. F., Food Technology, Inc.: USP 2678277 v. 11. V. 1954; ref. Chem. Abstr. **48**, 8446 (1954).
196. SKEPPER, A. H., and J. R. DAVISON: Agric. Gaz. N.S.W. **62**, 125, 196 (1951); ref. Food Sci. Abstr. **24**, Nr. 1989 (1950).
197. RUEGG, W.: Industr. Obst- u. Gemüseverwert. **34**, 208 (1949).
198. PRYOR, D. E.: Food Technol. **4**, 57 (1950).
199. NÈGRE, E.: Progr. Agric. Viticole **120**, 63 (1943); ref. Chem. Zbl. **1945 II**, 1558.
200. LABBÉ, M.: Bull. Acad. Méd. **115**, 737 (1936); ref. Chem. Zbl. **1936 II**, 1632.
201. KNODT, C. B., S. R. SKAGGS u. P. S. WILLIAMS: Pennsylvania Agric. Exper. Sta., Bull. No. 552, 25 (1952); ref. Food Sci. Abstr. **25**, Nr. 3349 (1953).
202. WARD, H. H.: Bakers' Nat. Assoc. Rev. **66**, 395 (1949); ref. Food Sci. Abstr. **22**, Nr. 901 (1950).
203. LÜTHI, H., u. W. TOBLER: Schweiz. Z. Obst- u. Weinbau **58**, 379, 401 (1949).
204. CRUESS, W. V., P. H. RICHERT and J. H. IRISH: Hilgardia (Berkeley, Calif.) **6**, 295 (1931); ref. Chem. Zbl. **1932 II**, 3262.
205. SCHELHORN, M. v.: Dtsch. Lebensmittel-Rdsch. **47**, 170 (1951).
206. HAILER, E.: Arb. Reichsgesdh.amt **30**, 297 (1911); zit. bei P. HIRSCH, vgl. Anm. 88.
207. YANG, H. Y., and E. H. WIEGAND: Food Technol. **5**, 103 (1951).
208. FELLENBERG, TH. v.: Mitt. Lebensm.-Unters. Hyg. (Bern) **41**, 385 (1950).
209. Food Manufact. **30**, 131 (1955).
210. ABDULOW, A.: Med. J. Aserbeidshan (russ.: Aserbeidshanski med. Ž.) **1938**, 146 Nr. 2; ref. Chem. Zbl. **1939 II**, 2387.
211. D'AMBROSIO, A.: Industr. ital. Conserve **24**, 77 (1949); ref. Chem. Abstr. **43**, 9290 (1949).
212. Ernährungswirtsch. **3**, 30 (1956).
213. MANGAN, J. L., and B. W. DOAK: New Zealand J. Sci. Technol. **30 B**, 232 (1949); ref. Food Sci. Abstr. **23**, Nr. 205 (1951).
214. Nordisk Metodik-Komite for Levnedsmidler **1954**, Nr. 18.
215. MATHERS, A. P.: J. Assoc. Off. Agric. Chem. **32**, 745 (1949).
216. TANNER, H., u. H. RENTSCHLER: Mitt. Lebensm.-Unters. Hyg. (Bern) **42**, 514 (1951).
217. MOREAU, L., et E. VINET: C. r. Acad. Agric. (Paris) **23**, 570 (1937); ref. Chem. Zbl. **1937 II**, 1467.
218. BLANCHARD, L.: Ann. Falsificat. et Fraudes **47**, 31 (1954); ref. Chem. Abstr. **48**, 7219 (1954).
219. BLEYER, B., W. DIEMAIR u. K. LEONHARD: Arch. Pharmazie **271**, 539 (1933).
220. PUIG MUSET, P., F. CALVET u. J. VALLS: Arch. inst. farmacol. exper. Madrid **6**, 13 (1954); ref. Chem. Abstr. **49**, 14835 (1955).
221. MARCUSE, A.: Berl. klin. Wschr. **1911 II**, 1467.
222. LÜCK, H., u. F. I. JOUBERT: Milchwiss. **10**, 160 (1955).
223. LÜCKE, F., u. E. FRERCKS: Vorratspfl. u. Lebensm.-Forsch. **3**, 130 (1940).
224. J. Fisheries Res. Board, Canada **4**, 327 (1940); zit. bei P. HIRSCH, vgl. Anm. 88.
225. DREESSEN, A., Bremen: DRP 506597 (1929).
226. IDLER, D. R., and R. A. MACLEOD: Fisheries Res. Board Canada, Progr. Rep. Pacific Coast Stas. No. 95, 56 (1953); ref. Food Sci. Abstr. **26**, Nr. 643 (1954).
227. BURG, M., Berlin: DRP 392935 (1922).
228. WINGER, L. T., Trinidad: USP 2596753 (1951).
229. Schachtelkäsefabrik F. Zwick, Ulm: DRP 661676 (1934).
230. ROSELL, M.: Milchwiss. **9**, 178 (1954).
231. JACOBSEN, H. R., u. J. NESTAAS: Z. Lebensmittel-Unters. u. -Forsch. **90**, 216 (1950).
232. FRANCKE, W. H., Aarau: DRP 501909 (1930).

233. Rotsch, A.: Brot u. Gebäck 8, 114 (1954).
234. Rotsch, A.: Zucker- u. Süßwarenwirtsch. 10, 196 (1957).
235. Reichel, H.: Z. Hyg. 61, 49 (1908); ref. Chem. Zbl. 1908 II, 1544.
236. Ludorff, W.: Fischindustr. u. Fischereiwelt 3, Nr. 12 (1951).
237. Souci, S. W.: Z. Lebensmittel-Unters. u. -Forsch. (Ges. u. VO.) 93/94, 61 (1951).
238. Pien, J., J. Desiraut u. O. Lafontaine: Ann. Falsificat. et Fraudes 46, 416 (1953); Lait 34, 133 (1954); ref. Chem. Abstr. 48, 3583 (1954).
239. Capitan-Garcia, F., y M. Lachica-Garrido: An. real. soc. espan. fisica quim., Ser. B 52, 257 (1956); ref. Z. analyt. Chem. 154, 352 (1957).
240. Andreae, A. W.: Nature (London) 175, 859 (1955); ref. Angew. Chem. 67, 631 (1955).
241. Rost, E.: Arb. Reichsgesdh.amt 50, 405 (1917); zit. bei P. Hirsch, vgl. Anm. 88.
242. Heffter, A., u. M. Rubner: Vjschr. gerichtl. Med. 42, III, 1 (1911); zit. bei P. Hirsch, vgl. Anm. 88.
243. Lück, H.: Biochem. Z. 328, 411 (1957).
244. Lebbin, G.: Chemiker-Ztg. 30, 1009 (1906).
245. Sabalitschka, Th., u. K. R. Dietrich: Desinfekt. 11, 67 (1926); ref. Chem Zbl. 1927 I, 2671.
246. König, P., u. W. Müller: Z. Unters. Lebensm. 71, 121 (1936).
247. Petersen, H.: Fiskeriminist. Forsøgslab., Kopenhagen, Medd. Nr. 95, 12 (1951); ref. Food Sci. Abstr. 26, Nr. 84 (1954).
248. Arb. Reichsges.amt 1916, 397; zit. bei P. Hirsch, vgl. Anm. 88.
249. Eisenbrand, J.: Naturwiss. 43, 519 (1956).
250. Perlin, A. S.: Analyt. Chemistry 26, 1053 (1954).
251. Becker, E.: Z. Lebensmittel-Unters. u. -Forsch. 98, 249 (1954).
252. Poethke, W.: Pharmaz. Zhalle Dtschld. 86, 357 (1947).
253. Nordisk Metodik-Komite for Levnedsmidler 1953, Nr. 8.
254. Gauthier, J.: Bull. Soc. chim. France 1956 (4), 657; ref. Analyt. Abstr. 4, Nr. 540 (1957).
255. Schübel, K., u. J. Manger: Arch. exper. Path. u. Pharmakol. 146, 223 (1929); ref. Chem. Zbl. 1930 I, 1650.
256. Rost, E.: Handbuch Lebensm.-Chem., Bd. I. Berlin: Julius Springer 1933.
257. Lucas, D. R.: J. Amer. Med. Assoc. 54, 759 (1910).
258. Abderhalden, E., u. P. Hirsch: Hoppe-Seylers Z. 78, 292 (1912).
259. Wagreich, H., A. Abrams and B. Harrow: Proc. Soc. Exper. Biol. a. Med. 45, 46 (1940); ref. Chem. Zbl. 1944 I, 1021.
260. Amelung, H.: Chemiker-Ztg. 57, 614 (1933).
261. Koenig, W.: Chemiker-Ztg. 55, 934 (1931).
262. J. Phys. Colloid Chem. 55, 125 (1951).
263. Eichholtz, F.: Bericht über Benzoesäure. 4. Sitzung der „Kommission zur Prüfung der Lebensmittelkonservierung" der Deutschen Forschungsgemeinschaft am 23./24. VI. 1955.
264. Deuel, H. J., R. Alfin-Slater, C. S. Weil and H. F. Smyth jr.: Food Res. 19, 1 (1954).
265. Raible, K.: Zbl. Bakter., I. Orig. 108, 80 (1955).
266. Serger, H., u. F. Güldenpfennig: Industr. Obst- u. Gemüseverwert. 34, 359 (1949).
267. Bramsnaes, F., and H. Riemann: Konserves 10, 29 (1952); ref. Food Sci. Abstr. 26, Nr. 68 (1954).
268. Grau, R., u. K. Coretti: Fleischwirtsch. 5, 305 (1953).
269. Eimershaus, E. W., u. W. Haube; Reichsanstalt für Getreideverarbeitung, Detmold: DRP 728863 (1939).
270. Sabalitschka, Th., u. H. Marx: Pharmaz. Ztg. (Berlin) 83, 187 (1947).
271. Sabalitschka, Th.: Schweiz. Apoth.-Ztg. 65, Nr. 15 (1927).
272. Lehmann, K. B.: Chemiker-Ztg. 32, 949 (1908).
273. Lehmann, K. B.: Chemiker-Ztg. 35, 1297 (1911).
274. Sonol, J.: Rev. Fac. Ci. quim., Univ. nac. La Plata 9, 15 (1934); ref. Chem. Zbl. 1935 I, 3569.
275. Sabalitschka, Th., u. E. Böhm: Pharmaz. Ztg. (Berlin) 71, 496 (1926).
276. Sabalitschka, Th., u. E. Böhm: Chemiker-Ztg. 51, 301 (1927).
277. Hendrickx, H., en A. de Vleeschauwer: Meded. Landbouwhogesch. Opzoekingssta. Gent 16, 287 (1951); 17, 669 (1952); ref. Food Sci. Abstr. 26, Nr. 695, 696 (1954).
278. Grau, R., u. K. Coretti: Fleischwirtsch. 5, 336 (1953).
279. Schelhorn, M. v.: Dtsch. Lebensmittel-Rdsch. 46, 132 (1950).
280. Schelhorn, M. v.: Dtsch. Lebensmittel-Rdsch. 47, 128 (1951).
281. Mossel, D. A. A.: Z. Lebensmittel-Unters. u. -Forsch. 102, 254 (1955).
282. Raible, K.: Dtsch. Lebensmittel-Rdsch. 53, 60 (1957).
283. Serger, H.: Konservenindustrie 15, 315 (1928).
284. Kleinfeld, V. A., and C. W. Dunn: Federal Food, Drug and Cosmetic Act 1951—52, S. 406. Commerce Clearing House, Inc. Chikago, New York, Washington 1953.

285. Food Manufact. **30**, 131 (1955); ref. Literaturdienst Bund f. Lebensmittelrecht u. -kunde **1956**, Nr. 5, S. 17.
286. Mitt. des US. Dep. of Agric., Meat Inspect. Div., Washington (20. X. 1952).
287. SCHOONENS, J. G.: Visserijw. 8, 263, 293 (1949); ref. Food Sci. Abstr. **23**, Nr. 2302 (1951).
288. BANFIELD, F. H.: Chem. a. Ind. **71**, 114 (1952); ref. Z. Lebensmittel-Unters. u. -Forsch. **97**, 330 (1953).
289. Food and Agricultural Legislation **5**, No. 3 (1956).
290. LIPS, H. J., and N. H. GRACE: Canad. Food Industr. **21**, 21 (1950); ref. Chem. Abstr. **46**, 9739 (1952).
291. Z. Lebensmittel-Unters. u. -Forsch. (Ges. u. VO.) 87, 4 (1944).
292. Nordisk Metodik-Komite for Levnedsmidler **1950**, Nr. 2.
293. JARCZYNSKI, R., u. F. KIERMEIER: Z. Lebensmittel-Unters. u. -Forsch. **99**, 91 (1954).
294. DICKENS, F., and J. PEARSON: Biochemic. J. (London) **48**, 216 (1951); ref. Chem. Abstr. **45**, 5220 (1951).
295. GAKENHEIMER, H. E.: J. Assoc. Off. Agric. Chem. **37**, 382 (1954); ref. Chem. Abstr. **48**, 9275 (1954).
296. ENGLIS, D. T.: J. Agric. Food Chem. **3**, 964 (1955); ref. Z. Lebensmittel-Unters. u. -Forsch. **104**, 225 (1956).
297. HUTSCHENREUTER, R.: Z. Lebensmittel-Unters. u. -Forsch. **97**, 93 (1953).
298. FOUCHET, H. A.: Ing. Chimiste (Bruxelles) **32**, 202 (1950); ref. Chem. Abstr. **45**, 10411 (1951).
299. FOUCHET, H. A.: Ing. Chimiste (Bruxelles) **33**, 18, 89 (1951); ref. Chem. Abstr. **45**, 10411 (1951).
300. WÜHRER, J.: Arch. exper. Path. u. Pharmakol. **161**, 719 (1931); ref. Z. Unters. Lebensm. **73**, 114 (1937).
301. SCHÜBEL, K., u. J. MANGER: Münch. med. Wschr. **1930**, 13.
302. HEIDE, C. VON DER, u. R. FÖLLEN: Z. Unters. Lebensm. **51**, 198 (1926).
303. HEIDE, C. VON DER, u. R. FÖLLEN: Z. Unters. Lebensm. **53**, 487 (1927).
304. SCHWAIBOLD, J.: Pharmaz. Z.-halle Dtschld. **73**, 513 (1932).
305. Tagung der „Union Internationale contre le Cancer" über die mögliche Krebsgefährdung durch chemische Zusätze und Verunreinigungen in Lebensmitteln vom 10.—15. VIII. 1956 in Rom. — Unio internationalis contra cancrum, Acta **13**, Nr. 2 (1957).
306. SOUCI, S. W., K.-E. QUENTIN u. J. INDINGER: Z. Lebensmittel-Unters. u. -Forsch. (z. Z. im Druck).
307. QUENTIN, K.-E., S. W. SOUCI u. J. INDINGER: Z. Lebensmittel-Unters. u. -Forsch. (z. Z. im Druck).
308. NIVEN, C. F. jr., and W. R. CHESBRO: Antibiotics Annual 1956—1957, Medical Encyclopedia, Inc., New York.
309. Mitteilung II der „Kommission zur Prüfung der Lebensmittelkonservierung" der Deutschen Forschungsgemeinschaft vom 27. VII. 1956.
310. BADINAND, A.: Gutachten über „Agene" vom 30. V. 1951.
311. CRONER, Fr., u. E. SELIGMANN: Z. Hyg. **56**, 387 (1907); ref. Chem. Zbl. **1907 II**, 834.
312. SCHELHORN, M. v.: Dtsch. Lebensmittel-Rdsch. **45**, 255 (1949).
313. SCHELHORN, M. v.: Dtsch. Lebensmittel-Rdsch. **46**, 151 (1950).
314. KREIENBERG, W.: Gutachten über Salicylsäure vom 17. X. 1953; zit. bei S. W. SOUCI, vgl. Anm. 315.
315. SOUCI, S. W.: Angew. Chem. **67**, 16 (1955).
316. Dtsch. Lebensmittel-Rdsch. **49**, 135 (1953).
317. WAGNER, W. H.: Naturwiss. **37**, 92 (1950).
318. SCHIEMANN, G.: Die organischen Fluorverbindungen in ihrer Bedeutung für die Technik. Darmstadt: Dr. Dietrich Steinkopff 1951.
319. FELLENBERG, TH. v.: Mitt. Lebensm.-Unters. Hyg. (Bern) **42**, 158 (1951).
320. MATTHEWS, C., J. DAVIDSON, E. BAUER, J. L. MORRISON and A. P. RICHARDSON: J. Amer. Pharmac. Assoc. (Sci. Edit.) **45**, 260 (1956); ref. Chem. Abstr. **50**, 8909 (1956).
321. SCHWIETZER, C.: Biochem. Z. **328**, 35 (1956).
322. QUICK, A. J.: J. of Biol. Chem. **97**, 403 (1932).
323. EICHHOLTZ, F.: 4., 5. und 6. Sitzung der „Kommission zur Prüfung der Lebensmittelkonservierung" der Deutschen Forschungsgemeinschaft am 23./24. VI. 1955, 27. VII. 1956 und 15. XII. 1956.
324. Soc. Chimique Industrielle et Commerciale S. A. Frankreich: F. P. 843690 v. 17. III. 1938; ref. Chem. Zbl. **1940 I**, 3197.
325. SABALITSCHKA, TH.: Seifen, Öle **1938**, Nr. 3/4.
326. J. Pharmacy a. Pharmacol. **4**, 648 (1952); ref. Seifen, Öle **80**, 559 (1954).
327. Ann. Falsificat. Fraudes **45**, 272 (1952).

328. DESHUSSES, J.: Mitt. Lebensm.-Unters. Hyg. (Bern) 46, 37 (1955).
329. SABALITSCHKA, TH., u. R. NEUFELD-CRELLITZER: Arzneim.-Forsch. 4, 575 (1954).
330. MANCINI, M. A.: Ann. chim. farmac. 3, 181 (1940); ref. Chem. Zbl. 1941 I, 2822.
331. BUBNOFF, M. v., D. SCHNELL u. E. SCHMID: Arzneim.-Forsch. 6, 364 (1956).
332. SOKOL, H.: Drug Standards 20, 89 (1952); ref. Chem. Abstr. 46, 9777 (1952).
333. CASPAR, J. N., and H. Y. YANG: Food Technol. 11, 536 (1957).
334. ROSENMUND, K. W., u. H. VOGT: Arch. Pharmazie 281, 117 (1943).
335. BASILISCO, L.: Studi Facoltà med. Senese I, 3 (1933).
336. DIETMANN, H.: Pharmazie 5, 218 (1950).
337. MOSSEWITSCH, M. W., u. E. E. FUCHS: Mikrobiologie (russ.) 5, 698 (1936); ref. Chem. Zbl. 1937 I, 2695.
338. SABALITSCHKA, TH.: Angew. Chem. 42, 936 (1929).
339. FERRARA, B., e A. SALERNO: Alimentaz. (Milano) 3, (Nr. 7) 34 (1953); ref. Chem. Abstr. 49, 1982 (1955).
340. JOHN, H.: Scientia pharmac. 8, 96 (1937); ref. Chem. Zbl. 1937 II, 3345.
341. TELLERA, G.: Pharmaz. Z.-halle Dtschld. 70, Nr. 46 (1929).
342. SABALITSCHKA, TH.: Pharmaz. Z.-halle Dtschld. 79, 151 (1938).
343. NAKAJIMA, K., H. OKAMOTO and S. TANAKA: J. Pharmac. Soc. Jap. 76, 850 (1956); ref. Chem. Abstr. 50, 15978 (1956).
344. SABALITSCHKA, TH., u. A. PRIEM: Vitamine u. Hormone 2, 1 (1942).
345. SABALITSCHKA, TH., u. A. DURCZIN: DRP 743662 Kl. 12 v. 31. XII. 1941; ref. Chem Zbl. 1944 I, 901.
346. PARKINSON, P. W.: Analyst (London) 77, 438 (1952).
347. SABALITSCHKA, TH.: Mikrochemie, Mikrochim. Acta (Wien) 2, 111 (1938).
348. TIGNER, D. J., u. R. SCHILLAK: Przemysl Chem. 21, 329 (1937); ref. Chem. Zbl. 1938 I, 2267.
349. MERZ, K. W.: Grundlagen der Pharmakologie. 5. Aufl. Stuttgart: Wiss. Verlagsges. 1953.
350. FREUND, L.: Prager tierärztl. Arch. 14, 93 (1934).
351. SABALITSCHKA, TH.: Pharmaz. Industr. 9, 19 (1942); ref. Chem. Abstr. 37, 3560 (1943).
352. CREMER, H.: Z. Unters. Lebensm. 70, 136 (1935).
353. KOHN, R.: Med. Klin. 1933, 983.
354. BELAK, A., Budapest: Gutachten über Nipakombin vom 25. VIII. 1933.
355. LIESE, W.: Arch. f. Hyg. 110, 355 (1953).
356. SCHMIDT, CH. R., u. E. K. J. SCHMIDT: E. P. 510267 v. 31. I. 1938; ref. Chem. Zbl. 1940 I, 1590.
357. DUTTENHÖFER, H.: Z. Naturwiss. 7, 304 (1941).
358. SCHMIDT, E., München: DRP 670749 (1935).
359. ZUBLIN, A. J.: USP 2444127 v. 27. XII. 1945, ausgeg. 29. VI. 1948; ref. Chem. Zbl. 1949 I, 747.
360. KAPPELLER, K.: Int. Fachschr. Schokolade-Industr. 4, 323 (1949).
361. MÖHLAU, E.: Dtsch. Lebensmittel-Rdsch. 40, 66 (1942).
362. SCHNEIDER, M.: Pharmaz. Industr. 14, 109 (1952); ref. Chem. Abstr. 46, 9778 (1952).
363. MUSSIL, J., u. O. SMEJKAL: Z. Fleisch- u. Milchhyg. 42, 117 (1931); ref. Chem. Zbl. 1932 I, 888.
364. VIRTANEN, A. I., u. ANDELS-MÖREX: Finn. P. 16596 v. 30. IX. 1930; ref. Chem. Zbl. 1935 II, 3595.
365. KORINEK, J.: Časopis Čescoslov. Lekarniktava 15, 203 (1935); ref. Chem. Zbl. 1936 I, 2590.
366. DEMETER, K. J.: Molkerei-Ztg. (Hildesheim) 52, 1122 (1938).
367. SABALITSCHKA, TH.: Z. Unters. Lebensm. 79, 143 (1940).
368. SABALITSCHKA, TH.: „Kazett" 1931, Nr. 20.
369. ARNÉUS, T.: Industr. Obst- u. Gemüseverwert. 22, 514 (1935).
370. SERGER, H.: Industr. Obst- u. Gemüseverwert. 22, 409 (1935).
371. HESS, L.: Industr. Obst- u. Gemüseverwert. 22, 383, 692 (1935).
372. SOUCI, S. W.: Münch. med. Wschr. 1957, 1569, 1632.
373. BÜCHI, J.: Pharmaceut. Acta Helvet. 8, 27 (1933); ref. Chem. Zbl. 1933 I, 3737.
374. SABALITSCHKA, TH.: Z. Ernähr. 2, 202 (1932).
375. NIKKILÄ, O. E.: Fette u. Seifen 57, 494 (1955).
376. PENN, F. H.: A. P. 2444307 v. 27. IV. 1945; ref. Chem. Zbl. 1949 I, 145.
377. KOCH: Süddtsch. Apoth.-Ztg. 79, 274 (1939).
378. BRAUN, W.: Dtsch. Lebensmittel-Rdsch. 29, 111 (1931).
379. GILBERG, Y.: Fiskeridir. Skr., Ser. tek. Undersøk. (Reps. tech. Res. Norwegian Fish. Ind.), Bergen 2, Nr. 12 (1953); ref. Food Sci. Abstr. 26, Nr. 617 (1954).
380. ESCHENBRENNER, H., u. G. ROSENBERG: Südd. Apoth.-Ztg. 71, 731 (1931).
381. ESCHENBRENNER, H., u. G. ROSENBERG: Zbl. Bakter. I. Orig. 122, 517 (1931); ref. Chem. Zbl. 1932 I, 3083.

382. Kato, B., and I. Matsuda: J. Agric. Chem. Soc. Japan **12**, 37 (1936); ref. Chem. Zbl. **1936 II**, 714.
383. Zanella, B.: Boll. chim. farmac. **85**, 248 (1946); ref. Chem. Abstr. **41**, 1387 (1947).
384. Fujikawa, F., and Sh. Shimamura: J. Pharmac. Soc. Japan **62**, 506 (1942); ref. Chem. Abstr. **45**, 4225 (1951).
385. Guittonneau, G., et R. Chevalier: C. r. Acad. Sci. (Paris) **203**, 1400 (1936); ref. Chem. Zbl. **1938 I**, 1140.
386. Herz, A., u. B. Stampel: Z. exper. Med. **118**, 76 (1951).
387. Laborie, F., et R. Laborie: Presse méd. **1952**, 879.
388. Peloja, M.: Lancet **1952**, 233; ref. Chem. Abstr. **46**, 4670 (1952).
389. Lehman, A. J.: Quart. Bull. Assoc. Food and Drug Off. (US) **18**, 43 (1954).
390. Kluge, H.: Z. Unters. Lebensm. **66**, 412 (1933).
391. Schelhorn, M. v.: Dtsch. Lebensmittel-Rdsch. **47**, 16 (1951).
392. Briefl. Mitteilung der Firma Oetker vom April 1954.
393. Vogelsang, D.: Pharmazie **3**, 207 (1948).
394. Hale, C. H., and M. N. Hale: Analyt. Chemistry **26**, 1078 (1954).
395. Englis, D. T.: J. Agric. Food Chem. **3**, 964 (1955); ref. Z. Lebensmittel-Unters. u. -Forsch. **104**, 225 (1956).
396. The Use of Chemical Additives in Food Processing. Bericht des "Food Protection Committee of the Food and Nutrition Board". National Acad. Sci. Publ. 398 (1956).
397. Simmonds, H.: Queensland Agric. J. **68**, 274 (1949); ref. Food Sci. Abstr. **22**, Nr. 825 (1950).
398. Slade, M. A., and R. D. Gerwe: Food Machinery and Chemical Corp. San José, Calif.: USP 2578752 (1952).
399. Hennecke, H., u. F. Lamprecht: Brot u. Gebäck **5**, 129 (1951).
400. Raeithel, H.: Z. Lebensmittel-Unters. u. -Forsch. **95**, 246 (1952).
401. Weyland, P., u. H. Hennecke: C. H. Boehringer/Sohn, Ingelheim: DBP 892856 (1951).
402. Mottern, H.: Food Engng. **26**, (Nr. 10), 93 (1954); ref. Chem. Zbl. **1956**, 11306.
403. Baker's Wkly. **1948**, 32; ref. Food Sci. Abstr. **22**, Nr. 595 (1950).
404. Müller, S.: Lebensm.-Industr. **1**, 102 (1949).
405. Häussler, A.: C. H. Boehringer/Sohn, Ingelheim: DRP 698540 (1939).
406. Truffert, L.: Dtsch. Lebensmittel-Rdsch. **52**, 258 (1956).
407. Mauer, H.: Biochem. Z. **319**, 553 (1949).
408. Biochemic. J. **55**, 289 (1953).
409. Mendel, B., J. Goldscheider: Biochem. Z. **164**, 163 (1925).
410. Duuren, A. J. van: Rec. Trav. chim. Pays-Bas **72**, 889 (1953); ref. Chem. Abstr. **48**, 3203 (1954).
411. Pfleiderer, G., u. K. Dose: Biochem. Z. **326**, 436 (1955).
412. Hinsberg-Lang: Medizinische Chemie, 2. Aufl., München-Berlin: Urban & Schwarzenberg 1951.
413. Pfützer, G.: DRP 873494, Kl. 53 g v. 31. I. 1943, ausgeg. 13. IV. 1953; ref. Chem. Zbl. **1953**, 6788.
414. Eeckhaut, R. G.: Fermentatio **1952**, 123; ref. Z. Lebensmittel-Unters. u. -Forsch. **97**, 333 (1953).
415. Lehman, A. J.: Quart. Bull. Assoc. Food and Drug Off. (US) **14**, 82 (1950).
416. Mittlg. der Food and Drug Administration, Dep. of Health, Education and Welfare, Juli 1953.
417. Seevers, M. H., F. E. Shideman, L. A. Woods, J. R. Weeks and W. T. Kruse: J. of Pharmacol. a. Exper. Ther. **99**, 69 (1950); ref. Chem. Abstr. **44**, 7989 (1950).
418. Spencer, H. C., V. K. Rowe and D. D. McCollister: J. of Pharmacol. a. Exper. Ther. **99**, 57 (1950); ref. Chem. Abstr. **44**, 7989 (1950).
419. Woods, L. A., F. E. Shideman, M. H. Seevers, J. R. Weeks and W. T. Kruse: J. of Pharmacol. a. Exper. Ther. **99**, 84 (1950); ref. Chem. Abstr. **44**, 7989 (1950).
420. Schelhorn, M. v.: Dtsch. Lebensmittel-Rdsch. **48**, 16 (1952).
421. Marquardt, P.: Bericht über Ameisensäure auf der 4. Sitzung der „Kommission zur Prüfung der Lebensmittelkonservierung" der Deutschen Forschungsgemeinschaft am 23./24. VI. 1955.
422. Souci, S. W.: Gutachten der Deutschen Forschungsanstalt für Lebensmittelchemie, München, vom 13. III. 1954.
423. Wolf, P. A.: Food Technol. **4**, 294 (1950).
424. Coleman, G. H., and P. A. Wolf: The Dow Chemical Co., Midland: USP 2474226 (1949).
425. Coleman, G. H., and P. A. Wolf: The Dow Chemical Co., Midland: USP 2474228 vom 28. VI. 1949; ref. Milchwiss. **8**, 192 (1953).
426. Coleman, G. H., and P. A. Wolf: The Dow Chemical Co., Midland: DBP 958523 ausgeg. 28. IV. 1955.

427. Ozawa, Y.: Bull. Nat. Inst. Agr. Sci. (Japan), Ser. G, No. 5, 17 (1953); ref. Chem. Abstr. 50, 17237 (1956).
428. Mossel, D. A. A., en A. S. de Bruin: Antonie van Leeuwenhoek 16, 393 (1950); ref. Food Sci. Abstr. 23, Nr. 2668 (1951).
429. Winkler, J.: USP 2722483 v. 1. XI. 1955; ref. Chem. Abstr. 50, 2890 (1956).
430. Nomoto, M.: J. Agr. Chem. Soc. Japan 28, 727 (1954); ref. Chem. Abstr. 50, 15722 (1956).
431. Ramsey, L. L.: J. Assoc. Off. Agric. Chem. 36, 83, 744 (1953); ref. Chem. Abstr. 48, 9575 (1954).
432. Gautier, J.-A., J. Renault et H. Ghadichah: Ann. Falsificat. Fraudes 49, 7 (1956); ref. Z. analyt. Chem. 153, 434 (1956).
433. Brüning, C. F.: J. Assoc. Off. Agric. Chem. 36, 1029 (1953); ref. Food Sci. Abstr. 27, Nr. 1220 (1953).
434. Harshbarger, K. E.: J. Dairy Sci. 25, 168 (1942); ref. Chem. Abstr. 36, 4557 (1942).
435. Lang, K., u. H. Maurer: Klin. Wschr. 1956, 862.
436. Walkington, D.: Canad. Food Industr. 21, 26 (1950); ref. Food Sci. Abstr. 24, Nr. 373 (1952).
437. Hood, E. G., and C. A. Gibson: Canad. Dep. Agric. Publ. 854 (1950); ref. Food Sci. Abstr. 24, Nr. 152 (1952).
438. Blinc, M.: Brot u. Gebäck 10, 66 (1956).
439. Lamprecht, F.: Brot u. Gebäck 9, 26 (1955).
440. Lang, K.: Angew. Chem. 63, 412 (1953).
441. Heseltine, W. W., and L. D. Galloway: J. of Pharmacy a. Pharmacol. 3, 581 (1951); ref. Chem. Abstr. 45, 10298 (1951).
442. Drews, E.: Getreide, Mehl und Brot 4, 245 (1950).
443. Drews, E.: Brot u. Gebäck 9, 209 (1955).
444. Gauthier, J.: Bull. Soc. Chim. France 1956, (4), 657; ref. Chem. Abstr. 50, 9943 (1956).
445. Drews, E.: Getreide und Mehl 3, 85 (1953).
446. Deuel, H. J., R. Alfin-Slater, C. S. Weil and H. F. Smyth jr.: Food Res. 19, 1 (1954).
447. Smyth, H. F. jr., and C. P. Carpenter: J. Industr. Hyg. Toxicol. 30, 63 (1948); ref. Chem. Abstr. 42, 1677 (1948).
448. Philips, G. F., u. J. O. Mundt: Food Technol. 4, 291 (1950).
449. Demaree, C. E.: J. Amer. Pharmac. Assoc. 44, 619 (1955); ref. in Chem. Abstr. 50, 1210 (1956).
450. Deuel, H. J., jr., C. E. Calbert, L. Anisfeld, H. McKeehan and H. D. Blunden: Food Res. 19, 13 (1954).
451. Lang, K., u. K. H. Bässler: Unveröffentlichte Befunde, mitgeteilt im Bericht über Sorbinsäure auf der 4. Sitzung der „Kommission zur Prüfung der Lebensmittelkonservierung" der Deutschen Forschungsgemeinschaft am 23./24. VI. 1955.
452. Cohen, P. P.: J. of Biol. Chem. 119, 133 (1937).
453. Witter, R. F., E. H. Newcomb and E. Stotz: J. of Biol. Chem. 185, 537 (1950); ref. Chem. Abstr. 44, 10766 (1950); 195, 663 (1952); ref. Chem. Abstr. 47, 10020 (1953); 200, 703 (1953); ref. Chem. Abstr. 47, 10020 (1953).
454. Deuel, H. J.: Food Technol. 7, 381 (1953).
455. Mittlg. von Prof. F. Eichholtz (Bericht aus den USA).
456. Melnick, D., and F. H. Luckmann: Food Res. 19, 20 (1954); 20, 649 (1955).
457. Smith, D. P., and N. J. Rollin: Food Res. 19, 59 (1954).
458. Sheneman, J. M., and R. N. Costilow: Appl. Microbiol. 3, 186 (1955); ref. Z. Lebensmittel-Unters. u. Forsch. 104, 380 (1956).
459. Boyd, J. W., and H. L. A. Tarr: Food Technol. 9, 411 (1955).
460. Beneke, F. S. and F. W. Fabian: Food Technol. 9, 486 (1955).
461. Becker, E.: Bericht über Sorbinsäure auf der 4. Sitzung der „Kommission zur Prüfung der Lebensmittelkonservierung" der Deutschen Forschungsgemeinschaft am 23./24. VI. 1955.
462. Becker, E., u. I. Röder: Fette u. Seifen 59, 321 (1957).
463. Roeder, I.: Vortrag DFG-Tagung, Hamburg, 21.—26. X. 1956; ref. Seifen, Öle 82, 675 (1956).
464. Müller, E., BASF, Ludwigshafen: DRP 881299 (1939).
465. Melnick, D., H. W. Vahlteich and A. Hackett: Food Res. 21, 133 (1956).
466. Schelhorn, M. v.: Dtsch. Lebensmittel-Rdsch. 50, 267 (1954).
467. Emerson, D. W.: Canad. Food Industr. 27, (No 7), 29 (1956); ref. Chem. Abstr. 50, 17225 (1956).
468. Emard, L. O., and R. H. Vaughn: J. Bacter. 63, 487 (1952); ref. Food Sci. Abstr. 25, No. 2148 (1953).
469. Science News Letter (4. VII. 1953).

470. Food and Drugs Act and Regulation (Canada edit.) **1954** B 16009.
471. Current Food Additives Legislation (FAO), Nr. 7 (31. I. 1957).
472. EECKHAUT, R. G.: Fermentatio **1955**, 136; ref. Z. Lebensmittel-Unters. u. -Forsch. **104**, 392 (1956).
473. DIEMAIR, W., K. FRANZEN u. A. SIEGLITZ: Naturwiss. **44**, 180 (1957).
474. The Use of Chemical Additives in Food Processing. Bericht des "Food Protection Committee of the Food and Nutrition Board". National Academy of Sciences, Publ. 398 (1956).
475. GREENSPAN, F. P., and D. G. MACKELLER: Food Technol. **5**, 95 (1951).
476. FUHRMAN, F. A., J. FIELD, R. H. WILSON and F. DEEDS: Arch. internat. Pharmacodynamie **102**, 113 (1955); ref. Chem. Abstr. **49**, 15044 (1955).
477. CASTELLANI, A. G.: Appl. Microbiol. **1**, 195 (1953); ref. Food Sci. Abstr. **26**, No. 44 (1954).
478. BETTINI, S., u. M. BOCCACCI: Experientia (Basel) **11**, 70 (1955); R. C. Ist. sup. San. (Roma) **19**, 1086 (1956); ref. Chem. Abstr. **49**, 10569 (1955).
479. WEYLAND, P., u. F. WIEBKE: C. H. Boehringer/Sohn, Ingelheim: DRP 744745 (1942).
480. WILSON, B. J.: J. Assoc. Off. Agric. Chem. **31**, 484 (1948); **33**, 674 (1950); ref. Food Sci. Abstr. **22**, Nr. 1815 (1950) u. **24**, No. 2299 (1952).
481. TRESSLER, D. K., and M. A. JOSLYN: Fruit and Vegetable Juice Production New York: The Avi Publishing Comp., Inc. 1954.
482. DAL CIN, G.: Riv. Viticolt. Enol. **3**, 357, 387, 419 (1950); ref. Z. Lebensmittel-Unters. u. -Forsch. **93**, 192 (1951).
483. FEIGL, F., and R. MOSCOVICI: Analyst (London) **80**, 803 (1955).
484. Official Methods of Analysis of the Association of Official Agricultural Chemists. Hrsg. W. Horwitz, 8. Aufl. Washington (1955).
485. KAWASHIRO, I., and K. OKUBO: Bull. Natl. Hyg. Lab. (Tokio) Nr. 72, 174 (1954); ref. Chem. Abstr. **49**, 6778 (1955).
486. DUPÉE, L. F., u. K. GARDNER: Analyt. chim. Acta (Amsterdam) **13**, 57 (1955); ref. Z. analyt. Chem. **150**, 430 (1956).
487. ULLMANN, F.: Encyclopädie der technischen Chemie. Hrsg. von W. FOERST, 3. Aufl., Bd. V. München-Berlin: Urban und Schwarzenberg 1954.
488. SMITH, E. D., W. A. MUELLER and L. N. ROGERS: Analyt. Chemistry **24**, 1117 (1952).
489. NEBE, E.: Fette u. Seifen **59**, 54 (1957).
490. ITO, A.: Ann. Rep. Takamine Lab. **7**, 83 (1955); ref. Chem. Abstr. **50**, 14453 (1956).
491. CLARENBURG, A., L. W. VAN ESVELD en J. F. REITH: Pharmac. Weekbl. **78**, 57 (1941); ref. Chem. Abstr. **37**, 3179 (1943).
492. Werbeschrift der Firma Sopura (Brüssel).
493. DALGAARD-MIKKELSEN, S., S. A. KVORNING u. K. O. MØLLER: Acta pharmacol. (Københ.) **11**, 13 (1955); ref. Chem. Abstr. **49**, 16207 (1955).
494. GENEVOIS, L., et J. BRISON: C.r. Soc. Biol. (Paris) **112**, 1389 (1933).
495. BACQ, Z. M., R. CHARLIER et A. KLUTZ: Bull. Acad. Roy. Méd. Belgique **16**, 212 (1951); zit. bei R. TRUHAUT: vgl. Anm. 864.
496. BORTOLOTTI, G. C., S. LENZI e G. TUMIOTTO: Atti Soc. ital. Cardiol., 15. Congr. **1954**, 146; ref. Chem. Abstr. **49**, 7745 (1955).
497. REITH, J. F.: Conserva **1**, 346 (1953); ref. Chem. Abstr. **47**, 6057 (1953).
498. HANSEN, B.: Acta pharmacol. (Københ.) **12**, 399 (1956); ref. Chem. Abstr. **51**, 604 (1957).
499. FLORENTIN, D.: Ann. Falsificat. Fraudes **43**, 328 (1950); ref. Z. Lebensmittel-Unters. u. -Forsch. **94**, 73 (1952).
500. HANSEN, A.: Konserves **11**, 25 (1953); ref. Food Sci. Abstr. **26**, No. 503 (1954).
501. LONCIN, M.: Chimica (Milano) **5**, 191 (1950); ref. Chem. Abstr. **45**, 2143 (1951).
502. PRINCE, M. V. H., Omaha, Nebraska: USP 2374620 (1944).
503. FERRARA, B., e A. SALERNO: Alimentaz. (Milano) **3**, (Nr. 7) 34 (1953); ref. Chem. Abstr. **49**, 1982 (1955).
504. OBERTO, M. C.: Ann. sper. agrar. (Roma) **9**, 927 (1955); ref. Chem. Abstr. **49**, 16235 (1955).
505. HANSEN, A.: Trans. Danish Acad. Tech. Sci. **1955**, 27 (Nr. 1); ref. Chem. Abstr. **49**, 8522 (1955).
506. TARR, H. L. A., B. A. SOUTHCOTT and H. M. BISSET: Fisheries Res. Board Canada, Progr. Rep. Pacific Coast Stas. No. 83, 35 (1950); ref. Food Sci. Abstr. **23**, No. 1861 (1951).
507. TIKKA, J., u. Y. MÄLKKI: Valtion Tek. Tutkimuslaitos, Tiedoitus Nr. 100, 11 (1952). (State Inst. Tech. Res., Helsinki); ref. Chem. Abstr. **48**, 9570 (1954).
508. ZÜRN, K.: Vortragsreferat, Angew. Chem. **69**, 111 (1957).
509. REITH, J. F.: Chem. Weekbl. **1940**, 519; ref. Z. Unters. Lebensm. **81**, 468 (1941).
510. MOSSEL, D. A. A., u. A. S. DE BRUIN: Analyst (London) **78**, 37 (1953).
511. MOSSEL, D. A. A., u. A. S. DE BRUIN: Analyst (London) **79**, 443 (1954).
512. FELLENBERG, TH. V.: Mitt. Lebensm.-Unters. Hyg. (Bern) **42**, 72 (1951).

513. Hansen, A.: Z. analyt. Chem. **143**, 17 (1954).
514. Navellier, M.: Sitzgsber. der Ges. franz. Chemiker in Paris am 5. VII. 1950; ref. Ann. Falsificat Fraudes **43**, 203 (1950) u. Z. Lebensmittel-Unters. u. -Forsch **93**, 232 (1951).
515. Eeckhaut, R. G.: Fermentatio **1948**, Nr. 17, S. 17; ref. Z. Lebensmittel-Unters. u. -Forsch. **97**, 247 (1953).
516. Piette, A. H.: Ann. Falsificat. Fraudes **46**, 172 (1953); ref. Z. analyt. Chem. **145**, 124 (1955).
517. Curli, G., e V. Prati: Chimica e industria (Milano) **36**, 704 (1954); ref. Chem. Abstr. **49**, 6542 (1955).
518. Jensen, F. B.: Kem. Maanedsbl. nord. Handelsbl. kem. Industr. **34**, 94 (1953); ref. in Chem. Zbl. **1955**, 4958.
519. Pinxteren, J. A. C. van: Analyst (London) **77**, 367 (1952); ref. Food Sci. Abstr. **26**, No. 2166 (1954).
520. Peronnet, M. M. M., et S. Roques: Ann. Falsificat. Fraudes **46**, 21 (1953); ref. Z. Lebensmittel-Unters. u. -Forsch. **98**, 373 (1954).
521. Pfudl, H.: Z. analyt. Chem. **151**, 191 (1956).
522. Woidich, K., L. Schmid u. H. Gnauer: Z. Lebensmittel-Unters. u. -Forsch. **104**, 401 (1956).
523. Ludwig, H.: Mitt.-Bl. GDCh., Fachgr. Lebensm.-Chem., gerichtl. Chem. **11**, 46 (1957).
524. Tetsumoto, T., and K. Yamada: Bull. Jap. Soc. sci. Fish. **15**, 653 (1950); ref. Food Sci. Abstr. **24**, No. 104 (1952).
525. Müller, E., BASF Ludwigshafen: DRP 881299 (1939).
526. Banfield, F. H.: Vortrag auf der Tagung der Fachgruppe „Lebensmittel, Ackerbau und Feinchemikalien" der "Society of Chemical Industry" am 27./28. IX. 1951; ref. Z. Lebensmittel-Unters. u. -Forsch. **94**, 200 (1952).
527. Pearl, I. A.: Industr. Engng. Chem. **46**, USJ Chemical News (1946).
528. Pearl, I. A., and J. F. McCoy: Food Industr. **17**, 1458 (1945); ref. Chem. Abstr. **40**, 1945 (1946).
529. Bornmann, G.: Arzneimittel-Forsch. **4**, 643 (1954).
530. Kopf, R., A. Loeser, G. Meyer u. W. Franke: Arch. exper. Path. u. Pharmakol. **210**, 346 (1950); ref. Chem. Abstr. **45**, 5308 (1951).
531. Kopf, R., A. Loeser u. G. Meyer: Arch. exper. Path. u. Pharmakol. **212**, 405 (1951); ref. Chem. Abstr. **45**, 9180 (1951).
532. Lindner, A. F., u. C. H. Brieskorn: Süddtsch. Apoth.-Ztg. **87**, 234 (1947).
533. Loeser, A., G. Bornmann, L. Grosskinsky, G. Hess, R. Kopf, K. Ritter, A. Schmitz, E. Stürmer u. H. Wegener: Arch. exper. Path. u. Pharmakol. **221**, 14 (1954); ref. Chem. Abstr. **48**, 4698 (1954).
534. Karel, L., B. H. Landing and T. S. Harvey: J. of Pharmacol. a. Exper. Therapeut. **90**, 338 (1947); ref. Chem. Abstr. **42**, 279 (1948).
535. Fischer, L., R. Kopf, A. Loeser u. G. Meyer: Z. exper. Med. **115**, 22 (1949); ref. Chem. Abstr. **44**, 9070 (1950).
536. Kliewe, H.: Dtsch. med. Rdsch. **1948**, Nr. 1, 1.
537. Robertsohn, O. H.: Science (Lancaster, Pa.) **97**, 495 (1943); zit. bei M. B. Jacobs, vgl. Anm. 23.
538. Böhme, H., u. H. Opfer: Z. analyt. Chem. **139**, 255 (1953).
539. Bergner, K. G., u. H. Sperlich: Z. Lebensmittel-Unters. u. -Forsch. **97**, 253 (1953).
540. Kröller, E.: Dtsch. Lebensmittel-Rdsch. **45**, 46 (1949).
541. Salzer, F., u. G. Weber: Z. Lebensmittel-Unters. u. -Forsch. **91**, 174 (1950).
542. Inrist, I. M., u. J. F. Firsova: Ž. anal. khim. (russ.) **11**, 205 (1956); ref. Z. analyt. Chem. **155**, 298 (1957).
543. Kochs: Industr. Obst- u. Gemüseverwert. **21**, 597 (1934).
544. Kaufmann, H. P., u. R. Neu: Fette u. Seifen **53**, 28 (1951).
545. Reichard, O., u. H. Gspahn: Z. analyt. Chem. **141**, 252 (1954).
546. Fujikawa, F., K. Nakajima, T. Omoto and H. Sato: J. Pharmac. Soc. Japan **69**, 106 (1949); ref. Chem. Abstr. **43**, 8065 (1949).
547. Wolf, P. A.: The Dow Chemical Co., Midland: USP 2668115 u. 2668116 v. 2. II. 1954; ref. Chem. Abstr. **48**, 6618 (1954).
548. Pratt, R., J. Dufrenoy and V. L. Pickering: Phytopathology **39**, 862 (1949); ref. Food Sci. Abstr. **23**, No. 2035 (1951).
549. Ribéreau-Gayon, J., et E. Peynaud: C. r. Acad. Agric. (Paris) **38**, 479 (1952); ref. Food Sci. Abstr. **25**, No. 3281 (1953).
550. Förg, F. J.: Dtsch. Molkerei-Ztg. **75**, 888 (1954).
551. Kelley, G. G., and K. Dittmer: J. Agric. Food Chem. **2**, 741 (1954); ref. Fette u. Seifen **58**, 207 (1956).
552. Sathe, V., J. B. Dave and C. V. Ramkrishnan: Analyt. Chemistry **29**, 155 (1957).

553. Benk, E.: Dtsch. Drogisten-Ztg. **4**, 451 (1949).
554. J. Pharmac. Belgique (N. S.) **8**, (35), 443 (1953).
555. *Hoffmann-La Roche AG*, Basel: Oe. P. 174907 v. 13. II. 1951, ausg. 26. V.1953; ref. Chem. Zbl. **1954**, 7309.
556. Hodge, H. C., E. A. Maynard, H. J. Blanchet jr., H. C. Spencer and V. K. Rowe: J. of Pharmacol. a. Exper. Ther. **104**, 202 (1952); ref. Chem. Abstr. **46**, 5193 (1952).
557. Brogden, E. H., Orlando: USP 2489744 (1946).
558. Harding, P. L., J. S. Wiant, H. W. Hruschka, M. B. Sunday and J. Kaufman: U. S. Dep. Agric., Bur. Plant. Ind. Soils a. Agric. Engng., H. T. a. S. Off. Rep. No. **266**, 20 (1952); ref. Food Sci. Abstr. **25**, No. 303 (1953).
559. Harding, P. L., B. A. Friedman, M. B. Sunday, J. Kaufman and H. W. Hruschka: U. S. Dep. Agric., Bur. Plant. Ind. Soils a. Agric. Engng., H. T. a. S. Off. Rep. No. **285**, 28 (1952); ref. Food Sci. Abstr. **26**, No. 238 (1954).
560. Hopkins, E. F., and K. W. Loucks: USP 2678277 (1954).
561. Winston, J. R., G. A. Meckstroth, G. L. Roberts and R. H. Cubbedge: U. S. Dep. Agric., Bur. Plant. Ind. Soils a. Agric. Engng., H. T. a. S. Off. Rep. No. **253**, 26 (1951); ref. Food Sci. Abstr. **25**, No. 302 (1953).
562. Kriel, H. T., and F. C. Loest: Citrus Grower S. Afr. Nr. 232, 7 (1953); ref. Chem. Abstr. **47**, 9543 (1953).
563. Buck, E.: Seifen u. Öle **82**, 522 (1956).
564. Walker, W. A., O. J. Worthington and E. H. Wiegand: Ice and Refrig. **120**, 31 (1951); ref. Food Sci. Abstr. **25**, No. 1448 (1953).
565. Truhaut, R.: Folia Med. (Neapel) **39**, 105 (1956); ref. Chem. Abstr. **50**, 12301 (1956).
566. Erkama, J., u. A. Laamanen: Suomen Kemistilehti **29 B**, 37 (1956); ref. Chem. Abstr. **50**, 16565 (1956) und Z. analyt. Chem. **154**, 303 (1957).
567. Sisley, J. P., et M. Loncin: Oléagineux **5**, 420 (1950); ref. Food Sci. Abstr. **24**, No. 747 (1952).
568. Dunn, C. G.: Adv. Food Res. **2**, 117 (1949).
569. Resuggan, J. C. L.: Food Manufact. **25**, 463 (1950); ref. Food Sci. Abstr. **24**, No. 749 (1952).
570. McCulloch, E. C., S. Hauge and H. Migaki: Amer. J. Publ. Health **38**, 493 (1948); ref. Food Sci. Abstr. **22**, No. 273 (1950).
571. Coppock, J. B. M.: J. Sci. Food Agric. **3**, 115 (1952); ref. Food Sci. Abstr. **25**, No. 1747 (1953).
572. Perin, J.: Industr. agric. Aliment. **70**, 297 (1953); ref. Food Sci. Abstr. **26**, No. 662 (1954).
573. Moreau, C.: Fruits 8, 255 (1953); ref. Food Sci. Abstr. **26**, No. 946 (1954).
574. Curry, J. C., and F. W. Barber: J. Milk Food Technol. **15**, 278 (1952); ref. Food Sci. Abstr. **25**, No. 3068 (1953).
575. Gates, R. L., and R. M. Sandstedt: Science (Lancaster, Pa.) **116**, 482 (1952).
576. Fogh, J., P. O. H. Rasmussen and K. Skadhange: Analyt. Chemistry **26**, 392 (1954).
577. Carkhuff, E. D., and Wm. F. Boyd: J. Amer. Pharmac. Assoc. (Sci. Edit.) **43**, 240 (1954); ref. Chem. Abstr. **48**, 7259 (1954).
578. Reiss, R.: Arzneimittelforsch. **6**, 77 (1956); ref. Z. analyt. Chem. **154**, 294 (1957).
579. Lincoln, P. A., and C. C. T. Chinnick: Analyst. (London) **81**, 100 (1956).
580. Walkley, V. T., and R. D. Wilson: Food Technol. **7**, 297 (1953).
581. Irurzun, J. L. G.: Arch. inst. farmacol. exptl. (Madrid) **5**, 411 (1953); ref. Chem. Abstr. **48**, 10281 (1954).
582. Renard, I.: J. Pharmac. Belgique (N. S.) **7**, 403 (1952); ref. Chem. Zbl. **1954**, 7003.
583. Du Bois, A. S.: Industr. Engng. Chem. (Analyt. Edit.) **17**, 744 (1945).
584. Sisley, J. P.: Oléagineux **5**, 505 (1950); ref. Food Sci. Abstr. **24**, Nr. 748 (1952).
585. Cheymol, J.: Arzneimittelforsch. **5**, 3 (1955).
586. Ullmann, F.: Encyclopädie der technischen Chemie. Hrsg. von W. Foerst, 3. Aufl., Bd. III. München-Berlin: Urban und Schwarzenberg 1953.
587. Becher, A.: Landwirtsch. Forsch. **6**, 21 (1954).
588. Février, R. u. Mitarb.: Ann. Zootechn. (franz.) **4**, 139 (1955); ref. Literaturdienst d. Bundes f. Lebensmittelrecht u. -kunde **1956**, Nr. 12, 80; ref. Lederle-Mitt. **1956**, H. 26, 16.
589. Stoltz, E. I., and D. J. Hankinson: J. Milk Food Technol. **17**, 76 (1954); ref. Chem. Zbl. **1954**, 8621.
590. Schönherr, W.: Naturwiss. **43**, 330 (1956).
591. Čulík, J., u. V. Zorin: Časopis Lékařu Českých. **95**, 783 (1956); ref. Chem. Abstr. **50**, 17208 (1956).
592. Hargrove, R. E., H. E. Walter, J. P. Malkames jr. and K. T. Maskell: J. Dairy Sci. **33**, 401 (1950); ref. Food Sci. Abstr. **24**, No. 1437 (1952).
593. Bryan, C. S.: J. Milk Food Technol. **14**, 161 (1951); ref. Food Sci. Abstr. **25**, No. 3107 (1953).

594. HANSEN, H. C., G. E. WIGGINS and J. C. BOYD: J. Milk Food Technol. 13, 359 (1950); ref. Food Sci. Abstr. 25, No. 172 (1953).
595. CALBERT, H. E.: J. Milk Food Technol. 14, 61 (1951); ref. Food Sci. Abstr. 25, No. 173 (1953).
596. CAMPBELL, L., and R. T. O'BRIEN: Food Technol. 9, 461 (1955).
597. BRANDE, R., S. K. KON and J. W. G. PORTER: Nutrit. Rev. 23, 473 (1953); ref. Chem. Abstr. 48, 3494 (1954).
598. FOLEY, E. J., and J. V. BYRNE: J. Milk Food Technol. 13, 170 (1950); ref. Food Sci. Abstr. 25, No. 170 (1953).
599. GREENE, V. W., and J. M. BELL: Sci. Agric. 32, 619 (1952); ref. Food Sci. Abstr. 25, No. 1922 (1953).
600. JACQUET, J., J. DELACROIX and H. GONDOUIN: C. r. Acad. Agric. (Paris) 37, 189 (1951); ref. Food Sci. Abstr. 25, No. 799 (1953).
601. WELCH, H., W. R. JESTER and J. M. BURTON: Antibiotics and Chemotherapy 10, 571 (1955); ref. Z. Lebensmittel-Unters. u. -Forsch. 105, 225 (1957).
602. TARR, H. L. A., B. A. SOUTHCOTT and H. M. BISSET: Food Technol. 6, 363 (1952).
603. RIBÉREAU-GAYON, J., et E. PEYNAUD: C. r. Acad. Agric. (Paris) 38, 479 (1952); ref. Chem. Zbl. 1954, 6368.
604. Chem. and Engng. News. 31, 976 (1953).
605. Molkerei-Ztg. (Hildesheim) 8, 1060 (1954).
606. Tierernährung 7, 6, 9 (1956); ref. Literaturdienst Bund f. Lebensm.-Recht u. -Kunde 1956, Nr. 10, 67.
607. TRIACA, H., et J. P. DE BROCHARD: Rapport G 219 v. 8. V. 1957 der Assoc. Syndicale Professionelle et Scientifique du Bureau de la Nutrition Animale et de l'Agriculture (BNA).
608. TOLLENAAR, F. D.: Persönliche Mitt. (7. V. 1957).
609. MARSH, M. M., and W. W. HILTY: Analyt. Chemistry 22, 245 (1950).
610. JACQUET, J., et L. STEEG: Ann. Falsificat. Fraudes 46, 5 (1953).
611. NEAL, C. E., and H. E. CALBERT: J. Dairy Sci. 38, 629 (1955); ref. Food Sci. Abstr. 27, No. 2721 (1955).
612. BERRIDGE, N. J., and J. BARRET: Nature (London) 167, 448 (1951); Chem. Abstr. 45, 7299 (1951).
613. MARTEN, G.: Pharmazie 10, 602 (1955); ref. Z. analyt. Chem. 153, 431 (1956).
614. MATTICK, L. R.: Diss. Abstr. 15, 1 (1955); ref. Analyt. Abstr. 2, No. 2223 (1955).
615. GALESLOOT, TH. E.: Nederl. Melk- en Zuiveltijdschr. 9, 158 (1955); ref. Chem. Zbl. 1956, 9058.
616. GASPER, T., J. KOLSEK u. M. PERPAR: Z. analyt. Chem. 154, 98 (1957).
617. NAGAWA, M., and H. SHIUDO: J. Pharmac. Soc. Japan 76, 101 (1956); ref. Z. analyt. Chem. 155, 74 (1957).
618. KIMMERLE, G., u. R. GÖSSWALD: Arzneimittelforsch. 6, 379 (1956).
619. FRENCH, C. E., J. A. URAM, R. H. INGRAM and R. W. SWIFT: J. Nutrit. 54, 75 (1954); ref. Chem. Abstr. 49, 2578 (1955).
620. MIYAHARA, B. T.: J. Labor. a. Clin. Med. 41, 550 (1953); ref. Chem. Zbl. 1956, 10264.
621. STOLTZ, E. I., and D. J. HANKINSON: Appl. Microbiol. 1, 24 (1953); ref. Food Sci. Abstr. 26, No. 160 (1954).
622. HOUNIE, E.: Food Manufact. 25, 508 (1950); ref. Food Sci. Abstr. 24, No. 870 (1952).
623. Nachr. aus Chem. u. Tech. 2, 23 (1954).
624. DOREY, H. M., E. C. MASON and E. D. WEISS: Analyt. Chemistry 22, 1038 (1950).
625. J. Bacter. 50, 623 (1945).
626. BARTHELMESS, A.: Arzneimittelforsch. 6, 157 (1956).
627. CONN, J. B., and S. L. NORMAN: J. Clin. Invest. 28, 837 (1949); ref. Chem. Abstr. 44, 11024 (1950).
628. DELABY, R., et F. STEPHAN: Ann. pharmac. franç. 8, 513 (1950); ref. Chem. Abstr. 45, 2147 (1951).
629. POGGI, A. R., y G. SERCHI: Rev. Asoc. biochim. Argentina 15, 278 (1950); ref. Chem. Abstr. 45, 8719 (1951).
630. TOMIYAMA, T.: Bull. Jap. Soc. Sci. Fisheries 21, 262 (1955); ref. Chem. Abstr. 50, 10300 (1956).
631. PARVIS, D.: II Farmaco (Pavia), (Edit. Sci.) 11, 239 (1956); ref. Chem. Abstr. 50, 10271 (1956).
632. JACOBSOHN, K. P., and M. D. DE AZEVEDO: Exper. Med. a. Surg. 11, 149 (1953); ref. Chem. Abstr. 48, 8434 (1954).
633. Poultry Sci. 31, 708 (1952).
634. DOSKOČIL, J.: Pharmazie 9, 394 (1954).
635. KAKEMI, K.: J. Pharmac. Soc. Japan 75, 194 (1955); ref. Analyt. Abstr. 3, Nr. 2552 (1956).
636. FARBER, L.: Food Technol. 8, 503 (1954).

637. YAGI, K., J. OKUDA, T. OZAWA and K. OKADA: Science (Lancaster, Pa.) **124**, 273 (1956); ref. Chem. Abstr. **50**, 16895 (1956).
638. MIURA, Y., and T. IWAMOTO: Kagaku (Science) **26**, 362 (1956); ref. Chem. Abstr. **50**, 14825 (1956).
639. BURGER, M., J. ROKOS u. P. PROCHÁZKA: Českoslov. mikrobiol. **1**, 105 (1956); ref. Chem. Abstr. **50**, 15665 (1956).
640. LAMBERT, M. R., and N. L. JAKOBSOHN: J. Animal Sci. **15**, 509 (1956); ref. Chem. Abstr. **50**, 15768 (1956).
641. J. Amer. Med. Assoc. **160**, 779 (1956).
642. PARTMANN, W.: Z. Lebensmittel-Unters. u. -Forsch. **106**, 210 (1957).
643. SMITH, H. R.: J. Amer. Vet. Med. Assoc. **129**, 162 (1956); ref. Chem. Abstr. **50**, 15764 (1956).
644. SOUCI, S. W.: 6. Sitzung der Kommission zur Prüfung der Lebensmittel-Konservierung der Deutschen Forschungsgemeinschaft am 14. XII. 1956.
645. TOMIYAMA, T., SH. KURAKI, D. MAEDA, A. HAMADA and A. HONDA: Food Technol. **10**, 215 (1956).
646. SHEWAN, J. M.: The Fishing News vom 10. VIII. 1956.
647. AYRES, J. C., H. W. WALKER, M. J. FANNELLI, A. W. KING and F. THOMAS: Food Technol. **10**, 563 (1956).
648. SWICKARD, M. T., and A. M. HARKIN: Poultry Sci. **32**, 726 (1953); ref. Food Sci. Abstr. **26**, No. 50 (1954).
649. Chem. Engng. News **33**, 53 (1955); ref. Fette u. Seifen **58**, 170 (1956).
650. Federal Register 20 F. R. 8776 v. 30. XI. 1955; ref. J. Amer. Med. Assoc. **160**, 779 (1956).
651. Canada Gazette **90**, Nr. 19, Reg. Nr. 363 (1956); ref. Food Manufact. **31**, 508 (1956).
652. SCHNEIERSON, S. S.: Proc. Soc. Exper. Biol. a. Med. **74**, 106 (1950); ref. Chem. Abstr. **44**, 7371 (1950).
653. LEVINE, J., E. A. GARLOCK jr. and H. FISCHBACH: J. Amer. Pharmac. Assoc. **38**, 473 (1949); ref. Chem. Abstr. **43**, 9371 (1949).
654. KAKEMI, K., T. UNO and T. MITAKE: J. Pharmac. Soc. Japan **76**, 903 (1956); ref. Analyt. Abstr. **4**, No. 1649 (1957).
655. HISCOX, D. J.: J. Amer. Pharmac. Assoc. **40**, 237 (1951); ref. Chem. Abstr. **45**, 6347 (1951).
656. SEED, J. C., and C. E. WILSTON: Science (Lancaster, Pa.) **110**, 707 (1949).
657. HICKEY, R. J., and W. F. PHILLIPS: Analyt. Chemistry **26**, 1640 (1954).
658. GOLDSTEIN, S. W., D. C. GROVE, W. W. WRIGHT, A. KIRSHBAUM and H. R. HERNANDEZ: J. Amer. Pharmac. Assoc. **40**, 453 (1951); ref. Chem. Abstr. **45**, 10491 (1951).
659. J. Labor. a. Clin. Med. **35**, 129 (1950).
660. FREEMAN, F. M.: Analyst (London) **81**, 299 (1956).
661. CHICCARELLI, F. S., P. VAN GIESON u. M. H. WOOLFORD jr.: J. Amer. Pharmac. Assoc. (Sci. Edit.) **45**, 418 (1956); ref. Z. analyt. Chem. **155**, 74 (1957).
662. AWE, W., u. H. STOHLMANN: Arch. Pharmazie **289**, 276 (1956); ref. Z. analyt. Chem. **154**, 391 (1957).
663. DÖLL, W.: Arzneimittelforsch. **5**, 97 (1955).
664. DARKER, G. D., H. B. BROWN, A. H. FREE, B. BIRO and J. T. GOORLEY: J. Amer. Pharmac. Assoc. (Sci. Edit.) **37**, 156 (1948); ref. Chem. Abstr. **42**, 6985 (1948).
665. SALLE, A. J., and G. J. JANN: J. Bacter. **55**, 463 (1948).
666. EVANS, F. R., and H. R. CURRAN: J. Dairy Sci. **35**, 1101 (1952); ref. Food Sci. Abstr. **25**, No. 3085 (1953).
667. ANDERSEN, A. A., and H. D. MICHENER: Food Technol. **4**, 188 (1950).
668. ADAMS, A. T., J. C. AYRES and R. G. TISCHER: Food Technol. **5**, 82 (1951).
669. BURROUGHS, J. D., and E. WHEATON: Canner **112**, 50 (1951); ref. Food Sci. Abstr. **25**, No. 2066 (1953).
670. GODKIN, W. J., and W. H. CATHCART: Food Technol. **7**, 282 (1953); ref. Food Sci. Abstr. **26**, No. 445 (1954).
671. LE BLANC, F. R., K. A. DEVLIN and C. R. STUMBO: Food Technol. **7**, 181 (1953); ref. Food Sci. Abstr. **26**, No. 470 (1954).
672. CAMERON, E. J., and C. W. BOHRER: Food Technol. **5**, 340 (1951).
673. LEWIS, J. C., and N. S. SNELL: J. Amer. Chem. Soc. **73**, 4812 (1951); ref. Chem. Abstr. **46**, 8691 (1952).
674. Pesticide Official Publications, Assoc. of Amer. Pest. Contr. Officials Incorporated 1955, S. 97.
675. VAUGHN, J. R., and C. L. HAMMER: Proc. Amer. Soc. Hort. Sci. **54**, 435 (1949); ref. Food Sci. Abstr. **24**, No. 536 (1952).
676. KIELHÖFER, E., u. H. AUMANN: Z. Lebensmittel-Unters. u. -Forsch. **105**, 283 (1957).
677. WHIFFEN, A. J.: J. Bacter. **56**, 283 (1948); ref. Chem. Abstr. **43**, 271 (1949).

678. HIRATA, Y., and K. NAKANISHI: J. of Biol. Chem. **184**, 135 (1950); ref. Chem. Abstr. **44**, 7931 (1950).
679. FRAZER, A. C., and R. HIEKMAN: Confidential Report, Res. Div. Aptin and Barret, England (1956).
680. BARBER, R. S., R. BRAUDE and A. HIRSCH: Nature (London) **169**, 200 (1952).
681. HIRSCH, A., E. GRINSTED, H. R. CHAPMAN and A. T. R. MATTICK: J. Dairy Res. **18**, 205 (1951).
682. GILLESPY, T. G.: Res. Leaflet Nr. 3 der "Fruit and Vegetable Canning and Quick Freezing Research Association". Chipping Campden, Glocestershire 1957.
683. HAWLEY, H. B.: "Nisin". Übersichtsbericht über Entwicklung und Anwendung in der Lebensmittelindustrie (Yeovil/Somerset, 1957).
684. GALESLOOT, T. E., en J. W. PETTE: Ned. Melk- en Zuiveltijdschr. **10**, 137 (1956); ref. Chem. Abstr. **51**, 2198 (1957).
685. RAIBAUD, P.: Ann. Inst. Nat. Rech. Agron. (Paris), Ser. E. Ann. Tech. agric. **5**, 441 (1956); ref. Food Sci. Abstr. **29**, Nr. 159 (1957).
686. SNELL, N., K. IJICHI and J. C. LEWIS: J. Appl. Microbiol. **4**, 13 (1956).
687. FRIEDMANN, R., and C. EPSTEIN: J. Gen. Microbiol. **5**, 830 (1951); ref. Chem. Abstr. **46**, 9785 (1952).
688. BERRIDGE, N. J., and J. BARRET: Nature (London) **167**, 448 (1951); ref. Chem. Abstr. **45**, 7299 (1951).
689. GEBHARD, H.: Grundriß der Pharmakologie und Toxikologie (Wehrtoxikologie und Arznei-verordnungslehre). 12. Aufl., München: Rudolph Müller und Steinicke 1944.
690. WIEDEMANN, H. R.: Hippokrates **1947**, 89 (Nr. 9/12).
691. WALAWALKAR, D. G.: Nature (London) **165**, 370 (1950).
692. TARR, H. L. A.: J. Fisheries Res. Board Canada **7**, 155 (1948) .
693. PARTMANN, W.: Fette u. Seifen **56**, 505 (1954); Dtsch. Lebensmittel-Rdsch. **49**, 265 (1953).
694. HOUBEN-WEYL: Methoden der organischen Chemie. Hrsg. E. MÜLLER. 4. Aufl., Bd. II. Stuttgart: Georg Thieme 1953.
695. LONGENECKER, W. H.: Analyt. Chemistry **21**, 1402 (1949).
696. ESPEN, J. VAN: J. Pharmac. Belgique **11**, 45 (1956); ref. Chem. Abstr. **50**, 17325 (1956).
697. Münch. med. Wschr. **1947**, 71.
698. RYBAR, D., u. V. SKRIVAN: Českoslov. Farmac. **5**, 147 (1956); ref. Z. analyt. Chem. **155**, 313 (1957).
699. PARTMANN, W.: Kältetechn. **6**, 66 (1954).
700. Chemiker-Ztg. **76**, 638 (1952).
701. SCHOONENS, J. G.: Visserijw. **8**, 739 (1949); ref. Food Sci. Abstr. **23**, No. 2304 (1951).
702. NOVAK, M. J.: J. Amer. Med. Assoc. **118**, 513 (1942).
703. Vorschriften für die Fisch- und Feinkostindustrie. 4. Aufl. (1946).
704. PRESCOTT, G. C., H. EMERSON and J. H. FORD: J. Agric. Food Chem. **4**, 343 (1946); ref. Z. Lebensmittel-Unters. u. -Forsch. **105**, 257 (1957).
705. SORBER, D. G., and M. H. KIMBALL: U. S. Dep. Agric. tech. Bull. Nr. 996, 1950; ref. Food Sci. Abstr. **24**, No. 1196 (1952).
706. BALLS, A. K., and W. S. HALE, Washington: USP 2381421 (1942).
707. STITT, F., A. H. TJENSVOLD and Y. TOMIMATSU: Analyt. Chemistry **23**, 1138 (1951).
708. OSER, B. L., and L. A. HALL: Food Technol. **10**, 175 (1956).
709. RAUSCHER, H., G. MAYR u. H. KÄMMERER: Mitt. Vers.-Stat. f. d. Gärungsgewerbe Nr. 7/8, 1 (1956); zit. bei K. CORETTI: Fleischwirtsch. **9**, 191 (1957).
710. SUDENDORF, TH., u. E. KRÖGER: Chemiker-Ztg. **55**, 549, 570 (1931); zit. bei K. CORETTI: Fleischwirtsch. **9**, 191 (1957).
711. WALKER, G., and C. E. GREESON: J. of Hyg. **32**, 409 (1932); zit. bei K. CORETTI: Fleischwirtsch. **9**, 191 (1957).
712. RAUSCHER, H., G. MAYR and H. KÄMMERER: Food Manufact. **32**, 169 (1957).
713. Food Industr. **8**, 450 (1936).
714. GRENIER, R.: F. P. 832945 v. 29. V. 1937; ref. Chem. Zbl. **1939 I**, 1094.
715. ANGLA, B. M.: F. P. 763960 v. 16. XI. 1933; ref. in Chem. Zbl. **1934 II**, 1223.
716. HALL, L. A.: Food Packer **32**, 26, 47 (1951); ref. Food Sci. Abstr. **25**, No. 2295 (1953).
717. CORETTI, K.: Fleischwirtsch. **9**, 191 (1957).
718. FUCHS, R., R. C. WATERS and C. A. VANDERWERF: Analyt. Chemistry **24**, 1514 (1952).
719. LOHMANN, H.: Angew. Chem. **52**, 407 (1939).
720. NICOLET, B. H., and T. H. POULTER: J. Amer. Chem. Soc. **52**, 1186 (1936).
721. KONG, G.: Nature (London) **164**, 706 (1949).
722. KALOYEREAS, S. A.: Refrigerating Engng. **57**, 453 (1949); ref. Food Sci. Abstr. **23**, No. 444 (1951).

723. Claypool, L. L., and S. Ozbek: Proc. Amer. Soc. Hort. Sci. **60**, 226 (1952); ref. Food Sci. Abstr. **26**, 848 (1954).
724. Hiele, T. van: Meded. Dir. Tuinb., 's-Gravenhage **12**, 761 (1949); ref. Food Sci. Abstr. **23**, No. 1064 (1951).
725. Swanson, M. H.: Poultry Sci. **32**, 369 (1953); ref. Food Sci. Abstr. **25**, 3028 (1953).
726. Kadkol, S. B., H. B. N. Murthy, S. V. Pingale and M. Swaminathan: Bull. Centr. Food Technol. Res. Inst., (Mysore) **3**, 19 (1953); ref. Food Sci. Abstr. **26**, No. 2055 (1954).
727. Merriam, Ch. I., and R. Wiles: USP 2080179 v. 10. VII. 1936; ref. Chem. Zbl. **1937 II**, 2921.
728. Burns-Brown, W., and H. K. Heseltine: Milling **112**, 299 (1949); ref. Food Sci. Abstr. **22**, No. 620 (1950).
729. Lear, B., and W. F. Mai: Phytopathology **42**, 489 (1952); ref. Food Sci. Abstr. **25**, No. 2713 (1953).
730. Desbaumes, P., u. J. Deshusses: Mitt. Lebensm.-Unters. Hyg. (Bern) **47**, 550 (1956).
731. Strache, F.: Dtsch. Lebensmittel-Rdsch. **52**, 191 (1956); ref. Food Sci. Abstr. **29**, No. 613 (1957).
732. Clegg, K. M., and S. E. Lewis: J. Sci. Food Agric. **4**, 548 (1953); ref. Food Sci. Abstr. **26**, No. 2054 (1954).
733. Rygg, G. L., J. R. Furr, R. W. Nixon and W. W. Armstrong: Rep. Date Growers' Inst. Nr. 30, 10 (1953); ref. Food Sci. Abstr. **26**, No. 952 (1954).
734. Haines, E. C., Moorestown, N. J.: USP 2354014 (1942).
735. Setok, T. A., and M. D. Schultze: Proc. Soc. Exper. Biol. a. Med. **90**, 314 (1955); ref. Food Technol. **11**, 25 (1957).
736. Vandemark, J. S., and E. G. Sharvelle: Science (Lancaster, Pa.) **115**, 149 (1952).
737. Deshusses, J., u. P. Desbaumes: Mitt. Lebensm.-Unters. Hyg. (Bern) **46**, 233 (1955).
738. Keller, H. J.: Clinton Foods Inc., New York: USP 2698246 (1952).
739. Truhaut, R.: Ann. pharmac. franç. **9**, 175 (1951); ref. Chem. Abstr. **45**, 8072 (1951).
740. Ravich-Shcherbo, Yu. A.: Rybn. Khoz. (Fish. Industr. USSR) **25**, 45 (1949); ref. Food Sci. Abstr. **22**, No. 1247 (1950).
741. Anderson, E. E., L. F. Ruder jr., W. B. Esselen jr., E. A. Nebesky and M. Labbee: Food Technol. **5**, 364 (1951); ref. Food Sci. Abstr. **25**, No. 331 (1953).
742. Kosker, O., W. B. Esselen jr. and C. R. Fellers: Food Res. **16**, 510 (1951).
743. Berka, A.: Českoslov. Farmac. **4**, 222 (1956); ref. Analyt. Abstr. **3**, No. 449 (1956).
744. Keller, H.: Vorratspfl. u. Lebensm.-Forsch. **3**, 193 (1940).
745. Viscia, S. M., and D. C. Brodie: J. Amer. Pharmac. Assoc. (Sci. Edit.) **43**, 52 (1954); ref. Chem. Abstr. **48**, 4051 (1954).
746. Noury, N. V., en van der Lande, Deventer, Holland: DRP 325031 (1916).
747. Mühle **69**, Nr. 17, 25 (1932).
748. Rothenfusser, S.: Chemiker-Ztg. **49**, 285 (1925).
749. Nicholls, J. R.: Analyst (London) **58**, 4 (1933).
750. Siddiqi, A. M., and A. L. Tappel: Chemist-Analyst **44**, 52 (1955); ref. in Z. analyt. Chem. **150**, 387 (1956).
751. Schmalfuss, H., u. U. Stadie: Fette u. Seifen **50**, 392 (1943).
752. Lagoni, H.: Zbl. Bakter. I Orig. **103**, 225 (1941).
753. Deichmann, W. B., K. V. Kitzmiller, M. Dierker and S. Witherup: J. Industr. Hyg. Toxicol. **29**, 1 (1947); ref. Chem. Abstr. **41**, 2494 (1947).
754. Sammelbericht über Diphenyl der Hazleton-Laboratories, Falls Church USA (März 1956).
755. National Institute for Research: "The Worlds Paper Trade" vom 19. VI. 1952.
756. Booth, A. N., A. M. Ambrose and F. DeEds: Federat. Proc. **15**, No. 1 (März 1956).
757. Klingenberg: Jber. Tierchemie **1891**, 21.
758. Stroud: J. of Endocrin. 2, 55 (1940).
759. Newell, G. W.: Final Report 1953 of the Standford Research Institute (Californien).
760. Hazleton, L. W.: XX. Intern. Physiol. Congress, Brüssel (29. VII.—4. VIII. 1956).
761. West, H. D., J. R. Lawson, I. H. Miller and G. R. Mathura: Federat. Proc. **14**, 303 (1955).
762. West, H. D.: Proc. Soc. Exper. a. Biol. Med.: **43**, 373 (1940); ref. Chem. Abstr. **34**, 3323 (1940).
763. Bekanntmachung Bayr. Staatsminist. d. I., Bayr. MABl. **1956**, S. 365; ref. Z. Lebensmittel-Unters. u. -Forsch. (Ges. u. VO.) **105**, 28 (1957).
764. Citrus News **28**, 49, 58 (1952); ref. Food Sci. Abstr. **25**, No. 1450 (1953).
765. Strickland, A. G.: Citrus News **28**, 114 (1952); ref. Food Sci. Abstr. **25**, No. 2660 (1953).
766. Tindale, G. B.: Citrus News **28**, 161 (1952); ref. Food Sci. Abstr. **25**, No. 2661 (1953).
767. Tomkins, R. G., and F. A. Isherwood: Analyst (London) **70**, 330 (1945).

768. HARVEY, E. M., and E. P. ATROPS: U.S. Dep. Agric. Bur. Plant. Ind., Soils a. Agric. Engng., H. T. a. S. Off. Rep. Nr. 296, 30 (1953); ref. Food Sci. Abstr. **26**, No. 1914 (1954).
769. FEUERSENGER, M.: Dtsch. Lebensmittel-Rdsch. **51**, 268 (1955).
770. Citrus Exper. Sta. Chem. Week. **73**, 32 (1953); ref. Literaturdienst Bund f. Lebensm.-Recht u. -Kunde Nr. 5 (Mai 1956).
771. Federal Register (USA) **21**, 5619 (26. VII. 1956).
772. SILVERMAN, L., and W. BRADSHAW: Analyt. Chemistry **27**, 96 (1955).
773. NEWHALL, W. F., E. J. ELWIN and L. R. KNODEL: Analyt. Chemistry **26**, 1234 (1954).
774. KIRCHNER, J. G.: J. Agric. Food Chem. **2**, 1031 (1954).
775. BERTLING, L.: Mitt.-Bl.GDCh., Fachgr. Lebensm.-Chem., gerichtl. Chem. **11**, 9 (1957).
776. MacINTOSH, F. C.: Analyst (London) **70**, 334 (1945).
777. BRUCE, R. B., and J. W. HOWARD: Analyt. Chemistry **28**, 1973 (1956).
778. KÄRBER, G.: Pharmazie **5**, 469 (1950).
779. BOYLAND, E., and G. WATSON: Nature (London) **177**, 837 (1956).
780. BOYLAND, E., D. M. WALLACE and D. C. WILLIAMS: Brit. J. Cancer **9**, 62 (1955); ref. Chem. Abstr. **49**, 11864 (1955).
781. HOCH-LIGETI, C.: Proc. Amer. Assoc. Cancer Res. **2**, 128 (1956).
782. DÖRR, W.: Bericht über Chinosol auf der 4. Sitzung der „Kommission zur Prüfung der Lebensmittelkonservierung" der Deutschen Forschungsgemeinschaft am 23./24. VI. 1950.
783. KÖNIG, P., u. W. MÜLLER: Z. Unters. Lebensm. **71**, 121 (1936).
784. CHILDS, J. F., and E. A. SIEGLER: Industr. Engng. Chem. (Industr. Edit.) **38**, 82 (1946); zit. bei P. HIRSCH, vgl. Anm. 88.
785. WEGNER, E.: Z. Lebensmittel-Unters. u. -Forsch. **102**, 34 (1955).
786. WEGNER, E.: Arzneimittelforsch. **6**, 299 (1956).
787. NEU, R.: Z. analyt. Chem. **142**, 335 (1954).
788. FEIGL, F.: Mikrochemie u. Mikrochim. Acta (Wien) **39**, 404 (1952).
789. POETHKE, W.: Pharmaz. Z.-halle Dtschld. **86**, 2 (1947).
790. KLAUS, H.: Pharmaz. Z.-halle Dtschld. **95**, 429 (1956).
791. TETSUMOTO, S., H. UCHIYAMA, W. YOKOYAMA and T. OKITSU: Bull. Jap. Soc. sci. Fish. **19**, 34 (1953); ref. Food Sci. Abstr. **26**, No. 83 (1954).
792. LÜTHE, I.: Pharmac. J. **158** ([4] **104**), 3 (1947).
793. THOMPSON, S. S.: Analyst (London) **81**, 443 (1956).
794. KAWASHIRO, I.: Bull. Nat. Hyg. Lab. (Tokio) **1953**, Nr. 71, 27; ref. Chem. Abstr. **49**, 6497 (1955).
795. NAGASAWA, K., and S. OHKUMA: J. Pharmac. Soc. Japan **74**, 410 (1954); ref. Chem. Abstr. **48**, 8700 (1954).
796. BUZARD, J. A., V. R. ELLIS and M. F. PAUL: J. Assoc. Off. Agric. Chem. **39**, 512 (1956).
797. FLACH, W. R.: J. Assoc. Off. Agric. Chem. **40**, 467 (1957).
798. ZIJL, H. J. M. VAN, en N. GOOSSENS: Chem. Weekbl. **52**, 624 (1956); ref. Analyt. Abstr. **4**, Nr. 296 (1957).
799. SCHWARZ, L.: Hoppe-Seylers Z. **31**, 460 (1901).
800. LANG, K., M. FRIMMER u. D. BERNERT: Z. exper. Med. **117**, 288 (1951).
801. JOHANNESSOHN, F.: Biochem. Z. **83**, 28 (1917).
802. KÖNIG, J., u. J. GROSSFELD: Z. Unters. Lebensm. **27**, 508 (1914).
803. Gutachten der Deutschen Forschungsanstalt für Lebensmittelchemie München über Foromycen vom 6. IX. 1950.
804. PARTMANN, W.: Food Res. **22**, 51 (1957).
805. JUNG, R., u. K. OUNEN: Arch. exper. Path. u. Pharmakol. **224**, 179 (1955).
806. SOUCI, S. W., u. H. LÜCK: Z. Lebensmittel-Unters. u. -Forsch. **106**, 201 (1957).
807. LÜCK, H., u. S. W. SOUCI: Z. Lebensmittel-Unters. u. -Forschung **107**, 236 (1958).
808. RAPAPORT, I. A.: C. r. Acad. USSR **54**, 65 (1946).
809. Zhurnal Gener. Biol. 8, 359 (1948).
810. KAPLAN, W. D.: Science (Lancaster, Pa.) **108**, 43 (1948).
811. AUERBACH, Ch.: Science (Lancaster, Pa.) **110**, 419 (1949).
812. HERSHKOWITZ, I. H.: Amer. Naturalist **88**, 45 (1954); ref. Chem. Abstr. **48**, 7606 (1954).
813. BOYLAND, E.: Pharmacol. Rev. **6**, 345 (1954); ref. in Chem. Abstr. **48**, 12826 (1954).
814. SOBELS, F. H.: Experientia (Basel) **12**, 318 (1956); ref. Chem. Abstr. **50**, 17211 (1956).
815. GYÖRGI, P.: Vitamin Methods, Bd. I. New York: Academic Press 1952.
816. KUPRIANOFF, J.: Bericht auf der 3. u. 4. Sitzung der „Kommission zur Prüfung der Lebensmittelkonservierung" der Deutschen Forschungsgemeinschaft am 18./19. VI. 1954 und 23./24. VI. 1955.
817. ROTH, H., BASF, Ludwigshafen: DRP 874243 (1943).
818. WITTE, R., u. E. FRITSCH, MIAG, Hannover: DRP 902452 (1939).

819. Callow, E. H.: Analyst (London) **52**, 391 (1927).
820. Blume, H.: Diss. Gießen 1951.
821. Souci, S. W.: Bericht auf der 1. Sitzung der „Kommission zur Prüfung der Lebensmittelkonservierung" der Deutschen Forschungsgemeinschaft am 27. IX. 1952.
822. Schelhorn, M. v.: Gutachten des Instituts für Lebensmitteltechnologie und Verpackung, München vom 25. V. 1951.
823. Hansen, E. W.: Dansk. Fiskeritid. **70**, 293 (1952); ref. Food Sci. Abstr. **26**, No. 89 (1954).
824. Ulsenheimer, G., u. E. Coduro, München: DBP 921126 (1955).
825. Souci, S. W., u. K. E. Schulte, München: Gutachten der Deutschen Forschungsanstalt für Lebensmittelchemie München vom 29. VII. 1952 und 16. XII. 1952.
826. Z. Lebensmittel-Unters. u. -Forsch. **99**, 126 (1954).
827. Wurzschmitt, B.: Z. analyt. Chem. **128**, 549 (1948).
828. Bricker, C. E., and W. A. Vail: Analyt. Chemistry **22**, 720 (1950).
829. Bremanis, E.: Z. analyt. Chem. **130**, 44 (1949).
830. Tell, E. A.: Diss. Bonn 1957.
831. Hayashibe, R., and H. Inoue: J. Soc. Brewing, Japan **50**, 696 (1955); ref. Chem. Abstr. **50**, 9944 (1956).
832. Lee, L. A.: Analyt. Chemistry **28**, 1621 (1956).
833. Segal, L.: Analyt. Chemistry **23**, 1499 (1952).
834. Dusek, K., u. S. Hudecek: Chem. Listy **48**, 1628 (1954); ref. Chem. Zbl. **1955**, 5142.
835. Vanag, G., u. É. Vanag: Z. anal. Khim. (russ.) **10**, 63 (1955); ref. Analyt. Abstr. **2**, No. 2753 (1955).
836. Almassy, G., u. E. Zichy: Magyar. Kem. Foly **61**, 106 (1956); ref. Analyt. Abstr. **3**, No. 2765 (1956).
837. Nash, T.: Nature (London) **170**, 976 (1952); ref. Chem. Zbl. **1955**, 10100.
838. Marcuzi, A. D., y E. S. Braegger: Pub. inst. invest. microquim. Argentinien **17**, 158 (1953); ref. Chem. Abstr. **48**, 11248 (1954).
839. Pfeil, E., u. G. Schroth: Z. analyt. Chem. **134**, 333 (1952).
840. Grebenovsky, E., u. Z. Rezac: Chem. Listy **49**, 1185 (1955); ref. Analyt. Abstr. **3**, No. 3367 (1956).
841. Forbes, D. H. S., J. Hunter and P. Lawrie: Chem. a. Ind. **1956**, 126; ref. Z. analyt. Chem. **154**, 214 (1957).
842. Behre, A.: Z. Lebensmittel-Unters. u. -Forsch. **93**, 17 (1951).
843. Schelhorn, M. v.: Dtsch. Lebensmittel-Rdsch. **50**, 90 (1954).
844. Kreuzer, R.: Angew. Chem. **65**, 562 (1953).
845. Souci, S. W., E. Mergenthaler u. E. A. Tell: Z. Lebensmittel-Unters. u. -Forsch. (im Druck).
846. Bundesforschungsanstalt für Fischerei: Wiss. Informationen für die Fischereipraxis **1954**, Nr. 2, 30.
847. Pulay, G., u. L. Pentz: Élelmezési Ipar (Budapest) **10**, 108 (1956); ref. Z. Lebensmittel-Unters. u. -Forsch. **106**, 57 (1957).
848. Behre, A.: Dtsch. Lebensmittel-Rdsch. **53**, 81 (1957).
849. Bayarri, V. S., Valencia: Gutachten über Thioharnstoff vom 22. VII. 1954.
850. Fitzhugh, O. G., and A. A. Nelson: Science (Lancaster, Pa.) **108**, 626 (1948).
851. Purves, H. D., and W. E. Griesbach: Brit. J. Exper. Path. **27**, 294 (1946).
852. Gross, E.: Bericht auf der 2. Sitzung der „Kommission zur Prüfung der Lebensmittelkonservierung" der Deutschen Forschungsgemeinschaft am 24./25. VII. 1953.
853. Acker, L.: Dtsch. Lebensmittel-Rdsch. **46**, 89 (1950).
854. Purves, H. D., and W. E. Griesbach: Brit. J. Exper. Path. **28**, 46 (1947); ref. Chem. Abstr. **41**, 5956 (1947).
855. Rosin, A., and M. Rachmilewitz: Cancer Res. **14**, 494 (1954); ref. Chem. Abstr. **48**, 13925 (1954).
856. Langendorff, H., R. Koch et U. Hagen: Arch. internat. Pharmacodynamie **104**, 57 (1955); ref. Chem. Abstr. **50**, 12277 (1956).
857. Hartmann, H.: Bericht auf der 3. Sitzung der „Kommission zur Prüfung der Lebensmittelkonservierung" der Deutschen Forschungsgemeinschaft am 18./19. VI. 1954.
858. Winkler, W. O.: J. Assoc. Off. Agric. Chem. **31**, 476 (1948); ref. Food Sci. Abstr. **22**, No. 1812 (1950).
859. Gockel, H.: Dtsch. Lebensmittel-Rdsch. **38**, 9 (1942).
860. Winkler, W. O.: J. Assoc. Off. Agric. Chem. **38**, 555 (1956).
861. Fearon, W. R.: Analyst (London) **71**, 562 (1956); ref. Z. analyt. Chem. **154**, 294 (1957).
862. Brada, Z.: Analyt. chim. Acta **3**, 53 (1949).
863. Hernández-Gutiérrez, F.: An. Real. Soc. españ. Física Quím. Ser. B, **51**, 639 (1955); ref. Z. analyt. Chem. **153**, 311 (1956).

864. Truhaut, R.: Les substances étrangères dans les aliments. Mises au point de chimie analytique pure et appliquée et d'analyse bromatologique. 4. Série. Paris: Masson et Cie. 1956.
865. Haurowitz, F., u. S. G. Lisie: Analyt. chim. Acta 4, 43 (1950).
866. Nakanishi, M., and H. Kobayashi: Bull. Chem. Soc. Japan 26, 394 (1953); ref. Z. analyt. Chem. 143, 438 (1954).
867. Číhalík, J., u. J. Růžička: Chem. Listy 49, 1731 (1955); Coll. czech. chem. Commun. 21, 262 (1956); ref. Analyt. Abstr. 3, No. 3098 (1956).
868. Ohkuma, S.: J. Pharmac. Soc. Japan 74, 220 (1954); ref. Chem. Abstr. 48, 7482 (1954).
869. Joshi, M. K.: Chem. Listy 50, 1928 (1956); ref. Analyt. Abstr. 4, No. 1879 (1957).
870. Gupta, D. N.: Nature (London) 175, 257 (1955).
871. Cothran, C. D.: Brogdex Co., Pomona (Calif.): USP 2604409 (1946).
872. Pien, J.: Lait 28, 1 (1948); ref. Chem. Abstr. 44, 4594 (1950).
873. Bertrand, G.: Chim. et Industr. 58, 329 (1947).
874. Lendle, L., Göttingen: Gutachten vom 9. XII. 1952 „zur Frage der Gesundheitsschädigung durch E 10 bei Verwendung als Konservierungsmittel im Eis bei Fischtransporten".
875. Schmitz, A.: Fette u. Seifen 55, 10 (1953).
876. Kietzmann, U.: Fischwaren- u. Feinkostindustr. 24, 72 (1952).
877. Reuter, H., u. K. Coretti: Fleischwirtsch. 4, 105 (1952).
878. Koether, B.: Mitt.-Bl. GDCh., Fachgr. Lebensm.-Chem., gerichtl. Chem. 1955, 143.
879. Dommen, G.: Gutachten der eidgenössischen milchwirtschaftlichen Versuchsanstalt, Liebefeld-Bern, vom 30. I. 1957.
880. Kelch, F.: Fleischwirtsch. 6, 349 (1954).
881. Benk, E.: Milchwiss. 7, 6 (1952).
882. Zanzucchi, A., e G. Delindati: Industr. ital. Conserve 27, 1 (1952); ref. Chem. Zbl. 1953, 3009.
883. Hottenroth, B.: Die Pektine und ihre Verwendung. München: Oldenbourg 1951.
884. Huber, G., u. H. Deuel: Mitt. Lebensm.-Unters. Hyg., Bern 42, 526 (1951).
885. Koch, J., u. G. Bretthauer: Dtsch. Lebensmittel-Rdsch. 50, 162 (1954).
886. J. Milk Food Technol. 17, 79 (1954).
887. Gädeke, A.: Z. analyt. Chem. 131, 428 (1950).
888. Freytag, H.: Z. analyt. Chem. 133, 429 (1951).
889. Schober, R., W. Christ u. W. Niclaus: Z. Lebensmittel-Unters. u. -Forsch. 99, 299 (1954).
890. Poppelreuther, W.: Arbeitsphysiologie 3, 605 (1930).
891. Lauersen, F.: Z. Lebensmittel-Unters. u. Forsch. 96, 418 (1953).
892. Barackman, R. A., and R. N. Bell: Food Engng. 25, 68, 108 (1953); ref. Chem. Zbl. 1954, 8239.
893. Hibbs, R. A., and U. S. Ashworth: J. Dairy Sci. 34, 1084 (1951); ref. Food Sci. Abstr. 25, No. 2450 (1953).
894. Deysher, E. F., and B. H. Webb: J. Dairy Sci. 35, 106 (1952); ref. Chem. Abstr. 46, 4692 (1952).
895. Z. Lebensmittel-Unters. u. -Forsch. (Ges. u. VO.) 96/97, 61 (1953).
896. Demeter, K. J.: Dtsch. Lebensmittel-Rdsch. 48, 80 (1952).
897. Tappel, A. L., and A. G. Marr: J. Agric. Food Chem. 2, 554 (1954); ref. Fette u. Seifen 58, 296 (1956).
898. Cofield, E. P. jr., and L. L. Antle: Res. Engr. (Georgia Inst. Tech.) 1949, 9; ref. Food Sci. Abstr. 22, No. 1338 (1950).
899. Petzold, H. v.: Bericht auf der DGF-Tagung am 21. X. 1956; ref. Seifen, Öle 82, 674 (1956).
900. Kenyon, E. M., and B. E. Proctor: Food Res. 16, 365 (1951); ref. Food Sci. Abstr. 25, No. 996 (1953).
901. Flores, H., and R. E. Morse: Food Technol. 6, 6 (1952).
902. Dugan, L. R., and H. R. Kraybill: J. Amer. Oil Chem. Soc. 33, 527 (1956); ref. Food Sci. Abstr. 29, No. 901 (1957).
903. Lease, J. G., and E. J. Lease: Food Technol. 10, 403 (1956); ref. Chem. Abstr. 50, 15986 (1956).
904. Lips, H. J.: Canad. J. Res. Sect. F 27, 373 (1949); ref. Food Sci. Abstr. 22, No. 1337 (1950).
905. Hannan, R. S., and J. W. Boag: Nature (London) 169, 152 (1952); ref. Food Sci. Abstr. 26, No. 797 (1954).
906. Heimann, W., u. H. v. Pezold: Fette u. Seifen 59, 330 (1957).
907. Raeithel, H.: Fette u. Seifen 57, 799 (1955).
908. White, W. B.: J. Amer. Oil Chem. Soc. 27, 41 (1950); ref. Chem. Abstr. 44, 3171 (1950).
909. Gemmil, A. V.: Food Engng. 24, 102 (1952); ref. Food Sci. Abstr. 25, No. 1339 (1953).
910. Tollenaar, F. D.: Fette u. Seifen 56, 41 (1954).
911. Tollenaar, F. D., u. H. J. Vos: Fette u. Seifen 58, 112 (1956).

912. Fincke, A.: Zucker- u. Süßwaren-Wirtsch. **9**, 765 (1956).
913. Waitz, W.: Lebensmittelrechtliche Regelungen von Zusatzstoffen in 18 europäischen Staaten. Heft 5 in der Schriftenreihe des Bundes für Lebensmittelrecht und Lebensmittelkunde. Wiesbaden-Berlin: B. Behr's Verlag 1957.
914. Green, J., S. Marcinkiewicz and P. R. Watt: J. Sci. Food Agric. **6**, 274 (1955); ref. Food Sci. Abstr. **27**, No. 2998 (1955).
915. Mahon, J. H., and R. A. Chapman: Analyt. Chemistry **23**, 1116 (1951).
916. Rosenblatt, D. H., M. M. Demek and J. Epstein: Analyt. Chemistry **26**, 1655 (1954).
917. Edisbury, J. R., J. Gillow and R. J. Taylor: Analyst (London) **79**, 617 (1954); ref. Chem. Zbl. **1955**, 6355.
918. Blaizot, P., et M. T. Mellier: Oléagineux **11**, 645 (1956).
919. Lehman, A. J., O. G. Fitzhugh, A. A. Nelson and G. Woodard: Adv. Food Res. **3**, 197 (1951); ref. Food Sci. Abstr. **25**, No. 224 (1953).
920. Täufel, K.: Lebensm.-Industr. **3**, 46 (1951).
921. Kiermeier, F.: Angew. Chem. **61**, 19 (1949).
922. Janecke, H.: Dtsch. Lebensmittel-Rdsch. **50**, 65 (1954).
923. Mitchell, H. L., and R. E. Silker: Industr. Engng. Chem. **42**, 2325 (1950); ref. Food Sci. Abstr. **24**, No. 575 (1952).
924. Korobkina, G. S.: Fragen der Ernährung (russ.) **13**, 33 (1954); ref. Chem. Zbl. **1955**, 6641.
925. Mueller, W.: Food Technol. 8, 30 (1955); ref. Ernährungswirtsch. **4**, 43 (1957).
926. Huennekens, F. M., D. J. Hanahan and M. Uziel: J. of Biol. Chem. **206**, 443 (1954); ref. Food Sci. Abstr. **26**, No. 1865 (1954).
927. Despaul, J. E., A. Weinstock and C. H. Coleman: J. Agric. Food Chem. **1**, 621 (1953); ref. Food Sci. Abstr. **26**, No. 136 (1954).
928. Bauer, O.: Dtsch. Lebensmittel-Rdsch. **50**, 109 (1954).
929. Högl, O., u. F. Wenger: Mitt. Lebensm.-Unters. Hyg. (Bern) **45**, 335 (1954).
930. Kraft, A. A., and J. J. Wanderstock: Food Industr. **22**, 67 (1950); ref. Food Sci. Abstr. **23**, No. 1376 (1951).
931. Ulex, G. A., u. E. P. Kröger: Dtsch. Lebensmittel-Rdsch. **46**, 256 (1950).
932. Krukovsky, V. N., D. A. Theokras, F. Whiting and E. S. Guthrie: J. Dairy Sci. **32**, 679, 695 (1949); ref. Food Sci. Abstr. **23**, No. 547 (1951).
933. Bennoit, I. A., Soc. Laitiere: F. P. 1078677 (1954); ref. Literaturdienst Bund für Lebensmittelrecht und -kunde **1956**, Nr. 9, S. 54.
934. Moore, R. N., and W. G. Bickford: J. Amer. Oil Chem. Soc. **29**, 1 (1952); ref. Food Sci. Abstr. **25**, No. 1338 (1953).
935. Kiermeier, F.: Angew. Chem. **61**, 19 (1949).
936. Lehman, B. T., and B. M. Watts: J. Amer. Oil Chem. Soc. **28**, 475 (1951); ref. Food Sci. Abstr. **25**, No. 845 (1953).
937. Dhar, D. C., and J. S. Aggarwal: J. Sci. Industr. Res., India 8 B, 1 (1949); ref. Food Sci. Abstr. **22**, No. 1340 (1950).
938. Blaizot, P., et P. Cuvier: Oléagineux **4**, 726 (1949) u. **5**, 96, 164 (1950); ref. Food Sci. Abstr. **24**, No. 196 (1952).
939. Busch, A. A., C. W. Decker and U. S. Ashworth: J. Dairy Sci. **35**, 524 (1952); ref. Food Sci. Abstr. **25**, No. 2449 (1953).
940. Stull, J. W., E. O. Herreid and P. H. Tracy: J. Dairy Sci. **34**, 80 (1951); ref. Food Sci. Abstr. **25**, No. 2451 (1953).
941. Ulrich, J. A., and H. O. Halvorsen: Adv. Food Res. **3**, 291 (1951); ref. Food Sci. Abstr. **25**, No. 15 (1953).
942. Reitsema, R. H., and F. J. Cramer: Industr. Engng. Chem. **44**, 176 (1952); ref. Food Sci. Abstr. **25**, No. 2583 (1953).
943. Tappel, A. L.: Food Engng. **26**, 73 (1954); ref. Chem. Zbl. **1955**, 2322.
944. Cranston, E. M., M. J. Jensen, A. Moren, Th. Brey, E. T. Bell and R. N. Bieter: Federat. Proc. **6**, 318 (1947); ref. Z. Lebensmittel-Unters. u. -Forsch. **95**, 252 (1952).
945. Wenger, F.: Mitt. Lebensm.-Unters. Hyg. (Bern) **45**, 364 (1954).
946. Baltes, J.: Fette u. Seifen **56**, 484 (1954).
947. Wenger, F.: Mitt. Lebensm.-Unters. Hyg. (Bern) **45**, 185 (1954).
948. Dacre, J. C., F. A. Denz and T. H. Kennedy: Biochemic. J. **64**, 777 (1956); ref. Food Technol. **11**, No. 5 (54) (1957).
949. Dugan, L. R. jr., E. Hoffert, G. P. Blumer, I. Dabkiewicz and H. R. Kraybill: J. Amer. Oil Chem. Soc. **28**, 493 (1951); ref. Food Sci. Abstr. **25**, No. 846 (1953).
950. Nat. Provisioner **119**, 21 (1948); ref. Food Sci. Abstr. **22**, No. 150 (1950).
951. Kraybill, H. R., and L. R. Dugan: J. Agric. Food Chem. **2**, 81 (1954); ref. Food Sci. Abstr. **26**, No. 1844 (1954).

952. SHASRABUDHE, M. R.: J. Sci. Industr. Res., India 12B, 63 (1953); ref. Food Sci. Abstr. 26, No. 189 (1954).
953. MAHON,J. H., and R. A. CHAPMAN: J. Amer. Oil. Chem. Soc. 30, 34 (1953); ref. Food Sci. Abstr. 25, No. 3167 (1953).
954. OTANI, S.: Bull. Jap. Soc. Sci. Fisheries 19, 947 (1954); ref. Fette u. Seifen 57, 311 (1955).
955. HARRISON, D. L., G. E. VAIL and J. KALEN: Food Technol. 7, 139 (1953); ref. Food Sci. Abstr. 25, No. 2343 (1953).
956. MARCUSE, R.: Fette u. Seifen 54, 530 (1952).
957. DUGAN jr., L. R., H. R. KRAYBILL, L. IRELAND and F. C. VIBRANS: Food Technol. 4, 457 (1950); ref. Food Sci. Abstr. 24, No. 198 (1952).
958. MAHON, J. H., and R. A. CHAPMAN: J. Amer. Oil. Chem. Soc. 31, 108 (1954); ref. Food Sci. Abstr. 26, No. 2851 (1954).
959. MAHON, J. H., and R. A. CHAPMAN: Analyt. Chemistry 24, 534 (1952).
960. WHETSEL, K. B., W. E. ROBERSON and F. E. JOHNSON: J. Amer. Oil. Chem. Soc. 32, 493 (1955); ref. Fette u. Seifen 58, 58 (1956).
961. DUGAN jr., L. R., L. MARX, C. E. WEIR and H. R. KRAYBILL: Amer. Meat Inst. Found. Bull. No. 18 (1954); ref. Food Sci. Abstr. 27, No. 2277 (1955).
962. DEICHMANN, W. B., J. J. CLEMMER, R. RAKOCZY and J. BIANCHINE: Arch. Ind. Health 11, 93 (1955); ref. Fette u. Seifen 58, 116 (1956).
963. Bull. Assoc. Food and Drug Officials 15, No. 3 (1951).
964. KRING, P.: Dansk Tidsskr. Farm. 24, 211 (1950); ref. Food Sci. Abstr. 26, No. 190 (1954).
965. TOLLENAAR, F. D.: Bericht auf der Vortragstagung der Deutschen Ges. f. Fettwissenschaft 24.—29. X. 1954; ref. Fette u. Seifen 56, 902 (1954).
966. TRUHAUT, R.: Ann. Falsificat. Fraudes 49, 107 (1956).
967. FISHER, G. S., L. KYAME and W. G. BICKFORD: Mfg. Confr. 29, No. 24 (1949); ref. Food Sci. Abstr. 23, No. 1570 (1951).
968. MACK, C. H., and W. G. BICKFORD: J. Amer. Oil. Chem. Soc. 29, 428 (1952); ref. Food Sci. Abstr. 25, No. 1969 (1953).
969. BAUER, O.: Dtsch. Lebensmittel-Rdsch. 50, 218 (1954).
970. GELPI, A. J., E. W. BRYANT and L. L. RUSOFF: J. Dairy Sci. 38, 197 (1955).
971. FIEDLER, F.: Arzneimittelforsch. 4, 41 (1954).
972. RAUDNITZ, H., u. G. PULUS: Ber. dtsch. chem. Ges. 64, 2214 (1931).
973. PUDELKIEWICZ, W., L. M. POTTER, L. D. MATTERSON and E. P. SINGSEN: Poultry Sci. 35, 959 (1956); ref. Chem. Abstr. 50, 15892 (1956).
974. BEAUCHENE, R. E., H. L. MITCHELL, D. B. PARRISH and R. E. SILKER: J. Agric. Food Chem. 1, 461 (1953); ref. Food Sci. Abstr. 26, No. 462 (1954); ref. Chem. Abstr. 50, 15988 (1956).
975. LEASE, J. G., u. E. J. LEASE: Food Technol. 10, 403 (1956); ref. Chem. Abstr. 50, 15988 (1956).
976. SMITH, H., R. E. BEAUCHENE, D. B. PARRISH and H. L. MITCHELL: J. Agric. Food Chem. 3, 788 (1955); ref. Chem. Abstr. 50, 505 (1956).
977. CHENICEK, J. A., Universal Oil Products Co., Chicago: USP 2513002 v. 27. VI. 1950; ref. Chem. Abstr. 44, 9588 (1950).
978. BUDOWSKI, P.: J. Amer. Oil Chem. Soc. 27, 264 (1950); ref. Food Sci. Abstr. 24, No. 1059 (1952).
979. SUAREZ, C., R. T. O'CONNOR, E. T. FIELD and W. G. BICKFORD: Analyt. Chemistry 24, 668 (1952).
980. BEROZA, M.: Analyt. Chemistry 26, 1173 (1954).
981. HEIMANN, W., A. HEIMANN, M. GREMMINGER u. H. HOLLAND: Fette u. Seifen 55, 394 (1953).
982. ICE, C. H., and S. H. WENDER: Analyt. Chemistry 24, 1616 (1952).
983. TOLLENAAR, F. D., and D. A. A. MOSSEL: Int. Dairy Congr., Proc. 13th Congr. Den Haag 3, 1381 (1953); ref. Chem. Abstr. 47, 11587 (1953).
984. ESCH, G. J. VAN: Voeding (Den Haag) 16, 683 (1955); zit. bei R. TRUHAUT: vgl. Anm. 864.
985. TAPPEL, A. L., and A. G. MARR: J. Agric. Food Chem. 2, 554 (1954); ref. Fette u. Seifen 58, 296 (1956).
986. SLUIS, K. J. H. VAN: Food Manufact. 26, 99 (1951); ref. Food Sci. Abstr. 25, No. 849 (1953).
987. ALLEN, S. C., and F. DE EDS: J. Amer. Oil. Chem. Soc. 28, 304 (1951); ref. Food Sci. Abstr. 25, No. 848 (1953).
988. JUNG, A.: Bull. schweiz. Akad. med. Wiss. 8, 235 (1952); zit. bei R. TRUHAUT, Anm. 864.
989. TOLLENAAR, F. D.: Diss. Utrecht 1953.
990. CHILSON, W. H., W. H. MARTIN and C. H. WHITNAH: J. Dairy Sci. 33, 925 (1950); ref. Food Sci. Abstr. 24, No. 1860 (1952).
991. TERRIER, J., u. J. DESHUSSES: Mitt. Lebensm.-Unters. Hyg. (Bern) 40, 221 (1949).
992. WADDELL: Arch. Int. Med. 8, 805 (1911); zit bei O. SCHLENK, vgl. Anm. 1593.

993. Parmentier, R.: C. r. Soc. Biol. (Paris) **147**, 935 (1953); ref. Chem. Abstr. **48**, 3552 (1954).
994. Angew. Chem. **20**, 194 (1948).
995. Lategan, A. W.: J. S. Afric. Chem. Inst. (N.S.) **1**, 95 (1948); ref. Food Sci. Abstr. **22**, No. 771 (1950).
996. Nat. Provisioner **119**, 8 (1948); ref. Food Sci. Abstr. **22**, No. 151 (1950).
997. Lea, C. H.: Brit. Med. J. **1951** II, 905; ref. Z. Lebensmittel-Unters. u. -Forsch. **98**, 84 (1954).
998. Pyenson, H., and P. H. Tracy: J. Dairy Sci. **31**, 539 (1948); ref. Food Sci. Abstr. **22**, No. 81 (1950).
999. Pyenson, H., and P. H. Tracy: J. Dairy Sci. **33**, 815 (1950); ref. Food Sci. Abstr. **24**, No. 1870 (1952).
1000. Wedemann, A., Braunschweig: DRP 309012 (1917).
1001. Rabald, E., Waldhof: DRP 875607 (1942).
1002. Hazleton, L. W., T. W. Tusing, B. R. Zeitlin, R. Thiessen jr. and H. K. Murer: J. of Pharmacol. a. Exper. Ther. **118**, 348 (1956).
1003. Duff, J. F., and W. H. Schull: J. Amer. Med. Assoc. **139**, 762 (1949).
1004. Federal Register **19**, 1239 (1954); ref. Chem. Abstr. **48**, 4715 (1954).
1005. Ney, M.: Dtsch. Lebensmittel-Rdsch. **50**, 254 (1954).
1006. Swain, T.: Biochemic. J. (London) **53**, 200 (1953).
1007. Loeser, A., u. E. Stürmer: Fette u. Seifen **54**, 87 (1952).
1008. Lehman, A. J.: Quart. Bull. Assoc. Food and Drug Off. (US) **15**, 122 (1951).
1009. Tollenaar, F. D.: Nederl. Melk- en Zuiveltijdschr. **5**, 46 (1951); ref. Z. Lebensmittel-Unters. u. -Forsch. **94**, 288 (1952).
1010. J. of Pharmacol. a. Exper. Ther. **47**, 349 (1921).
1011. Lhoste, J.: Engrais **68**, No. 70, 16 (1954); ref. Chem. Zbl. **1954**, 10801.
1012. Tollenaar, F. D.: Dtsch. Lebensmittel-Rdsch. **52**, 307 (1956).
1013. Genderen, H. van: Tätigkeitsbericht des National Institute of Public Health in the Netherlands 1949—1955.
1014. Waris, E.: Nord. Med. **51**, 455 (1954); ref. Chem. Zbl. **1954**, 8849.
1015. Haeften, F. E. van, en J. W. Pette: Nederl. Melk- en Zuiveltijdschr. **7**, 41 (1953); ref. Chem. Abstr. **47**, 9517 (1953).
1016. Tollenaar, F. D.: Vortrag IX. Congr. internat. Ind. agrar. Roma 27. V.—1. VI. 1952; ref. Chem. Zbl. **1954**, 446.
1017. Domer, G., A. Fredga u. H. Linderholm: Acta chem. scand. (Copenh.) **3**, 1441 (1949): ref. Angew. Chem. **62**, 346 (1950).
1018. Keppel, G. E.: J. Assoc. Off. Agric. Chem. **39**, 709 (1956).
1019. Salvesen, B., et L. Domange: Ann. Pharmac. franç. **13**, 499 (1955); ref. Z. analyt. Chem. **153**, 234 (1956).
1020. Greenbank, G. R., and P. A. Wright: J. Dairy Sci. **31**, 698 (1948); ref. Food Sci. Abstr. **22**, No. 78 (1950).
1021. Franske, Cl., u. H. Iwainsky: Dtsch. Lebensmittel-Rdsch. **50**, 251 (1954).
1022. Krum, J. K., and C. R. Fellers: Food Technol. **6**, 103 (1952); ref. Food Sci. Abstr. **25**, No. 954 (1953).
1023. Fellers, C. R., Blue Channel Corp. Port Royal S. C.: USP 2669520 (1950).
1024. Smith Greig, W., and O. Smith: Amer. Potato J. **32**, 1 (1955); ref. Chem. Abstr. **49**, 7772 (1955).
1025. Schulte, K. E., u. A. Schillinger: Z. Lebensmittel-Unters. u. -Forsch. **94**, 166 (1952).
1026. Séris, G.: Ann. Falsificat. Fraudes **47**, 29 (1954); ref. Food Sci. Abstr. **26**, No. 2617 (1954).
1027. Cherney, D. J., B. Crafts, H. H. Hagermoser, A. J. Boule, R. Harbin and B. Zak: Analyt. Chemistry **26**, 1806 (1954).
1028. Cerutti, G.: Olearia **10**, 130 (1956); ref. Fette u. Seifen **59**, 56 (1957).
1029. Cerutti, G.: Olii miner. **33**, 25 (1953); ref. Chem. Abstr. **50**, 10942 (1956).
1030. Anderson, R. B., C. W. Betzold and W. J. Carr: Food Technol. **4**, 297 (1950); ref. Food Sci. Abstr. **24**, No. 144 (1952).
1031. Bell, R. W., and T. J. Mucha: J. Dairy Sci. **34**, 432 (1951); ref. Food Sci. Abstr. **25**, No. 2439 (1953).
1032. Weckel, K., and E. Chicoyce: J. Dairy Sci. **37**, 1346 (1954).
1033. Nakanishi, T., and S. Adachi: Tôhoku J. Agr. Res. **3**, 271 (1953); ref. Chem. Abstr. **48**, 3581 (1954).
1034. Noury, N. V., en van der Lande: Kon. Industr. Maatschappij, Deventer, Holland: DRP 730711 (1937).
1035. Maltha, P.: Getreide u. Mehl **6**, 97 (1956); ref. Mitt.-Bl. GDCh.; Fachgr. Lebensm.-Chem., gerichtl. Chem. **11**, 43 (1957).

1036. TARR, H. L. A., B. A. SOUTHCOTT and H. M. BISSETT: Fisheries. Res. Bd. Canada Progr. Rep. Pacific Coast Stas No. 88, 67 (1951); ref. Food Sci. Abstr. 24, No. 1346 (1952).
1037. BAUERNFEIND, J. C., E. G. SMITH and G. F. SIEMERS: Food Technol. 5, 254 (1951); ref. Food Sci. Abstr. 24, No. 1347 (1952).
1038. MARCUSE, R.: Fette u. Seifen 58, 1063 (1956).
1039. AURE, L.: Rep. techn. Res. Norwegian Fish. Ind., (Bergen) 1, 15 (1951); ref. Food Sci. Abstr. 25, No. 2582 (1953).
1040. Quick-Frozen Foods 11, 66 (1948); ref. Food Sci. Abstr. 22, No. 55 (1950).
1041. MORRIS, S. G., J. S. MYERS, M. L. KIP and R. W. RIEMENSCHNEIDER: J. Amer. Oil Chem. Soc. 27, 105 (1950); ref. Food Sci. Abstr. 24, No. 200 (1952).
1042. SABALITSCHKA, TH.: Milchwiss. 8, 300 (1953); ref. Food Sci. Abstr. 26, No. 1814 (1954).
1043. OZAWA, Y., and I. FUJINUMA: Bull. Natl. Inst. Agr. Sci. Japan, Ser. G, Nr. 4, 9 (1952); ref. Chem. Abstr. 50, 12323 (1956).
1044. HAYDEN, K. J.: Analyst (London) 81, 376 (1956); ref. Analyt. Abstr. 4, No. 286 (1957).
1045. HEIMANN, W., R. STROHECKER u. F. MATT: Z. Lebensmittel-Unters. u. -Forsch. 97, 263 (1953).
1046. BECKER, E., u. H. HOPPE: Z. Lebensmittel-Unters. u. Forsch. 104, 21 (1956).
1047. MOOR, H.: Mitt. Lebensm.-Unters. Hyg. (Bern) 47, 20 (1956).
1048. MÜLLER, F. W.: Mitt.-Bl. GDCh., Fachgr. Lebensm.- Chem., gerichtl. Chem. 10, 19 (1955).
1049. BARAKAT, M. Z., S. K. SHEHAB and M. M. EL-SADR.: Analyst (London) 80, 828 (1955).
1050. GSTIRNER, F.: Chemisch-physikalische Vitaminbestimmungsmethoden. 4. Aufl., Stuttgart: Ferdinand Encke 1951.
1051. DEUEL jr., H. J., S. M. GREENBERG, C. E. CALBERT, R. BAKER and H. R. FISHER: Food Res. 16, 258 (1951); ref. Food Sci. Abstr. 24, No. 1474 (1952).
1052. HARTMANN, L.: J. Sci. Food Agric. 4, 430 (1953); ref. Food Sci. Abstr. 26, No. 195 (1954).
1053. DUTTON, H. J., A. W. SCHWAB, H. A. MOSER and J. C. COWAN: J. Amer. Oil Chem. Soc. 26, 441 (1949); ref. Food Sci. Abstr. 23, No. 133 (1951).
1054. KURTH, E. F., and F. L. CHAN: J. Amer. Oil Chem. Soc. 28, 433 (1951); ref. Chem. Abstr. 45, 10618 (1951.)
1055. NEAL, R. H., H. W. VAHLTEICH and C. M. GOODING, The Best Food Inc., New York: USP 2485636 (1947).
1056. NEAL, R. H., H. W. VAHLTEICH and C. M. GOODING, The Best Food Inc., New York: USP 2667419 (1949).
1057. DEUEL jr., H. J.: Food Res. 20, 215 (1955).
1058. TAUSSKY, H. H., and E. SHORR: J. of Biol. Chem. 169, 103 (1947).
1059. CHEFTEL, R. I., R. MUNIER et M. MACHEBOEUF: Bull. Soc. Chim. biol. (Paris) 35, 1095 (1953); ref. Chem. Abstr. 48, 6914 (1954).
1060. SCHENKER, H. H., and W. RIEMAN: Analyt. Chemistry 25, 1637 (1953).
1061. ETTINGER, R. H., L. R. GOLDBAUM and L. H. SMITH jr.: J. of biol. Chem. 199, 531 (1952); ref. Chem. Abstr. 47, 2816 (1953).
1062. TÄUFEL, K., u. R. POHLOUDEK-FABINI: Z. Lebensmittel-Unters. u. -Forsch. 102, 28 (1955).
1063. ELVING, Ph. J., and R. E. VAN ATTA: Analyt. Chemistry 26, 295 (1954).
1064. HENNECKE, H.: Fette u. Seifen 53, 636 (1951).
1065. HEIMANN, W.: Z. Lebensmittel-Unters. u. -Forsch. 88, 586 (1948).
1066. MARSHALL, L., J. M. ORTEN and A. H. SMITH: Arch. of Biochem. 24, 110 (1949).
1067. ESCH, G. J. VAN, H. H. VINK u. H. VAN GENDEREN: Arzneimittelforsch. 7, 172 (1957).
1068. GOSSELIN, R. E., A. ROTHSTEIN, G. J. MILLER and H. L. BERKE: J. of Pharmacol. a. Exper. Ther. 106, 180 (1952); ref. Chem. Abstr. 48, 13057 (1954); 108, 117 (1953).
1069. GÖTZ, H., u. M. FRIMMER: Angew. Chem. 65, 52 (1953).
1070. PFLEGER, K., u. M. FRIMMER: Arzneimittelforsch. 4, 646 (1954).
1071. SCHWIETZER, C.: Biochem. Z. 328, 35 (1956).
1072. SCHREIER, K., W. KRETZ u. R. YANG: Naturwiss. 44, 184 (1957).
1073. MENIS, O., H. P. HOUSE and I. B. RUBIN: Analyt. Chemistry 28, 1439 (1956).
1074. KIERMEIER, F., u. K. MÖHLER: Z. Lebensmittel-Unters. u. -Forsch. 106, 33 (1957).
1075. LANG, K., L. SCHACHINGER, O. KARGES, F. K. BLUMENBERG, G. ROSSMÜLLER u. I. SCHMUTTE: Biochem. Z. 327, 118 (1955).
1076. GASSNER, K., W. KIEKEBUSCH u. K. LANG: Biochem. Z. 328, 485 (1957).
1077. WATTS, B. M., B. LEHMAN and F. GOORICH: J. Amer. Oil Chem. Soc. 26, 481 (1949); 27, 48 (1950); zit. bei H. RAEITHEL: Z. Lebensmittel-Unters. u. -Forsch. 95, 246 (1952).
1078. WATTS, B. M.: J. Amer. Oil. Chem. Soc. 27, 48 (1950); zit. bei H. RAEITHEL: Z. Lebensmittel-Unters. u. -Forsch. 95, 246 (1952).
1079. WATTS, B. M.: Adv. Food Res. 5, 1 (1953).
1080. NYROP, J. E.: E. P. 640241 v. 3. I. 1946; ref. Chem. Zbl. 1954, 8468.

1081. Pfrengle, O., Chem. Fabrik Budenheim AG., Mainz: DBP 928581 (1950).
1082. Griebel, C.: Z. Lebensmittel-Unters. u. -Forsch. **100**, 3 (1955).
1083. Grau, R., R. Hamm u. A. Baumann: Angew. Chem. **65**, 242 (1953); zit. bei F. Kiermeier
   u. K. Möhler: Z. Lebensmittel-Unters. u. -Forsch. **106**, 33 (1957).
1084. Köberlein, W., u. H. Mair-Waldburg: Z. Lebensmittel-Unters. u. -Forsch. **102**, 231 (1955).
1085. Peltzer, J.: Mitt.-Bl. GDCh., Fachgr. Lebensm.-Chem., gerichtl. Chem. **11**, 32 (1957).
1086. Sansoni, B., u. R. Klement: Angew. Chem. **65**, 422 (1953); zit. bei F. Kiermeier u.
   K. Möhler: Z. Lebensmittel-Unters. u. -Forsch. **106**, 33 (1957).
1087. Fischer, J., u. G. Kraft: Angew. Chem. **66**, 717 (1954).
1088. Ender, G.: Dtsch. Lebensmittel-Rdsch. **50**, 119 (1954).
1089. Nielsch, W., u. L. Giefer: Z. analyt. Chem. **146**, 323 (1955).
1090. Gerritsma, K. W., and J. C. Frederiks: Chem. Weekbl. **51**, 197 (1955).
1091. Norton, K. B., D. K. Tressler and L. D. Farkas: Food Technol. **6**, 405 (1952); ref.
   Food Sci. Abstr. **25**, No. 1834 (1953).
1092. Intern. Minerals and Chem. Corp. (USA): F. P. 1096153 v. 9. VI. 1955; ref. Chem.
   Zbl. **1957**, 818.
1093. Kergl, E., K. Koebke u. H. Haury: Glutaminsäure. Stuttgart: Wiss. Verlagsges. 1954.
1094. Heimann, W., M. Matz, B. Grünewald u. H. Holland: Z. Lebensmittel-Unters. u.
   -Forsch. **102**, 1 (1955).
1095. Chenicek, J. A., and R. H. Rosenwald: USP 2738281 v. 13. III. 1956; ref. Chem.
   Abstr. **50**, 15 002 (1956).
1096. Fleury, P., et P. Boisson: C. r. Acad. Sci. (Paris) **204**, 1064 (1937); ref. Houben-Weyl,
   vgl. Anm. 694.
1097. Grab, E. G., and R. D. Haynes: Quick-Frozen Foods **10**, 71 (1948); ref. Food Sci. Abstr.
   **22**, No. 167, 481 (1952).
1098. Atkinson, F. E., and C. C. Strachan: Canad. Dep. Agric., Exper. Farms Serv., Dom.
   Exper. Sta. Summerland, British Columbia, Progr. Rep. 1937—1948, **1951**, 57; ref. Food
   Sci. Abstr. **24**, No. 1130 (1952).
1099. Brady, D. E., G. V. Hoover and L. N. Tucker: Univ. Missouri Coll. Agric., Agric.
   Exper. Sta. Res. Bull. **1949**, Nr. 440; ref. Food Sci. Abstr. **24**, Nr. 490 (1952).
1100. Sedky, A., J. A. Stein and F. G. Weckel; Food Technol. **7**, 67 (1953); ref. Food Sci.
   Abstr. **25**, No. 2681 (1953).
1101. Bauernfeind, J. C., E. G. Smith and G. F. Siemers: Food Engng. **24**, 89 (1952); ref.
   Food Sci. Abstr. **25**, No. 3255 (1952).
1102. Andreotti, R., e G. Ambanelli: Industr. ital. Conserve **30**, 12 (1955); ref. Chem. Zbl.
   **1956**, 10822.
1103. Szasz, R.: Fruits et Dérivés, Jus de Fruits Nr. **14**, 37 (1951); ref. Food Sci. Abstr. **25**,
   No. 1507 (1953).
1104. Henrickson, R. L., R. B. Sleeth and D. E. Brady: Food Technol. **10**, 500 (1956).
1105. Grau, R., u. A. Böhm: Fleischwirtsch. **7**, 652 (1955).
1106. Möhler, K.: Dtsch. Lebensmittel-Rdsch. **52**, 179 (1956).
1107. Bunyatyan, G. Kh., u. G. V. Kamalyan: Biochimija (Moskau) **13**, 109 (1948); ref.
   Food Sci. Abstr. **22**, No. 1339 (1950).
1108. McArdle, F. J., and N. W. Desrosier: Food Technol. **9**, 527 (1955).
1109. Stone, I., and P. P. Gray: Wallerstein Lab. Commun. **19**, 287 (1956).
1110. Schulte, K. E., u. A. Schillinger: Z. Lebensmittel-Unters. u. -Forsch. **94**, 77 (1952).
1111. Yourga, F. J., W. B. Esselen jr. and C. R. Fellers: Food Res. **9**, 188 (1944); zit. bei
   P. Hirsch, vgl. Anm. 88.
1112. Esselen jr., W. B., J. J. Powers and R. Woodward: Industr. Engng. Chem. **37**, 295
   (1945); zit. bei P. Hirsch, vgl. Anm. 88.
1113. Welch, J., and G. K. Weckel: Canner **115**, Nr. 6, 14 (1952); ref. Food Sci. Abstr. **25**,
   No. 2650 (1953).
1114. Nebesky, E. A., W. B. Esselen jr., J. E. W. McConnell and C. R. Fellers: Food
   Res. **14**, 261 (1949); ref. Food Sci. Abstr. **22**, No. 503 (1950).
1115. Hall, F.: Industr. Obst- u. Gemüseverwert. **37**, 265 (1952); ref. Food Sci. Abstr. **26**, No.
   301 (1954).
1116. Bailey, M. E., and E. A. Fieger: Food Technol. **8**, 317 (1954); ref. Food Sci. Abstr. **27**,
   No. 65 (1955).
1117. Morse, R. E.: Food Packer **33**, No. 6, 30, 52 (1952); ref. Food Sci. Abstr. **25**, No. 2074
   (1953).
1118. Hall, G. O.: DBP 907618, Kl. 53 k v. 29. IX. 1950; ref. Chem. Zbl. **1954**, 6613.
1119. Yamasaki, Sh., and Sh. Ichikawa: J. Utilization Agr. Products **1**, 96 (1954); ref. Chem.
   Abstr. **48**, 8981 (1954).

1120. Butter, J. B., and J. J. Drumm, Dublin: DRP 474632 (1926).
1121. Joslyn, M. A., and J. B. S. Braverman: Food Res. 5, 97 (1940).
1122. Antle, L. L., and R. M. Bohn, Atlanta: USP 2628905 (1951).
1123. Ketzer, A., Müllner u. Co., Lichtenfels: DBP 896448 (1951).
1124. Mullins, W. R., R. L. Olson and R. H. Treadway: U. S. Dep. Agric., Bur. Agric. Industr. Chem. AIC-360, 8 (1953); ref. Food Sci. Abstr. 26, No. 1999 (1954).
1125. Sealera, C. Providence: USP 2620277 (1949).
1126. Lang, K.: Physiologische Beurteilungsliste von Kunstoff-Folien, Folienlacken und Folien-beschichtungen. Schriftenreihe des Bundes für Lebensmittelrecht und Lebensmittelkunde, Heft 18. Wiesbaden-Berlin: B. Behr's Verlag GmbH. 1957.
1127. Engelhardt u. Co., Karlsruhe: DRP 654728 (1935).
1128. Food Technol. 10, 578 (1956).
1129. Pedersen, J. W., and B. E. Baker: J. Sci. Food Agric. 5, 549 (1954); ref. Chem. Abstr. 49, 3283 (1955).
1130. Rentschler, H.: Schweiz. Z. Obst- u. Weinb. 59, 455 (1950); ref. Food Sci. Abstr. 24, No. 525 (1952).
1131. Elion, E., Larchmont N. Y.: USP 2298933 (1941).
1132. Cohee jr., R. F.: Food Packer 32, No. 8, 26 (1951); ref. Food Sci. Abstr. 25, No. 2131 (1953).
1133. Cultrera, R.: Industr. ital. Conserve 9, 1 (1934); ref. Chem. Zbl. 1934 I, 1668.
1134. Diemair, W., u. W. Fresenius: Angewandte Kochwissenschaft (Sonderbeilage zur Gemeinschaftsverpflegung) 2, 36 (1943).
1135. Ericson, L. E., and G. Gasparetto: Food Res. 18, 178 (1953); ref. Chem. Zbl. 1954, 7536.
1136. Halverson, A. W., and E. B. Hart: J. Nutrit. 40, 415 (1950); ref. Food Sci. Abstr. 24, No. 576 (1952).
1137. Atlas AG., Kopenhagen: Dän. P. 75794 (1953); ref. Chem. Zbl. 1955, 11707.
1138. Sorber, D. G., and M. H. Kimball: U. S. Dep. Agric. Tech. Bull. No. 996 (1950); ref. Food Sci. Abst:. 24, No. 1196 (1952).
1139. Bayes, A. L.: Food Technol. 4, 151 (1950); ref. Food Sci. Abstr. 23, No. 2043 (1951).
1140. Walker, W. S.: Food Technol. 5, 499 (1951); ref. Food Sci. Abstr. 25, No. 553 (1953).
1141. Ewart, M. H., and R. A. Chapman: Analyt. Chemistry 24, 1460 (1952); ref. Food Sci. Abstr. 26, No. 2180 (1954).
1142. Pristoupil, T. I., V. Tomanova u. J. Nikl: Chem. Listy 50, 386 (1956); ref. Z. analyt. Chem. 154, 390 (1957).
1143. Ronold, O. A.: Tidsskr. Hermetikind. 38, 249, 250, 253—258, 261, 262 (1952); ref. Food Sci. Abstr. 26, No. 336 (1954) u. Chem. Zbl. 1953, 7196.
1144. Seifen, Öle 75, 347 (1949).
1145. Schade, H.: Fette u. Seifen 58, 653 (1956).
1146. Perlmutter, S. H.: J. Assoc. Off. Agric. Chem. 40, 478 (1957.)
1147. Bakers Digest 24, 67 (1950); ref. Food Sci. Abstr. 25, No. 1064 (1953).
1148. Jermstad, A., u. T. Waaler: Pharmaceut. Acta Helvet. 28, 265 (1953); ref. Chem. Abstr. 48, 3631 (1954).
1149. Wyler, O.: Mitt. Lebensm.-Unters. Hyg. (Bern) 41, 46 (1950).
1150. Stevens, J. W., and D. E. Pritchett: USP 2764486 v. 25. IX. 1956; ref. Food Technol. 11, No. 1 (26) (1957).
1151. Rose, R. C., and W. H. Cook: Canad. J. Res. Sect. F 27, 323 (1949); ref. Food Sci. Abstr. 22, No. 1321 (1950).
1152. Tornow, E.: Pharmaz. Z.-halle Dtschld. 86, 225 (1947).
1153. Dörner, H.: Getreide, Mehl u. Brot 4, 206 (1950).
1154. Maas, H.: Die Pektine. Braunschweig: Serger u. Hempel 1951.
1155. Kassab, M. A.: Canner 112, 13 (1951); ref. Food Sci. Abstr. 25, No. 2096 (1953).
1156. Joseph, G. H.: Food Engng. 25, 71 (1953); ref. Food Sci. Abstr. 26, No. 934 (1954).
1157. Griebel, C., u. F. Weiss: Z. Unters. Lebensm. 58, 189 (1929).
1158. Holt, R.: Analyst (London) 79, 623 (1954); ref. Food Sci. Abstr. 27, No. 1390 (1955).
1159. Schade, R.: Z. Lebensmittel-Unters. u. -Forsch. 99, 264 (1954).
1160.. Vollmat, B.: Z. Lebensmittel-Unters. u. -Forsch. 89, 347 (1949).
1161. Letzig, E.: Dtsch. Lebensmittel-Rdsch. 51, 41 (1955).
1162. Loeser, A., u. E. Stürmer: Fette u. Seifen 54, 87 (1952).
1163. Tusing, T. W., J. R. Elsea and A. B. Sauveur: J. Amer. Pharmac. Assoc. (Sci. Edit.) 43, 489 (1954); ref. Chem. Abstr. 48, 13094 (1954).
1164. Soering, K., K. Scriba, M. Frahm et G. Zoellner: Arch. internat. Pharmacodynamie 87, 301 (1951); ref. Chem. Zbl. 1954, 6273.
1165. Schweiz. Apoth.-Ztg. 1949, 24.

1166. GERHARDT, F., and E. SMITH: Proc. Amer. Soc. Hort. Sci. **52**, 159 (1948); ref. Food Sci. Abstr. **22**, No. 803 (1950).
1167. EASTON, N. R., D. J. KELLY, L. R. BARTRON, S. T. CROSS and W. C. GRIFFIN: Food Technol. **6**, 21 (1952); ref. Food Sci. Abstr. **25**, Nr. 1114 (1953).
1168. Northwest Miller **1949**, 16; ref. Food Sci. Abstr. **22**, No. 599 (1950).
1169. J. Amer. Med. Assoc. **140**, 783, 786 (1949); ref. Z. Lebensmittel-Unters. u. -Forsch. **92**, 240 (1951).
1170. HARRIS, R. S., H. SHERMAN and W. W. JETTER: Federat. Proc. **9**, 361 (1950).
1171. KRANTZ jr., J. C., C. J. CARR, J. G. BIRD and S. COOK: J. of Pharmacol. a. Exper. Ther. **93**, 188 (1948); ref. Ber. Physiol. **136**, 475 (1949).
1172. WICK, A. N., and L. JOSEPH: Food Res. **21**, 250 (1956).
1173. POLING, C. E., E. EAGLE and E. E. RICE: Food Res. **21**, 337, 348 (1956).
1174. SCHWEIGERT, B. S., B. H. MCBRIDE and A. J. CARLSON: Proc. Soc. Exper. Biol. a. Med. **73**, 427 (1950); ref. Food Sci. Abstr. **24**, No. 1241 (1952).
1175. HESELTINE, W. W.: J. Pharmacy a. Pharmacol. **4**, 577 (1952); ref. Chem. Abstr. **46**, 9260 (1952).
1176. LANG, K.: Bericht über "Tweens und Spans" auf der 4. Sitzung der „Kommission zur Prüfung der Lebensmittelkonservierung" der Deutschen Forschungsgemeinschaft am 18./19. VI. 1955.
1177. GROMAN, N. B., and D. BOBB: Virology 1, 313 (1955); ref. Chem. Abstr. **50**, 16956 (1956).
1178. GIBSON, D. L., and J. W. RAITHBY: Canad. J. Technol. **32**, 60 (1954); ref. Food Sci. Abstr. **26**, No. 2356 (1954).
1179. WICK, A. N., and L. JOSEPH: J. Agric. Food Chem. 1, 398 (1953); ref. Food Sci. Abstr. **26**, No. 428 (1954).
1180. WICK, A. N., and L. JOSEPH: Food Res. 18, 79 (1953).
1181. KAPPELLER, K.: Z. Lebensmittel-Unters. u. -Forsch. **99**, 70 (1954).
1182. REITH, J. F.: Voeding (Den Haag) **14**, 255 (1953); ref. Z. Lebensmittel-Unters. u. -Forsch. **99**, 82 (1954).
1183. GRAFE, E., u. TROPP, Würzburg: Gutachten über die Unschädlichkeit der Tylosen S, SL und KN der Fa. Kalle u. Co. AG., Wiesbaden-Biebrich v. 14. II. 1939.
1184. LETZIG, E.: Z. Unters. Lebensm. **85**, 401 (1943).
1185. FISCHLER, F., S. W. SOUCI u. F. MAYR, München: Gutachten über die Frage der Unschädlichkeit der Präparate Tylose S, SL und L der Fa. Kalle u. Co. AG., Wiesbaden-Biebrich v. 11. II. 1935.
1186. AMBROSE, A. M.: J. of Pharmacol. a. Exper. Ther. **76**, 245 (1942); ref. Chem. Abstr. **37**, 1192 (1943).
1187. GROSS, E., Bonn: Gutachten über die Verwendung der Carboxymethylcellulose (AKU-CMC-HT) der Allgemene Kunstzijde Unie N. V.-Arnhem in Lebensmitteln vom 26. VI.1951.
1188. SCHELANSKI, H. A., and A. M. CLARK: Food Res. **13**, 29 (1948).
1189. COPPOCK, J. B. M.: Food Manufact. **25**, 109 (1950); ref. Food Sci. Abstr. **24**, No. 361 (1952).
1190. Algemene Kunstzijde Unie N. V., Niederländ. P. 72871 (1953); ref. Chem. Abstr. **48**, 3594 (1954).
1191. LETZIG, E.: Z. Lebensmittel-Unters. u. -Forsch. **96**, 178 (1953).
1192. GRIEBEL, C.: Z. Unters. Lebensm. **81**, 209 (1941).
1193. MANNECK, H.: Seifen, Öle **75**, 385 (1949).
1194. LETZIG, E.: Vorratspfl. u. Lebensm.-Forsch. 1, 362 (1938).
1195. NEU, R.: Seifen, Öle **76**, 65 (1950).
1196. KEITH, H.: Dtsch. Lebensmittel-Rdsch. **44**, 232 (1948).
1197. PRITCHETT, D. E., and J. W. STEVENS: Calif. Citrograph **33**, 356 (1948); ref. Food Sci. Abstr. **22**, No. 832 (1950).
1198. LEHMAN, A. J.: Quart. Bull. Assoc. Food a. Drug Off. (US) **15**, 82 (1951).
1199. VOGT, C., Chem. Werke Albert, Wiesbaden: DBP v. 30. XII. 1954.
1200. MÖHLER, K., u. F. KIERMEIER: Z. Lebensmittel-Unters. u. -Forsch. **95**, 170 (1952); **96**, 90 (1953); **97**, 100 (1953); **99**, 210 (1954); **100**, 260 (1955); **106**, 33 (1957).
1201. SOUCI, S. W., München: Gutachten über die Wirkung polymerer Phosphate bei der Anwendung als Brätzusatzmittel und ihre Beurteilung nach den einschlägigen Verordnungen, vom 2. VIII. 1954.
1202. GRAU, R.: Dtsch. Lebensmittel-Rdsch. **48**, 18 (1952).
1203. KELLER, H.: Fleischwirtsch. **4**, 32 (1952).
1204. FRITZ, J.: Fleischwirtsch. **4**, 300 (1952).
1205. GERRITSMA, K. W., u. J. C. FREDERIKS: Dtsch. Lebensmittel-Rdsch. **51**, 130 (1955).
1206. Current Food Additives Legislation (FAO) No. 5, S. 29 (15. XI. 1956).
1207. MALOWAN, L. S.: Ciencia, Mexiko **13**, 24 (1952); ref. Chem. Abstr. **48**, 3581 (1954).

1208. The Safety of Mono- and Diglycerides for Use as Intentional Additives in Foods. Bericht des "Food Protection Committee of the Food and Nutrition Board". National Academy of Sciences, Publ. 251 (1952); ref. Chem. Abstr. 48, 7213 (1954).
1209. MARS, E.: Wissenschaftl. Müllerei 1956, Nr. 7, S. 49.
1210. MATTSON, F. H., F. J. BAUR and L. W. BECK: J. Amer. Oil Chem. Soc. 28, 386 (1951); ref. Food Sci. Abstr. 25, No. 1346 (1953).
1211. BRAUN, W. Q., and C. L. SHREWSBURY: Oil and Soap 18, 249 (1941); ref. Chem. Abstr. 36, 1368 (1942).
1212. AMES, S. R., M. P. O'GRADY, N. P. EMBREC and P. L. HARRIS: J. Amer. Oil. Chem. Soc. 28, 31 (1951); ref. Food Sci. Abstr. 24, No. 1930 (1952).
1213. PERETTI, G., e L. REALE: Boll. Soc. ital. Biol. sperim. 10, 871 (1935); ref. Chem. Zbl. 1936 I, 2135.
1214. HAUFF, J. S., R. K. WAUGH and G. H. WISE: J. Dairy Sci. 34, 1056 (1951).
1215. ROURKE, A. R., J. P. FRAWLEY and O. G. FITZHUGH: Federat. Proc. 11, 325 (1952).
1216. Ann. Falsificat. Fraudes 45, 133 (1952).
1217. POHLE, W. D., V. C. MEHLENBACHER and H. J. COOK: Oil and Soap 22, 115 (1943); ref. HOUBEN-WEYL, vgl. Anm. 694.
1218. REITH, J. F.: Voeding (Den Haag) 14, 301 (1953); ref. Z. Lebensmittel-Unters. u. -Forsch. 98, 323 (1954).
1219. BAILEY, A. E.: Industr. Oil and Fat Products. New York: Interscience Publishers Inc. (1945).
1220. BREWER, N. R., A. J. CARLSON and A. PRATT: Food Res. 20, 531 (1955).
1221. Brit. Med. J. 1951, 905; ref. Z. Lebensmittel-Unters. u. -Forsch. 98, 85 (1954).
1222. SHUPE, I. S.: J. Assoc. Off. Agric. Chem. 23, 824 (1940); ref. Z. Unters. Lebensm. 82, 160 (1941).
1223. CIPPERLY, J.: Northw. Miller 236, 13 (1948); ref. Food Sci. Abstr. 22, No. 596 (1950).
1224. Cox, H. E.: Vortrag auf der Tagung der „Fachgruppe Lebensmittel, Ackerbau und Feinchemikalien" der "Society of Chemical Industry" in London am 27.—28. IX. 1951; ref. Z. Lebensmittel-Unters. u. -Forsch. 94, 200 (1952).
1225. MENEGHETTI, E.: Kritische Übersicht und experimentelle Nachforschungen über die Möglichkeit von Vergiftungen mit Stickstoffoxydul. Univ. Padua, April 1940.
1226. HEFFTER-HEUBNER: Handbuch der experimentellen Pharmakologie. Bd. I. Berlin: Julius Springer 1923.
1227. MARTIN, C.: C. r. Acad. Sci. (Paris) 106, 290 (1888); zit. bei M. POTTERAT u. O. HÖGL, vgl. Anm. 149.
1228. KING, N.: Molkerei-Ztg. (Hildesheim) 7, 5 (1953).
1229. BRUNNER, J. R.: J. Dairy Sci. 33, 406 (1950); ref. Food Sci. Abstr. 24, No. 1822 (1952).
1230. LEISS, F., u. K.-H. PETER: Arzneimittelforsch. 4, 571, 614, 664 (1954).
1231. The Safety of Polyoxyethylene Stearates for Use as Intentional Additives in Foods. Bericht des "Food Protection Committee of the Food and Nutrition Board". National Academy of Sciences. Publ. No. 280 (1953).
1232. WANG, H., B. H. MCBRIDE and B. S. SCHWEIGERT: Proc. Soc. Exper. Biol. a. Med. 75, 342 (1950); ref. Food Sci. Abstr. 24, No. 1242 (1952).
1233. KREHL, W. A., G. R. COWGILL and A. D. WHEDON: J. Nutrit. 55, 35 (1955).; ref. Chem. Abstr. 49, 7073 (1955).
1234. KRUESI, O. R., and TH. B. VAN ITALLIE: Food Res. 21, 565 (1956).
1235. COPPOCK, J. B. M.: J. Sci. Food Agric. 1, 125 (1950); ref. Food Sci. Abstr. 23, No. 1736 (1951).
1236. Bakers Weekly 141, 52 (1949); ref. Food Sci. Abstr. 23, Nr. 2144 (1951).
1237. FAVOR, H. H.: Food in Canada 23, 8 (1948); ref. Food Sci. Abstr. 23, No. 2586 (1951).
1238. CARSON, B. G., L. F. MARNETT and R. W. SELMAN: Cereal Chem. 27, 438 (1950); ref. Food Sci. Abstr. 24, No. 1240 (1952).
1239. SKOVHOLT, O., and R. L. DOWDLE: Cereal Chem. 27, 26 (1950); ref. Food Sci. Abstr. 24, No. 610 (1952).
1240. BEKKERING, J. J., and H. M. R. HINTZER: Chem. Weekbl. 45, 605 (1949); ref. Food Sci. Abstr. 22, No. 1448 (1950).
1241. Brit. J. Nutrit 5, 383 (1951).
1242. FAVOR, H. H., and N. F. JOHNSTON: Cereal Chem. 25, 424 (1948); ref. Food Sci. Abstr. 22, No. 222 (1950).
1243. HARRIS, R. H., L. D. SIBBITT and O. J. BANASIK: Cereal Chem. 29, 123 (1952); ref. Chem. Zbl. 1954, 8464.
1244. SIEBURTH, J. F., T. WAHL and B. A. McLAREN: J. Amer. Dietet. Assoc. 30, 355 (1954); ref. Chem. Abstr. 48, 14011 (1954).

1245. EDELMANN, E. C., and W. H. CATHCART: Cereal Chem. **26**, 345 (1949); ref. Food Sci. Abstr. **24**, No. 611 (1952).
1246. EDELMANN, E. C., W. H. CATHCART and C. B. BERQUIST: Cereal Chem. **27**, 1 (1950); ref. Food Sci. Abstr. **24**, No. 612 (1952).
1247. THOMAS, M. J.: Northwest Miller **236**, 54 (1948); ref. Food Sci. Abstr. **22**, No. 593 (1950).
1248. STRANDINE, E. J., G. T. CARLIN, G. A. WERNER and R. P. HOPPER: Cereal Chem. **28**, 449 (1951); ref. Food Sci. Abstr. **25**, No. 2807 (1953).
1249. ROTSCH, A., u. H. STEPHAN: Brot u. Gebäck 8, 41 (1954).
1250. FINCKE, A., u. A. HAGDORN: Zucker- u. Süßwaren-Wirtsch. 7, 211 (1954).
1251. CRESSEY, S.: Food Manufact. **32**, 165 (1957).
1252. HESS, K.: Fette u. Seifen **56**, 393 (1954).
1253. WEYLAND, P.: Getreide, Mehl u. Brot **3**, 202 (1949); ref. Food Sci. Abstr. **24**, No. 613 (1952).
1254. BATES, R. W.: Food Engng. **24**, 82, 160, 162 (1952); ref. Food Sci. Abstr. **25**, No. 3196 (1953).
1255. DOOSE, O.: Brot u. Gebäck **5**, 133 (1951); ref. Food Sci. Abstr. **25**, No. 2811 (1953).
1256. GREER, E. N., P. HALTON, J. B. HUTCHINSON and T. MORAN: J. Sci. Food Agric. **4**, 34 (1953); ref. Food Sci. Abstr. **25**, No. 3362 (1953).
1257. KASS, P., Atlas Powder Co.: USP 2657143 v. 2. VIII. 1949; ref. Chem. Zbl. **1954**, 7310.
1258. LEHMAN, A. J.: Quart. Bull. Assoc. Food a. Drug Off. (US) **16**, 82 (1952).
1259. HESSE, S.: Früchte- u. Gemüse-Markt **1953**, Nr. 1; ref. Food Sci. Abstr. **26**, No. 2606 (1954).
1260. WHITTENBERGER, R. T., and G. C. NUTTING: Food Res. **15**, 331 (1950); ref. Food Sci. Abstr. **24**, No. 335 (1952).
1261. Aust. Food Manufact. **19**, 18 (1949); ref. Food Sci. Abstr. **22**, No. 1382 (1950).
1262. HAMSON, A. R.: Food Res. **17**, 370 (1952); ref. Chem. Zbl. **1954**, 441.
1263. KERTESZ, Z. I.: Canner **110**, 16 (1950); ref. Food Sci. Abstr. **24**, No. 2031 (1952).
1264. SMOCK, R. M., and C. R. GROSS: Proc. Amer. Soc. Hort. Sci. **54**, 61 (1949); ref. Food Sci. Abstr. **24**, No. 459 (1952).
1265. SCHUPHAN, W., u. W. BEINERT: Z. Lebensmittel-Unters. u. -Forsch. **97**, 105 (1953).
1266. BULLOCK, R. M.: Proc. Amer. Soc. Hort. Sci. **59**, 243 (1952); ref. Food Sci. Abstr. **25**, No. 1379 (1953).
1267. LOESER, A.: Arzneimittelforsch. **2**, 250 (1952).
1268. KÄRBER, G.: Dtsch. Gesundheitswesen **5**, 550 (1950).
1269. KÜCHLE, H. J., A. LOESER, G. MEYER, C. G. SCHMIDT u. E. STÜRMER: Z. exper. Med. **118**, 554 (1952); ref. Z. Lebensmittel-Unters. u. -Forsch. **97**, 328 (1953).
1270. ANDERSEN, R. C., P. N. HARRIS and K. K. CHEN: J. Amer. Pharmac. Assoc. **39**, 583 (1950); ref. Z. Lebensmittel-Unters. u. -Forsch. **96**, 156 (1953).
1271. BERGNER, K. G., u. H. SPERLICH: Mitt. Lebensm.-Unter. Hyg. (Bern) **44**, 388 (1953).
1272. REESE, H. D., and M. B. WILLIAMS: Analyt. Chemistry **26**, 568 (1954).
1273. OURNAC, A.: Ann. Inst. nat. Rech. agron. (Paris), Ser. E. Ann. Tech. agr. **2**, 137 (1953); ref. Food Sci. Abstr. **26**, No. 2984 (1954).
1274. THALER, H., u. W. ROOS: Z. analyt. Chem. **131**, 34 (1950).
1275. GROHMANN, H., u. F. H. MÜHLBERGER: Z. Lebensmittel-Unters. u. -Forsch. **103**, 177 (1956).
1276. Mercks Jber. **63**, 332 (1949). Darmstadt: Verlag Chemie GmbH. Weinheim a. d. Bergstraße 1950.
1277. NEUWALD, F.: Pharmaz. Ztg.-Nachr. **88**, 98 (1952).
1278. GRAEFE, G.: Zucker- u. Süßwaren-Wirtsch. **8**, 144 (1955).
1279. PELTZER, J.: Mitt.-Bl. GDCh., Fachgr. Lebensm.-Chem., gerichtl. Chem. **1949**, 57.
1280. BRADFORD, E. A. M.: Food **19**, 265 (1950); ref. Food Sci. Abstr. **24**, No. 349 (1952).
1281. MELVILLE, F.: J. Agric. W. Austral. (iii) **1**, 44 (1952); ref. Food Sci. Abstr. **25**, No. 879 (1953).
1282. FORD, H. W., and E. K. ALBAN: Proc. Amer. Soc. Hort. Sci. **58**, 99 (1951); ref. Food Sci. Abstr. **25**, No. 930 (1953).
1283. HALL, E. G., S. M. SYKES and S. A. TROUT: Austral. J. Agric. Res. **4**, 264 (1953); ref. Food Sci. Abstr. **26**, No. 899 (1954).
1284. BROGDEN, E. M.: USP 1985238 v. 19. I. 1932 und USP 1985842 v. 3. VIII. 1932; ref. Chem. Zbl. **1935** I, 2278.
1285. SCHMIDT-Erlangen, H. W.: Dtsch. Lebensmittel-Rdsch. **45**, 387 (1949).
1286. SCHMIDT-Erlangen, H. W.: Chemiker-Ztg. **77**, 790 (1953).
1287. BARTA, E. J., E. R. WOLFORD and E. LOWE: Food Technol. **5**, 512 (1951); ref. Food Sci. Abstr. **25**, No. 984 (1953).
1288. DEIBEL, F. U.: Fette u. Seifen **58**, 638 (1956).
1289. BROGDEN, E. M.: Canad. P. 280518 v. 6. VI. 1924; ref. Chem. Zbl. **1932** I, 465.
1290. CONNER, J. W., E. S. SNYDER and H. L. ORR: Poultry Sci. **32**, 227 (1953); ref. Food Sci. Abstr. **25**, No. 3034 (1953).

1291. ROMANOFF, A. L., and A. J. ROMANOFF: The Avian Egg. New York: John Wiley u. Sons, Inc. 1949.
1292. Assoc. Off. Agric. Chem., Off. Methods of Analysis, 8. Aufl. Washington 1955.
1293. TREVOR, J. S.: Food 18, 143, 167 (1949); ref. Food Sci. Abstr. 22, No. 1906 (1950).
1294. HEISS, R., u. G. SCHRICKER: Packstoff-Tabellen. München: Carl Hanser 1955.
1295. STOCK, P.: F. P. 885428 v. 21. VII. 1942; ref. Chem. Zbl. 1944 I, 901.
1296. PROUT, H., Düsseldorf: DBP 833586 (1948).
1297. KESSENER, H. J., u. N. L. SÖHNGEN, Gröningen: DRP 312505 (1917).
1298. VERHAART, M. P.: Algemene Kunstzijde Unie N. V., Arnhem, Niederlande: DBP 861632 (1951).
1299. YEAGER, G. H., and R. A. COWLEY: J. Amer. Med. Assoc. 139, 667 (1949); ref. Mercks Jber. 1949, 304.
1300. THOMPSON, W.: Lancet 1948, No. 6518, 182.
1301. Dtsch. med. Wschr. 1949, 60; ref. Mercks Jber. 1949, 304.
1302. INGRAHAM, F. D., E. ALEXANDER and D. D. MATSON: J. Amer. Med. Assoc. 135, 82 (1947); ref. Chirurg 19, 523 (1948); ref. Mercks Jber. 1949, 304.
1303. WECHSLER, H.: Angew. Chem. 66, 118 (1954).
1304. Nachr. aus Chem. u. Techn. 2, 93 (1954).
1305. Norddtsch. Seekabelwerke AG.: E. P. 465555 v. 19. VIII. 1936; ref. Chem. Zbl. 1937 II, 2091.
1306. YUSHOK, W. D., and A. L. ROMANOFF: Food Res. 14, 113 (1949); ref. Food Sci. Abstr. 22, No. 414 (1950).
1307. KAINER, F.: Kunststoffe 39, 165 (1949).
1308. FIESER, L. F., u. M. FIESER: Lehrbuch der organischen Chemie. Weinheim: Verlag Chemie 1954.
1309. HELGERUD, O.: Kältetechnik 6, 190 (1954); ref. Food Sci. Abstr. 27, No. 1137 (1955).
1310. OLSEN, I. A.: Food Manufact. 30, 267 (1955).
1311. IVANOVSZKY, L.: Seifen, Öle 80, 563 (1954).
1312. HENNIG, K.: Z. Lebensmittel-Unters. u. -Forsch. 97, 114 (1953).
1313. HENNIG, K.: Dtsch. Wein-Ztg. 90, 327 (1954).
1314. KIELHÖFER, E.: Z. Lebensmittel-Unters. u. -Forsch. 88, 76 (1948).
1315. LENSCHIN, A. S.: Weinbereit. u. Weinbau (UdSSR) 13, Nr. 9, 19 (1953); ref. Chem. Zbl. 1954, 8463.
1316. VOGT, E.: Der Wein, seine Bereitung, Behandlung und Untersuchung. 2. Aufl. Stuttgart: Ulmer 1952.
1317. RENTSCHLER, H., u. F. HAUSER: Schweiz. Z. Obst- u. Weinbau 59, 406 (1950); ref. Food Sci. Abstr. 24, No. 522 (1952).
1318. RENTSCHLER, H., u. H. SIMMLER: Schweiz. Z. Obst- u. Weinbau 59, 442 (1950); ref. Food Sci. Abstr. 24, No. 523 (1952).
1319. MAVEROFF, A.: An. Inst. Vino (Mendoza) 1, 7 (1949); ref. Chem. Abstr. 48, 9013 (1954).
1320. HADORN, H.: Mitt. Lebensm.-Unters. Hyg. (Bern) 45, 402 (1954).
1321. GWELESSIANI, W. P.: Weinbereit. u. Weinbau (UdSSR) 13, No. 9, 18 (1953); ref. Chem. Zbl. 1954, 7534.
1322. REICHARD, O.: Handbuch Lebensm.-Chem., Bd. VII. Berlin: Springer 1938.
1323. PEYNAUD, E.: Industr. agric. aliment. 70, 559 (1953); ref. Food Sci. Abstr. 26, No. 921 (1954).
1324. HEIMANN, E., Protex Ges. Müller u. Co., Garmisch-Partenkirchen: DBP 874742 (1952).
1325. DOORNKAAT, FR. TEN, Seitz Werke, Kreuznach: DRP 758041 (1939).
1326. KEAN, C. E., and G. L. MARSH: Food Technol. 10, 355 (1956).
1327. RENTSCHLER, H.: Schweiz. Z. Obst- u. Weinbau 60, 184 (1951); ref. Food Sci. Abstr. 25, No. 2107 (1953).
1328. ZÄCH, C.: Mitt. Lebensm.-Unters. Hyg. (Bern) 41, 76 (1950).
1329. SUBOW, M. F.: Weinbereit. u. Weinbau (UdSSR) 12, Nr. 5, 40 (1952); ref. Chem. Zbl. 1954, 8653.
1330. FREDGA, A.: Rec. Trav. chim. Pays-Bas 69, 416 (1950); ref. Chem. Abstr. 45, 8982 (1951).
1331. HOLZ, W.: Chemie für Labor u. Betrieb 8, 148 (1957).
1332. KLIMMER, O. R.: Bericht auf dem III. Symposium über chemische Fremdstoffe in Nahrungsmitteln der "Commission Internationale des Industries Agricoles" u. des „B.I.P.C.A.", vom 14.—18. V. 1957 in Como. Kongreßbericht (z. Z. im Druck).
1333. BLAKE, E. S., u. N. R. DIESBERGEN, Monsanto Chemical Co., St. Louis: USP 2710259 (1951).
1334. CZYZEWSKI, A., K. GÖRNITZ u. H. SCHOTTE, Schering AG., Berlin: DRP 858352 (1948).
1335. Handbook of Food and Agriculture, herausgeg. von F. C. BLANCK. New York: Reinhold Publ. Corp. 1955.

1336. KLIMMER, O. R.: Vortrag auf der 23. Tagung der Deutschen Pharmakologischen Gesellschaft, vom 12.—15. VI. 1957.
1337. J. Agric. Food Chem. **2**, 1133 (1954); ref. Z. Lebensmittel-Unters. u. -Forsch. **103**, 242 (1956).
1338. CLARKE, D. G., H. BAUM, E. L. STANLEY and W. F. HESTER: Analyt. Chemistry **23**, 1842 (1951).
1339. ROSENTHAL, M. H., R. F. CARLSON and W. W. STANLEY: J. Assoc. Off. Agric. Chem. **36**, 1170 (1953).
1340. LOWEN, W. K.: Analyt. Chemistry **23**, 1846 (1951).
1341. Food Standard Committee, Preservatives Sub-committee. Report on Antioxydants No. 2, London 1954.
1342. HILLS, C. H., E. J. CALESNICK, E. C. DRYDEN and M. S. GASPAR: Proc. Amer. Soc. Hort. Sci. **62**, 261 (1954); ref. Food Sci. Abstr. **26**, No. 2876 (1954).
1343. SMITH jr., R. B., J. K. FINNEGAN, P. S. LARSON, P. F. SAHYOUN, M. L. DREIFUSS and H. B. HAAG: J. of Pharmacol. a. Exp. Ther. **109**, 159 (1953); ref. Chem. Zbl. **1954**, 7688.
1344. MÜHLE, E.: Bericht auf der 30. Dtsch. Pflanzenschutztagung der biol. Bundesanstalt in Bad Neuenahr vom 11.—16. X. 1954; ref. Angew. Chem. **67**, 83 (1955).
1345. BECHER, C.: Schädlingsbekämpfungsmittel. Halle (Saale): Wilhelm Knapp 1953.
1346. BLINN, R. C.: Industr. Engng. Chem. (Analyt. Edit.) **13**, 33 (1941).
1347. CANBÄCK, T., and H. ZAJACZKOWSKA: J. Pharmacy a. Pharmacol. **2**, 545 (1950); ref. Chem. Abstr. **45**, 70 (1951).
1348. WIT, S. L.: Vorläufiger Tätigkeitsbericht des National Institute of Public Health in the Netherlands, T. R. 5/**1954**.
1349. Experientia (Basel) 8, 65 (1952); ref. Angew. Chem. **64**, 287 (1952).
1350. BRIEN, R. M., and W. D. REID: New Zealand J. Sci. Technol. **33 B**, 393 (1952); ref. Food Sci. Abstr. **25**, No. 1481 (1953).
1351. LEHMAN, A. J.: Quart. Bull. Assoc. Food a. Drug Off. (US) **16**, 47 (1952).
1352. BRIESKORN, C. H.: Z. Lebensmittel-Unters. u. -Forsch. **93**, 292 (1951).
1353. DOMINGO, A. F.: Rev. Med. vet. y Parasitol. **11**, 335 (1952); ref. Chem. Abstr. **48**, 10282 (1954).
1354. MITCHELL, L. C.: J. Assoc. Off. Agric. Chem. **39**, 484 (1956); ref. Chem. Abstr. **51**, 2223 (1957).
1355. JOHNSON, D. P.: J. Assoc. Off. Agric. Chem. **38**, 946 (1955); ref. Z. Lebensmittel-Unters. u. -Forsch **106**, 71 (1957).
1356. HILLENBRAND, E. F. jr., W. W. SUTHERLAND and J. N. HOGSETT: Analyt. Chemistry **23**, 626 (1951); ref. Food Sci. Abstr. **25**, No. 394 (1953).
1357. LINK, R. P.: J. Amer. Vet. Med. Assoc. **128**, 614 (1956); ref. Food Technol. **10**, 42 (1956).
1358. KITTLESON, A. R.: Analyt. Chemistry **24**, 1173 (1952).
1359. Agric. Chemicals 5, 64, 97 (1950); ref. Angew. Chem. **62**, 488 (1950).
1360. GENDEREN, H. VAN: Voeding (Den Haag) **16**, 742 (1955).
1361. STONE, H. M., P. J. CLARK and H. JACKS: New Zealand J. Sci. Technol. **35 B**, 301 (1954); ref. Chem. Abstr. **48**, 7220 (1954).
1362. HARDON, H. J., en H. BRUNINK: Voeding (Den Haag) **17**, 548 (1956); ref. Food Sci. Abstr. **29**, No. 942 (1957).
1363. MILLER, V. L., and F. SWANBERG: Analyt. Chemistry **29**, 391 (1957).
1364. HARDON, H. J., H. BRUNINK u. E. W. VAN DER POL: Z. Lebensmittel-Unters. u. -Forsch. **107**, 215 (1958).
1365. SPOREK, K. F.: Analyst. (London) **81**, 478 (1956).
1366. KAJIMURA, T., and S. YAMAMOTO: Japan Analyst 4, 152 (1954); ref. Chem. Abstr. **50**, 10613 (1956).
1367. ESCHENBRENNER, A. B., and E. MILLER: J. Nat. Cancer Inst. 5, 251 (1945); ref. Chem. Abstr. **39**, 2575 (1945).
1368. VELBINGER, H. H.: Pharmazie 4, 165 (1949).
1369. MULLER, B.: Z. Hyg. **38**, 215 (1950).
1370. NISHIMURA, SH.: Japan J. Nation's Health **23**, 96 (1954); ref. Chem. Abstr. **49**, 1208 (1955).
1371. VELBINGER, H. H.: Pharmazie 2, 268 (1947).
1372. SACKLIN, J. A., L. C. TERRIERE and F. LE MAR REMMERT: Science (Lancaster, Pa.) **122**, 377 (1955).
1373. WEICHHARD, H.: Arch. Toxikol. **15**, 118 (1954); ref. Chem. Zbl. **1955**, 5616.
1374. Brit. Food J. **53**, No. 627, 14 (1951); ref. Food Sci. Abstr. **25**, No. 29 (1953).
1375. STERNBERG, J., C. W. KEARNS and H. MOORFIELD: J. Agric. Food Chem. **2**, 1125 (1954).
1376. LEEMANN-GEYMÜLLER, H.: Mitt. Lebensm.-Unters. Hyg. (Bern) **45**, 412 (1954).

1377. ATKINS, W. G., and E. N. GREER: J. Sci. Food Agric. **4**, 155 (1953); ref. Food Sci. Abstr. No. 3341 (1953).
1378. ZEUMER, H., u. K. NEUHAUS: Getreide u. Mehl **3**, 57 (1953); ref. Chem. Abstr. **50**, 10696 (1956).
1379. WINTERINGHAM, F. P. W., A. HARRISON, C. R. JONES, J. L. McGIRR and W. H. TEMPLETON: J. Sci. Food Agric. **1**, 214 (1950); ref. Food Sci. Abstr. **26**, No. 535 (1954).
1380. HARRIS, H. J., E. J. HANSENS and C. C. ALEXANDER: Agric. Chemicals **5**, 51 (1950); ref. Chem. Abstr. **44**, 4191 (1950).
1381. ELY, R. E., L. A. MOORE, R. H. CARTER, H. D. MANN and F. W. POOS: J. Dairy Sci. **35**, 226 (1952); ref. Food Sci. Abstr. **25**, No. 3129 (1953).
1382. MANN, H. D., R. H. CARTER and R. E. ELY: J. Milk Food Technol. **13**, 340 (1950); ref. Food Sci. Abstr. **25**, No. 805 (1953).
1383. TASCHENBURG, E. F., and A. W. AVENS: Food Technol. **4**, No. 8, (7) (1950); ref. Food Sci. Abstr. **24**, No. 458 (1952).
1384. CLARK, P. J., E. L. RICHARDS, G. G. TAYLOR and H. JACKS: New Zealand J. Sci. Technol. **34A**, 226 (1952); ref. Food Sci. Abstr. **25**, No. 2042 (1953).
1385. BARNES, M. M., G. E. CARMAN, W. H. EWART and F. A. GUNTHER: Adv. Chem. Ser. **1950**, No. 1, 112; ref. Food Sci. Abstr. **24**, No. 225 (1952).
1386. Federal Register **21**, 5717 (1956).
1387. Mitt. Lebensm.-Unters. Hyg. (Bern) **38**, 371 (1947).
1388. JOHNSON, D. P.: J. Assoc. Off. Agric. Chem. **39**, 490 (1956).
1389. STÜBNER, K.: Anz. Schädlingsk. **26**, 9 (1953); ref. Pharmaz. Z.-halle Dtschld. **94**, 20 (1955).
1390. FAHEY, J. E., and H. W. RUSK: Analyt. Chemistry **23**, 1826 (1951).
1391. MOLLENHAUER, H.: Mitt.-Bl. GDCh., Fachgr. Lebensm.-Chem., gerichtl. Chem. **3**, 17 (1949).
1392. KELLER, H.: Naturwiss. **39**, 109 (1952).
1393. SCHECHTER, M. S., and H. L. HALLER: J. Amer. Chem. Soc. **66**, 2129 (1944); ref. Chem. Abstr. **39**, 1118 (1945).
1394. AMSDEN, R. C., and D. J. WALBRIDGE: J. Agric. Food Chem. **2**, 1323 (1954); ref. Food Sci. Abstr. **27**, No. 1573 (1955).
1395. BURCHFIELD, H. P., and A. HARTZELL: J. Econ. Entomol. **48**, 210 (1955).
1396. MITCHELL, L. C.: J. Assoc. Off. Agric. Chem. **39**, 980 (1956).
1397. WUMMEL, K. H.: Chem. Technol. **6**, 382 (1954); ref. Z. analyt. Chem. **145**, 151 (1955).
1398. MITCHELL, L. C.: J. Assoc. Off. Agric. Chem. **37**, 530 (1954); ref. Z. analyt. Chem. **145**, 152 (1955).
1399. MELTZER, H.: Nachrichtenbl. dtsch. Pflanzenschutzdienst, Berlin, N. F. **8**, 86 (1954); ref. Z. analyt. Chem. **145**, 151 (1955).
1400. Federal Register **21**, 5410 (1956); ref. Chem. Abstr. **50**, 14990 (1956).
1401. RIPPER, W. E., R. M. GREENSLADE and L. A. LICKERISH: Nature (London) **163**, 787 (1949).
1402. WICHMANN, H. J., and D. DALE: J. Assoc. Off. Agric. Chem. **16**, 612 (1933).
1403. HALLER, W. v.: Vergiftung durch Schutzmittel. Stuttgart: Hippokrates Verlag (1956).
1404. Nature (London) **158**, 558 (1946).
1405. KEMP, J. D., S. BULL and S. W. TERRIL: J. Anim. Sci. **11**, 491 (1952); ref. Food Sci. Abstr. **25**, No. 2901 (1953).
1406. PFANNENSTIEL, W.: Arzneimittelforsch. **2**, 417 (1951).
1407. PHILLIPS, W. F.: Analyt. Chemistry **24**, 1976 (1952); ref. Z. Lebensmittel-Unters. u. -Forsch. **100**, 92 (1955).
1408. WEBER, E.: Z. analyt. Chem. **134**, 32 (1951).
1409. FITZHUGH, O. G., and A. A. NELSON: J. of Pharmacol. a. Exper. Ther. **89**, 18 (1947); ref. Chem. Abstr. **41**, 2163 (1947).
1410. STREULI, C. A., and W. D. COOKE: Analyt. Chemistry **26**, 970 (1954).
1411. GERMANO, A., R. FAZAN u. I. LESSIUS: Helvet. chim. Acta **37**, 1332 (1954).
1412. REITH, J. F.: Chem. Weekbl. **49**, 689 (1953); ref. Chem. Abstr. **48**, 4723 (1954).
1413. HORNSTEIN, J. I.: J. Agric. Food Chem. **3**, 848 (1955); ref. Z. Lebensmittel-Unters. u. -Forsch. **104**, 372 (1956).
1414. BYRDY, S., K. GORECKI u. A. KOLODZIEJCZYK: Przem. Chem. **11**, 645 (1955); ref. Analyt. Abstr. **3**, No. 3770 (1956).
1415. WALKER, G. W.: Nature (London) **174**, 44 (1954); ref. Chem. Zbl. **1954**, 11016.
1416. SCHECHTER, M. S., and J. HORNSTEIN: Analyt. Chemistry **24**, 544 (1952).
1417. AMBROSE, A. M., H. E. CHRISTENSEN, D. J. ROBBINS and L. J. RATHER: Arch. Industr. Hyg. Occ. Med. **7**, 197 (1953); ref. Chem. Abstr. **47**, 12619 (1953).
1418. SCHÖBERL, A., u. W. HOFFMANN: Berl. u. Münch. tierärztl. Wschr. **1953**, 240.
1419. KEARNS, C. W., and L. INGLE: J. Econ. Entomol. **38**, 661 (1945); ref. Angew. Chem. **63**, 378 (1951).

1420. CARTER, R. H., P. E. HUBANKS, F. W. POOS, L. A. MOORE and R. E. ELY: J. Dairy Sci. **36**, 1172 (1953); ref. Food Sci. Abstr. **27**, No. 162 (1955).
1421. HARRIS, TH. H.: J. Assoc. Off. Agric. Chem. **34**, 672 (1951); ref. Chem. Zbl. **1954**, 7272.
1422. ORDAS, E. P., V. C. SMITH and C. F. MEYER: J. Agric. Food Chem. **4**, 444 (1956).
1423. HOLZ, W.: Chemie f. Labor u. Betrieb 8, 104 (1957).
1424. BALL, W. L., K. KINGSLEY and J. W. SINCLAIR: Arch. Industr. Hyg. Occ. Med. **7**, 292 (1953); ref. Chem. Abstr. **47**, 12619 (1953).
1425. BECKMAN, H. F.: Analyt. Chemistry **26**, 922 (1954).
1426. VITA, O., e L. DE ANGELI: R. c. Ist. Sup. San. (Roma) **15**, 91 (1952); ref. Chem. Zbl. **1955**, 7066.
1427. O'DONNEL, A. E., H. W. JOHNSON jr. and F. T. WEISS: J. Agric. Food Chem. **3**, 757 (1955); ref. Z. Lebensmittel-Unters. u. -Forsch. **103**, 470 (1956).
1428. AEPLI, O. T., P. A. MUNTER and J. F. GALL: Analyt. Chemistry **20**, 610 (1948).
1429. STÖTTER, H.: Angew. Chem. **59**, 148 (1947).
1430. CRANHAM, J. E., D. J. HIGGONS and H. A. STEVENSON: Chem. a. Ind. **73**, 1206 (1953); ref. Angew. Chem. **66**, 90 (1954).
1431. HIGGONS, D. J., and D. W. KILBEY: J. Sci. Food Agric. **6**, 441 (1955); ref. Chem. Abstr. **49**, 16304 (1955).
1432. WATSON, C. C.: J. Agric. Food Chem. **4**, 452 (1953); ref. Z. Lebensmittel-Unters. u. -Forsch. **105**, 257 (1957).
1433. LEHMAN, A. J.: Quart. Bull. Assoc. Food a. Drug Off. (US) **16**, 3 (1952).
1434. SCHRADER, G.: Angew. Chem. **69**, 86 (1957).
1435. COOK, J. W.: J. Assoc. Off. Agric. Chem. **37**, 987 (1954).
1436. OTTER, I. K. H.: Mikrochemie u. Mikrochim. Acta **1956**, 125; ref. Z. Lebensmittel-Unters. u. -Forsch. **106**, 67 (1957).
1437. SAYENHOFF, B.: J. of Biol. Chem. **168**, 447 (1947).
1438. SCHRADER, G.: Medizin u. Chemie **5**, 496 (1956).
1439. BIDSTRUP, P. L.: Brit. Med. J. **1950**, 548; ref. Z. Lebensmittel-Unters. u. -Forsch. **97**, 341 (1953).
1440. VISWANATHA, T., and I. E. LIENER: J. of Biol. Chem. **221**, 961 (1956); ref. Chem. Abstr. **50**, 15658 (1956).
1441. GROB, D.: Bull. Johns Hopkins Hosp. 87, 95 (1950); zit. bei L. W. HAZLETON, vgl. Anm. 1456.
1442. COETZEE, W. H. K., I. J. BURGER and J. F. DU T. HUGO: Farming South Africa **28**, 298 (1953); ref. Food Sci. Abstr. **26**, No. 835 (1954).
1443. DAHM, P. A., F. C. FOUNTAINE and J. E. PANKASKIE: Science (Lancaster, Pa.) **112**, 254 (1950); ref. Food Sci. Abstr. **24**, No. 988 (1952).
1444. KASTING, R., and D. G. HARCOURT: Sci. Agric. **32**, 299 (1952); ref. Food Sci. Abstr. **25**, No. 2040 (1953).
1445. OLSEN, R. W., C. R. STEARNS jr. and R. HENDRICKSON: Food Technol. **6**, 350 (1952); ref. Food Sci. Abstr. **25**, No. 2038 (1953).
1446. PAULUS, W., u. H. J. MALLACH: Arzneimittelforsch. **6**, 766 (1956).
1447. KAISER, H.: Bericht über „Bestimmung von E 605" auf der 6. Arbeitstagung der Südwestdtsch. Arbeitsgemeinschaft der Fachgr. „Lebensmittelchemie" der GDCh. am 8. V. 1953; ref. Z. Lebensmittel-Unters. u. -Forsch. **97**, 301 (1953).
1448. MELNIKOW, N. N.: Hygiene u. Sanitätswes. (UdSSR) **1954**, Nr. 6, 53; ref. Chem. Abstr. **48**, 11712 (1954).
1449. AVERELL, P. R., and M. V. NORRIS: Analyt. Chemistry **20**, 753 (1948).
1450. KETELAAR, J. A. A., and J. E. HELLINGMAN: Analyt. Chemistry **23**, 646 (1951).
1451. CLIFFORD, P. A.: J. Assoc. Off. Agric. Chem. **38**, 673 (1955).
1452. SCHÖNAMSGRUBER, M.: Z. analyt. Chem. **135**, 23 (1952).
1453. SONNTAG, G.: Arb. Kais. Gesundh.-Amt **19**, 110 (1903); zit. bei R. TRUHAUT, vgl. Anm. 864.
1454. GARDOCKI, J. F., and L. W. HAZLETON: J. Amer. Pharmac. Assoc. (Sci. Edit.) **40**, 491 (1951); ref. Chem. Abstr. **46**, 188 (1952).
1455. FRAWLEY, J. P., E. C. HAGAN and O. G. FITZHUGH: J. of Pharmacol. a. Exper. Ther. **105**, 156 (1952); zit. bei F. DUSPIVA, vgl. Anm. 1464.
1456. HAZLETON, L. W.: J. Agric. Food Chem. **3**, 312 (1955).
1457. KOLBEZEN, M. J., and J. H. BARKLEY: J. Agric. Food Chem. **2**, 1278 (1954).
1458. KLOTZSCHE, C.: Arzneimittelforsch. **5**, 436 (1955).
1459. SCHRADER, G.: Angew. Chem. **66**, 265 (1954).
1460. BÄR, F.: Arzneimittelforsch. **4**, 668 (1954).
1461. WOLLENBERG, D.: Medizin u. Chemie **5**, 517. Weinheim: Verlag Chemie 1956.

1462. Cook, J. W.: J. Assoc. Off. Agric. Chem. **37**, 561 (1954); ref. Chem. Abstr. **48**, 10988 (1954).
1463. Mühlmann, R., u. H. Zietz: Höfchen-Briefe („Bayer" Pflanzenschutz-Nachrichten) **1956**, 116; ref. Z. Lebensmittel-Unters. u. -Forsch. **106**, 67 (1957).
1464. Duspiva, F.: Angew. Chem. **66**, 541 (1954).
1465. Du Bois, K. B., J. Doull, J. Deroin and O. K. Cummings: Arch. Industr. Hyg. Occ. Med. **8**, 350 (1953).
1466. Mc Gregor-Hard, M., and E. Ross: J. Agric. Food Chem. **2**, 20 (1954); ref. Chem. Zbl. **1955**, 1127.
1467. Boswell, V. R.: J. Econ. Entomol. **48**, 495 (1955).
1468. Wit, S. L.: Vorläufiger Tätigkeitsbericht des National Institute of Public Health in the Netherlands, T. R. 6, **1954**.
1469. Norris, M. V., W. A. Vail and P. R. Averell: J. Agric. Food Chem. **2**, 570 (1954); ref. Food Sci. Abstr. **27**, No. 334 (1955).
1470. Jura, W. H.: Analyt. Chemistry **27**, 525 (1955).
1471. Bruce, R. B., J. W. Howard and J. R. Elsea: J. Agric. Food Chem. **3**, 1017 (1955); ref. Chem. Abstr. **50**, 5154 (1956).
1472. Bruce, R. B., J. W. Howard, A. B. Sauveur and L. W. Hazleton: Federat. Proc. **13**, 339 (1954).
1473. Kocher, C., W. Roth u. J. Treboux: Anz. Schädlingsk. **26**, 65 (1953); ref. Chem. Zbl. **1955**, 7065.
1474. Blinn, R. C., and F. A. Gunther: J. Agric. Food Chem. **3**, 1013 (1955); ref. Chem. Abstr. **50**, 4418 (1956).
1475. Wollenberg, D., u. G. Schrader: Angew. Chem. **68**, 41 (1956).
1476. Faust, J.: J. Amer. Med. Assoc. **141**, 192 (1949); ref. Chem. Abstr. **43**, 9330 (1949).
1477. Hartley, G. S., D. F. Heath, J. M. Hulme, D. W. Pound and M. Whittaker: J. Sci Food Agric. **2**, 303 (1951); ref. Food Sci. Abstr. **25**, No. 1647 (1953).
1478. Casida, J. E., and M. A. Stahmann: J. Agric. Food Chem. **1**, 883 (1953); ref. Chem. Zbl. **1955**, 844.
1479. Heath, D. F., J. Cleugh, I. K. H. Otter and P. D. Park: J. Agric. Food Chem. **4**, 230 (1956); ref. Analyt. Abstr. **3**, No. 2904 (1956) u. Z. Lebensmittel-Unters. u. -Forsch. **105**, 256 (1957).
1480. Hall, S. H., J. W. Stohlman and M. S. Schechter: Analyt. Chemistry **23**, 1866 (1951).
1481. Dupeé, L. F., D. F. Heath and I. K. H. Otter: J. Agric. Food Chem. **4**, 233 (1956); ref. Z. Lebensmittel-Unters. u. -Forsch. **105**, 256 (1957).
1482. Chen, Yuh-Lin, and W. F. Barthel: J. Amer. Chem. Soc. **75**, 4287 (1953); ref. Chem. Abstr. **48**, 11359 (1954).
1483. Schreiber, A. A., and D. B. McClellan: Analyt. Chemistry **24**, 1194 (1952); ref. Food Sci. Abstr. **25**, No. 2281 (1953).
1484. Gray, H. E.: Trans. Amer. Assoc. Cereal Chem. **10**, 50 (1952); ref. Chem. Zbl. **1954**, 8884.
1485. Pyrethrum Post **4**, 34 (1956); ref. Chem. Abstr. **50**, 10975 (1956).
1486. Federal Register **21**, 1047 (1956); ref. Chem. Abstr. **50**, 4416 (1956).
1487. Brown, M. C., R. F. Phipers and M. C. Wood: Pyrethrum Post **4**, 24 (1956); ref. Analyt. Abstr. **3**, No. 3484 (1956).
1488. Williams, H. L., W. E. Dale and J. P. Sweeney: J. Assoc. Off. Agric. Chem. **39**, 872 (1956).
1489. Hogsett, J. N., H. W. Kacy and J. B. Johnson: Analyt. Chemistry **25**, 1207 (1953); ref. Z. analyt. Chem. **143**, 237 (1954).
1490. Cueto, C., and W. E. Dale: Analyt. Chemistry **25**, 1367 (1953); ref. Chem. Zbl. **1955**, 5401.
1491. Wenzel, F.: Anz. Schädlingsk. **26**, 105 (1953); ref. Pharmaz. Zhalle Dtschld. **93**, 396 (1954).
1492. Schmidt, H. W.: Pharmazie **3**, 400 (1948).
1493. Petrascu, S., e E. Gron: Anal. Inst. Cerc. Agron. Roman. **22**, 509 (1955); ref. Analyt. Abstr. **3**, No. 3488 (1956).
1494. Bateman, G. Q., C. Biddulph, J. R. Harris, D. A. Greenwood and L. E. Harris: J. Agric. Food Techn. **1**, 322 (1953); ref. Food Sci. Abstr. **25**, No. 3132 (1953).
1495. Johnson, D. P.: J. Assoc. Off. Agric. Chem. **38**, 153 (1955).
1496. Howard, J. W., and R. F. Hanzal: J. Agric. Food Chem. **3**, 325 (1955).
1497. Hill, E. G., and B. S. I. Border: Milling **121**, 408 (1953); ref. Chem. Abstr. **50**, 10969 (1956).
1498. Dudley, H. C.: Industr. Engng. Chem. (Analyt. Edit.) **11**, 259 (1939); ref. Chem. Zbl. **1939 II**, 1989.

1499. Young, H. D., R. H. Carter and S. B. Soloway: Cereal Chem. **20**, 572 (1943).
1500. Stracke, F.: Dtsch. Lebensmittel-Rdsch. **52**, 191 (1956).
1501. Bakerman, H., M. Romine, J. A. Schricker, S. M. Takahashi and D. Michelsen: J. Agric. Food Chem. **4**, 956 (1956).
1502. Shanahan, G. J., and A. B. Shelton: Agric. Gaz. N. S. Wales **59**, 381 (1948); ref. Food Sci. Abstr. **22**, No. 113 (1950).
1503. Schöberl, A., u. G. Wiehler: Angew. Chem. **67**, 417 (1955).
1504. Dyping, F.: Acta pharmacol. (Københ.) **11**, 388 (1955); ref. Z. analyt. Chem. **154**, 399 (1957).
1505. Maslennikov, A. S.: Hygiene u. Sanitätswes. (UdSSR) **1953**, Nr. 5, 52; ref. Z. analyt. Chem. **144**, 74 (1954).
1506. Hunold, G. A.: Arzneimittelforsch. **2**, 124 (1952).
1507. Schöberl, A., G. Wiehler u. U. Reuss: Dtsch. tierärztl. Wschr. **1956**, 294.
1508. Ramsey, L. L., and P. A. Clifford: J. Assoc. Off. Agric. Chem. **32**, 788 (1949); ref. Food Sci. Abstr. **23**, No. 2682 (1951).
1509. Frommherz: Dtsch. Apoth.-Ztg. **94**, 236 (1954); ref. Chem. Zbl. **1954**, 8850.
1510. Food (London) **20**, 187, 287 (1951); ref. Food Sci. Abstr. **25**, No. 1156 (1953).
1511. Bednar, J.: Českoslov. Farm. **5**, 26 (1956); ref. Chem. Abstr. **50**, 9947 (1956).
1512. Weigel, K.: Seifen, Öle **81**, 95 (1955).
1513. Ellison, J. H.: Amer. Potato J. **29**, 176 (1952); ref. Food Sci. Abstr. **25**, No. 2635 (1953).
1514. Burton, W. G.: The Dormance and Sprouting of Potatoes. Food Sci. Abstr. **29**, 1 (1957).
1515. Orman, A. C.: Agric. Gaz. N. S. Wales **59**, 128 (1948); ref. Food Sci. Abstr. **22**, No. 165 (1950).
1516. Görnhardt, L.: Pflanzenschutz **1953**, Nr. 4.
1517. Görnhardt, L.: Pflanzenkunde 5, Nr. 4, 46 (1953); ref. Chem. Abstr. **50**, 10969 (1956).
1518. Downie, W. A.: J. Dep. Agric. Victoria **48**, 301 (1950); ref. Food Sci. Abstr. **25**, No. 276 (1953).
1519. Mead, N. N.: Paper News **9**, 39 (1946); zit. bei P. Hirsch, vgl. Anm. 88.
1520. Savenko, A. V.: Sad i Ogorod, Moskau (Obstgarten und Garten) **1954**, Nr. 9, 37; ref. Batelle Techn. Rev. **4**, H. 1, Nr. 54 (1955).
1521. Ellison, J. H., and H. S. Cunningham: Amer. Potato J. **30**, 10 (1953); ref. Chem. Zbl. **1956**, 10821.
1522. Allen, F. W.: Proc. Amer. Soc. Hort. Sci. **62**, 279 (1954); ref. Food Sci. Abstr. **26**, No. 2887 (1954).
1523. Temirowa, M. F.: Nachr. Akad. Wiss. Armen. SSR, biol. landwirtsch. Wiss. **7**, Nr. 2, 101 (1954) (russ.); ref. Chem. Zbl. **1954**, 8614.
1524. Jerchel, D.: Naturwiss. **38**, 561 (1951).
1525. Linser, H., u. F. Maschek: Planta (Berlin) **41**, 567 (1953); ref. Chem. Zbl. **1954**, 10979.
1526. Tomiyasu, Y., and B. Zenitani: Adv. Food Res. **7**, 67 (1957).
1527. Brouwer, T.: Chem. Weekbl. **1956**, 670; ref. Z. analyt. Chem. **156**, 320 (1957).
1528. Vargas, G. A.: Acta agron. (Colombia) **3**, 209 (1953); ref. Chem. Abstr. **48**, 3619 (1954).
1529. Rademacher, B.: Z. Acker- u. Pflanzenbau **96**, 415 (1953); ref. Chem. Abstr. **48**, 3620 (1954).
1530. Weintraub, R. L.: J. Agric. Food Chem. **1**, 250 (1953); ref. Fette u. Seifen **56**, 1038 (1954).
1531. Erickson, L. C.: Calif. Citrograph **37**, 321 (1952); ref. Food Sci. Abstr. **26**, No. 304 (1954).
1532. Stewart, W. S., J. E. Palmer and H. Z. Hield: Proc. Amer. Soc. Hort. Sci. **59**, 327 (1952); ref. Food Sci. Abstr. **25**, No. 1449 (1953).
1533. Hruschka, H. W., and J. Kaufman: Proc. Amer. Soc. Hort. Sci. **54**, 438 (1949); ref. Food Sci. Abstr. **24**, No. 241 (1952).
1534. Staudenmeyer, Th.: Naturwiss. **41**, 67 (1954).
1535. Roth, H., u. Ph. Schuster: Landwirtsch. Forsch. **5**, 129 (1953); ref. Pharmaz. Z.-halle Dtschld. **94**, 138 (1955).
1536. Gordon, N., and M. Beroza: Analyt. Chemistry **24**, 1968 (1952); ref. Z. Lebensmittel-Unters. u. -Forsch. **100**, 92 (1955).
1537. Marquardt, R. P., and E. N. Luce: Analyt. Chemistry **23**, 1484 (1951).
1538. Sorensen, P.: Analyt. Chemistry **26**, 1581 (1954).
1539. Lück, H.: Milchwiss. **8**, 350 (1953).
1540. Erickson, L. C., B. L. Brannaman and H. Z. Hield: Proc. Amer. Soc. Hort. Sci. **60**, 160 (1952); ref. Food Sci. Abstr. **26**, No. 822 (1954).
1541. Stewart, W. S.: Proc. Amer. Soc. Hort. Sci. **54**, 109 (1949); ref. Food Sci. Abstr. **24**, No. 224 (1952).
1542. Erickson, L. C.: Calif. Agric. **6**, 4 (1952); ref. Chem. Zbl. **1954**, 11325.
1543. Hoos, J. W., S. J. Leonard and B. S. Lun: Food Res. **21**, 571 (1956).

1544. Weaver, R. J.: Amer. Fruit Grower **73**, No. 5, 12 (1953); ref. Chem. Zbl. **1954**, 402.
1545. DMI-Nachrichten **11**, 22 (1956).
1546. Mitchell, J. W., B. D. Ezell and M. S. Wilcox: Science (Lancaster, Pa.) **109**, 202 (1949); ref. Food Sci. Abstr. **22**, No. 790 (1950).
1547. Miller, E. V., and R. L. Marsteller: Food Res. **18**, 421 (1953); ref. Chem. Zbl. **1955**, 1358.
1548. Hüttel, R., u. L. Gänswürger, Lech-Chemie, Gersthofen: DBP 858627 (1950).
1549. Gautheret, R. J.: C. r. Acad. Agric. (Paris) **39**, 188 (1953); ref. Food Sci. Abstr. **26**, No. 248 (1954).
1550. Wilson, A. R., and J. A. Dawson: J. Sci. Food Agric. **4**, 305 (1953); ref. Food Sci. Abstr. No. 246 (1954).
1551. Webster, D. G., and J. A. Dawson: Analyst (London) **77**, 203 (1952).
1552. Auerbach, M. F.: Analyt. Chemistry **22**, 1287 (1950).
1553. Walbaum, H.: Arch. f. Hyg. **57**, 87 (1906); ref. Chem. Zbl. **1906 II**, 444.
1554. Rahn, O., and J. E. Conn: Industr. Engng. Chem. **36**, 185 (1944); ref. Chem. Abstr. **38**, 1539 (1944).
1555. Pavcek, P. L.: Industr. Engng. Chem. **38**, 853 (1946); zit. bei R. Truhaut, vgl. Anm. 864.
1556. Koopmanns, M., Anm. N. V. Philips Gloeilampenfabrieken, Holland: DBP 945126 v. 28. VI. 1956; ref. im Lit.-Dienst des Bundes für Lebensmittelrecht und -kunde **1956**, Nr. 9, S. 54.
1557. Rhodes, A., W. A. Sexton, L. G. Spencer and W. G. Templeman: Research **3**, 189 (1950); ref. Food Sci. Abstr. **23**, No. 1056 (1951).
1558. Bissinger, W. E., and R. H. Fredenburg: J. Assoc. Off. Agric. Chem. **34**, 812 (1951); ref. Food Sci. Abstr. **25**, No. 2213 (1953).
1559. Gündel, W., E. Meyer u. W. Offermann, Henkel u. Co., Düsseldorf: USP 2570664 (1950).
1560. Gard, L. N.: Analyt. Chemistry **23**, 1685 (1951).
1561. Gündel, W., E. Meyer, W. Offermann u. H. Fuchs, Henkel u. Co., Düsseldorf: DBP 853248 (1948).
1562. Stier, E. F., and W. A. Maclinn: Food Technol. **10**, 26 (1956).
1563. Federal Register **20**, 7074 (1955); **21**, 2614 (1956).
1564. Nachr. Chem. u. Techn. **2**, 21 (1954).
1565. Darlington, C. D., and J. McLeish: Nature (London) **167**, 407 (1951).
1566. Kennedy, E. J., and O. Smith: Amer. Potato J. **28**, 701 (1951); ref. Food Sci. Abstr. **25**, No. 2612 (1953).
1567. Wittwer, S. H., and D. R. Paterson: Quart. Bull. Michigan Agric. Exper. Sta. **34**, 3 (1951); ref. Food Sci. Abstr. **25**, No. 2616 (1953).
1568. Smock, R. M., L. J. Edgerton and M. B. Hoffman: Proc. Amer. Soc. Hort. Sci. **60**, 184 (1952); ref. Food Sci. Abstr. **26**, No. 823 (1954).
1569. Salunkhe, D. K., S. H. Wittwer, E. J. Wheeler and S. T. Dexter: Food Res. **18**, 191 (1953); ref. Food Sci. Abstr. **25**, No. 3206 (1953).
1570. Currier, H. B., and A. S. Crafts: Science (Lancaster, Pa.) **111**, 152 (1950); ref. Angew. Chem. **62**, 346 (1950).
1571. Wit, S. L.: Tätigkeitsbericht des National Institute of Public. Health in the Netherlands B/16/55 (März 1955).
1572. Zuhel, J. W.: Agric. Chemicals **9**, No. 10, 46 (1954); ref. Chem. Zbl. **1955**, 6371.
1573. Takeuchi, T.: Japan Analyst **5**, 399 (1956); ref. Analyt. Abstr. **4**, No. 545 (1957).
1574. Fiedler, J. C.: J. Minist. Agric. **57**, 285 (1950); ref. Food Sci. Abstr. **24**, No. 313 (1952).
1575. Ulrich, R., et P. Marcellin: C. r. Acad. Agric. (Paris) **37**, 77 (1951); ref. Food Sci. Abstr. **25**, No. 989 (1953).
1576. Emilsson, B.: Acta agric. suec. **3**, 191 (1949); zit. bei W. G. Burton: vgl. Anm. 1514.
1577. Blommaert, K. L. J.: Farming South Africa **28**, 207 (1953); ref. Food Sci. Abstr. **26**, No. 821 (1954).
1578. Richter, J., u. L. Kny: Z. Lebensmittel-Unters. u. -Forsch. **106**, 337 (1957).
1579. Smyth jr., H. F., and C. P. Carpenter: J. Industr. Hyg. Tox. **30**, 63 (1948); ref. Chem. Abstr. **42**, 1677 (1948).
1580. Wiss. Informationen der Bundesforschungsanstalt für Fischerei, **1954**, Nr. 2, S. 30.
1581. Liese, W.: Allg. dtsch. Konservenztg. **20**, 328 (1933); ref. Chem. Zbl. **1933 II**, 295.
1582. Klein, J. R., and H. Kamin: J. of Biol. Chem. **138**, 507 (1941).
1583. Bartlett, G. R.: J. Amer. Chem. Soc. **70**, 1010 (1948); ref. Chem. Abstr. **42**, 4217 (1948).
1584. Griffith, W. H.: Proc. Soc. Exper. Biol. a. Med. **37**, 279 (1937); ref. Chem. Zbl. **1938 II**, 718.

1585. FABRE, R., R. TRUHAUT, S. LAHAM et M. PERON: Arch. Mal. Prof. **16**, 197 (1955); zit. bei R. TRUHAUT, vgl. Anm. 864.
1586. EICHHOLTZ, F.: Die toxische Gesamtsituation auf dem Gebiet der menschlichen Ernährung. Berlin-Göttingen-Heidelberg: Springer 1956.
1587. MELNICK, D., F. H. LUCKMANN and C. M. GOODING: Food Res. **19**, 33 (1954).
1588. CHITTENDEN, R. H., J. H. LONG and C. A. HERTER: U. S. Dep. Agric. Bur. Chem. Bull. **88**, 909 (1909); zit. bei R. TRUHAUT, vgl. Anm. 864.
1589. BAUMANN, E., u. E. HERTER: Hoppe-Seylers Z. **1**, 257 (1887/88).
1590. QUICK, A. J.: J. of Biol. Chem. **97**, 403 (1932).
1591. KASE, K., u. K. SEKI: Biochem. Z. **205**, 27 (1929).
1592. SCHÜBEL, K., u. H. MANGER: Arch. exper. Path. u. Pharmakol. **146**, 208 (1929).
1593. SCHLENK, O.: Die Salicylsäure. Arzneimittelforschungen Bd. 3, Berlin: Dr. W. Sänger 1947.
1594. SCHWARZ, L.: J. Amer. Med. Assoc. **132**, 58 (1946).
1595. SPENCER, H. C., V. K. ROWE and D. D. McCOLLISTER: J. of Pharmacol. a. Exper. Ther. **99**, 57 (1950); ref. Chem. Abstr. **44**, 7989 (1950).
1596. GRAHAM, W. D., H. TEED and H. C. GRICE: J. Pharmacy a. Pharmacol. **6**, 534 (1954); ref. Chem. Abstr. **49**, 1958 (1955).
1597. SCHULZ, A.: Brot u. Gebäck **11**, 131 (1957).
1598. ETCHELLS, J. L., T. A. BELL and A. F. BORG: Bact. Proc. **1955**, 19.
1599. SCHELHORN, M. v.: Dtsch. Lebensmittel-Rdsch. **50**, 267 (1954).
1600. DALGAARD-MIKKELSEN, S., S. A. KVORNING u. K. O. MØLLER: Acta pharmacol. (Københ.) **11**, 13 (1955); ref. Chem. Abstr. **49**, 16207 (1955).
1601. BACQ, Z. M., R. CHARLIER u. A. KLUTZ: Bull. Acad. Roy. Méd. Belg. **16**, 212 (1951); zit. bei R. TRUHAUT, vgl. Anm. 864.
1602. DARRASPEN, E., M. JEAN-BLAIN, R. FLORIO, P. MANCEAU u. A. GUÉDOT: Bull. Acad. vétérin. France **26**, 487 (1953); zit. bei R. TRUHAUT, vgl. Anm. 864.
1603. FABRE, R.: Bull. Acad. Méd. **124**, 613 (1941); zit. bei R. TRUHAUT, vgl. Anm. 864.
1604. SALZER, F., u. G. WEBER: Z. Lebensmittel-Unters. u. -Forsch. **91**, 174 (1950).
1605. KRÖLLER, E.: Dtsch. Lebensmittel-Rdsch. **45**, 46 (1949).
1606. FITZHUGH, O. G., and A. A. NELSON: J. Industr. Hyg. Tox. **28**, 40 (1946); ref. Chem. Abstr. **40**, 4803 (1946).
1607. ROBERTSON, O. H., C. G. LOOSLI, T. T. PUCK, H. WISE, H. M. LEMON and W. LESTER jr.: J. of Pharmacol. a. Exper. Ther. **91**, 52 (1947); ref. Chem. Abstr. **42**, 669 (1948).
1608. HODGE, H. C., E. A. MAYNARD, H. J. BLANCHET jr., H. C. SPENCER and V. K. ROWE: J. of Pharmacol. a. Exper. Ther. **104**, 202 (1952); ref. Chem. Abstr. **46**, 5193 (1952).
1609. FRENCH, C. E., J. A. URAM, R. H. INGRAM and R. W. SWIFT: J. Nutrit. **54**, 75 (1954); ref. Chem. Abstr. **49**, 2578 (1955).
1610. SELLE, W. A.: Report on the effect of topical application of diphenyl; zit. im Sammelber. über Diphenyl, vgl. Anm. 754.
1611. FRANÇOIS, M. TH., et P. HERMIER: Bericht auf dem III. Symposium über chemische Fremdstoffe in Nahrungsmitteln der "Commission Internationale des Industries Agricoles" u. des „B.I.P.C.A.", vom 14.—18. V. 1957 in Como. Kongreßbericht (z. Z. im Druck).
1612. SOBELS, F. H.: Nature (London) **177**, 979 (1955).
1613. DESHMUKH, G. S., u. M. G. BAPAT: Z. analyt. Chem. **156**, 276 (1957).
1614. JOHNSON, V., A. J. CARLSON, K. FLEITMAN and P. BERGSTROM: Food Res. **3**, 555 (1938).
1615. KUNZE, R.: Lecithin. Arzneimittelforschungen Bd. 1. Berlin: Rosenmeier u. Dr. Sänger 1941.
1616. EAGLE, E., and H. F. BIALEK: Food Res. **17**, 543 (1952); ref. Z. Lebensmittel-Unters. u. -Forsch. **99**, 176 (1954).
1617. TILLMANS, J., u. P. HIRSCH: Handbuch der Lebensm. Chem., Bd. 1. Berlin: Julius Springer 1933.
1618. MILLER, W. J.: J. Amer. Oil Chem. Soc. **32**, 29 (1955); ref. Chem. Abstr. **49**, 2756 (1955).
1619. LUNDBERG, W. O., H. O. HALVORSON and G. O. BURR: Oil and Soap **21**, 33 (1944); ref. Chem. Abstr. **38**, 2228 (1944).
1620. LEHMAN, A. J., O. G. FITZHUGH, A. A. NELSON and G. WOODARD: Adv. Food Res. **3**, 197 (1951); ref. Food. Sci. Abstr. **25**, No. 224 (1953).
1621. REITH, J. F.: VOEDING (Den Haag) **13**, 497 (1952); ref. Food Sci. Abstr. **25**, No. 1971 (1953).
1622. KENNET, B. H., and F. E. HUELIN: J. Agric. Food Chem. **5**, 201 (1957); ref. Angew. Chem. **69**, 402 (1957).
1623. WILDER, O. H. M., and H. R. KRAYBILL: Summary of Toxicity Studies on Butylated Hydroxyanisole. Amer. Meat Inst. Found. Dez. 1948.
1624. What's new in Food and Drug Res. **3**, No. 3 (Juli 1956).

1625. Vos, H. J., H. Wessels and C. W. Th. Six: Analyst **82**, 362 (1957).
1626. Fitzhugh, O. G., and A. A. Nelson: Proc. Soc. Exper. Biol. a. Med. **61**, 195 (1946).
1627. Lang, K.: Nahrung **1**, 7 (1957).
1628. Fitzhugh, O. G., and A. A. Nelson: J. Amer. Pharmac. Assoc. **36**, 217 (1947); ref. Chem. Abstr. **41**, 7527 (1947).
1629. Schriftenreihe des Bundes für Lebensmittelrecht und Lebensmittelkunde, Nr. 17: Die Verwendung von Ascorbinsäure zu Fleischerzeugnissen (Gutachten vom 1. Juli 1957).
1630. Fincke, A.: Bericht über Versuche mit "Span 60" und "Tween 60" zur Verhinderung des Fettreifs (Fachverband der Süßwarenindustrie) 6. IV. 1955.
1631. Jones, C. M., P. C. Culver, G. D. Drummey and A. Ryen: Ann. Int. Med. **29**, 1 (1948); zit. bei K. Lang: Bericht auf der 4. Sitzung der „Kommission zur Prüfung der Lebensmittelkonservierung der Deutschen Forschungsgemeinschaft am 23./24. Juni 1955.
1632. Lang, K., Mainz: Gutachten über die Verwendung von Span- und Tweenverbindungen zur Stabilisierung von Schokolade gegen „Ausblühen" vom 29. I. 1954.
1633. Mattson, F. H., J. H. Benedict, J. B. Martin and L. W. Beck: J. Nutrit. **48**, 335 (1952); ref. Chem. Abstr. **47**, 1800 (1953).
1634. Doets, C.: Naarden-Nachrichten, Sonderausgabe März 1955.
1635. Mann, H.: Fischwirtschaft Nr. 4 (1955); zit. bei P. F. Meyer-Waarden: Fette u. Seifen **59**, 431 (1957).
1636. Ludorff, W.: 4. Sitzung der „Kommission zur Prüfung der Lebensmittelkonservierung" der Deutschen Forschungsgemeinschaft am 23./24. Juni 1955.
1637. Ludorff, W., Chr. Hennings u. K. E. Neb: Z. Lebensmittel-Unters. u. -Forsch. **106**, 81 (1957).
1638. Mattern, P. L., and J. E. Livingston: Cereal Chem. **32**, 208 (1955).
1639. Laug, E. P., A. A. Nelson, O. G. Fitzhugh and F. M. Kunze: J. of Pharmacol. a. Exper. Ther. **98**, 268 (1950); zit. bei R. Truhaut, vgl. Anm. 864.
1640. Arvy, L., et M. Gabe: Arch. Mal. Prof. **7**, 345 (1946); zit. bei R. Truhaut, vgl. Anm. 864.
1641. Truhaut, R., et M. E. Vermes: Ann. pharmac. franç. **6**, 539 (1948); ref. Chem. Abstr. **43**, 8047 (1949).
1642. Bruce, R. B., and R. F. Hanzal: Analyt. Chemistry **27**, 1346 (1955).
1643. Federal Register, S. 5620 (Juli 1956).
1644. Wagener, K.: Tego 51. Prüfung als Desinfektionsmittel gegenüber bakteriellen Tierseuchenerregern. Hannover (17. VII. 1954).
1645. Mitteilung der Fa. Tensora G.m.b.H., München (12. IX. 1957).
1646. Demeter, K. J.: Südd. Molkerei-Ztg. **71**, Nr. 51/52 (1950); ref. Z. Lebensmittel-Unters. u. -Forsch. **93**, 170 (1951).
1647. Poetschke, G.: Klin. Wschr. **1949**, 476; ref. Z. Lebensmittel-Unters. u. -Forsch. **93**, 251 (1951).
1648. Stawitz, J.: Pharmaz. Industr. **12**, 39, 71, 90 (1950).
1649. Report on Emulsifying and Stabilizing Agents. Food Protection Committee. Ministry of Agriculture, Fisheries and Food, London (1956).
1650. Runderlaß v. 30. IV. 1942. RMdI, IV e 11411/42—4235.
1651. Bergner, K. G.: Dtsch. Apoth.-Ztg. **44**, 334 (1941).
1652. Stawitz, J., Wiesbaden-Biebrich: Nachweis und quantitative Bestimmung der wasserlöslichen Celluloseäther: Methylcellulose und Celluloseglykolat. Unveröffentlichte Abhandlung (1948).
1653. Wirtschaftliche Bedeutung und technologische Grundlagen der Verwendung phosphorsaurer Salze zur Herstellung von Lebensmitteln: Arbeitskreis „Phosphate in Lebensmitteln" im Verband der chemischen Industrie e. V., Frankfurt/M. (April 1957).
1654. Pratt, R., P. P. T. Sah, J. Dufrenoy and V. L. Pickering: Proc. Nat. Acad. Sci. USA **34**, 323 (1948).
1655. Tengerdy, R., and F. Otto: Yearbook of the Inst. of Agric. Chem. Technol., Univ. Techn. Sciences, Hungary **7**, 136 (1954).

# Autorenverzeichnis

Die kursiv gedruckten Zahlen verweisen auf die laufende Nummer des Literaturverzeichnisses (S. 236 ff.). Die gewöhnlich gedruckten Zahlen beziehen sich auf die Seiten im Tabellenteil, auf denen die betreffenden Literaturhinweise zitiert sind.

# Sachverzeichnis

Teil A, S. 288 behandelt die *Lebensmittel*, Teil B, S. 297 behandelt die *Fremdstoffe*

## A) Lebensmittel

## B) Fremdstoffe

MIX
Papier aus verantwortungsvollen Quellen
Paper from responsible sources
**FSC® C105338**

If you have any concerns about our products,
you can contact us on
**ProductSafety@springernature.com**

In case Publisher is established outside the EU,
the EU authorized representative is:
**Springer Nature Customer Service Center GmbH
Europaplatz 3, 69115 Heidelberg, Germany**

Printed by Libri Plureos GmbH
in Hamburg, Germany